公共管理系列教材

社区安全教程

任国友 主 编

朱 伟 王起全 王新颖 许素睿 副主编

清华大学出版社
北 京

图书在版编目（CIP）数据

社区安全教程/任国友，朱伟主编.--北京：清华大学出版社，2014(2020.2重印)
ISBN 978-7-302-34661-6

Ⅰ.①社…　Ⅱ.①任…②朱…　Ⅲ.①社区安全—教材　Ⅳ.①X956

中国版本图书馆 CIP 数据核字(2013)第 290893 号

责任编辑：周　菁
封面设计：傅瑞学
责任校对：王荣静
责任印制：沈　露

出版发行：清华大学出版社
　　　网　　址：http://www.tup.com.cn，http://www.wqbook.com
　　　地　　址：北京清华大学学研大厦 A 座　　　　　邮　　编：100084
　　　社 总 机：010-62770175　　　　　　　　　　　邮　　购：010-62786544
　　　投稿与读者服务：010-62776969，c-service@tup.tsinghua.edu.cn
　　　质量反馈：010-62772015，zhiliang@tup.tsinghua.edu.cn
印 装 者：北京密云胶印厂
经　　销：全国新华书店
开　　本：185mm×230mm　　印　张：23　　插　页：1　　字　　数：463 千字
版　　次：2014 年 3 月第 1 版　　　　　　　　　　印　　次：2020 年 2 月第 5 次印刷
定　　价：42.00 元

产品编号：056217-01

FOREWORD

近几年，频发的灾难与事故，彰显了中国安全社区建设的紧迫性及开展公共安全教育的必要性。受国际安全社区的启发，2003年我国大陆地区引入了安全社区理念，着手安全社区创建工作，此举得到国家的高度重视。2011年国务院安全生产委员会办公室发出《关于进一步深入推进全国安全社区建设的通知》，对安全社区建设的指导思想、工作目标等提出了明确要求，同时在2011年国家安监总局印发出台的《安全文化建设"十二五"规划》中规定，在"十二五"期间，安全社区将作为一项重点安全文化工程进行建设；在《安全生产"十二五"发展规划》中更加强调了安全社区创建的重要意义与具体规划，公共安全管理、应急管理人才极缺，开展公共安全管理专业教育的时机已成熟。2005年，河南理工大学在全国第一个开设了公共安全管理本科专业；中国劳动关系学院于2006年开办了安全工程（公共安全管理方向）专业，开设了"社区安全"专业特色课程，以适应公共安全管理/应急管理专业教育的急需，适应政府、社区、企业管理人员对此类教材的迫切需求。在此背景下，《社区安全教程》列为高等教育"十二五"规划教材，由3所院校的5位专家学者共同编撰，清华大学出版社出版。

本书正是为了适应公共安全管理、应急管理、安全工程（公共安全管理方向）及相关专业的教学需要而着手编写的，是公共安全管理、应急管理及安全工程相关专业人才培养的教育内容和知识体系中的核心课程系列教材之一，部分内容来自北京自然科学基金项目"非常规突发事件社区应急管理评估方法"（编号：8123044）和2013年度北京高等学校教育教学改革立项面上项目"职业安全与卫生紧缺人才培养模式探索研究与实践"阶段成果。

全书全面系统地阐述了社区安全的基本知识,既保持了理论体系的完整性,又突出了实践应用的重点,并在每章后设立"关键术语""复习思考题""阅读材料""延伸阅读文献"等丰富的相关文献资料,这些也是该书内容和重要组成部分,是作者根据每章内容精心设计、认真编写的,对读者掌握基本知识、深刻理解相关知识点、拓展应用能力和检验学习效果的有益参考与帮手。它不仅是作者教学实践与科学研究成果的提炼和升华,也是反映作者教学理念、实践经验和对知识点的调度安排。

　　全书共分 10 章,各章内容及其编写者分别为:第 1 章社区安全概论、第 3 章社区风险辨识与基线调查、第 7 章家庭及居民行为安全、第 8 章安全社区建设由中国劳动关系学院任国友编写;第 4 章社区突发事件、第 5 章社区应急避难场所由常州大学王新颖编写;第 6 章社区应急预案评价由中国劳动关系学院王起全、任国友共同编写;第 9 章大型活动安全管理由北京市科学技术研究院城市系统工程中心朱伟编写;第 2 章社区安全管理与服务、第 10 章新农村社区安全由中劳动关系学院任国友、许素睿共同编写。全书由中国劳动关系学院任国友统稿、定稿。

　　本书参考和引用了相关专家、学者的研究成果和论著,在此向他们致敬并表示衷心的感谢。同时感谢清华大学出版社在教材出版过程中的不断指导和辛勤付出。最后,特别感谢北京城市系统工程中心社区研究室的马英楠主任和中国劳动关系学院安全工程系广大同仁的鼎力支持。

编　者

2014 年 1 月

CONTENTS

目录

第1章　社区安全概论 ……………………………………… 1

1.1　安全、社区及社区安全 ……………………………… 1
　1.1.1　什么是安全 ………………………………… 1
　1.1.2　社区 …………………………………………… 2
　1.1.3　社区安全的内涵 …………………………… 8
1.2　社区中的典型安全问题 ……………………………… 10
　1.2.1　交通安全 …………………………………… 10
　1.2.2　体育运动安全 ……………………………… 16
　1.2.3　家居安全 …………………………………… 20
　1.2.4　老年人安全 ………………………………… 20
　1.2.5　工作场所安全 ……………………………… 23
　1.2.6　公共场所安全 ……………………………… 24
　1.2.7　涉水安全 …………………………………… 25
　1.2.8　儿童安全 …………………………………… 25
　1.2.9　学校安全 …………………………………… 26
1.3　社区安全研究方法 …………………………………… 27
　1.3.1　何谓研究 …………………………………… 28
　1.3.2　社区安全定量分析方法 …………………… 30
　1.3.3　社区安全定性研究方法 …………………… 31
关键术语 …………………………………………………… 34
复习思考题 ………………………………………………… 34
阅读材料 …………………………………………………… 34
问题讨论 …………………………………………………… 35
本章延伸阅读文献 ………………………………………… 35

第 2 章　社区安全管理与服务 ··· 37

2.1　社区安全管理基础 ·· 37
2.1.1　什么是社区安全管理 ·· 37
2.1.2　社区安全管理的特点 ·· 38
2.1.3　社区安全管理的原则 ·· 38
2.2　社区安全管理与服务组织 ·· 41
2.2.1　社区安全政府组织 ·· 41
2.2.2　社区安全自治组织 ·· 43
2.2.3　市场化社区安全服务组织 ·· 49
2.3　社区安全管理与服务措施 ·· 51
2.3.1　社区人力措施 ·· 51
2.3.2　社区物力与技术防范 ·· 55
2.3.3　智能建筑简介 ·· 59
关键术语 ·· 60
复习思考题 ··· 61
阅读材料 ·· 61
问题讨论 ·· 62
本章延伸阅读文献 ··· 62

第 3 章　社区风险辨识与基线调查 ··· 63

3.1　社区危险源及其辨识 ·· 63
3.1.1　社区存在的事故和伤害类别 ··· 63
3.1.2　事故与伤害调查及风险辨识方法确定的原则 ·· 64
3.1.3　风险辨识及其评价范围 ·· 64
3.1.4　风险辨识及其评价的步骤 ··· 64
3.2　社区风险及其评价方法 ··· 65
3.2.1　社区风险分析典型方法 ·· 65
3.2.2　社区伤害基础调查方法 ·· 66
3.3　社区诊断实例分析 ··· 69
3.3.1　社区诊断理论基础 ·· 69
3.3.2　社区诊断实例分析 ·· 74
关键术语 ·· 79
复习思考题 ··· 79

　　　　阅读材料 ……………………………………………………………… 79
　　　　问题讨论 ……………………………………………………………… 82
　　　　本章延伸阅读文献 …………………………………………………… 82

　第4章　社区突发事件 …………………………………………………………… 83
　　4.1　社区突发事件概述 ……………………………………………………… 83
　　　　4.1.1　突发事件的概念界定 …………………………………………… 83
　　　　4.1.2　突发事件的特征与分类 ………………………………………… 84
　　　　4.1.3　突发事件的危害 ………………………………………………… 90
　　　　4.1.4　突发事件的演化 ………………………………………………… 91
　　4.2　社区突发事件的类型及特征 …………………………………………… 93
　　　　4.2.1　社区自然灾害事件的类型及特征 ……………………………… 93
　　　　4.2.2　社区事故灾难的类型及特征 …………………………………… 97
　　　　4.2.3　社区公共卫生事件的类型及特征 ……………………………… 104
　　　　4.2.4　社区社会安全事件的类型及特征 ……………………………… 110
　　　　关键术语 ……………………………………………………………… 115
　　　　复习思考题 …………………………………………………………… 115
　　　　阅读材料 ……………………………………………………………… 115
　　　　问题讨论 ……………………………………………………………… 116
　　　　本章延伸阅读文献 …………………………………………………… 116

　第5章　社区应急避难场所 ……………………………………………………… 117
　　5.1　城市社区应急避难场所建设标准 ……………………………………… 117
　　　　5.1.1　社区应急避难场所建设的重要意义 …………………………… 117
　　　　5.1.2　应急避难场所的分类 …………………………………………… 121
　　　　5.1.3　应急避难场所的规划与建设原则 ……………………………… 123
　　　　5.1.4　应急避难场所规划要求 ………………………………………… 128
　　　　5.1.5　应急避难场所的维护与管理 …………………………………… 130
　　　　5.1.6　应急避难场所标识 ……………………………………………… 130
　　5.2　城市社区应急避难场所规划建设实例 ………………………………… 136
　　　　关键术语 ……………………………………………………………… 152
　　　　复习思考题 …………………………………………………………… 152
　　　　阅读材料 ……………………………………………………………… 153
　　　　问题讨论 ……………………………………………………………… 154

本章延伸阅读文献 ·· 154

第6章　社区应急预案评价 ······································ 155

6.1　应急预案概论 ·· 155
　　6.1.1　社区应急预案概述 ·································· 155
　　6.1.2　应急预案相关法律、法规要求 ···················· 158
　　6.1.3　应急预案存在的主要问题 ························ 160
　　6.1.4　应急预案的基本要求 ···························· 161
　　6.1.5　社区应急预案基本要求 ·························· 164

6.2　社区应急救援预案编制 ·································· 164
　　6.2.1　应急预案编制基本要求 ·························· 165
　　6.2.2　事故应急预案的层次 ···························· 165
　　6.2.3　应急预案主要内容及核心要素 ···················· 166
　　6.2.4　应急预案编制步骤 ······························ 172

6.3　社区应急预案完整性评价 ································ 177
　　6.3.1　现行应急预案体系的缺陷与不足 ·················· 177
　　6.3.2　预案标准事故树分析及建立 ······················ 179
　　6.3.3　社区应急预案完备性评价方法 ···················· 182

6.4　社区应急预案演练 ·· 185
　　6.4.1　应急演练目的与要求 ···························· 185
　　6.4.2　应急演练任务与目标 ···························· 186
　　6.4.3　演练的类型 ···································· 189
　　6.4.4　演练的参与人员 ································ 191
　　6.4.5　演练实施的基本过程 ···························· 192
　　6.4.6　演练结果的评价 ································ 193

关键术语 ·· 193
复习思考题 ·· 193
阅读材料 ·· 194
问题讨论 ·· 195
本章延伸阅读文献 ·· 195

第7章　家庭及居民行为安全 ···································· 197

7.1　家居安全问题分析 ·· 197
　　7.1.1　家居安全 ······································ 197

　　　　7.1.2　社区消防安全的主体和宣教任务 ………………………………… 208
　　7.2　居民安全行为 ……………………………………………………………… 211
　　　　7.2.1　人的不安全行为 …………………………………………………… 211
　　　　7.2.2　居民安全行为的定义及分类 ……………………………………… 215
　　7.3　居民安全行为能力评价 …………………………………………………… 216
　　　　7.3.1　评价指标选取原则 ………………………………………………… 216
　　　　7.3.2　建立评价指标体系的步骤 ………………………………………… 217
　　　　7.3.3　评价指标的初选 …………………………………………………… 218
　　　　7.3.4　评价指标体系的建立 ……………………………………………… 223
　　　　7.3.5　建立综合评价模型 ………………………………………………… 224
　　关键术语 ………………………………………………………………………… 226
　　复习思考题 ……………………………………………………………………… 226
　　阅读材料 ………………………………………………………………………… 226
　　问题讨论 ………………………………………………………………………… 227
　　本章延伸阅读文献 ……………………………………………………………… 227

第 8 章　安全社区建设 ……………………………………………………………… 228
　　8.1　安全社区概述 ……………………………………………………………… 228
　　　　8.1.1　安全社区的概念及构成要素 ……………………………………… 228
　　　　8.1.2　国内外安全社区发展概况 ………………………………………… 231
　　8.2　安全社区建设标准与要求 ………………………………………………… 236
　　　　8.2.1　创建安全社区的指导思想 ………………………………………… 236
　　　　8.2.2　建设安全社区的基本要求 ………………………………………… 238
　　　　8.2.3　安全社区专项安全指标要求 ……………………………………… 240
　　8.3　安全社区的建设程序与方法 ……………………………………………… 244
　　　　8.3.1　安全社区建设的 PDCA 模型 …………………………………… 244
　　　　8.3.2　安全社区建设工作流程 …………………………………………… 246
　　　　8.3.3　安全社区建设的程序与方法 ……………………………………… 246
　　8.4　安全社区建设的保障机制 ………………………………………………… 250
　　　　8.4.1　应急管理机制 ……………………………………………………… 250
　　　　8.4.2　专家咨询机制 ……………………………………………………… 251
　　　　8.4.3　宣传教育机制 ……………………………………………………… 252
　　　　8.4.4　国际合作机制 ……………………………………………………… 252
　　　　8.4.5　信息管理机制 ……………………………………………………… 253

关键术语 …………………………………………………………………… 253

复习思考题 ………………………………………………………………… 254

阅读材料 …………………………………………………………………… 254

问题讨论 …………………………………………………………………… 255

本章延伸阅读文献 ………………………………………………………… 256

第 9 章　大型活动安全管理 …………………………………………… 257

9.1　大型活动安全管理概述 ……………………………………………… 257

9.1.1　大型活动安全管理的基本概念 ………………………………… 257

9.1.2　大型活动的类型及划分依据 …………………………………… 260

9.1.3　大型活动的事故特征与安全管理特点 ………………………… 261

9.2　大型活动安全风险分析方法 ………………………………………… 265

9.2.1　大型活动安全风险识别 ………………………………………… 265

9.2.2　大型活动安全风险评估 ………………………………………… 271

9.2.3　大型活动安全风险控制 ………………………………………… 282

9.3　大型活动安全管理的内容 …………………………………………… 285

9.3.1　大型活动人群安全管理 ………………………………………… 285

9.3.2　大型活动场地安全管理 ………………………………………… 294

9.3.3　大型活动设备设施安全管理 …………………………………… 300

9.4　大型活动安全管理方法与实例分析 ………………………………… 306

关键术语 …………………………………………………………………… 313

复习思考题 ………………………………………………………………… 313

阅读材料 …………………………………………………………………… 313

问题讨论 …………………………………………………………………… 316

本章延伸阅读文献 ………………………………………………………… 316

第 10 章　新农村社区安全 …………………………………………… 317

10.1　农村社区概论 ………………………………………………………… 317

10.1.1　农村社区的一般特征 ………………………………………… 317

10.1.2　农村社区的新特征 …………………………………………… 318

10.1.3　农村社区建设的目标和要求 ………………………………… 320

10.1.4　农村社区建设实践类型 ……………………………………… 322

10.2　农村社区建设的主要内容 …………………………………………… 323

10.2.1　农村社区政治体制建设 ……………………………………… 323

10.2.2　农村社区文化建设 ……………………………………… 326

10.2.3　农村社区的公共服务体系 ……………………………… 328

10.3　新农村社区的安全问题 ………………………………………… 330

10.3.1　新农村建设中的安全问题 ……………………………… 330

10.3.2　新农村发展建设中安全问题产生根源 ………………… 333

10.3.3　解决新农村发展建设中安全问题的基本对策 ………… 334

关键术语 …………………………………………………………………… 336

复习思考题 ………………………………………………………………… 336

阅读材料 …………………………………………………………………… 336

问题讨论 …………………………………………………………………… 339

本章延伸阅读文献 ………………………………………………………… 339

附录 ………………………………………………………………………… 340

附件 A　国家安全生产监督管理总局关于深入开展安全社区建设工作的
　　　　指导意见 …………………………………………………… 340

附件 B　安全社区建设基本要求（AQ/T 9001—2006） ……………… 344

附件 C　安全社区评定管理办法（试行） ……………………………… 350

参考文献 ………………………………………………………………… 355

第1章

社区安全概论

1.1 安全、社区及社区安全

1.1.1 什么是安全

从一般意义上说,"概念"是反映事物本质属性的思维产物,是逻辑思维的最基本单元和形式。特定的概念,是人们对与该概念相关的事物规律的认识。我国国家标准《术语工作 词汇 第1部分:理论与应用》(GB/T 15237.1—2000)对"概念"的定义是:"对特征的独特组合而形成的知识单元"。到目前为止,我国学术界对"安全"的概念还缺乏统一的认识。

1. 概念争议

至今,人类对安全的认识还存在很大的局限性,在各种文献资料中,关于"安全"概念有许多不同的定义。这里为了便于认识"安全"的概念,仅列出我国安全科学领域的部分学者所给出的几种有代表性的"安全"概念的定义。

定义1:中国劳动关系学院崔国璋教授认为,安全是指客观事物的危险程度能够为人们普遍接受的状态。[①]

定义2:中国职业安全健康协会刘潜教授认为,安全是指人的身心免受外界因素危害的存在状态(健康状况)及其保障条件。[②]

定义3:中国安全生产科学研究院何学秋教授认为,安全是指人和物在社会生产生活实践中没有或不受或免除了侵害、损伤和威胁的状况。[③]

---

① 崔国璋.安全管理[M].北京:海洋出版社,1997
② 孙华山,吴超,刘潜,吴宗之,杨书宏.再论在《授予博士、硕士学位的学科、专业目录》中设立"安全科学与工程"一级学科[J].中国安全科学学报,2006,16(10):56-66
③ 何学秋.安全科学与工程[M].徐州:中国矿业大学出版社,2008

定义4：首都经济贸易大学毛海峰教授认为，安全是具有特定功能或属性的事物，在内部和外部因素及其相互作用下，足以保持其正常的、完好的状态，而免遭非期望损害的现象。①

定义5：《安全社区建设基本要求》（AQ/T 9001—2006）中的定义，安全是免除了不可接受的事故与伤害风险的状态。

2. 安全的定义

从上述分析可以看出，安全的现象不仅存在于生产安全领域，而且广泛存在于公共安全领域，不同领域的有关问题既然都被冠之以"安全"二字，则其共同的安全规律应该是存在的。因此，安全科学的范畴应该具有足够的广泛性，能够将各种类型的安全问题包括在内，而不能仅仅"从人体免受外界因素（即事物）危害的角度出发"进行研究和讨论。同样，对"安全"概念的认识也要突破现有的、以人身伤害为依据的思维模式，从更广泛的视角进行把握。只有这样，才能使安全科学摆脱局限于特定安全问题领域的束缚，从而建立在反映普遍安全规律的基础之上，安全科学的根基才能更加深入和牢固。2011年3月8日，国务院学位委员会第二十八次会议通过的《学位授予和人才培养学科目录》，将"安全科学与工程"单列为一级学科（原仅是矿业工程下的二级学科，代码为0837）。这将迎来安全科学跨越式发展的又一个春天。

1.1.2　社区

社区是社会学中的一个基本概念，源于拉丁语，本意为关系密切的伙伴和共同体。② 该词源于德国社会学家F. 滕尼斯1887年出版的《社区与社会》（中译本书名《共同体和社会》）。美国社会学家罗密斯第一次将该书译成英文，书名《Fundamental Concept of Society》（《社会学的基础概念》），后来，他再一次修订成《Community and Society》（《社区与社会》）。英文中的"社区"（community）一词由此产生。中文中的"社区"一词是20世纪30年代由以费孝通为代表的燕京大学学生从英文community翻译过来的。应该说，"社区"这一译法是很贴切的，最接近西方人对community原义的理解。

1. 社区的定义

现在"社区"已成为社会学中的一个通用范畴。但这个词从滕尼斯提出到现在其含义发生了很大变化。据不完全统计，有关社区的定义有140余种，其中比较有代表性的定义如下：

---

① 毛海峰. 论"安全"及"安全性"的概念[J]. 中国安全科学学报，2009，19(4)：62-66
② 娄成武，孙萍. 社区管理学（第二版）[M]. 北京：高等教育出版社，2006

1887 年,德国社会学家滕尼斯(Ferdinand Tonnies)认为,社区是若干亲族血缘关系而结成的社会联合。该定义强调血缘纽带和联合,即共同体。

1955 年,美国社会学家乔治·希勒里(G A Jr. Hillery)认为,社区是指包括那些具有一个或更多共同性要素以及在同一区域保持社会接触的人群。该定义包含社会互动、地理区域和共同关系三个特征。

2000 年 11 月 19 日,中共中央办公厅和国务院办公厅共同转发了《民政部关于在全国推进城市社区建设的意见》(以下简称《意见》)。该《意见》中称:"社区是指聚居在一定地域范围内的人们所组成的社会生活共同体。"

2004 年,中国学者徐永祥认为,社区是指一定数量居民组成的、具有内在互动关系和文化维系力的地域性的生活共同体。

2006 年,《安全社区建设基本要求》(AQ/T 9001—2006)中的定义,社区是指聚居在一定地域范围内的人们所组成的社会生活共同体。总之,这是在至今众多定义中比较简明、准确的一个定义。

2. 社区的要素

社区作为居民生活的社会共同体,通常包括五个要素:地域、人口、组织结构、文化和公共设施。在这五个要素中,地域是社区的自然地理位置与人文地理的空间载体;人口(居民)是社区运作与变迁的主体;组织结构是社区活动得以展开的社会组织形式;文化是社区范围内具有特质的精神纽带;公共设施是保障社区居民生存的重要载体。

(1) 地域要素。作为地域性的社会共同体,社区总是存在于特定的自然地理与人文空间中,有着一定的边界。这里的地域要素包括了两个方面:自然地理条件和人文地理条件。自然地理条件包括了所处方位、地貌特征、自然资源、空间形状等,而人文地理条件则包括了人文景观、建筑设施等。相对于一个国家、一个省、一个大中型城市来讲,社区是一个微观型的地域社会。现代社会学的社区研究,社会服务机构开展的社区工作,一般都是选择某个中小城镇或大中型城市中的某个居民区或农村的某个乡、村落等作为具体的对象。总之,社区的地域界限不能太大,应限制在居民日常生活能够发生互动的范围之内,或者限定在能够满足居民日常生活服务设施、组织机构可以发挥作用的范围之内。对应于我国目前的情况,农村中的一个乡、村落或城市中的一个街道、一个居民小区等,都可以界定为范围不一的社区。

(2) 人口要素。人是社会的主体,也是社区生活的主体。一定数量的人口是一切社会群体所必需的构成要素,当然也是社区构成的要素。社区构成的人口要素是指居住在本区域内的居民,非居民人口(如商店营业员)应排除在外,而其他社会群体构成要素的人口划分则可以是跨区域的。

社区人口状况的子要素,主要包括人口的数量与质量、人口的结构、人口的分布与流动状况等。数量状况是指社区内居民人口的多少;质量状况是指社区内居民在素质方面的情况,如身体素质、文化素质、思想素质、道德修养等;人口结构亦称人口构成,是指社区内各个类型居民人口的数量比例关系,如科学家、教师、工程师等之间的数量构成以及不同性别与不同年龄的比例等;人口分布是指社区内人口的密度大小,也指居民及居民的活动在社区范围内的空间分布状况;而人口流动是指社区内居民数量的进出与增减及其在空间分布上的变化。

(3) 组织要素。社区组织结构主要指社区内部各种社会群体、社会组织之间的构成方式及其相互关系。社区内的社会群体和社会组织在不同的历史时期、不同的发展阶段,其种类及其相互关系总是不同的。一般而言,在经济与社会发展水平较低的阶段,由于社会分工程度不高,故人口的同质性较强,社区内社会群体的种类和功能相对简单,整合社区各种资源的社会组织的门类及功能也就相对简单。反之,经济与社会发展水平越高,社会分工越细,社区内人口的异质性就越强,功能性社会群体的种类也就愈趋多样化。这种情况必然要求整合社区资源的社会组织的门类及其组织功能的多样化。一个社区,如果其居住环境舒适安逸、管理有序、居民社区认同感强,则说明该社区有着良性的和完善的社会群体、社会组织及其互动关系。反之,则说明该社区的社群和组织出现了问题。

(4) 文化要素。社区文化是一个较复杂、较难界定的概念,不同的学者对其解释各有差异,甚至大相径庭。一般来讲,社区文化包括历史传统、风俗习惯、村规民约、生活方式、交际语言、精神状态、社区归属与社区认同感等(至于宗教信仰,可以构成一个社区文化的子要素,但不是一个必然的要素)。在现实的社区实践中,社区文化总是有形无形地为社区居民提供着比较系统的行为规范,不同程度地约束着社区居民的行为方式和道德实践,客观上对居民担负着社会化的功能以及对居民生活的某种心理支持。

社区文化也是区分不同社区的重要特征。由于受到不同历史传统、地理环境和人口构成的影响和作用,社区文化呈现出一定的地域性与特殊性。这种不同的文化,是不同社区的地理环境、人口状况以及居民共同生活的历史与现实的反映。

(5) 设施要素。为了方便居民,社区会建立一些服务性的公共设施,如学校、商店、医院、运动场、农贸市场等,开始是自发性的,以后就是自觉地、有意识地建立这些设施为居民服务。电视台、声讯台是现代社区必备的服务设施。社区要发展,社区居民要生活,这就必须有一整套相对完备的生活服务设施和其他公共设施。这些设施是保证社区居民生存的必要手段和社区发展的必要前提,如社区的各种商业设施、文化教育设施、娱乐设施、医疗卫生设施、服务行业以及其他社会福利等设施。缺乏服务设施或服务设施不完备,不仅会影响社区居民的生活,也会影响社区的稳定和发展。

公共服务设施的数量和质量是衡量社区发达水平的一个重要因素。现代城市的住宅小区,其服务设施的质与量是招揽业主的重要因素,居民都会向服务设施齐全、服务质量高的小区流动。因此,公共服务设施是社区存在和发展的重要条件。

综上所述,地域、人口、组织、文化和设施五个方面是构成社区的基本要素。尽管各个社区类型相别,结构相异,大小不同,各有其特殊性,但是,不论什么样的社区,都必须具备这些基本要素,这就是构成社区的普遍要素。要看到,社区构成的基本要素之间是相互依赖、有机统一的辩证关系。不能将五个要素割裂开,片面地理解,而应该从它们的有机联系上综合地加以分析和把握。其中,地域是社区的地理环境要件,人口是社区生活的主体要件,组织与群体是社区居民交往和整合得以实现的客观机制,而文化则是社区居民交往与整合得以实现的精神要件,公共设施是保证社区居民生存的必要手段和社区发展的必要前提,五者紧密相关,缺一不可。还应看到,社区构成的基本要素及其相互关系,其功能与模式的表现形态,在不同的历史背景下往往是不尽相同的,必然呈现出各个阶段的时代特征。

3. 社区的类型

在人类历史中,社区的类型经历了一个从单一化到不断多样化的过程,社区生活质量也经历了由低级向高级的演变过程。如今的社区,类型多种多样,并从不同的角度、以不同的方式影响着人们的生活。社区类型的划分,可以采取多种角度、多种方法。概括起来,主要有以下三种区分角度和方法:

一是地域型社区划分法。这是最常见、最通用的划分法,主要是根据地域条件和特征去比较、划分社区的类型。据此,可划分为农村社区、集镇社区和城市社区三大类型。进一步细分,农村社区又可区分为山村社区、平原社区、高原农村社区、江南农村社区等;城市社区也可细分为沿江沿海带社区、内陆型社区等。

二是功能型社区划分法。这种方法在第二次世界大战以后欧美一些学者以及当今我国部分学者中,都比较流行。这种方法的特点主要是注重或强调社区的某些功能性特征,如经济功能、社会功能、文化功能,并据此划分为经济型社区、文化型社区、旅游型社区等。进一步细分,又可将经济型社区分为农业型社区、林业型社区、牧业型社区等,将旅游型社区细分为人文景观型社区、自然风光型社区等。

三是虚实型社区划分方法。这种方法的特点主要是注重或强调社区的实体性和虚拟性特征,如城市社区、虚拟社区等。

本书采用的是第三种方法,主要从虚实型社区划分法角度,分别叙述和分析现实社区(农村社区、集镇社区、城市社区)和虚拟社区两种社区类型。需要强调的是无论采用哪种划分方法,并无优劣之分,应根据研究需求而定。

1) 现实社区

① 城市社区。城市社区是指人口高度集中,居民以从事非农业生产活动为主,具有综合性社会功能的社会区域共同体。与农村社区、城镇社区相比,城市社区是一种更为

高级的社区形态。

② 农村社区。农村社区是指居民以农业生产活动为主要生活来源的地域性共同体或区域性社会。迄今为止,农村社区一直是人类历史上古老而又十分重要的社会共同体,是最早出现的社区类型。

③ 城镇社区。城镇社区也称集镇社区,是兼具农村社区和城市社区某些成分与特征的社区类型,是农村和城市相互影响的一个中介。费孝通(1999)认为,它是一种比农村社区高一层次的社会实体的存在,这种社会实体是以一批并不从事农业生产劳动的人口为主体组成的社区。无论从地域、人口、经济、环境等因素看,它们既具有与农村社区相异的特点,又都与周围的农村保持着不可缺少的联系。在西方发达国家,由于高度的工业化和信息化,城乡之间的二元结构已基本消除,加之逆城市化的趋势,越来越多的富人和中产阶级将自己的居住地移至郊区和农村的集镇。这种集镇的概念完全不同于我国现阶段的集镇,实际上是高度现代化、生活极其方便、人口规模不大的新兴社区。

2) 虚拟社区

虚拟社区的产生和发展过程离不开互联网的发展,互联网的出现使得虚拟社区迅速发展。虚拟社区的产生可以追溯到万维网出现之前,1984 年,Brand 和 Brilliant 创建了 The Wall(Whole Earth Electronic Link,全球电子讨论链),用以实现"虚拟邻里关系"在讨论链上进行交互式讨论和协商。1990 年,The Well 引进 cyberspace(赛博空间)这个名称,虚拟社区开始进入人们的视野。虚拟社区最初由 BBS(Bulletin Board System,电子公告牌)发展而来。用户通过电脑来传播和获取信息,不论身在任何国家,这种方式不受地域的限制,都可以利用电脑向 BBS 发送公告。之后由 BBS 发展到新闻组,人们在兴趣的驱动下通过在线聊天室自由交流,虚拟社区服务器上构建自己的个人主页,分享个人经验、交流心得,随着这种形式的虚拟社区的发展,大规模的网上讨论、聊天以及上传文件等活动开始出现,用户也在这个过程中获得了社会交往意义上的乐趣。1997 年 10 月,网易成为国内第一个创建虚拟社区服务的机构,随后新浪也将虚拟社区作为主攻方向之一,而 1998 年 3 月"西祠胡同"以及 1999 年 6 月 ChinaRen 的创办标志着虚拟社区成规模意义上的出现。

虚拟社区译自英文"Virtual Community",这一概念最早出现在霍华德·里恩戈德 1993 年的著作《虚拟社区》(Virtual Communities)中。但是对于虚拟社区的定义并没有一个确定的说法,它是一个不断发展的概念。

最早提出"虚拟社区"这一概念的是一位英国学者 Howard Rheingold,他给虚拟社区下的定义是:以虚拟身份在网络中创立的一个由志趣相投的人们组成的均衡的公共领域。此概念强调了虚拟社区构成的动力,源于人们志趣相投产生的沟通需要。

1993 年 Howard Rheingold 又在其经典著作《虚拟社区》一书中,对虚拟社区做了如下定义:一群以主要媒介为计算机网络,彼此沟通的人们,彼此有某种程度的认识,分享某种程度的知识信息,相当程度如同对待友人般彼此关怀所形成的团体。这些概念用简单的语言描绘了虚拟社区中人们的基本关系。

1995 年 Thompson 和 Femback 为虚拟社区做的定义为:通过既定领域内的不断联系,在虚拟空间中形成的社会关系。

2001 年 Mahajan 和 Balasubramanian 对虚拟社区做了如下定义:虚拟社区是具备四大特征的任何实体,即人的集合体、合理的成员、虚拟空间的相互作用和社会交流过程。

以上诸位虽然对虚拟社区的研究侧重点不同,但是都是在"虚拟空间"范围内来界定虚拟社区的。在国内,各位学者对虚拟社区的定义也未曾给出明确的统一意见,但是绝大多数都是基于"精神共同体"这一概念而展开的。杜俊飞认为:虚拟社区,它并非是一种物理空间的组织形态,而是由具有共同兴趣及需要的人们组成、成员可能散布于各地、以旨趣认同的形式作在线聚合的网络共同体。

3)虚拟社区和现实社区之间的关系

虚拟社区和现实社区并不是完全独立的。他们之间的关系就如同,物质和意识之间的关系一样。网络社区来源于现实社区,虚拟社区是现实空间在虚拟空间的"投影"。

首先,虚拟社区提供的服务板块也是根据人们现实的需要而设定的;现实社区中的生活方式和观念,规范会影响虚拟社区的构建。

其次,虚拟社区所提供的服务是现实社区服务的延伸和提高。传统的利用以纸为媒介的信件传递,发展为采用 E-mail 传递。虽然两者介质和速度不同,但是 E-mail 内容格式仍和传统的信函格式相同。脱离现实,虚拟社区是不可能存在的。同时,网络社区对现实社区的影响和反作用。网上的公开透明,重视个体等一系列特征将深刻影响社会。从这一点来看,民主不是一句口号,是一种生活方式、生活态度,而网络社区的许多思想法正可以用来修正现实社会管理和制度中的某些缺陷。民众易于发表自己的意见,同时政府也可以方便地实现低廉高效的管理。网络之所以风行,在于它提供了自由天堂,在社区中不同意见相互尊重与互不排斥。通过讨论和争鸣解决问题,消除歧见。网络社区赋予每个人充分的话语权。许多政府开通了网上信箱或领导在线解答市民的问题,收到了良好的效果。

总之,网络社区与现实社区是互补互动关系,从根本上是一致的。二者应该各取所长,互相弥补。网络社区使现实社区中不可能的成为可能性。网络社区空间开拓了人的思维。从网络社员的观点来看,所谓现实性,无非是从以前的一种可能性发展而来的。二者是互补而非取代的关系。网络社区是一种对现有生活方式的冲击,同时,它也是对现实的社会空间的发展。

4. 社区的功能

社区功能是指社区各部分对社区整体的作用、意义或价值。一般来说,社区具有经济、社会化、社会控制、社会福利保障和社会参与五大基本功能,这五大基本功能是相互关联、相互制约、相互影响。

(1)经济功能。社区的工厂、商店、宾馆、酒楼、交通、发电站、电影院、信息中心、旅行社等一切企业以及第三产业,为居民提供生产、流通、消费娱乐文化等服务,发挥着经济功能。经济是一个社区发展的基础,没有强大的经济基础,社区的发展是不可能的。从这个意义上讲,经济功能决定了一个社区的发展,也决定着它在同类社区中的地位。所以各个社区都应发展自己的特色经济,以显示出其特殊功能。

(2)社会化功能。社区社会化功能是指它为人的社会化提供场所。社会化是指社会通过各种教育手段,使自然人逐渐学习社会知识、社会规范和生活技能,从而形成自觉遵守与维护社会秩序的价值观念与行为方式,取得社会人资格的成长过程。比如社区内的家庭、学校和儿童游戏群体是儿童与青少年社会化的主要场所,社区的风俗习惯、伦理道德、观念文化、日常生活活动和环境对青少年乃至成年人都会产生重大影响。

(3)社会控制功能。社区各类机构与团体在维护社区秩序,保障社区安全等方面发挥着重要作用。在我国,社区内有一套完整的社会控制体系,如社区中的法律咨询机构、居民调解委员会、居委会、妇女组织都发挥着相应的社会控制功能,社区中的派出所是一种社会秩序的强力控制机构。社区的社会控制一方面通过有组织的、正式的制度得以实施;另一方面也通过社区的邻里、伙伴群体等非正式组织和风俗、习惯等非正式制度来约束居民的行为。

(4)社会福利保障功能。社区的社会福利保障功能表现为社区福利部门、社会团体、政府部门开展的主要面向社区居民的照顾和关怀,社区居民之间的互相帮助、互相支援,社区医院、诊疗所为居民提供的医疗保健服务等。守望相助、邻里相帮是我国社区居民的一个优良传统,正所谓"远亲不如近邻"。国外的研究也发现,非正式网络在社区照顾中的作用是不可忽视的。社区的社会福利保障功能发挥的好坏会影响一个社区的内部安定,乃至整个社会的稳定。

(5)社会参与功能。社区为居民提供经济、政治、教育、康乐和福利等多方面活动的参与机会,从而促进社区内人们的相互交往与互助,使居民对社区有更多的投入,增强了社区的凝聚力,强化了居民的归属感和认同感,提高了社区的价值整合。不仅如此,开展社区活动还可以发挥居民的潜能,充分挖掘社区的人力资源,促进社区的繁荣与发展。

1.1.3 社区安全的内涵

国内外学者对社区安全的认识存在着较大的差异,通常有狭义与广义之分。

1. 狭义的社区安全

国内外都有不少学者主张把社区安全等同于社区治安,这是对社区安全的狭义理解。即加强社区安全管理,采取有效措施预防违法犯罪行为的发生,把各种不安定的因素消灭在萌芽状态,及时调解所出现的社会矛盾,可以保护公民的人身与财产安全,满足居民的安全需要,保护国家、集体的财产安全,维护社区的正常秩序,确保社区建设的顺利进行。[①] "社区警务"战略、社区治安思想、平安社区创建等都持相似或相近的观点。这与我国当前所处的经济社会发展阶段有很大的关系,由于我国正处于经济快速发展、城市化进程快速推进、社会结构转型、社会建设起步的阶段,我国的城乡差距、地区差距、贫富差距都还很大,所以,人们对社区安全的关注点主要还是社区治安问题。

2. 广义的社区安全

世界卫生组织则是广义"社区安全"的主要代表者。世界卫生组织认为,社区安全包括交通安全、体育运动安全、家居安全、老年人安全、工作场所安全、公共场所安全、涉水安全、儿童安全和学校安全9个方面。[②] 显然,广义"社区安全"的内容远远超出了社区治安的范畴。这表明,发达国家在经济比较发达、社会保障体系比较健全的情况下,违法犯罪特别是一般侵财性违法犯罪问题并不是社区安全的主要问题,因此,他们对社区安全的关注已经大大扩展到各类伤害,这代表了社区安全的发展方向和趋势,需要加以关注和借鉴。

综上所述,社区安全的范围应略宽于社区治安,社区安全面临的问题主要包括犯罪行为、治安侵害、安全隐患、意外伤害、矛盾纠纷等多项内容。社区安全就是在政府有关部门的指导和支持下,社区有关组织积极整合社区内外各方面力量和资源,积极采取各种有效措施防范犯罪行为和治安侵害,杜绝安全隐患,防止意外伤害,减少社区成员之间的矛盾纠纷,避免社会断裂等,努力为社区成员创造安定和谐、安全有序、安居乐业的社区环境。

3. 社区安全的基本条件

(1) 个人权利和自由,庇护人们免于战争或其他形式的暴力。

(2) 保持安全的环境和行为,预防和控制身体损伤或其他伤害发生。

(3) 个体的安全是在物质、心理和生理方面的统一。在生活环境中没有暴力的存在,每个人没有遭受袭击的恐惧,并且不必担心他们的财产被偷或被抢。自杀被认为是自己造成的侵害,是个体和环境不能共存的结果。

(4) 采取有效的预防、控制和恢复措施以确保实现以上三个条件。社区提供资源、计划和服务,以确保以上三个条件存在为目标,降低意外事件造成的伤害,促进受影响的个人和社区的恢复。这些条件并不是全部的,根据应用的领域不同可增加其他的条件规定。

---

① 郑孟望.社区安全管理与服务[M].长沙:湖南大学出版社,2009
② 吴宗之.安全社区建设指南[M].北京:中国劳动社会保障出版社,2005

1.2 社区中的典型安全问题

在《安全社区建设基本要求》(AQ/T 9001—2006)中的 4.5.1 规定:"安全促进项目的重点应针对高危人群、高风险环境和弱势群体,并考虑下列内容:a)交通安全;b)消防安全;c)工作场所安全;d)家居安全;e)老年人安全;f)儿童安全;g)学校安全;h)公共场所安全;i)体育运动安全;j)涉水安全;k)社会治安;l)防灾减灾与环境安全。"从这一条款规定来看,社区安全主要包括 12 类,而在《WHO 安全社区准则与指标》中仅给出了 9 项,不包括消防安全、社会治安和防灾减灾与环境安全三项指标。本书仅介绍其中重点的几项。

1.2.1 交通安全

在小区内发生的事故是否属于交通事故

【案情经过】

王女士驾驶一辆摩托车在小区里,虽然车速不快,但是同小区的一大妈因年纪大,反应慢,还是被摩托车的反光镜带住摔伤了,对此王女士被人索赔医药费用,她希望知道本次事故是否属于交通事故,如何赔偿?[①]

【律师观点】

本次事故是一起意外事故,不属于交通事故。交通事故的发生地点必须在道路上。交通事故中的道路概念要比一般人认识到的"道路"要狭隘,小区中的道路虽然也可以通行,但交通事故必须是发生在公路、城市道路或者虽然在单位管辖范围内但是允许社会车辆通行的场所,比如说大卖场对外开放的停车场,如果是不允许社会车辆通行的单位内道路,比如厂矿内用于厂区物质运送,职工通行的道路就不是交通事故中所指的道路。校园的道路、农村的机耕路、已建成但尚未验收的公路也不属于本类道路。

王女士和大妈之间的事故发生在居民小区中,理应不属于交通事故中的"道路",他们之间的人身伤害事故按照普通的侵权事故进行处理。如果公安机关接到报案的,参照交通事故处理。其中道路交通事故是指车辆在道路上因过错或者意外造成的人身伤亡

或者财产损失的事件。这个定义的主要要件为车辆、道路、过错或者意外、后果。这里有几个关键词,车辆、道路、过错、意外。用"车辆"拟人化,代替人为主体,用"过错"代替当事人的违法行为,还有就是必须在"道路"上,还有一个是"意外",具备这几个要件就构成交通事故。交通事故不仅是由于违反交通运输管理法规造成的,也可以是由于地震、台风、山洪、雷击等不可抗拒的自然灾害造成的。

【法律依据】

《中华人民共和国道路交通管理条例》第二条:"本条例所称的道路,是指公路、城市街道和胡同(里巷),以及公共广场、公共停车场等供车辆、行人通行的地方。"《最高人民法院公安部关于处理道路交通事故案件有关问题的通知》第二条:"发生在公路、城市街道和胡同(里巷)以及公共广场、公共停车场等专供车辆、行人通行的地方的交通事故,公安机关应当依照《办法》第五条的规定处理。其中公路是指《中华人民共和国公路管理条例》规定的,经公路主管部门验收认定的城间、城乡间、乡间能行驶汽车的公共道路(包括国道、省道、县道和乡道)。当事人就非道路上发生的与车辆、行人有关的事故引起的损害赔偿纠纷起诉,符合民事诉讼法第一百零八条规定的起诉条件的,人民法院应当受理。"

1. 交通安全

1) 交通安全的定义

交通安全是指在交通活动过程中,能将人身伤亡或财产损失控制在可接受水平的状态。[①] 交通安全意味着人或物遭受损失的可能性是可以接受的;若这种可能性超过了可接受的水平,即为不安全。道路交通系统作为动态的开放系统,其安全既受系统内部因素的制约,又受系统外部环境的干扰,并与人、车辆及道路环境等因素密切相关。系统内任何因素的不可靠、不平衡、不稳定,都可能导致冲突与矛盾,产生不安全因素或不安全状态。

2) 交通安全的特点

(1) 交通安全是在一定危险条件下的状态,并非绝对没有交通事故的发生;

(2) 交通安全不是瞬间的结果,而是对交通系统在某一时期、某一阶段过程或状态的描述;

(3) 交通安全是相对的,绝对的交通安全是不存在的;

(4) 对于不同的时期和地域,可接受的损失水平是不同的,因而衡量交通系统是否安全的标准也不同。

---

① 裴玉龙.道路交通安全[M].北京:人民交通出版社,2007

3) 交通安全与交通事故的关系

(1) 交通安全与交通事故是对立的,但事故并不是不安全的全部内容,而是在安全与不安全的矛盾斗争过程中某些瞬间突变结果的外在表现;

(2) 交通系统处于安全状态,并不一定不发生事故;交通系统处于不安全状态,也未必完全是由事故引起的。

4) 交通安全的组成要素

交通安全是一门"5E"科学。所谓"5E"是指法规、工程、教育、环境、能源。

(1) 法规。在我国,法规是指维护交通秩序,保障交通安全的交通规则、交通违章罚则及其他有关交通安全的法律等。交通法规是交通安全的核心,对交通安全起保障作用。交通法规必须具备三大条件:一是科学性;二是严肃性;三是适应性。

(2) 工程。工程是指交通工程,它包括三个方面的内容:一是研究和处理车辆在街道和公路上的运动,研究其运动规律;二是研究和处理为使车辆到达目的地的方法、手段和设施,包括道路设计、交通管理和信号控制等;三是研究和处理为使车辆安全运行而需要维持车辆与固定物之间的缓冲空间。

(3) 教育。教育是指安全教育,包括学校教育与社会教育两种。学校教育是对在校学生进行交通法规、交通安全和交通知识的教育;社会教育是通过报刊、广播、电视及广告等方式,广泛宣传交通安全的意义和交通法规,同时对驾驶员定期进行专业技术知识、守法思想、职业道德及交通安全等方面的教育。

(4) 环境。环境是指环境保护。在发达国家,80%以上的噪声污染及废气污染是由汽车运行造成的,因此,保障道路交通安全是道路交通环境保护的重要措施。

(5) 能源。能源是指燃料消耗。汽油、柴油的大量使用,造成不可再生资源的大量消耗,给人类发展带来影响。交通事故与能源消耗的关系一直是发达国家研究的热点。

交通工程是交通安全的基础科学,一切交通法规必须以交通工程为科学依据,一切交通安全对策和设施必须以交通工程为理论基础,交通安全教育必须以交通工程为指导,环境保护和降低能耗必须以交通工程为分析依据。这就是交通安全法规、工程、教育、环境和能源之间的关系。

2. 社区交通安全

随着人民群众生活水平的不断提高,交通与社区的关系愈来愈密切。社区交通安全主要包括:汽车驾驶员安全、自行车、三轮车驾驶人安全、行人安全、乘车人安全、安全乘坐地铁、安全乘坐火车、安全乘坐飞机、安全乘坐轮船、道口安全等内容。社区交通管理工作作为社区管理的重要组成部分,主要管理内容包括社区动态交通管理(车辆管理、机动车驾驶员管理、路面安全设施管理、交通安全宣传等)和社区静态交通管理。

1) 社区动态安全管理

(1) 机动车行驶秩序原则。右侧通行原则。右侧通行是指机动车在行驶过程中,以道路几何中心线或施划的中心线为界,以行驶方向定左右,一律靠道路右侧通行。

各行其道原则。各行其道是指非机动车、行人以及不同行驶方向、不同速度及不同类型的机动车按划分的车道顺序行驶。

保持安全行车间距原则。机动车在同一方向行驶时前后两车之间必须保持一定的行驶距离,该距离称为安全行车间距,其值大小与车速、驾驶员的反应时间、车辆性能和道路条件有关。车速越高,安全行车间距应越大,驾驶员在行车过程中,必须根据安全行车间距影响因素的变化情况,随时调整车辆行驶速度,保持必要的行车间距,确保行驶安全。

优先通行原则。优先通行原则是指根据机动车性质和行驶目的的不同而采取的对某些机动赋予优先使用道路通行权的原则。

(2) 机动车行驶规则。会车规则。会车行驶是指相对方向行驶的机动车在同一地点、同一时间通过的交通现象。该现象孕育着正面碰撞、侧面碰撞等危险,尤其是在路面较窄的路段危险性更大。因此,机动车在会车过程中,除了要求交通参与者具有较强的交通安全意识外,还应按照道路交通法规的有关规定进行会车。

让车规则。此处所指的让车规则是驾驶员在设有交通信号或交通标志控制的交叉路口行车时应遵循的让行规则。

超车规则。超车行驶是指同一方向行驶的机动车辆,后车超越前车的交通现象。车辆行驶过程中,车辆性能差异越大,超车现象越多,交通流中的冲突点也就越多,发生碰撞的可能性越大。

(3) 机动车行驶速度的管理。行驶速度又称运行速度,是指车辆行驶路程与有效行车时间之比,其中有效行车时间不包括停车时间与损失时间。行驶速度与运输成本、交通安全有着密切联系,机动车行驶速度的管理就是将行驶速度限制在一定范围内,以获得最大的交通流量、最低的运输成本和最少的交通事故。

(4) 机动车装载规定。动车装载质量是根据车辆发动机、牵引力、底盘(钢板、大梁、悬架结构、前后桥)、轮胎负荷四者中最弱部分来核定的,并在行驶证上签注。如果车辆装载超过核定的质量,会引起车辆使用寿命缩短;车辆钢板弹簧负荷过大而断裂;车辆转向沉重,转弯时离心力增大操纵困难;车辆制动效能降低;发动机负荷增大产生过热现象;车辆耗油量增加,并使离合器片因此烧坏而不能行车,车架变形,铆钉松动、折断甚至有可能改变一些总成的相对位置,影响车辆的正常工作。因此机动车装载是机动车行驶秩序管理的重要组成部分。

(5) 摩托车行驶规定。

摩托车行驶轻便,操作简单,速度较快,行驶时路线的选择余地大,而且适合于山岭及坡路;与私人小汽车相比,摩托车所占道路面积及停车面积小、造价低,经济耐用,功能和作用介于汽车和自行车之间,是一种较现代化的交通工具,在我国现有的经济水平和人民生活水平条件下,中小城市以及无摩托车使用限制的地区,摩托车数量的增长十分迅速。

（6）非机动车行驶秩序的管理。

非机动车,是指以人力或者畜力驱动,上道路行驶的交通工具,以及虽有动力装置驱动但设计最高时速、空车质量、外形尺寸符合有关国家标准的残疾人机动轮椅车、电动自行车等交通工具。非机动车根据推动力不同,可分为以下几类:一是人力车,指用手推拉的方式驱动的二轮或独轮车;二是三轮车,指人力驱动的有三个车轮的车辆,可分为三轮客车和三轮货车;三是畜力车,指用畜力驱动的车辆;四是残疾人专用车,指专为下肢残疾人设计使用的单人代步车辆,分为人力和机器驱动两种。

目前,非机动车在我国道路交通中占有重要地位,尤其是自行车,由于它经济实用、方便省力、机动灵活、节约能源,无论是在城市还是在农村都是人们不可缺少的交通工具,在我国人口众多、土地资源宝贵的情况下,自行车将会在很长时间内有着较强的生命力。

（7）行人和乘车人交通秩序管理。

步行和乘坐交通工具出行是人类生活中不可缺少的、重要的交通活动。行人和乘车人能自觉遵守交通法规,文明行走,文明乘车,礼貌相让,令行禁止,既是交通有序状态的具体体现,也反映了交通参与者的文明程度。加强行人和乘车人交通秩序的管理,既可以减少交通事故,又是精神文明建设和法制建设的需要,同时也是社会文明程度的具体体现。

（8）车辆及其驾驶员。

交通事故已发展成为一个严重的社会问题。交通事故不仅给国家和人民造成严重的损失,也给很多家庭带来痛苦和不幸,同时也影响社会的安定。因此,公安机关交通管理部门通过车辆注册登记,确认上路资格,加强对车辆和驾驶员的资格管理,采取年检、年审,老、旧车及时报废,加强对驾驶员的教育等有效措施,大力预防和减少因车辆和驾驶员原因造成的交通事故,对于保障人民生命财产的安全,促进社会的安定具有重要的意义。社区车辆管理主要是协助公安交通管理部门做好车辆和驾驶员的管理工作,发现无牌无证车辆或其他可疑车辆及时向公安机关交通管理部门报告。车辆与驾驶员管理可分为机动车辆与驾驶员管理和非机动车辆与驾车人管理两部分。

2）社区静态交通管理

车辆除了在道路上行驶以外,还有停止状态,而且在一定程度上会影响行车的顺畅。"行车难"与"停车难"是一对连体兄弟。因此,对社区交通秩序管理不仅要考虑车辆在道路上的运行秩序,同时还要注意车辆在停止状态的秩序。因此,重视和加强静态交通秩序即车辆停放秩序的管理,也是社区交通秩序管理的一项重要工作和内容。此外,一些不以交通为目的在道路上设摊、施工,而影响原道路通行的人或物的非交通性障碍也属于社区静态交通秩序管理的内容。

（1）停车秩序管理。城市中的机动车、非机动车停车场地的设置与合理分布问题，当前已成为城市建设中亟待解决的问题。停车场选址不当，将影响居民的生活、学习和休息环境，诱发治安和交通事故，其分布位置和用地大小的确定，既要从近期着眼，又要为远期发展留有余地，同时停车场的设置地点应结合城市用地功能分区和道路交通组织需要，力求均衡分布，并与城市道路网有机结合。

不同类型的停车场，其服务对象、场地位置、建筑类别和管理方式不尽相同。为了明确各类停车场的使用功能，便于统筹规划、建设和管理，有必要对停车场进行合理分类。

按管理方式分类，可分为免费停车场、收费停车场、限时停车场、限时免费停车场、指定停车场。

按建筑类型分类，可分为地面停车场、地下停车场、地上停车场、多用停车库、机械式停车库。

按车辆类型分类，可以分为机动车停车场和非机动车停车场两种。

按服务对象分类，可分为社会停车场、配建停车场、专用停车场。

按场地位置分类，可分为路上停车场、路边停车场和路外停车场。

一是机动车停车场的规划。车场的设置应结合城市规划布局与道路交通规划的需求来确定，力求分布均衡，并与土地利用及路网分布有机结合。

二是车辆的停放方式。停车场内车辆的停放方式，与停车面积的计算、车位的组合，以及停车场的设计等有关系。车辆的停放按与通道的关系可分为三种类型，即平行式、垂直式和斜放式。

平行式。车辆平行于通行道的方向停放。这种方式的特点是所需停车带较窄，驶出车辆方便、迅速，但占地最长，单位长度内停放的车辆数最少。

垂直式。车辆垂直于车行道停放。此种方式的特点是单位长度内停放的车辆数最多，用地比较紧凑，但停车带占地较宽（需要按大型车的车身长度为标准设计），且在进出停车位时，需要倒车一次，因而要求通道至少有道宽。布置时可两边停车，合用中间一条车道。

斜放式。车辆与车道成角度停放。此种方式一般按 30°、45°、60° 三种角度停放。其特点是停车带的宽度随车身长度和停放角度的不同而不同，适宜于场地受限制时采用。以这种方式停放车辆时出入及停车均较方便，故有利于迅速停置和疏散。其缺点是单位停车面积比垂直停放方式要多，特别是 30° 停放时，用地最贵，故较少采用。

以上三种停放方式各有优缺点，选用何种方式布置为宜，应根据停车场的性质、疏散要求和用地条件等因素综合考虑。一般当车辆系随来随走，车辆停放、驶离时间均不等时（如大型商店、公园、车站等处的停车场），宜采用垂直式；当车辆系分散来集中走时（如体育场、影剧院等处的停车场），为了节约车场用地，可考虑车辆前后紧靠的平行式停放。

三是机动车停车场管理。机动车停车场的管理是指对路上路边停车或路外停车进行限制与控制,从而提高城市中心商业区或其他停车需求突出的地方的停车位周转率,减少上述地区的交通总量,减少交通拥挤及事故的一种交通管理措施。停车场管理通常具有停车收费和违规罚款权利,这样一来可以增加一些财政收入,用它来建造更多的停车场,以解决城市静态交通问题。主要包括:路外停车场管理,路上、路边停车场管理,临时停车场管理。

四是机动车的停放管理。机动车停放管理是指社区管理部门依据有关交通法规,对在道路上停放和欲停放车辆所进行的管理。主要包括:禁止停放的管理、允许停放的管理。

五是非机动车停放的组织与管理。由于自行车体积小,使用灵活,对停放场地的形状和大小要求比较自由,在以自行车为主要交通工具的城市,自行车停车场非常缺乏,特别是在大型公共建筑、影剧院、体育场等附近的自行车停车场,往往不够使用,造成自行车到处停放,侵占市区主要干道和人行道(甚至侵占非机动车道),把行人挤到车行道,既妨碍道路交通,威胁行人安全,又影响市容。因此,在进行自行车管理的同时,首先要有规划设计,如城市规划中设计大型公共建筑时,必须根据具体条件设计合理的自行车停车场。其主要类型包括:固定的、经常性的专用停车场,临时性的停车场,街道边的停车场,快慢车停车带上的停车场。

(2)非交通性障碍秩序管理。凡不以交通为行为目的且在道路上从事设摊、施工等活动,而影响原道路通行的人或物,被称为非交通性障碍,对这些障碍实施约束、限制、禁止的管理措施,则称为非交通性障碍秩序管理。按照非交通性障碍的存在形式不同,可分为以下几类:工程性障碍,即因挖掘道路影响车辆和行人的正常通行而引起的交通障碍;占道性障碍,即因临时堆物、搭建、临时或固定摊位等非交通性活动而引起的交通障碍;流动性障碍,即因流动摊贩、移动性施工车辆等非交通性活动引起的交通障碍。

非交通性障碍秩序管理所属机构:公安机关、道路建设管理部门、道路规划管理部门。

非交通性障碍秩序管理的内容:对道路施工的监督,对摊贩的秩序管理,对沿街单位、居民的秩序管理。坐落在街道两侧的工厂、企业、公司、机关、学校等称为沿街单位。固定居住在街道两侧的市民称为沿街居民。

1.2.2 体育运动安全

案例 1-2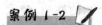

体育课中的两起摔伤事故

【案情经过】

案例一:某一年级的一节体育课上,学生在教师的带领下沿着篮球场慢跑两圈之后,教师示范并带领学生进行关节操活动。之后,按小组进行不同器材的活动。其中一组小朋友被分到了跷跷板,教师讲解了注意事项,并请学生示范,一边只能坐一个小朋友。但是,当教师在讲解其他活动器材时,跷跷板那个小组的学生早就已经爬满了整个跷跷板,左右每边都有三四名学生。其中有一个学生在上下跷动的过程中摔在了地上。虽然地上是铺了橡胶的安全垫,但是毕竟小孩子的骨头比较脆弱。在医院检查之后为骨折,之后进行了手术以及恢复。

案例二:在某学校的四年级体育课的最后 6 分钟时间里,体育教师要求学生放松地在操场走一圈,其中一名学生在走的过程中不小心摔了一跤。送往医院检查后为胯骨脱臼。

【原因分析】

案例一的原因是教师的组织不得当以及学生课堂常规管理的薄弱,导致了最终的受伤。如果在平时的课堂中,教师的常规管理到位,那么学生分组活动时,也不会出现这样没有秩序的结果。摔跤在体育课堂中出现的频率是很高的。但是,这样的摔跤却是不合理的,哪怕这次学生摔了没事,可还有下一次,不能保证每次运气都那么好。而案例二中学生之所以摔跤,主要原因可能就是这位学生的体质不太好,在一节课的活动之后,腿有些软,就摔了;或者是由于在走的时候几个同学相互嬉闹,才导致摔跤。

1. 体育运动安全

参加体育运动的目的是为了增强体质,增进身心健康。在体育锻炼时,没有采取预防,可能发生各种的伤害事故。[①] 各项运动都有相应的技术特点,人体各个部位的负荷量也随项目的不同而不同。因此,各运动项目都有它的易受伤部位。

(1)运动中身体直接接触球等运动元素项目损伤特点。直接接触运动元素项目有篮球、足球、排球、手球、水球等项目,这类项目共同点是,身体某一部位直接接触运动元素,身体某一部位或全身直接参与外力的缓冲,这样容易造成身体某一部位受伤。其损伤特点:①踝关节损伤,皆因进行身体冲撞和激烈对抗而造成。运动中踝关节损伤是直接元素项目最常见的运动损伤,原因是多方面的,首先,大多数是因腾空后脱离自身的中心位置,使得脚在触地时不能与地面水平或落地时踩到别人的脚上所致;其次,是技术动作不规范和身体冲撞造成的。②膝关节是人体中关节面最大、负重较多、保护结构相对较少、结构最复杂、不甚稳定的一个滑车椭圆形关节。[②] 急停跳起投篮或跳起抢篮板等动作,或足球快速过人和激烈的抢断,易造成此类损伤。③肩肘部的损伤。原因是在用力击球时,你的"肘关节"超过了"肩关节",使得肩部肌肉和韧带被过分拉长,以致出现肌肉拉伤

---

① 胡来东,甄子会,郭凡清. 从运动安全角度对各项目损伤特点归类研究[J].黑龙江科技信息,2011(16):176

② 王步标.人体生理学[M].北京:高等教育出版社,1994

的现象。④腕、指关节的损伤。原因是多数因球撞击所致,主要是接球或断球时手的动作不正确,手指过于紧张造成的。篮、排、手球充气过足,也容易使手指挫伤。摔倒时用手臂支撑会造成手腕挫伤和桡骨、尺骨骨折。

(2)运动中身体间接接触球等运动元素项目损伤特点。间接接触球等运动元素是指乒乓球、网球、羽毛球、曲棍球、冰球、高尔夫球、保龄球、桌球等。这类项目共同点是身体某一部位间接接触运动元素,身体某一部位或全身间接参与外力的缓冲,这样不容易造成身体某一部位受伤,受伤的部位常与项目有关。最常见损伤有:腰部、肩部、肘部。其损伤特点:①腰部损伤,小球运动的技术特点,要求腰部处于不断地过屈或过伸运动中。在重复做这些动作中,腰很容易受到损伤。②肩部损伤也是在网球、羽毛球、乒乓球等间接项目中多发的一种损伤,由于在小球、曲棍球、冰球、棒球、垒球运动的各项技术中,无论是正反手击球或劈吊球,都需要臂后引,胸舒展。③肘部损伤其原因是很多控制手指,手腕和前臂运动的肌肉都附着在肘关节周围。在网球、羽毛球技术动作中,屈腕、旋前臂的动作比较多。因此,在网球、羽毛球运动中,加强保护肘关节和预防受伤是十分必要的。

(3)运动中以身体动态来表现的项目损伤特点。动态表现项目有武术套路、体操、游泳、健美操、体育舞蹈、速滑、轮滑、滑雪、形体运动等。其损伤特点为:①软组织损伤,主要征象为表皮剥脱,有少量出血和组织液渗出。如受刀、剑打击而引起的裂伤、刺伤、切伤等。深的切伤可切断大血管、神经、肌腱等组织。这些损伤的特点是有出血和伤口,所以处理时必须进行止血和保护伤口。②挫伤,人体某部位遭受钝性暴力作用而引起该处及其深部组织的闭合性损伤,称为挫伤,又称撞伤,如在单杠练习时,不慎掉杠。③关节的脱位或韧带损伤常常是武术、体操、滑雪运动员在不好的落地姿势或跌倒所导致的损伤。肩关节的脱位较多。肘与手腕次之。膝关节偶发。如武术运动员在跳跃动作时,落地不慎而引发的脚踝扭伤。④颈椎损伤多发生在难度较大的各种体操动作中或武术中的旋子720度等。因此在学习难度动作时,应该采用保险带,专人保护,垫子也应用足够的长度及厚度。

(4)运动中以身体静态来表现的项目损伤特点。静态表现类有健美、瑜伽、射箭、射击运动等。归结起来,静态表现类项目损伤有肌肉、韧带拉伤、腰肩痛、视疲劳等。其损伤特点为:①肌肉、韧带拉伤,健美、瑜伽项目由于准备活动不当,某部肌肉的生理机能尚未达到适应运动所需的状态;训练水平不够,肌肉的弹性和力量较差;动作过猛或粗暴;气温过低湿度太大,场地或器械的质量不良等都可以引起肌肉、韧带拉伤。②腰肩痛,射箭、射击运动中,长时间拉弓、举枪后静止瞄准后可以射击,由于这样的动作造成对腰椎、肩轴维持静止要求很高,所以容易引起腰肩痛。视觉疲劳是由于长期近距离目视之后出现视模糊、眼胀、干涩、流泪、眼眶酸痛等眼部症状及头痛、眩晕、恶心、烦躁、乏力等全身不适应的一种综合征。射箭、射击运动由于长时间训练瞄准、盯准移动物等,容易产生视觉疲劳。

（5）运动中以身体为击打目标的项目损伤特点。散打、拳击、击剑、跆拳道、柔道、空手道、泰拳等属于此类项目。其损伤特点为：①手部损伤，散打、拳击、跆拳道、柔道、空手道、泰拳比赛时运动员一手握拳在前，后手拳是运动员力量所在，出拳凶猛有力、爆发力强，击打后所承受的反作用力亦大，因此，运动员后手往往更易受伤。②关节急性损伤，腕、肘、肩、膝、踝关节伸屈有一定的程度，如果超出程度范围或急性伸屈，就会造成损伤。③腰椎间盘突，是由于运动是造成外伤、长期运动劳累、劳损、用力不协调、姿势不当等原因导致的椎间盘组织退变、纤维环破裂，"髓核"从破裂处突出，压迫相邻的神经根、脊髓，造成周围组织水肿、椎管狭窄、脊柱侧弯等。

2. 常见运动损伤的应急处理

运动损伤多见于年轻人群，他们热爱运动，积极参与各项体育活动，但常常因缺乏一定的运动训练卫生知识和出现运动损伤后的应急措施，而对伤者造成不必要的痛苦，严重者甚至导致终身遗憾。

（1）擦伤，即皮肤的表皮擦伤。如擦伤部位较浅，只需涂红药水即可；如擦伤创面较脏或有渗血时，应用生理盐水清创后再涂上红药水或紫药水。

（2）肌肉拉伤，指肌纤维撕裂而致的损伤。主要是由于运动过度或热身不足造成，可根据疼痛程度知道受伤的轻重，一旦出现痛感应立即停止运动，并在痛点敷上冰块或冷毛巾，保持 30 分钟，以使小血管收缩，减少局部充血、水肿。切忌搓揉及热敷。

（3）挫伤，由于身体局部受到钝器打击而引起的组织损伤。轻度损伤不需特殊处理，经冷敷处理 24 小时后可用活血化瘀叮剂，局部可用伤湿止痛膏贴上，在伤后第一天予以冷敷，第二天热敷。约一周后可吸收消失。较重的挫伤可用云南白药加白酒调敷伤处并包扎，隔日换药一次，每日理疗 2～3 次。

（4）扭伤，由于关节部位突然过猛扭转，拧扭了附在关节外面的韧带及肌腱所致。多发生在踝节、膝关节、腕关节及腰部，不同部位的扭伤，其治疗方法也不同。对急性腰扭伤，可让患者仰卧在垫得较厚的木床上，腰下垫一个枕头，先冷敷，后热敷。对关节扭伤踝关节、膝关节、腕关节扭伤时，将扭伤部位垫高，先冷敷 2～3 天后再热敷。如扭伤部位肿胀、皮肤青紫和疼痛，可用陈醋半斤炖热后用毛巾蘸敷伤处，每天 2～3 次，每次10 分钟。

（5）脱臼，即关节脱位。一旦发生脱臼，应嘱病人保持安静、不要活动，更不可揉搓脱臼部位。如脱臼部位在肩部，可把患者肘部弯成直角，再用三角巾把前臂和肘部托起，挂在颈上，再用一条宽带缠过脑部，在对侧脑作结。如脱臼部位在髋部，则应立即让病人躺在软卧上送往医院。

（6）骨折，常见骨折分为两种：一种是皮肤不破，没有伤口，断骨不与外界相通，称为闭合性骨折;另一种是骨头的尖端穿过皮肤,有伤口与外界相通,称为开放性骨折。对开放性骨折,不可用手回纳,以免引起骨髓炎,应用消毒纱布对伤口作初步包扎、止血后,再用平木板固定送医院处理。骨折后肢体不稳定,容易移动,会加重损伤和剧烈疼痛,可找木板、塑料板等将肢体骨折部位的上、下两个关节固定起来。如一时找不到固定的材料,骨折在上肢者,可屈曲肘关节固定于躯干上;骨折在下肢者,可伸直腿足,固定于对侧的肢体上。怀疑脊柱有骨折者,须早卧在门板或担架上,躯干四周用衣服、被单等垫好不要使其移动,不能抬伤者头部,这样会引起伤者脊髓损伤或发生截瘫。昏迷者应俯卧,头转向一侧,以免呕吐时将呕吐物吸入肺内。怀疑颈椎骨折时,须在头颈两侧置一枕头或扶持患者头颈部,不使其在运输途中发生晃动。

1.2.3　家居安全

家居安全主要包括:家庭火灾预防、家庭触电预防、食物中毒预防、煤气中毒预防、室内污染预防、烧伤和烫伤预防、预防中暑、家庭防盗、家庭暴力、急救和逃生、用药安全等内容。

1. 家居安全识别

家居安全识别可以分卧室、客厅、餐厅、浴室、厨房、阳台与楼梯分别进行识别。

2. 自救逃生

2010 年上海"11·15"大火之后,国人悲恸、哀悼之余,心中多有不安。人们纷纷自问:如果我所处的高楼发生火灾,该怎么办? 在发达国家,要回答这个问题并不困难,你只要参加几次实战演习就可以了。比如在日本,消防演习是从娃娃抓起的。日本的小学,每个学期都会有一次消防演习,校长毫无预警地拉响火灾警报,学生们立即跟着老师,采取正确的姿势跑出教室,到操场集合。但是在我国,这样的演习机会非常少,想通过消防演习找到答案似乎并无可能。没有人组织演习,那就只能靠自己:开动你的想象力,假设你所处的大楼忽然失火,你该采取何种行动应对?

1.2.4　老年人安全

老年人安全主要包括:跌倒预防、老年人交通安全、自杀预防、用电安全、家居安全、病患者关注等内容。当前,在社区中比较典型是老年人跌倒问题。

跌倒是指突发、不自主的、非故意的体位改变,倒在地上或更低的平面上。按照国际疾病分类法(ICD—10)对跌倒的分类,跌倒包括以下两类:①从一个平面至另一个平面的跌落;②同一平面的跌倒。

跌倒是我国伤害死亡的第四位原因,而在 65 岁以上的老年人中则为首位。老年人跌倒死亡率随年龄的增加急剧上升。跌倒除了导致老年人死亡外，还导致大量残疾，并且影响老年人的身心健康。如跌倒后的恐惧心理可以降低老年人的活动能力，使其活动范围受限，生活质量下降。

老年人跌倒的发生并不是一种意外，而是存在潜在的危险因素，老年人跌倒是可以预防和控制的。在西方发达国家，已经在预防老年人跌倒方面进行了积极的干预，大大降低了老年人跌倒的发生。下面从公共卫生角度总结了国内外老年人跌倒预防控制的证据和经验，提出了干预措施和方法，以期对从事老年人跌倒预防工作的人员和部门提供技术支持，有效地降低老年人跌倒的发生。

1. 老年人跌倒流行状况

老年人跌倒发生率高、后果严重，是老年人伤残和死亡的重要原因之一。据美国疾病预防控制中心 2006 年公布数据显示：美国每年有 30% 的 65 岁以上老年人出现跌倒。随着美国老龄化的发展，直接死于跌倒的人数从 2003 年的 13 700 人上升到 2006 年的 15 802 人。此外，报道还显示：在过去的 3 个月中，580 万 65 岁以上老人有过不止一次的跌倒经历。一年中，180 万 65 岁以上老人因跌倒导致活动受限或到医院就诊。2006 年全国疾病监测系统死因监测数据显示：我国 65 岁以上老年人跌倒死亡率男性为 49.56 人/10 万人，女性为 52.80 人/10 万人。

老年人跌倒造成沉重的疾病负担。仅 2002 年，美国老年人因跌倒致死就有 12 800 人，每年因跌倒造成的医疗总费用超过 200 亿美元，估计到 2020 年因跌倒造成的医疗总费用将超过 320 亿美元；在澳大利亚，2001 年，用于老年人跌倒的医疗支出达到 0.86 亿澳元，估计 2021 年将达到 1.81 亿澳元。

如今，我国已进入老龄化社会，65 岁及以上老年人已达 1.5 亿。按 30% 的发生率估算每年将有 4 000 多万老年人至少发生 1 次跌倒。严重威胁着老年人的身心健康、日常活动及独立生活能力，也增加了家庭和社会的负担。

2. 老年人跌倒危险因素

老年人跌倒既有内在的危险因素，也有外在的危险因素，老年人跌倒是多因素交互作用的结果。

1）内在危险因素

（1）生理因素。生理因素主要包括：

一是步态和平衡功能。步态的稳定性下降和平衡功能受损是引发老年人跌倒的主要原因。步态的步高、步长、连续性、直线性、平稳性等特征与老年人跌倒危险性之间存在密切相关性。一方面，老年人为弥补其活动能力的下降，可能会采取更加谨慎地缓慢踱步行走，造成步幅变短、行走不连续、脚不能抬到一个合适的高度，引发跌倒的危险性增加；另一方面，老年人中枢控制能力下降，对比感觉降低，驱赶摇摆较大，反应能力下降、反应时间延长，平衡能力、协同运动能力下降，从而导致跌倒危险性增加。

　　二是感觉系统。感觉系统包括视觉、听觉、触觉、前庭及本体感觉,通过影响传入中枢神经系统的信息,影响机体的平衡功能。老年人常表现为视力、视觉分辨率、视觉的空间/深度感及视敏度下降,并且随年龄的增长而急剧下降,从而增加跌倒的危险性;老年性传导性听力损失、老年性耳聋甚至耳垢堆积也会影响听力,有听力问题的老年人很难听到有关跌倒危险的警告声音,听到声音后的反应时间延长,也增加了跌倒的危险性;老年人触觉下降,前庭功能和本体感觉退行性减退,导致老年人平衡能力降低,以上各类情况均增加跌倒的危险性。

　　三是中枢神经系统。中枢神经系统的退变往往影响智力、肌力、肌张力、感觉、反应能力、反应时间、平衡能力、步态及协同运动能力,使跌倒的危险性增加。例如,随年龄增加,踝关节的躯体震动感和踝反射随拇指的位置感觉一起降低而导致平衡能力下降。

　　四是骨骼肌肉系统。老年人骨骼、关节、韧带及肌肉的结构、功能损害和退化是引发跌倒的常见原因。骨骼肌肉系统功能退化会影响老年人的活动能力、步态的敏捷性、力量和耐受性,使老年人举步时抬脚不高、行走缓慢、不稳,导致跌倒危险性增加。老年人股四头肌力量的减弱与跌倒之间的关联具有显著性。老年人骨质疏松会使与跌倒相关的骨折危险性增加,尤其是跌倒导致髋部骨折的危险性增加。

　　(2)病理因素。病理因素主要包括:

　　一是神经系统疾病。卒中、帕金森病、脊椎病、小脑疾病、前庭疾病、外周神经系统病变。

　　二是心血管疾病。体位性低血压、脑梗死、小血管缺血性病变等。

　　三是影响视力的眼部疾病。白内障、偏盲、青光眼、黄斑变性。

　　四是心理及认知因素。痴呆(尤其是 Alzheimer 型)、抑郁症。

　　五是其他。昏厥、眩晕、惊厥、偏瘫、足部疾病及足或脚趾的畸形等都会影响机体的平衡功能、稳定性、协调性,导致神经反射时间延长和步态紊乱。感染、肺炎及其他呼吸道疾病、血氧不足、贫血、脱水以及电解质平衡紊乱均会导致机体的代偿能力不足,常使机体的稳定能力暂时受损。老年人泌尿系统疾病或其他因伴随尿频、尿急、尿失禁等症状而匆忙去洗手间、排尿性晕厥等也会增加跌倒的危险性。

　　(3)药物因素。研究发现,是否服药、药物的剂量,以及复方药都可能引起跌倒。很多药物可以影响人的神智、精神、视觉、步态、平衡等方面而引起跌倒。可能引起跌倒的药物包括:一是精神类药物:抗抑郁药、抗焦虑药、催眠药、抗惊厥药、安定药。二是心血管药物:抗高血压药、利尿剂、血管扩张药。三是其他药物:降糖药、非甾体类抗炎药、镇痛剂、多巴胺类药物、抗帕金森病药。药物因素与老年人跌倒的关联强度见表1-1。

表 1-1　药物因素与老年人跌倒的关联强度表

因　　素	关联强度	因　　素	关联强度
精神类药	强	降糖药	弱
抗高血压药	弱	使用四种以上的药物	强

（4）心理因素。沮丧、抑郁、焦虑、情绪不佳及其导致的与社会的隔离均增加跌倒的危险。沮丧可能会削弱老年人的注意力，潜在的心理状态混乱也和沮丧相关，都会导致老年人对环境危险因素的感知和反应能力下降。另外，害怕跌倒也使行为能力降低，行动受到限制，从而影响步态和平衡能力而增加跌倒的危险。

2）外在危险因素

① 环境因素。昏暗的灯光，湿滑、不平坦的路面，在步行途中的障碍物，不合适的家具高度和摆放位置，楼梯台阶，卫生间没有扶栏、把手等都可能增加跌倒的危险，不合适的鞋子和行走辅助工具也与跌倒有关。室外的危险因素包括台阶和人行道缺乏修缮，雨雪天气、拥挤等都可能引起老年人跌倒。

② 社会因素。老年人所受的教育和收入水平、卫生保健水平、享受社会服务和卫生服务的途径、室外环境的安全设计，以及老年人是否独居、与社会的交往和联系程度都会影响其跌倒的发生率。

1.2.5　工作场所安全

工作场所安全的内容包括：电气安全、机械安全、火灾、爆炸、特种设备、职业病、办公室安全、建筑安全、危险化学品安全、民工安全等。主要以办公室安全为例进行说明。

1. 办公环境中潜在的健康、安全隐患（表 1-2）

表 1-2　办公环境中潜在的健康、安全隐患列表

1. 过度拥挤。	17. 设备未接地。
2. 办公家具和设备摆放不当。	18. 绝缘不彻底。
3. 拖拽的电话线或者电线。	19. 电路负荷太大。
4. 档案柜、橱柜及没有关上抽屉挡住通道。	20. 没有保险板或者保险板松开。
5. 家具或设备有突出的棱角。	21. 设备从桌上掉下来。
6. 楼梯上没有扶手或扶手已破坏。	22. 抬举重物。
7. 地板打滑。	23. 对已发现的危险的记录不完全。
8. 柜橱顶端的抽屉堆放的东西太多导致其倾倒。	24. 安全出口被阻塞。
9. 站在旋椅上取放东西。	25. 用易燃材料做烟灰缸。
10. 在一个密闭的容器里烧水和倒热水。	26. 当发生火灾的时候，火灾警报或者灭火设备失灵。
11. 在不会操作和没有指导的情况下使用设备。	27. 防火门被锁住、打不开或者平时开着。
12. 清洗液随便放在屋内，而且没有封口。	28. 火灾疏散注意事项不完整或者没有。
13. 许多废纸堆放在办公室的一角。	29. 抱着大堆文件行走，视线被阻碍。
14. 器械破损或有危险。	30. 光线不足或者光线刺眼。
15. 电线错综复杂地绕在身边和脚边，插线板上插满插头，有漏电的危险。	31. 窝在昏暗的角落里办公，长时间看电脑，使双眼经常处于疲劳状态。
16. 接线松开或损坏。	

2. 如何排除办公室安全隐患

一是设计安全措施；

二是养成安全的工作习惯；

三是定期检查及时整改。

1.2.6　公共场所安全

公共场所是指社会成员都可以自由往来、停留、涉足,进行共同活动的场所。

公共场所安全主要包括：火灾、食品中毒、拥挤、踩踏、传染病、中暑、自然灾害、公共设施安全、环境安全等内容。目前,在公共场所发生较多的是火灾、食品中毒和踩踏事件。

1. 社区公共场所的种类

依据《公共场所卫生管理条例》第二条的规定,公共场所主要包括下列几类：

(1) 宾馆、饭馆、旅店、招待所、车马店、咖啡馆、酒吧、茶座；

(2) 公共浴室、理发店、美容店；

(3) 影剧院、录像厅(室)、游艺厅(室)、舞厅、音乐厅；

(4) 体育场(馆)、游泳场(馆)、公园；

(5) 展览馆、博物馆、美术馆、图书馆；

(6) 商场(店)、书店；

(7) 候诊室、候车(机、船)室、公共交通工具。

2. 社区公共场所的特点

(1) 复杂性。社区公共场所自身的经营结构、涉足人员和容易出现的治安问题等各方面都具有复杂的因素。主要表现为：经营结构复杂、涉足人员复杂、场所复杂。

(2) 流动性。社区公共场所的流动性表现为：人员流动性大,财物流动性大,信息交流量大、速度快。

(3) 影响社会意识。社区公共场所内的文化、娱乐、体育活动及其变化,对人们的社会意识会产生一定程度的影响,而且在社区公共场所各种社会活动的过程中,人们的频繁交往、相互之间的交流和影响也会使人们的社会意识产生微妙的变化。

(4) 涉外性强。经济全球化和旅游业的发展,致使国际交往日渐增多,且在广度和深度上均不断扩展。外国人参加社区公共场所的各种活动越来越多,就不可避免地会发生一些涉外的治安问题。对涉外治安问题需要慎重对待和处理,否则往往会形成外交问题。

3. 当前社区公共场所存在的主要问题

当前,社区公共场所呈现面广、量大的新特点,大量社区公共场所的存在促进了社会经济发展,在为人们的生活提供服务和方便的同时,也在客观上产生了不少的治安问题。在部分社区公共场所内治安秩序、消防安全成为社会关注的热点。

4. 社区公共场所安全隐患存在的原因

一是一些场所法人代表过度强调经济效益,忽视消防安全工作,消防法制观念淡薄,个别场所甚至未经消防部门审核同意,擅自违章经营。

二是部分公共娱乐场所建筑结构条件差、疏散通道不畅、消防水源缺乏、可燃装修材料多。

三是近年来利用人防工程作为社区公共场所的现象日渐增多,而此类场所疏散条件差,消防设施不配套,发生火灾后扑救极为困难,易造成大量人员伤亡事故。

四是城市公共消防设施落后且不配套,影响了社区公共场所的治安、消防管理。

1.2.7　涉水安全

涉水安全的主要内容包括:游泳安全、天然水域安全、人工湖安全、饮用水安全等内容。在城市社区发生较多是游泳安全和饮用水安全;在农村社区发生较多是天然水域安全事件。

1.2.8　儿童安全

儿童安全的主要内容包括:家居安全、交通安全、户外安全、游泳安全、玩具安全、烟花爆竹安全、家庭暴力等内容。当前,比较典型的儿童安全问题是儿童道路交通伤害和溺水。下面以儿童溺水干预技术为例进行分析。

儿童溺水是指儿童呼吸道淹没或浸泡于液体中,产生呼吸道等损伤的过程。溺水2 分钟后,便会失去意识,4～6 分钟后神经系统便遭受不可逆的损伤。溺水结局分为死亡、病态和非病态。根据国际疾病分类法第 10 版本(ICD—10),溺水分为故意性、非故意性和意图不确定三类。故意溺水包括用淹溺和沉没方式故意自害(X71)、用淹溺和沉没方式加害(X92);非故意性溺水包括意外淹溺和沉没(W65～W74)、自然灾害(X34～X39)和水上运输事故(V90～V92);意图不确定溺水(Y21)。

在全球范围内,溺水是儿童伤害的第二位死因,而在东南亚国家,溺水是儿童伤害死亡的首要原因。全世界每年有 17.5 万名 0～19 岁儿童青少年因溺水而死亡,其中,97%发生在中低收入国家。但死亡并非溺水的唯一结局,2004 年全球 0～14 岁儿童非致死性溺水有 200 万～300 万人,其中,至少 5%住院治疗者留有严重神经损伤,并导致终身残疾,给家庭带来情感和经济上的严重负担。在孟加拉国农村 1～4 岁的儿童中,非致死性溺水人数占总溺水人数的 72.1%。我国统计数据表明,2000—2007 年期间,溺水是儿童伤害死亡的首位原因,占儿童伤害死亡的近 50%。因此,儿童溺水严重威胁了我国儿童的生命和健康,已成为重要的公共卫生问题之一,儿童溺水的干预也迫在眉睫。

1.2.9　学校安全

学校安全主要包括:学校宿舍安全、食品卫生安全、学生交通安全、教室安全、实验室安全、体育活动安全、校内(外)集体活动安全、网络交友安全、预防校园吸毒、预防校园暴力、心理健康等内容。当前,学校安全中比较典型的是实验室安全。

1. 实验室安全隐患

实验室安全隐患包括:单就高等学校而言,实验室多、分散,实验使用种类繁多的化学药品以及多种易燃、易爆、有毒物质甚至是剧毒物品;有的实验要在高温度、高压力或者超低温、真空、强磁、微波、辐射、高电压和高转速等特殊环境下或条件下进行;此外,实验过程产生的"三废"物质,过期或失效试剂、药品的处理不当构成环境污染。

1) 硬件方面

(1) 消防设施配备不足,而现有消防设施又因陈旧老化不能正常使用,存在较多的火灾隐患。

(2) 实验室用房紧张,一些利用教学用房或办公用房进行简单改造,一些简陋房内存放大量贵重设备,导致设备的安全操作距离不够。一些需要分开存放的物品(如化学试剂等)不能完全做到分开存放。

(3) 环保设施不能满足要求。一些会产生有毒气体的实验室临时采用排气扇通风,一些废水没有进行处理就直接排放。

(4) 缺乏应急保障系统,一些重要实验设备使用中突然停电,造成设备损坏甚至报废。发生烧伤、烫伤等意外事故,不能及时施救。

2) 软件方面

(1) 安全意识淡薄,目前大多数高校都认为教学科研工作是学校发展的重中之重,没有安全环保的思想。认为只要实验室工作人员注意了就出不了大事。

(2) 安全制度不严,随着高校的扩招,实验室紧张,甚至超负荷运转,致使实验室的安全管理制度没有落到实处,现有制度缺乏检查督促。

(3) 管理人员业务素质不高,高校招生规模的扩大,也导致高校实验室工作人员缺乏,聘请临时工或请学生到实验室勤工俭学,对聘请的临时工和学生缺乏实验室安全教育和监管,这些都给实验室的安全留下了隐患。

3）实验室"三废"

由于实验室经费紧张，一些实验室没有废液、废渣处理设施，实验室里随手乱倒废液、废渣的现象非常普遍。实验排放物中有大多是剧毒的（致畸形、致癌）污染物和酸、碱化合物，这些排放出来的废液、废渣污染物，长时间的积累后就会对周边环境（水环境、大气环境、土壤环境和生态环境）和人体健康、安全造成严重影响。

2．实验室事故类型及原因

1）火灾事故

实验室引起火灾的主要原因有：①设备或电器具通电时间过长，温度过高；②操作不慎或使用不当，使火源接触易燃物质；③供电线路老化、超负荷运行，导致线路发热；④乱扔烟头，接触易燃物质。

2）爆炸事故

引起爆炸事故的主要原因是：①违反操作规程，引燃易燃物品，进而导致爆炸；②压力容器等实验设备老化，存在故障或缺陷；③易燃易爆物品泄漏，遇火花而引起爆炸。

3）毒害事故

造成毒害事故的主要原因是：①违反操作规程，将食物带进有毒物的实验室，造成误食中毒；②设备设施老化，存在故障或缺陷，造成有毒物质泄漏或有毒气体排放不出，酿成中毒；③管理不善，造成有毒物品散落流失，引起环境污染；④废水排放管路受阻或失修改道，造成有毒废水未经处理而流出，引起环境污染。

4）机电伤人事故

机电伤人事故多发生在有高速旋转或冲击运动的机械实验，或带电作业的电气实验室和一些有高温产生的实验。事故表现和原因：①操作不当或缺少防护，造成挤压、甩脱和碰撞伤人；②违反操作规程或因设备设施老化而存在故障和缺陷，造成漏电触电和电弧火花伤人；③使用不当造成高温气体、液体对人的伤害。

5）设备损坏性事故

设备损坏性事故多发生在用电加热的实验室。事故表现和原因：由于线路故障或雷击造成突然停电，致使被加热的介质不能按要求恢复原来状态造成设备损坏。

此外，在《安全社区建设基本要求（AQ/T 9001—2006）》中还增加了消防安全、社会治安、防灾减灾与环境安全。

1.3　社区安全研究方法

社区安全学是安全学的一个分支，也是一门自然科学与社会科学交叉的学科，开展社区安全问题研究必须综合运用自然科学和社会科学的常用方法。从总体来看，可分为定量研究方法和定性研究方法两种。

1.3.1 何谓研究

经常可以听到"研究"这个词,在听到它时,多数人都会将其与科学家在实验室所从事的科学工作联系起来,并且认为研究超出了日常生活,是极少数高素质研究人员从事的工作。然而,实际生活中的很多人或者已经在从事研究,或者可以很容易地开始研究。那么,何谓研究呢?

1. 什么是研究

研究是发现新知识,或者是对现有知识进行更深层次理解的活动。[①] 通常,研究需要一步步地缓慢向前推进,而不是一蹴而就。总是希望通过研究能够解决所有问题的想法是不现实的。研究不等同于(经验)数据收集,它是一个包括数据收集、数据分析,以及得出结论的完整过程。综合和深入的研究很可能会产生理论。绝大多数研究都以精确的观察为基础。绝大多数人都在经常性地收集数据。

按研究领域划分,研究可以分为自然科学和社会科学。自然科学是研究自然界中的有机物或者无机物,及其现象的科学,又可以被进一步细分为物理学、化学、天文学、生物学以及地球科学等。社会科学是研究人类社会各种现象的科学,又可以被进一步细分政治学、经济学、军事学、法学以及教育学等。自然科学和社会科学在信仰、精确性、归纳、普遍适用性以及事实五个主要方面存在明显不同。

按研究目的划分,研究可以分为综述现有知识的研究、描述性研究、实际应用研究,以及寻求解释的研究。

按研究方法划分,研究主要分为行为研究、案例研究、人种学研究、扎根理论以及调查研究。

按研究性质划分,研究可以分为"基础研究"、"战略研究"以及"应用研究"。基础研究关注理论,而不与实践相联系。战略研究关注对基础研究的综述和评价,并指出其被应用于实践的潜力。应用研究通常包含具体的实践目标。

2. 研究范式

研究范式,也称元理论,是对存在论和认识论的理解和认识,是确定研究问题特点及其研究方法的基础,存在于研究所采用的具体方法之中。Orlikowski 和 Baroudi 认为,存在着三种主要的研究范式,分别是:实证主义、解释主义和批判主义。

(1) 实证主义研究范式。实证主义是过去几个世纪里最重要的一种研究范式,最早可以追溯到 Aristole,对其发展做出重要贡献的学者包括 Bacon 和 Descartes。实证主义

[①] 杜晖,刘科成,张真继,孙莉.研究方法论——本科、硕士、博士研究指南[M].北京:电子工业出版社,2010

将自然科学作为社会科学的典范。与实证主义相关的其他重要术语包括：经验主义、客观主义、科学方法以及自然主义等。尽管术语存在差异，但是它们却存在着共同的原则：建立在基础主义存在论基础上；相信做出因果陈述的可能性；分析人类社会时采用科学方法；研究方法及其使用者不会对存在的事物造成影响；强调解释而不是理解，目的是预测；强调实践中的观察和验证，强调事实而不是价值；对形而上学比较反感；追求客观性；经验理论能够建立起社会现象间规律性的关系。

（2）解释主义研究范式。解释主义包含了许多不同的立场，比如，相对主义、理解、现象学、解释学、理想主义、符号学以及构成主义等。对解释主义的发展做出重要贡献的学者包括 Kant、Hegel、Weber、Herbert、Ervin 以及 Barney 和 Strauss。解释主义的核心假设包括：基于反基础主义存在论；世界是通过人类交互，社会地构建而成的；重点在于理解而不是解释；采用与研究自然科学不同的方法研究社会科学；社会现象不可能独立存在于人类对它的理解中；客观性的分析是不存在的；强调赋予世界的含义，以及语言在构建"现实"中的作用。

（3）批判主义研究范式。批判主义起源于 20 世纪 70 年代，它将实证主义（为什么）与解释主义（如何）结合起来。批判主义的显著特点包括：处在实证主义和解释主义之间；社会科学需要使用理解摆脱也是人类创造的；主要任务是找出改变现状的制约和转换条件；社会现实既会影响参与者，也会受到参与者影响；直接原因启动行为，物质原因限制或者促进行为。

3. 研究方法及技术

方法论涉及的主要是社会研究过程的逻辑和研究的哲学基础。它涉及的是规范一门科学学科的原理、原则和方法的体系。研究的方法体系分为三个层次：方法论、研究方式、具体方法及技术。研究方式是指贯穿于研究全过程的程序和操作方式，研究的主要手段与步骤。研究方式包括研究法和研究设计类型。研究法主要包括调查研究、实验研究、实地研究、文献研究。研究设计类型主要包括：按照研究目的分为描述性、解释性与探索性研究。按照研究时性分为横剖研究与纵贯研究。按照研究对象范围分普查、抽样调查和个案调查研究。研究方法与模型是指研究的各个阶段所使用的具体方法和技术，主要包括数据收集方法、数据的定性分析和定量分析方法和模型。其中被广泛接受的一种分类方法是将研究方法分为定量研究方法（Qualitative Research Methods）和定性研究方法（Quantitative Research Methods）。

（1）定量研究方法。定量研究方法起源于自然科学，早期被用于研究自然现象，主要的研究方法包括：调查研究（Survey Research）、实验研究（Experimental Research）以及数学建模（Mathematical Modeling）等。在定量研究方法中，主要的数据收集技术包括客观测量（Objective Measures）和问卷（Questionnaire）。在定量研究方法中主要的数据分析技术包括数据预编码(Pre-coded)和描述统计(Descriptive Statistics)。

(2)定性研究方法。定性研究方法起源于社会科学,被用于研究社会和文化现象,主要的研究方法包括:行为研究(Action Research)、案例研究(Case Study)、人种学研究(Ethnographic)以及扎根理论(Grounded Theory)等。对于基于实证主义研究范式的研究,既可以选择使用定量研究方法,也可以选择使用定性研究方法。但是,对于基于解释主义研究范式或者批判主义研究范式的研究,则只能选择使用定性研究方法。在定性研究方法中,主要的数据收集技术包括面谈(Interview)、观察(Observation)以及文献研究(Document Research)。在定性研究方法中,主要的数据分析技术(分析模式)包括分类(Classify)、解释学(Hermeneutics)、符号学(Semiotics)以及叙述和隐喻(Narrative and Metaphor)。

1.3.2　社区安全定量分析方法

1. 定量研究方法

定量研究是指研究者事先建立假设并确定具有因果关系的各种变量,然后使用某些经过检测的工具对这些变量进行测量和分析,从而验证研究者预定的假设。定量研究方法(Quantitative Research Method)主要包括调查研究,一般会经历获得数据、数据预分、数据分析和分析报告四个阶段。

所谓调查研究是从不同地理位置的大量调查对象处收集数据的一种研究方法。它不仅适用于特定人群,也适用于非生命体,比如,收集特定人群信息的人口普查,以及收集使用劣质轮胎的汽车数量等。通常采用统计、线性规划两种分析方法,同时还包括非线性规划及复杂性科学。在本书中只论述统计和线性规划两种分析方法。

1) 统计分析

(1) 基本统计分析方法。主要包括:描述性分析(总量分析、相对数分析、平均数、变异指数等)、集中趋势概率分析(算数平均数、中位数、众数等)、离散程度分析(极差、方差等)。

(2) 列表分析。主要包括:对数线性模型、流动表分析和关联模型。

(3) 假设检验分析。主要包括:分布样式、参数估计(包含点、区间)、多项分析与 χ^2 检验。

(4) 多元统计分析。主要包括:聚类分析、主成分分析、因子分析。所谓聚类分析,就是研究将样品或指标进行量化分类的多元统计方法。它是将一批样品或变量按照它们在性质上的相似、疏远程度来进行分类的一种科学方法。一般可以把聚类分析分为 Q 型聚类和 R 型聚类两种,其中,Q 型聚类是指对样品进行分类处理;R 型聚类是指对变量进行分类处理。聚类分析的内容非常丰富,主要包括系统聚类法、有序聚类法、动态聚类法、图论聚类法、模糊聚类法等。所谓主成分分析,就是将多个指标化为少数互相无关的综合指标的统计方法。所谓综合指标,就是原来指标的线性组合。主成分分析是重要的多元统计分析方法。所谓因子分析,就是错综复杂的众多因子(变量或样品)归结为少数独立的几个综合因子的一种多元统计分析方法。

2)线性规划

线性规划一般涉及运筹、矩阵等方法。线性规划主要是解决实践中遇到的难题,实现从多种解决方案中选择最优方案。

2. 定量研究技术

定量研究方法数据分析技术包括数据预编码和描述统计。

1)数据预编码

数据预编码的前提假设是存在可以通过测量工具测量并且量化的实体。在使用数据预编码前应确保研究人员已经对研究领域的一般背景知识有所了解。数据预编码的优点包括以相同的形式向不同的研究对象提问;以有利于进行统计分析的方式构造问题;在需要的地方进行量化;研究人员控制研究设计。缺点是研究对象所能提供的回答受到了限制,影响了其作为数据提供者对数据的解释和分类。

2)描述统计

描述统计的最主要功能是将大量测量值以容易理解的形式表达出来。其中,表和图是最常使用的形式。另一种形式是使用一个能够代表一组数的数,包括:平均值(所有单独测量值的和/测量值的数目)、中值(将一组数按递增或者递减的顺序排列,处在中间位置的那个数;如果一组数由偶数个数组成,处在最中间的两个数取平均值)、最常见值(一组数中最常出现的数),以及标准差(单个测量值与平均值的离散程度)。

1.3.3 社区安全定性研究方法

1. 定性研究方法

目前,定性研究的定义,还没有一个统一的观点。国外学术界一般认为定性研究是指:"在自然环境中,使用实地体验、开放型访谈、参与性与非参与性观察、文献分析、个案调查等方法对社会现象进行深入细致和长期的研究;分析方式以归纳为主,在当时当地收集第一手资料,从当事人的视角理解他们行为的意义和他们对事物的看法,然后在这一基础上建立假设和理论,通过证伪法和相关检验等方法对研究结果进行检验;研究者本人是主要的研究工具,其个人背景以及和被研究者之间的关系对研究过程和结果的影响必须加以考虑;研究过程是研究结果中一个必不可少的部分,必须详细记载和报道。"简言之,定性研究方法是由访问、观察、案例研究等多种方法组成,原始资料包括场地笔记、访谈记录、对话、照片、录音和备忘录等,目的在于描述、解释事物、事件、现象、人物并更好地理解所研究问题的研究方法。[①] 主要包括行为研究、案例研究、人种学研究,以及扎根理论。

1) 行为研究

行为研究(Action Research)被设计用来研究行为变化对于现实的影响,经常由参与现实的"内部知情人"启动。行为研究具有螺旋循环过程,开始于识别能够引入变化,并且变化可能带来利益的组织或者工作场所。然后,研究人员引入变化,并监视其产生的结果。行为研究可以帮助研究人员积极投入研究背景,同时,也有助于工作现场执行的案例研究。

2) 案例研究

案例研究(Case Study)是指针对一个实例的详细研究。所有个人、社会群体、组织或者事件都可以是"案例",同时,案例通常又是特定类别中的典型代表。

3) 人种学研究

人种学研究(Ethnographic)是指融入所要研究的社会和文化中进行观察的方法。它由人类学家提出并发展起来,现在也被应用于研究小型群体。人种学研究的主要目的是认识所面临的问题,找到解决问题的办法。进行人种学研究存在以下问题:需要花费大量时间、研究人员必须被研究对象所接受、研究对象的代表性可能受到质疑。

4) 扎根理论

理论是将概念联系在一起,并说明其相互影响的一般陈述。扎根理论(Grounded Theory)由芝加哥大学的 Barney Glaser 和哥伦比亚大学的 AnselmStrauss 在 1967 年提出的一种研究方法。扎根理论认为:理论源于数据,是数据的一部分;构建理论的过程是数据收集过程的一部分。扎根理论有助于将理论和现实更好地联系起来,表达与研究人员联系更加紧密的数据。

2. 定性研究技术

定性研究方法数据收集技术包括面谈、观察以及文献研究。定性研究方法数据分析技术包括分类、解释学、符号学以及叙述和隐喻。

1) 面谈

面谈是研究人员面对面地从面谈对象处提取信息或者观点的技术。面谈可以是结构化的,即研究人员按照预先制订的面谈计划向面谈对象进行提问,也可以是非结构化的,即研究人员根据现场情况随机地向面谈对象进行提问。研究人员提出的问题可以是主观的,即面谈对象可以针对问题自由发挥;也可以是客观的,即面谈对象只能在预先设

---

① 张梦中,马克·霍哲.定性研究方法总论[J].中国行政管理,2001(11):39-42

定的回答范围内做出回答。面谈可以让研究人员直接从面谈对象那里获得对问题的清晰解释。

2) 观察

观察就是监视和记录发生在研究人员周围的人员所处环境的特定方面。可以通过制订计划或者任务清单辅助观察。通常,研究人员应独立进行观察,并确保观察的客观性,比如,两个观察者对同一事件的观察应产生相同的记录。相反,由于参与式观察要求研究人员成为被观察事件或者环境的一部分,因此,在参与式观察中,研究人员将不避免地对被观察事件或者环境产生影响。

3) 文献研究

文献研究是指直接利用现有数据展开研究。主要有两种方式:首先检查现有数据,然后确定研究主题;首先确定研究主题,然后寻找现有数据。两种方式各有优缺点,较好的方法是首先选择研究主题;其次,寻找现有数据;然后,确保现有数据可用;最后,确定研究主题。在进行文献研究时,存在三个重要问题:现有数据是在何时收集的? 现有数据是由谁收集的? 收集现有数据的目的是什么?

4) 客观测量

客观测量是一种测量变量的技术,目的是确保测量的客观性。标准客观测量是应用在不同条件下的客观测量,比如,专门针对长度、宽度的测量。实验开始前所进行的客观测量被称为预测量,实验完成后所执行的客观测量被称为后测量。不同的预测量和后测量的结果可以被用来确定实验效果。

5) 问卷

问卷具有与面谈几乎相同的目的。由于通常是印刷形式/电子形式,可以在研究人员不在现场的情况下完成,因此,在需要从大量样本中得到回答时特别有用。问卷都是结构化的,其中的问题则可以是主观的,也可以是客观的。问卷中的问题应该以能够确保可提取出有意义的回答为标准。由于可以通过邮寄或者电子邮件的方式发放问卷,因此,问卷对于需要从大量样本中得到回答的研究特别有用。同时,由于在问卷中不允许出现对问题模棱两可的回答,因此,出现在问卷中的问题应该确保能够被给出有意义的回答。其中主要包括纸制问卷和电子问卷,其调查方式可以现场实地调查,也可以网络调查。

6) 分类

分类是将定性数据分为可以管理的部分,最好在数据收集的同时进行分类。分类一般是从对数据有了一定认识后再开始的,可以先将难以分类的数据暂时搁置。分类是一个持续完善而非一蹴而就的过程。

7) 解释学

解释学既可以被看做是一种基本哲学,也可以被看做是一种特殊分析技术。作为一种基本哲学,它为解释主义提供了哲学基础,而作为一种分析技术,它提供了一种理解文本数据的方式。解释学是一种理解文本数据的方式,其中的基本问题是:文本的含义是什么? 解释循环是指对文本含义的理解需要经历由整体到部分再到整体的循环运动过程。应用在信息系统研究中,解释的目的就是阐明描述组织的文本的真正含义。

8)符号学

符号学主要涉及语言中的符号含义。语言中的"字"或者"词组"可以被赋予基本概念类(如语法、语义和语用)。符号学包括三种形式:第一种形式是内容分析,即建立符号与其背景间可再现合理联系的研究技术;第二种形式是会话分析,即研究人员融入会话以揭示背后的真正含义;第三种形式是话语分析,强调语言博弈。

9)叙述和隐喻

叙述是对故事或者事实的讲述,特别是指以第一人称讲述的故事或者事实。隐喻是将描述性术语或者短语应用在字面上并不适用的对象或者行为上。叙述和隐喻一直都是文学讨论和分析中的主要术语。

关键术语

社区　社区安全　研究　研究方法　研究范式　定性研究方法　定量研究方法

复习思考题

1. 什么是社区? 简述社区具有的基本特征、要素、类型。

2. 如何从广义和狭义的角度上定义社区安全的概念,并分析社区安全具体的基本条件。

3. 常见的社区安全有哪些? 其基本内容分别包括哪些?

4. 如何开展社区安全的定性和定量研究? 简述其主要的研究方法和技术。

阅读材料

新型农村社区和集镇社区

城镇化是未来一段时期推动中国经济增长最为重要的潜在动力,是缩小城乡差距的主要途径,推动城镇化发展不仅符合中国整体利益,也符合农民利益。但城镇化推讲不是只有旧城改造和兴建新城一条路,发展新型农村社区也是推进城镇化的途径之一。

其实,目前行政村实际上也是以社区形式存在,有七八家组成的散村社区、几百户组成的集村社区,以及由集村社区发展起来的集镇社区等,他们以养殖和种植等农业生产为主要的经济来源,而且大多数的集村社区已经能够提供最基本的教育和医疗服务。这是传统的农村社区,而新型农村社区是有区别于传统农村社区概念的。

何为新型农村社区?新型农村社区不同于传统行政村,也不同于城市社区。新型农村社区应是聚集一定行政村范围内的农村居民,通过整合资源、完善服务来提升人们的生活质量。

新型农村的外在形式或者是小城镇集聚型、或者是中心村融合型、或者城中村改造,社区村民的主要经济来源也不局限于农业生产。新型农村社区除了要能够提供水、电、道路、煤气、取暖、邮政、通信、银行、排污、垃圾处理等基本的生活配套,还要能够提供基本医疗、义务教育等基本保障,以及超市、商场等消费场所。

新型农村社区应以提供最基本的公共服务为主,基本服务和设施水平要与社区人口结构相适应。要因地制宜,不能脱离实际、切忌求大求全,能够满足社区内基本的公共服务便可,社区村民如需要享受更高一级的保障,如手术、非义务教育,需要到更高一级行政区域。

资料来源:蔡经平. 农村社区化是新型城镇化发展的务实选择[EB/OL]. http://economy.caixun.com/cjp/20130321-CX03b1if.html

问题讨论

1. 如何界定农村社区、集镇社区和城市社区的基本特征?
2. 结合案例,在新型城镇化的背景下,策划和组织实施农村社区和城市社区建设时应注意哪些问题?

本章延伸阅读文献

[1] 林珍. 城市社区安全治理中的社区关系重塑——以金华市 LH 社区为个案[D]. 浙江师范大学,2011

[2] 李程伟. 社区安全治理机制的建设——台北市内湖社区安全促(协)进组织案例研究[J]. 北京航空航天大学学报(社会科学版),2011,24(3):18-23

[3] 徐磊青. 社区安全与环境设计——在"可防卫空间"之后[J]. 同济大学学报(社会科学版),2002,13

（1）：34-39

[4] 邓玮.社区安全治理创新中社会工作的价值与介入策略[J].科学社会主义,2012(6)：116-119

[5] 焦瑞强.网络虚拟社会公共安全管理与创新[D].长春工业大学,2012

[6] 贾二鹏,申菊花.虚拟社区的活动模式[J].图书馆学研究,2013(1)：60-63,95

[7] 张海燕.虚拟社区群体凝聚力研究——教育技术虚拟社区构建与改善[D].上海师范大学,2010

第2章 社区安全管理与服务

2.1 社区安全管理基础

2.1.1 什么是社区安全管理

1. 安全管理

安全管理(Safety Management)是管理科学的一个重要分支,是以安全为目的,进行有关安全工作的方针、决策、计划、组织、指挥、协调、控制等职能,合理有效地使用人力、财力、物力、时间和信息,为达到预定的安全防范而进行的各种活动的总和。其主要包括:从战略到战术、从宏观到微观、从全局到局部,做出周密的规划协调和控制,以及安全管理的指导方针、规章制度、组织机构,对职工的安全要求、作业环境、教育和训练、年度安全工作目标、阶段工作重点、安全措施项目、危险分析、不安全行为、不安全状态、防护措施与用具、事故灾害的预防等内容。

企业安全管理是指以国家的法律、规定和技术标准为依据,采取各种手段,对企业生产的安全状况,实施有效制约的一切活动。企业安全管理的内容主要包括:行政管理、技术管理、工业卫生管理;企业安全管理的对象包括:生产的人员、生产的设备和环境、生产的动力和能量,以及管理的信息和资料;企业安全管理的手段有:行政手段、法制手段、经济手段、文化手段等多种。

2. 社区安全管理

所谓社区安全管理,是指各类社区安全管理组织通过建立、健全安全防范制度,采取一系列安全管理措施,从各个方面抑制、减少和消除产生违法行为和治安灾害事故的原因和条件,预防和减少违法犯罪行为和治安灾害事故的发生,维护社区的正常秩序的一系列活动。

在这里,各类社区安全管理组织应包括政府及其职能部门,以及依靠社区居民的力量组建的各类群众性的安全防范组织。社区内的企业安全、家庭安全、社会治安、消防安全等应作为社区安全管理的重点,在措施上应包括行政、法制、经济、文化等多种手段。

2.1.2 社区安全管理的特点

1. 区域性

不同的社区存在人口密度、人口素质、职业结构、生活方式、居住条件、地理位置、地理环境、生产布局、商业分布、交通运输、民风民俗等方面的差异,因而不同的社区有其不同的区域特点。这种不同社区的区域特点,要求其安全管理应根据不同社区的特点,采取不同的安全管理模式加以实施。

2. 群众性

社区安全是一个复杂的社会问题,仅仅依靠政府职能部门包揽是行不通的,需要全社会力量的共同参与和支持。社区安全管理的群众性就是指社区安全管理工作对群众强烈的依赖性。从整体来说,群众既是社区安全管理的客体,又是社区安全管理的主体。要搞好社区安全管理,永远离不开社区内各个成员的积极参与。

3. 综合性

社区安全管理的综合性是指社区管理机构在辖区内发挥安全管理功能的整体合力和效应而实施的综合治理。社区安全管理涉及面广,必须在各级政府的领导下,动员和促进社区各方齐抓共管,进行综合治理,创造一个稳定和谐的社区环境。对社区安全管理要采取综合措施,主要包括建立社区组织,制订社区工作计划;按照政府的社区政策,实施社区的自治管理,维护社区成员的利益;提出解决问题的方法,实施综合治理。

4. 长期性

社区安全管理不是一个短暂的社区治理过程,而是一个长期治理工程。只要社会上还存在着犯罪分子和各种违法现象,社区安全管理就有存在的必要性。社区居民的治安防范意识与能力也各不相同,对各种可能发生的治安灾害故在防范上还存在诸多漏洞,因而难于避免治安灾害事故的发生。因此,社区安全管理应是一项常抓不懈的工作。

2.1.3 社区安全管理的原则

社区安全管理的原则是社区各项安全管理工作必须遵循的准则,主要包括自治原则、"谁主管,谁负责"原则、预防为主原则和专门机关管理与依靠群众相结合原则。

1. 自治原则

现代行政学理论认为,政府是一个有限政府,政府的能力是有限的,对社区公共事务要实现政府与社会的共同治理,政府管理的范围只限于提供公共产品与服务,就社区安全而言,政府提供的只是维护社会正常生活所必需的公共治安秩序,对超过社会一般水平的公共安全需求,其无力也不应提供,否则就对想获得较高程度的安全服务的社区,超出部分的安全需求只能由自己提供。因而社区安全管理应包括两大块:一是政府提供的用于满足社区一般水平的公共安全需求的安全服务;二是由社区自行提供的超过一般水平的公共安全需求的安全服务。

从以上分析可知,要维护社区的安全,应由政府与社区的共同治理,社区也应自行组织社区安全服务的供给。从法律规定来看,社区自行组建的安全管理组织具有自治性。《宪法》第111条规定:"村(居)民委员会设立的治保会、调解委员会是群众性的自治组织,负责办理居住地区的公共事务和公益事业,调解民间纠纷,协助维护社会治安,并且向人民政府反映群众意见、要求和提出建议。"

作为自治性的社区安全管理组织,其如何开展社区安全管理工作,应当由社区组织自主决定。社区安全管理组织的成员来自社区,对社区情况比较熟悉,又是社区管理的直接受益者,对社区安全最关心,因此能对社区中存在的各种影响社区安全的因素与问题采取有效措施,从根本上解决问题。当然,有的社区安全管理组织的自治能力比较差,其安全管理知识不足,安全防范能力差。对此,作为社会公共安全主管机关的公安机关,有责任对其进行培训与教育,帮助其提高管理能力,但不能因此否定其自治性,而由公安机关代其决策。公安机关应当把自己承担的维护公共治安秩序的责任与由社区安全管理组织承担的维护社区的安全与秩序的责任有机结合起来,加强与社区的协商与沟通,把公安机关的目标融入到社区中,共同商量确定社区安全管理的目标、重方法,做到既尊重其自治权,又达成自身的目标。

2. "谁主管,谁负责"原则

构成社区的对象是多方面的,既有居民住宅小区,又有公共场所、特种行业、企事业单位。"谁主管,谁负责"原则,就是要分清居民住宅小区、公共场所、特种行业、企事业单位的安全管理层次,明确各自的职责范围。对一些具体单位的问题,应主要依靠自身主管部门来进行,抓住其法定责任人,要求其依法履行法定职责,制定安全防范制度,建立、健全分工负责制、岗位责任制、治安承包制,一级一级把各项安全管理措施落实到具体人,落实到日常的工作中,把安全管理作为其工作责任的重要组成部分。作为公共安全的主管机关,其主要职责是管理、监督、检查有关单位和部门做好安全防范工作,发现问题,及时提出整改建议。要协助公共场所、特种行业、企事业单位制定安全防范制度,并加强监督检查,对不遵守社区安全管理规定,屡教不改的单位与部门,要及时查处,并依法追究领导和直接责任人的法律责任。

3. 预防为主原则

社区安全管理的目的就是要减少入室盗窃、入室抢劫、盗抢机动车等可防性案件和治安灾害事故的发生。要实现这一目标,必须贯彻预防为主的原则。只有坚持预防为主,才能减少案件、事故的发生,达到保障安全的目的。社区安全管理不仅要解决已经发生和存在的问题,而且还要周密掌控全局,做到及时发现问题,堵塞漏洞,避免现实危害。这就要求我们在社区安全管理工作中要有预见性,把工作做在前头,要善于分析问题,估计形势,预测未来,做到见微知著,月晕知风;要深入调查研究,抓苗头,查隐患,根据存在的问题采取针对性措施,防患于未然,从而掌握社区安全工作的主动权。要运用各种技术的、社会的手段和方法,动员社区各种资源和力量,科学地预测社区内各种灾害发生的可能性,从而事先采取各种有力措施,尽量减少社区中各种可能导致灾害的因素,将其消灭在萌芽状态,防止各种灾害的发生,做到防患于未然。从社会效果来看,只有做到预防为主,才能减轻违法犯罪和治安灾害事造成的损失,维护社区居民的合法权益,减少物质损失,避免因此造成的身心损害与社会恐慌,维护社区的安宁。

社区安全管理中,打击是为预防服务的。所谓"打击",是指各级政法机关利用国家赋予的特殊权力,通过刑事司法程序揭露、证实、惩治各类犯罪的执法活动。打击犯罪的过程可以起到震慑犯罪分子的作用。近年来,社区内的执法活动对打击犯罪的过程可以起到震慑犯罪分子的作用。社区内的各类案件总体上有一定程度的上升,面对这一情况,很多地区在打击、破案方面不断加大力度,却忽略了对违法犯罪的预防工作,只治标不治本,结果往往事与愿违,导致社区违法犯罪案件有增无减。很多地区的实践表明,案件的高发不是因为打击不力,而是防范不严,如基础工作薄弱,情报信息不灵,危险人物失控,隐患漏洞未补。

因此,在社区安全管理中,虽然在特定的时期和特定的地区,各级政法机关必须集中人力、物力采取专项斗争等集中打击形式,但这种打击形式并不能取代防范的作用。打击只能收到一时之效,防范和管理才能具有长期的效果。

为此,一方面,要注意加强社区安全的硬件设施的建设,增强社区的防范能力。如通过物力防范、技术防范措施,减少案件的发生,增强群众的安全感。另一方面,要搞好社区的安全防范组织的建设,并通过制定居民公约,健全各种安全制度,增强居民的安全防范意识。除了要对社区内的犯罪嫌疑人员、暂住人口、境外人员进行管理之外,还要注意调动居民群众参与社区预防的积极性。通过宣传,把预防违法犯罪与预防治安灾害事故的相关知识与技能传授给社区居民,使他们了解社区违法犯罪与治安灾害事故的现状及其所造成的危害,意识到其潜在威胁,学会识破常见违法犯罪的伎俩和预防治安灾害事故的方法,积极参与社区安全管理。

4. 专门机关管理与依靠群众相结合原则

专门机关管理与依靠群众相结合是指在维护社区安全与治安秩序稳定方面,要把公安机关的职能作用与广大人民群众的主动性结合起来,做好各项安全防范工作。

专门机关管理是指依靠具有国家赋予特殊执法权的公安机关在其职责范围内的专业管理工作。公安机关之所以为专门机关,是因为它隶属于行政机关,又不同于一般的行政机关。它拥有国家赋予的侦察、拘留、逮捕、惩罚等特殊力和强制手段。它可以利用国家赋予它的权力和手段直接干预社会生活,调节社会关系,维护国家安全与社会稳定。它不仅在镇压被统治阶级的反抗和打击违法犯罪分子时使用暴力和强制手段,在社区安全管理上也是最终行使强制性手段的机关。近年来,社区中的犯罪活动越来越猖獗,尤其是犯罪的集团化、暴力化程度加剧,青少年犯罪日趋严重,侵财犯罪、有组织犯罪不断增多,毒品犯罪蔓延发展,流动犯罪和外来人口犯罪率居高不下,给居民的生命财产安全构成了极大的威胁。对此,作为维护社区安全的职能机关,必须履行职能,严厉打击犯罪行为,以维护治安秩序的稳定。

依靠群众是指在社区安全管理中贯彻群众路线,一切为了社区群众,一切依靠群众,把社区安全管理的目标变成社区群众的自觉行动。人民群众是社区安全管理的依靠力量与基础,也是我们的服务对象,社区安全管理工作必须依靠人民群众,经常与群众保持密切的联系,倾听群众的意见,接受群众的监督。

社区安全管理工作任务繁重而艰巨,并且各项工作都与社区群众发生联系,因此仅仅依靠专门机关是不够的,还需要依靠群众搞好社区安全管理,依靠群众力量可以解决政府在社区安全防范上投入不足的问题,特别是人员不足的问题。实践证明,只有依靠群众,才能搞好社区防范,才能维护社区良好稳定的秩序。与世界上其他许多国家、地区相比,我国的警察配备比率是比较低的。在每 1 万人中德国警察人数是 25 人,美国为 30 人,英国、法国各为 40 人,在每万人中我国台湾地区的警察人数为 30 人,中国香港地区为 67 人,内地为 14 人。所以仅仅依靠公安机关进行管理,在安全管理的力量投入上是远远不够的。因此,要有"警力有限,民力无穷"的思想,认识到群众的力量是无穷的,要采取有效措施把人民群众的力量发挥出来。特别是在市场经济的条件,要构建与市场经济相适应的群防群治新模式,发动好、组织好群众力量。

2.2 社区安全管理与服务组织

2.2.1 社区安全政府组织

1. 人民政府街道办事处

1)组织设置

街道办事处①是我国城市政府行政管理的最基层的单位。根据宪法规定,我国地方

---

① 2009 年 6 月 27 日第十一届全国人民代表大会常务委员会第九次会议通过《全国人民代表大会常务委员会关于废止部分法律的决定》,其中《城市街道办事处组织条例》(1954 年 12 月 31 日第一届全国人民代表大会常务委员会第四次会议通过)废止。

行政管理最基本的层级为省(自治区、直辖市)、设区的市、县(市)三级。在县以下,农村再设乡(镇)一级,城市分若干街道设政府办事处。

街道办事处的主要任务包括以下几点:

一是办理市、市辖区的人民委员会有关居民工作的交办事项;

二是指导居民委员会的工作;

三是向上一级反映居民的意见和要求。

2)街道办事处在社区安全管理中的任务

据有关法律法规、政策规定和工作实践,街道办事处在社区安全管理中的主要任务有以下几方面:

一是贯彻实施法律、法规有关社区安全管理的规定,执行或承办所属政府交办的有关社区安全管理具体事项,如婚姻登记、暂住人口管理、普法宣传、社会治安综合治理等。

二是协助上级政府派驻本辖区的有关机关开展有关社区安全管理的工作,特别是协助公安派出所的治安管理工作。

三是指导和支持辖区内各社区居民委员会等居民自治组织的安全管理工作,协调社区居民委员会与辖区内有关单位的关系。

2. 公安机关

1)社区派出所

公安机关是维护社区安全的重要行政机关,按照《人民警察法(2012 修正)》的规定,人民警察的任务是维护国家安全,维护社会治安秩序,保护公民的人身安全、人身自由和合法财产,保护公共财产,预防、制止和惩治违法犯罪活动。公安机关的人民警察按照职责分工,应当依法履行下列职责:

(一)预防、制止和侦查违法犯罪活动;

(二)维护社会治安秩序,制止危害社会治安秩序的行为;

(三)维护交通安全和交通秩序,处理交通事故;

(四)组织、实施消防工作,实行消防监督;

(五)管理枪支弹药、管制刀具和易燃易爆、剧毒、放射性等危险物品;

(六)对法律、法规规定的特种行业进行管理;

(七)警卫国家规定的特定人员,守卫重要的场所和设施;

(八)管理集会、游行、示威活动;

(九)管理户政、国籍、入境出境事务和外国人在中国境内居留、旅行的有关事务;

(十)维护国(边)境地区的治安秩序;

(十一)对被判处拘役、剥夺政治权利的罪犯执行刑罚;

(十二)监督管理计算机信息系统的安全保护工作;

（十三）指导和监督国家机关、社会团体、企业事业组织和重点建设工程的治安保卫工作，指导治安保卫委员会等群众性组织的治安防范工作；

（十四）法律、法规规定的其他职责。

人民警察的这些职责都与维护社区的安全有着密切的关系。公安机关是打击和防范违法犯罪、维护社会治安秩序的专门机关。公安机关派驻社区的机构作为公安机关的基层机构，一方面具有公安机关的基本职能；另一方面又直接植根于社区，直接面对社区公众，因此可以说是社区安全管理工作的主体。公安机关派驻社区的机构，主要是公安派出所，另外还包括刑事侦查、交通巡逻警察部门派驻社区的机构或警员。公安机关的社区安全管理工作主要是通过公安派出所来进行的，公安派出所是公安机关依法派驻一定区域在规定的权限内履行公安机关职责的基层组织。

2）社区公安派出所的职责

公安派出所[①]是公安机关和公安工作根基，是同违法犯罪作斗争的骨干力量，是公安工作贯彻群众路线，动员群众、依靠群众的基地，是巩固国家基层政权的支柱。

公安派出所的主要职责：

一是对辖区内的各地段、各部位实行治安管理，协助大中型单位搞好保卫工作；

二是开展以治保会为主体和多层次的群防群治工作；

三是管理户口和居民身份证；

四是协助侦破涉及辖区内发生的刑事案件。

公安派出所的主要职权有：

治安行政管理权；治安管理处罚权；治安案件和一般刑事案件调查权；执行社会监督改造、监督考察权；治安行政强制权；使用秘密手段权和使用武器、警械权。

2.2.2　社区安全自治组织

社区安全管理的重要指导思想之一就是社区成员共同参与。社区成员共同参与，包括发挥社区居民自治组织和居民志愿或义务安全管理组织的作用。社区居民自治管理组织，在城市主要就是社区居民委员会，在农村则是村民委员会（村民委员会与居民委员会在许多方面相类似，因此以下主要从居民委员会角度进行阐述）。

1. 社区居民委员会

1）组织设置

居民委员会是根据《中华人民共和国城市居民委员会组织法》建立的居民自我管理、

---

① 　2009 年 6 月 27 日第十一届全国人民代表大会常务委员会第九次会议通过《全国人民代表大会常务委员会关于废止部分法律的决定》，其中《公安派出所组织条例》（1954 年 12 月 31 日第一届全国人民代表大会常务委员会第四次会议通过）废止。

自我教育、自我服务的基层群众性自治组织。社区居委会是由社区成员代表大会依法选举产生,在国家宪法、法律和政府的法令、法规范围内开展和实行民主管理、民主决策、民主选举、民主监督。根据现行的《中华人民共和国城市居民委员会组织法》规定,居民委员会由主任、副主任和委员共5~9人组成。居民委员会主任、副主任和委员,由本居住地区全体有选举权的居民或者由每户派代表选举产生;根据居民意见,也可以由每个居民小组选举代表2~3人组成。居民委员会每届任期3年,其成员可以连选。

居民委员会根据需要设人民调解、治安保卫、公共卫生等委员会。居民委员会可以分设若干居民小组,小组长由居民小组推选。

居民委员会的经费来源主要有三个方面:一是政府拨款,用于行政开支;二是向本社区居民和单位筹集,用于公益事业;三是居民委员会兴办的服务事业收入。

2) 社区居民委员会的任务

依照《中华人民共和国城市居民委员会组织法》规定,居民委员会有以下任务:

一是宣传宪、法律、法规和国家的政策,维护居民的合法权益,教育居民履行依法应尽的义务,爱护公共财产,开展多种形式的社会主义精神文明建设活动;

二是办理本居住地区居民的公共事务和公益事业;

三是调解间纠纷;

四是协助维护社会治安;

五是协助人民政府或者其派出机关做好与居民利益有关的公共卫生、计划生育、优抚救济、青少年教育等项工作;

六是向人民政府或者其派出所机关反映居民的意见、要求和提出建议。

3) 在社区安全管理中的职责

从居民委员会的性质和基本职能可以看出,社区居民委员会在社区安全管理中具有十分重要的核心基础作用。

一是整合社区成员。即宣传宪法、法律、法规和国家的政策,维护居民的合法权益,教育居民履行依法应尽的义务,爱护公共财产,维护社会秩序。

二是协助政府机关工作。即协助人民政府或者其派出机构做好有关社区的安全管理工作。

三是协调各种关系。包括直辖市社区及社区成员与政府之间的关系,社区及社区成员与其他单位之间的关系,社区成员之间的关系,社区成员家庭内部关系等。其中调解民间纠纷是重要的内容。

四是维护社区治安稳定。《中华人民共和国城市居民委员会组织法》规定,居民委员会的基本任务之一是协助维护社会治安;同时规定,居民委员会下设治安保卫委员会。在新形势下,社区居民委员会应该从社区建设和管理的要求出发,将居民、业主委员会、物业公司、居民委员会四方面的资源整合起来,形成综合力量,共同管理社区各项事务。

2. 社区治安保卫委员会

治安保卫委员会(简称治保)自 1952 年建立以来,在配合公安机关进行社会管理,维护社会治安,打击违法犯罪的斗争中以它自身的突出业绩充分显示了它在配合公安机关工作中的重要地位和积极作用。治保会在调解民间纠纷,协助维护社会治安与其在治安管理中的地位和作用是整个公安机关在履行职能中的共性与个性的关系,即大含义与小概念之间的关系,以这个定义为基础,以治保会工作为手段,以治安管理为目的,那么,治保会工作全面而有成效地开展也就是全面而有成效地贯彻落实治安管理工作的一个有利条件。

1) 组织设置

治安保卫委员会,是设置在基层单位、不脱产并协助党和政府动员组织群众维护社会治安的基层群众性组织,是公安机关联系群众的桥梁和纽带,是团结和带领群众搞好治安保卫工作的骨干,协助公安机关完成维护社会治安任务的得力助手。一直以来,治保会对维护社会治安秩序,确保社会和单位内部的安全发挥了积极的作用。治安保卫委员会是居民委员会和村民委员会下设的群众性的治安保卫组织,在基层政府和公安保卫机关领导下进行工作。

治安保卫委员会的建立,城市一般以机关、工厂、企业、学校、街道为单位,农村以行政村为单位,其委员名额,应视各单位人数的多少及具体情况而定,一般由 3～11 人组成,设主任 1 人,并可设副主任 1～2 人。

2) 社区治安保卫委员会的任务

治保会的基本任务是协助和配合公安机关维护社会治安。根据国家有关规定,结合近年来的各地实践,社区治安保卫委员会一般有以下职责:

一是宣传国家的有关治安管理的法律、法规,努力提高社区成员的法制观念。

二是做好防盗、防特、防火、防治安灾害事故的教育,提高社区成员的防范意识,保障居民合法权益。

三是组织居民开展群防群治,配合户籍警搞好警务室建设,形成专群结合的防控网络,进行邻里互助、门栋关照,定期检查值班巡逻情况,落实居民楼院及社区单位的看护。

四是动员社区居民和单位落实技防措施,抓好小区大门、围墙、自行车库、单元电子对讲门、住宅防盗门、楼道亮化等硬件设施建设和运行管理。

五是搞好区治安服务站,面向社区内的单位及成员提供法律服务、民事纠纷调解和治安有偿服务,推进社会治安服务产业化。

六是教育居民协助政府并检举揭发坏人坏事和各种违法犯罪活动,劝阻和制止其他违反治安管理法规的行为,发现现行犯罪分子立即扭送公安机关。

七是协助政府和公安保卫机关,依法对被管制、假释、缓刑、监外执行和被剥夺政治权利的罪犯以及监视居住、取保候审的被告人进行监视、考察和教育。

八是对有轻微违法犯罪行为的人进行帮助教育,做好挽救工作。

九是向居民宣传户口管理政策和有关规定,及时掌握和了解居民家中外来人员的情况,做到居民区人口底数清、情况明。落实社区内流动人口和暂住人口及出租房的管理,配合户籍警搞好暂住人口的教育、发证。

十是对辖内不安全因素要有整改的措施,发现案情时要立即保护现场,迅速报案,并积极协助保卫部门工作。

十一是对因人民内部的矛盾激化,可能引起严重危害社会治安后果的情况要及时向有关部门反映,同时做好教育疏导工作,预防恶性事件发生。

十二是向公安、保卫部门及时反映居民对治安工作的意见,提出建议和要求。

3. 社区人民调解委员会

1)组织设置

人民调解委员会是村民委员会和居民委员会下设的调解民间纠纷的群众性组织,在基层人民政府和基层人民法院指导下进行工作。人民调解员是经群众选举或者接受聘任,在人民调解委员会领导下,从事人民调解工作的人员。

根据《人民调解法》有关规定,人民调解委员会由委员三人以上组成,设主任一人,必要时可以设副主任。乡镇、街道人民调解委员会委员由下列人员担任:一是本乡镇、街道辖区内设立的村民委员会、居民委员会、企业事业单位的人民调解委员会主任;二是本乡镇、街道的司法助理员;三是在本乡镇、街道辖区内居住的懂法律、有专长、热心人民调解工作的社会志愿人员。

人民调解员除由村民委员会成员、居民委员会成员或者企业事业单位有关负责人兼任的以外,一般由本村民区、居民区或者企业事业单位的群众选举产生,也可以由村民委员会、居民委员会或者企业事业单位聘任。人民调解员任期三年,每三年改选或者聘任一次,可以连选连任或者续聘。

2)社区人民调解委员会的任务

人民调解委员会的主要职责包括:

一是调解民间纠纷。这是人民调解委员会的首要任务。所谓"民间",是指公民之间,如夫妻、父子、兄弟等家庭成员之间,职工、居民、村民等社会成员之间。所谓"民间纠纷",是指公民之间发生的以民事法律关系、社会道德关系为内容的争议或争执。公民之间发生了纠纷,可由人民调解委员会进行调解。

二是通过调解工作宣传国家法律、法规、规章和政策,教育公民遵纪守法,尊重社会公德。调解哪一类纠纷就宣传哪方面的法律、法规,做到以案释法,以事议法,通过宣传,既能调解纠纷、化解矛盾,又能增强群众的法律意识,提高群众的道德水平,从根本上减少和预防纠纷的发生。

三是向村(居)民委员会、基层人民政府反映民间纠纷和调解工作的情况及建议。人民调解委员会是在村(居)民委员会领导下,在基层人民政府指导下进行工作的群众性组织,为此,应及时将辖区内民间纠纷的发生、发展情况和调解工作情况及建议向村(居)民委员会和基层人民政府汇报,以便于取得村(居)民委员会和基层人民政府对调解工作的重视和支持。

4. 社区非营利组织

1) 组织设置

通过文献查新,在中西方语境下,本书中涉及的"非营利组织"(Non-Profit Organizations,NPO)一词有民间组织、人民团体、非政府组织(Non-Government Organization,NGO)、志愿组织、慈善组织、公民社会、第三部门等多种不同的概念与语义,在本书中统一使用"非营利组织"(NPO)。同时,将 NPO 区分为政府型 NPO 和草根型 NPO 两大类。

2) NPO 组织的特征

(1) 组织性。作为一个非营利组织,必须是一种机构性实体。因此,这个组织必须有一个组织章程、组织运行规则、工作人员或其他一些相对持久的指标。正如作为营利组织的公司在设立时必须有公司章程、固定经营场所、最低限额的注册资金等一样。

(2) 独立性(自治性)。非营利组织一般是独立于政府部门之外的自我管理和控制自身活动的组织,不是政府的下属机构,一般不受政府控制,有自己的董事会,独立地完成组织的使命。

(3) 自愿性。这种组织使命的完成通常是团体成员(会员)自愿参与的结果,特别是一些公益服务组织,其会员、成员从事服务时,通常是义务的、无偿的、自觉的。

(4) 不分配利润。非营利组织并不意味着组织不能靠自己的经营行为创造收入、创造利润,而是不能把利润分配给那些管理和经营这个行业的成员或会员。事实上,在很多国家,从提供服务获得的收入是非营利组织最重要的收入来源。这个收入占总资金来源比例在美国是 52%,英国是 48%,意大利是 53%,也就是说,非营利意味着不为业主或管理者个人谋利,而是把多余的收入也用在完成组织的使命上。

非营利组织的上述特点,决定非营利组织十分需要公共关系。因为对于非营利组织来说,通过有效的公共关系,可以达到下列目的:

(1) 使组织的使命得到认可,如学术团体旨在促进学术交流,工会旨在维护工人利益,消费者组织就是为保护消费者利益而组建的;

(2) 建立起与组织公众沟通的渠道;

(3) 创造和保持筹集组织活动经费的有利环境;

(4) 推动有利于组织使命的公共政策的制定和施行；

(5) 告知和动员组织的关键成员(如雇员、志愿者、委托人)。

社区非营利组织是非营利组织的一种特殊形式，是指以社区成员为主体、以社区地域为活动场所，以联系和动员社区成员参与社会活动、支持社区发展为主要目标，遵守国家法律、法规，尊重社会公德，以满足社区居民的不同需求为目的，由社区居民自主成立或参加，以便更好地进行自我管理、自我教育和自我娱乐而自发形成的介于社区主体组织和居民个体之间群众团体。社区非营利组织除了具有非营利组织的共性特点之外，还有一些属于自己的特点，主要有：①活动范围的社区性，即组织的成员是居住在本社区的居民，组织的活动范围限于社区；②产生的本土性，即社区非营利组织土生土长，根植于本社区，致力于社区发展和社区建设。

3) 著名的海内外 NPO 组织

(1) 国际红十字会与红新月会联合会(International Federation of Red Cross and Red Crescent Societies)是独立的非政府的人道主义团体。它是各国红十字会和红新月会的国际性联合组织。总部设在日内瓦。

(2) 国际红十字会。红十字国际委员会坚持公正和不偏不倚的立场，在世界各地工作，以帮助那些受武装冲突或国家内部动乱影响的人们。红十字国际委员会是一个人道组织，其总部在日内瓦。它的使命是由整个国际社会所赋予的，即落实国际人道法规则的监督者。它是国际红十字与红新月运动的创始机构。

红十字国际委员会与国家始终保持对话，但它在任何时候又保持自己的独立性。红十字国际委员会只有能独立于任何政府和权威以外，才能为武装冲突的受害者的利益工作。而服务于战争受害者则是人道工作的核心。

(3) 世界自然保护联盟。世界自然保护联盟(IUCN)成立于 1948 年，总部设在瑞士，是世界上成立最早、规模最大的世界性自然保护组织。其宗旨是：利用科学途径促进自然资源的利用和保护，以便为人类目前和未来的利益服务；保护潜在的再生自然资源，维护生态平衡；保护未被特殊保护的土地或管辖的海域，使其自然资源得以保护；使其众多的动植物品种和数量得以保持在适当的数量范围内；保护幸存的、有代表性的或特殊性的动植物群体的土地和新鲜海域；制订特殊措施以保证植物和动物群体品种不受伤害或灭绝。

(4) 国际绿色和平组织。绿色和平是一个非牟利的组织，并在 40 个地方设有分部，遍布欧美、亚洲及太平洋等地。

绿色和平独立于任何政府、组织和个人的影响，并严格不接受政府、财团或政治团体的资助。所有费用全赖于热心市民和独立基金的直接捐助，以维持独立性。作为一个国际环保组织，绿色和平致力于阻止任何威胁地球环境和生物多样性的活动，并发起了一系列的环保运动，如制止气候变暖，保护原始森林，停止海洋污染，阻止捕鲸，反对基因工程,停止核威胁,减少有毒物质和促进可持续贸易等。

(5) 野生动物保护组织。野生动物保护组织(WCS)是一个保护野生动物为宗旨的公益组织。他们通过教育,建立世界上最大的城市动物园等行动,改变人们对自然的态度,让人们意识到动物和人类一样拥有同样的生存权利。

(6) 世界自然基金会。世界自然基金会(World Wide Fund For Nature,WWF)是世界最大的、经验最丰富的独立性非政府环境保护机构。在全球拥有 470 万支持者以及一个在 96 个国家活跃着的网络。从 1961 年成立以来,世界自然基金会在 6 大洲的 153 个国家发起或完成了 12 000 个环保项目。目前世界自然基金会通过一个由 27 个国家级会员、21 个项目办公室及 5 个附属会员组织组成的全球性的网络在北美洲、欧洲、亚太地区及非洲开展工作。

(7) 国际爱护动物基金会。国际爱护动物基金会(IFAW)致力于在全球范围内通过减少商业剥削和野生动物交易,保护动物栖息地及救助陷于危机和苦难中的动物来提高野生与伴侣动物的福利。国际爱护动物基金会积极寻求途径,唤起公众参与,制止对动物的残酷虐待,推动政府机构制订使人与动物和谐共处的动物福利和保护政策。

国际爱护动物基金会以宣扬公平,仁慈对待一切动物为宗旨。改善动物的生存环境,保护濒临灭绝的种群,杜绝对动物的残暴虐待,倡导对所有生命的尊重和爱护。

(8) 中华慈善总会。中华慈善总会(CCF)是经中国政府批准的民间慈善机构,全国性社团法人,现在全国各地已经拥有 79 个团体会员,他们均为地方慈善组织。

(9) 中国福利会。中国福利会由孙中山夫人宋庆龄于 1938 年 6 月 14 日在香港创建。其前身是保卫中国同盟,1945 年改名为中国福利基金会,1950 年 8 月 15 日,改名为中国福利会。中国福利会的工作方针是:在妇幼保健卫生、儿童文化教育方面进行实验性、示范性工作,加强科学研究,同时进行国际交往和合作。

(10) 中国少年儿童基金会。中国儿童少年基金会于 1981 年 7 月 28 日成立,是我国第一个以募集资金的形式,为儿童少年教育福利事业服务的全国性社会团体,是一个具有独立法人资格的非营利性的社会公益组织。中国儿童少年基金会的宗旨是:为抚育、培养、教育儿童少年,辅助国家发展儿童少年教育福利事业,特别是贫困地区少数民族地区的儿童少年教育福利事业。

2.2.3　市场化社区安全服务组织

1. 物业管理公司

1) 组织设置

物业管理,是指业主通过选聘物业服务企业,由业主和物业服务企业按照物业服务合同约定,对房屋及配套的设施设备和相关场地进行维修、养护、管理,维护物业管理区域内的环境卫生和相关秩序的活动。物业管理的主要对象是房地产综合开发的小区或社区,当然也可以是建筑本体。它包括社区的环境、场地、附属设施的管理,辖区环卫、绿化、治安、交通、消防等管理,还开展人际关系调整活动,为保证业主和使用者的工作、居住环境提供全方位、多层次的服务,创造良好的工作、生活环境。社区物业管理一个很重要的方面就是社区内治安、消防和交通安全的管理。社区的物业管理,一般以住宅小区为单位,由一个物业管理企业进行管理。国务院颁布的《物业管理条例》(2007 修订)第34 条规定:"一个物业管理区域由一个物业管理企业实施物业管理。"

物业管理企业应当具有独立的法人资格。国家对从事物业管理活动的企业实行资质管理制度。从事物业管理的人员应当按照国家有关规定,取得职业资格证书。物业管理企业,必须由全体业主自主选择,任何单位和个人不得干预或指定。

2)物业管理公司的任务

《物业管理条例》(2007 修订)第 36 条规定:"物业服务企业应当按照物业服务合同的约定,提供相应的服务。物业服务企业未能履行物业服务合同的约定,导致业主人身、财产安全受到损害的,应当依法承担相应的法律责任。"因此,物业管理企业对社区安全提供的服务,是按照合同规定实施的,是合同约定的物业管理公司的义务。但由于小区具体情况不同,业主与物业管理企业签订的合同中对物业管理企业应承担的安全方面的职责规定不尽相同,由此,物业管理企业的社区安全保卫方面的作用也有所区别。但《物业管理条例》(2007 修订)也规定了物业管理企业必须履行的安全方面的责任,如发现本区域内违反有关治安等方面法律、法规规定的行为,应当制止,并及时向有关行政管理部门报告;协助做好物业管理区域内的安全防范工作;发生安全事故时,物业管理企业在采取应急措施的同时,应当及时向有关行政管理部门报告,协助做好救助工作。

物业管理企业根据合同约定履行安全方面职责时,必须遵守法律法规的有关规定,不得侵犯公民的合法权益。

物业管理企业根据合同约定履行安全方面职责,可以聘请保安公司和保安人员实施安全管理,维护本区内公共秩序。物业管理专业化是当前物业管理发展的一个重要趋势。如美国的物业管理公司一般只负责整个住宅小区的整体管理,具体业务则聘请专业的服务公司承担。物业管理公司接盘后将管理内容细化后再发包给专业单位。特别是小区的安全保卫,一般都委托专业保安公司负责派人承担。目前国内有些公司,如陆家嘴物业管理公司也在试行专业管理与专业服务相分离的做法。

2. 保安服务公司

我国保安服务业自 1984 年诞生以来,保安服务公司已从 1987 年的 99 家发展到2002 年 3 月的近 1 400 家,保安员从 1987 年的 1.3 万人发展至 1999 年的 29 万余人,2001 年又迅猛增加到了 46.3 万余人。近几年,不少保安服务公司从向客户提供单纯的人力安全守护服务,逐步向提供安全技术防范、电子保安、数字保安、金融守护押运等方面发展,一些领域的服务与管理水平已经接近或达到了世界先进水平。

1) 组织设置

在我国,保安服务公司是在公安机关的主管和指导下,为客户承担保安服务和提供安全防范咨询业务的服务型企业。保安服务公司经营内容主要包括三类:一是为客户提供门卫、守护、巡逻、押运等安全劳务服务;二是为客户提供安全技术防范设备的设计、安装、维修和咨询等技术服务;三是经销各类保安器材。保安服务公司服务对象很广泛,包括为单位提供固定的保安服务,为家庭、个人以及社区提供保卫服务,为文体、展览等大型群体活动提供现场保卫服务等。为社区安全提供安全服务,也是保安服务公司的重要业务。

2) 在社区安全管理中的作用

保安服务公司为社区提供安全服务,有两种形式:一是直接受雇于社区,为社区履行保安任务;二是由负责社区物业管理的公司聘用保安公司实施保安活动。

保安服务公司作为一种专业性的保安服务机构,在安全保卫方面具备专门的经验和手段,因而在维护社区安全方面有着独特的重要作用。

2.3　社区安全管理与服务措施

维护社区的安全,要有多种方法与措施,从维护社区安全管理与服务使用的方法上分析,可以把维护社区安全的措施分为人力安全管理与服务措施和物力、技术安全管理与服务措施。从人力安全管理与服务措施和物力、技术安全管理与服务措施的关系上分析,人力安全管理与服务措施起着主要作用,因为物力、技术安全管理与服务措施不会主动预防违法犯罪,对各种违法犯罪的预防和突发情况的处置,主要靠人力安全管理与服务措施这一重要的响应力量。

2.3.1　社区人力措施

1. 社区门卫与巡逻

门卫与巡逻是各社区普遍采用的一种人力安全管理与服务措施。门卫作为社区安全管理与服务的主要工作内容之一,处于社区安全管理与服务的第一线,对整个社区安全管理与服务工作有着极其重要的作用。同时,社区门卫工作也是展示一个社区良好风貌的重要窗口。

门卫,顾名思义即大门或门口的守卫,是指社区安全管理组织派出保卫人员,依据国家法律、法规和社区内部的规章制度,对指定的大门严格把守,对进出的车辆、人员、物品进行检查、验证和登记的一系列工作过程。门卫的主要任务是依据国家的有关法律、法规、政策和社区内部的规章制度对出入大门的人员、车辆、物资进行严格检查、验证和登记,防止物资丢失,防止不法人员混入内部,以维护社区的治安秩序,保证社区人、财、物的安全。具体来讲其任务包括以下几个方面:对进出人员的控制;对出入物品的检查;对进出口秩序的管理;对可疑情况进行处置。社区门卫工作的基本要求:一般认为,作为门卫要做到:

"两查":一是查验进出人员的有关证件;二是查验出入物资的证明及对实物的核对。

"两快":一是反映情况快;二是解决问题快。

"四勤":一是眼勤;二是手勤;三是脑勤;四是腿勤。

"四要":一是执行制度要严格;二是查验人、物要细致;三是处理问题要灵活;四是上岗执勤要文明。

"五好":一是情况记录好;二是执行制度好;三是交通指挥好;四是事情处理好;五是团结互助好。

"八看与八对":一看证件对姓名;二看相貌对年龄;三看举止对职业;四看原籍对口音;五看言行对学历;六看衣着对身份;七看物品对来由;八看同伴对关系。

巡逻是社会治安防控体系中的重要组成部分,是社会治安防范工作的一种重要形式,也是社区安全管理工作中的一种常用手段。对治安环境复杂的单位、场所、地段和生活区域进行有效巡逻是一种维护其秩序十分有效的措施。社区安全管理人员在巡逻中的观察与识别包括以下几点:

一是社区巡逻中的观察。巡逻中的观察既要有一定的知识准备,又要有恰当的方法手段。主要包括直接观察法和间接观察法。

二是社区巡逻中的识别。识别主要是通过对客体对象外在形态的判别去把握它的内在实情。在这里,外在形态主要包括:神态表情、言谈举止、衣着打扮、痕迹物品。

2. 社区安全防范宣传教育

1) 社区安全防范宣传教育的原则

(1) 理论联系实际的原则。社区安全防范宣传教育的目的是提高社区居民的安全防范意识和安全防范知识。因此,社区安全防范知识的宣传教育要与实际问题或实际活动挂钩,防止空洞说教,即为宣传而宣传的形式主义。

(2) 民主平等的原则。社区安全管理人员在组织社区安全防范宣传教育活动中应采取平等的态度,不能板起面孔训人,只能说服,不能压服,要充分相信社区群众有能力管好自己,从而达到自我教育的目的。

(3) 提高思想认识与解决实际问题相结合的原则。社区安全防范宣传教育中,要善于听取社区群众对社区安全防范工作与宣传教育工作的意见,了解社区群众的需求,为社区群众解决实际问题。在实践中应结合社区安全管理的具体工作去做宣传教育工作,这样能使宣传教育工作落到实处。

(4) 正面引导与反面教育相结合的原则。这是提高社区安全防范宣传教育工作有效性的重要一环。通过正面引导,可普及社区安全防范的知识和技能,提高社区群众的安全防范意识、知识和技能。通过反面教育,可以有力促进社区群众搞好安全防范工作,提高其主动性、积极性。

2) 社区安全防范宣传教育的内容

(1) 道德宣传教育。道德是人们共同生活及其行为的准则和规范。一般说来,一个道德品质高尚的人是不会走向违法犯罪道路的。违法犯罪率上升,治安秩序混乱,遇到违法犯罪的人或事,充耳不闻,视而不见,这是社会道德水准低下或下降的表现。因此,进行道德教育,是社区安全防范宣传教育的一项重要任务,是预防违法犯罪的第一道防线。

(2) 法制宣传教育。法制宣传教育是增强社区群众法律意识和法制观念的重要手段,是预防和减少违法犯罪的有力武器。结合普法教育,利用典型案例,用活生生的事实对全体社区居民进行深入广泛的法制教育。通过教育,使广大社区群众明确社会主义法律的本质,明确公民的权利和义务,明确罪与非罪的界限,明确道德、纪律和法律的关系,并自觉用法律这一武器来维护国家利益和个人的合法权益,用法律武器来同各种违法犯罪进行斗争。

(3) 安全防范知识技能的宣传教育。根据社区的实际状况,针对社区内违法犯罪的特点、规律和社会治安形势,不失时机地做好社区群众的安全防范知识技能教育。安全防范知识技能教育的内容,不仅包括防违法犯罪方面的,还包括防治安灾害事故方面的,不仅要告诉社区群众防什么,而且还要告诉他们怎样防,根据社会治安的形势和社区的实际情况,每个时期都有不同的内容和要求。但总的来讲,是要教育社区群众提高警惕,贯彻落实"预防为主"的安全防范工作方针。

3) 社区安全防范宣传教育方法

(1) 开展报告宣讲。常采用以下两种报告形式:形势报告、辅导报告。形势报告即在敌情、社情发生某些变化时,及时向群众讲明当前的治安状况及其新特点,引导群众正确认识,并采取相应的防范对策,确保社区内治安秩序的稳定。辅导报告即为群众学习法律常识和安全防范知识所作的辅导报告。

(2) 运用宣传媒介。宣传媒介主要包括以下几种形式:平面媒体,如墙报、黑板报、宣传橱窗;影像媒体,即通过播放影像作品向社区群众进行安全防范宣传教育;广播技术,如无线电收音机和有线广播喇叭;现代网络技术。利用互联网技术进行安全防范知识宣传教育今后必将成为主要的工作手段之一。

（3）发公开信。定期将社区内违法犯罪的活动情况、活动的规律和特点,治安灾害事故发生情况及防范对策、要求等以公开信的形式发送到每一户居民家中,提高其安全防范意识和能力。在通信技术迅速发展的今天,一些地方通过在节假日前夕给手机用户发送有关安全防范知识的短消息,提醒公众注意安全问题,这对提高其安全防范的意识也有一定的好处。

（4）设立公告栏。根据不同社区的不同治安特点,对一定时期内(如一个月)违法犯罪活动的情况及其呈现的规律与特点,定期向社区居民通报;并针对比较突出的问题,提出安全防范建议,以"治安提醒栏"、"治安通报栏"等不同的形式,在各个单位、各个居民住宅小区、各社区居民委员会门口等醒目位置进行张贴。

（5）安全防范建议书。对发生在社区内的每一起可防性案件、各类治安灾害事故,认真加以分析研究,找出相关单位和居民住宅小区安全防范措施和制度上存在的漏洞和隐患,并以安全防范建议书的书面形式告知涉案单位和个人,提醒其注意,并按要求进行整改。这种针对性非常强的事后补救措施,能起到教育发案单位相关人员,堵塞漏洞,避免类似案件再次发生的作用。

（6）制订安全文明公约。与群众共同制订以"四防"为主要内容的安全文明公约,并张贴于醒目处,时刻提醒群众搞好安全防范工作,自觉遵守安全文明公约,并按公约要求参加到邻里守望、看楼护院、巡逻值班等安全防范工作中来。

（7）组织应急演练。火灾扑救、火灾疏散等知识,可以通过在社区举行的灭火演练、安全疏散演练等形式,使社区群众在演练中增强对火灾的感性认识,更加深刻地掌握灭火、组织疏散、逃生自救等消防安全知识与技能。

此外,还有发放公共安全知识图册、手册、应急箱等公益手段。

3. 社区安全检查

社区安全检查是社区安全管理参与者为了及时发现和消除社区内的不安全因素,防止发生治安灾害事故,而对社区内的场所及相关区域的安全措施进行定期或不定期的检查和监督活动。社区安全检查是发现社区内不安全因素,及时采取措施,加强预防,把案件和事故消除在萌芽状态的有效方法。

1）社区安全检查的主要内容

（1）查思想。查思想即查社区内各单位和社区群众对安全防范工作是否重视,查安全保卫人员和社区群众在安全防范工作中是否存有麻痹大意思想。社区群众有无麻痹思想的基本表现是看其对规章制度是否认真自觉地贯彻执行。

（2）查制度。查制度即查社区内各项安全防范工作的规章制度是否健全,责任是否明确,执行是否认真。社区安全防范工作参与者对安全防范工作是否重视的一个基本标志,就是看社区内对安全防范工作有无切实可行和比较健全的规章制度。

（3）查隐患。隐患即检查安全防范工作中是否存在隐患漏洞，社区的各个方面是否存在不安全因素。社区安全检查既要肯定成绩，总结正面经验，更要发现问题，吸取反面教训。

（4）查措施。查措施即检查各种安全防范措施和整改措施是否严密周到和贯彻落实到位。社区保卫工作的好坏关键在措施，而措施的关键在落实。

2）社区安全检查的主要形式

（1）各社区单位进行自查和互查。一般由各社区单位定期或不定期地对自身安全状况进行检查，必要时可由各单位相互检查，取长补短，相互监督。

（2）主管部门进行安全检查。一般由行政主管部门组织所属基层单位的治保专职人员组成安全检查组，对所属的社区单位进行全面的安全检查。

（3）治安、消防机关的安全检查。即治安管理部门和消防监督部门以属地管辖原则组织的检查。对发现的不安全因素要逐条登记，提出整改意见限期解决。在紧急情况下，有权责令其危险部门停止使用或停业整顿。

（4）全地区性的安全大检查。一般由各级人民政府，或者由安全委员会、消防委员会组织有关部门，以政府的名义对全地区进行安全大检查。

3）社区安全检查的基本方法

（1）定期全面检查。定期全面检查，也叫定期普查，它是规定在某一时间段对社区内的安全保卫工作情况普遍进行的检查。这种检查一般是在"五一"、"十一"、春节等重大节日前夕或重大活动之前进行。定期全面检查一般由党政主管部门组织或牵头，参加的部门比较多，声势和影响比较大，因此，各单位比较重视，有一定的督促作用，也确能解决一部分难题，因而这种方法被长期且普遍采用。

（2）不定期局部检查。不定期局部检查，也叫抽查。它是在不告诉被检查对象的情况下，对局部地区或个别部位所进行的检查。不定期局部检查属于"不宣而战"，从某种程度上带有很大的"突然性"，被调查对象没有思想准备或准备不够充分，因而检查的结果一般比较客观真实，安全防范、基础工作的好坏一目了然。这是安全检查中经常使用的一种有效的方法。

（3）专项检查。专项检查是根据安全工作的某种需要，对某一部位或某一工作专门场所进行的检查。专项检查有较强的针对性和目的性，一般有同行专家或工程技术人员参加，大多有较为严格的程序和标准，因此，该项检查确能查出优劣，确能发现问题和解决问题，具有较强的权威性和说服力。

2.3.2　社区物力与技术防范

社区物力与技术防范手段与社区人力防范措施的同时采用，可以在社区形成立体化、多层次、全方位、科学防范违法犯罪和预防灾害事故的强大网络体系,从而减少社区安全管理中人为因素造成的盲区及漏洞。

1. 社区物力防范设施

物力防范设施是针对犯罪分子采取破门、撬锁、爬墙、越窗等非法手段入室作案的特点,通过改善居民住宅门窗、围墙、阳台等设施,预防和减少室内案件发生的重要措施。社区内常用的物力防范设施主要有楼宇对讲电控门、防盗门、防盗窗、防攀爬设施、围墙等几种。

(1)楼宇对讲电控门。楼宇对讲电控门就是安装在社区居民楼各单元门外的防盗门和对讲系统,可以实现访客与住户对讲,由户主来控制防盗门的开、关,从而有效防止非法人员进入住宅楼内。一般由对讲(可视对讲)系统、控制系统、电源系统、电控防盗安全门四部分组成。

(2)防盗门、防盗窗。门、铁窗、铁栅栏是传统型安全防范手段,它在保障社会治安方面发挥了巨大的作用。依据我国国情,在相当长的时间内,居民住宅依靠防盗的铁门窗、铁栅栏也不失为一种安防办法,城市目前这种手段占90%以上。这种防范设施价格不是很贵,对居民心理上有相当大的习惯性认可和安抚作用。

(3)防攀爬设施。有些居民住宅由于设施不科学,雨棚、下水管、避雷线紧靠窗户、阳台,为犯罪分子攀登潜入楼上居民室内作案留下了隐患。为此,要在这些结合部安装带刺的铁丝网或者有尖头的铁栅栏,或者在阳台上安装铁丝网罩,也可以把阳台改造成封闭式,以此阻挡罪犯攀登入室。

(4)围墙。围墙是围绕住宅设置的护卫建筑物。围墙可以用于阻断住宅与外界的通路,防止无关人员随意出入住宅区,从而维护住宅区的正常秩序。

(5)家用保险箱。家用保险箱虽然坚固,但体积小,如果将其嵌砌在墙内存放贵重财物,并且用其他物品掩盖其外露部分,那么,犯罪分子即使潜入室内,也难以发现,更难以打开窃物。在社区内搭建自行车寄存棚,帮助居民解决存车难的问题,努力减少停放在户外的自行车、摩托车失窃的发生。

总之,加强物防,不断完善基础防护设施,是当今社区安全防范中最传统的措施,也是技术防范措施的有效补充。

2. 社区防盗报警系统

随着人民生活水平的不断提高,如何有效地防范不法分子的盗窃行为,将是人们普遍关心的问题。仅靠人力和物力来保护人民生命财产的安全还是不够,借助现代化高科技的电子、红外线、超声波、微波、光电成像和精密机械等技术来辅助人们进行安全防范是一种最为理想的方法。

1）防盗报警系统的分类

按探测器的工作方式分类，主要包括：主动式报警器、被动式报警器。

按探测范围分类，主要包括：点控制式报警器、线控制式报警器、顺控制式报警器、空间控制式报警器。

按信号传输方式分类，主要包括：有线报警器、无线报警器。

按入侵探测器的种类分类，主要包括：开关报警器、感应报警器、声控报警器、振动报警器、玻璃破碎报警器、主动和被动红外线报警器、微波报警器、超声波报警器、双技术报警器、视频报警器、激光报警器、电缆周围入侵报警器等。

2）防盗报警系统的组成

防盗报警系统负责建筑内外各个点、线、面和区域的探测任务，一般由探测器、控制器和报警控制中心三个部分组成。最底层是探测和执行设备，它们负责探测人员的非法入侵，有异常情况时发出声光报警，同时向控制器发送信息。控制器负责下层设备的管理，同时向控制中心传送自己所负责区域内的报警情况。一个控制器和一些探测器、声光报警设备等就可以组成一个简单的防盗报警系统。

3）防盗报警系统在社区安全管理与服务中的应用

防盗报警器发展到今天已有许多种类型，选择什么样的报警器才能保证防盗报警系统工作的安全性和可靠性，是十分重要的。其安全性是指在警戒状态下报警系统要保证正常的工作，不受或少受外界因素的干扰。可靠性是指报警系统正常工作时，入侵者无论以何种方式、何种途径进入预定的防范区域，都应及时报警，且应减少误报和漏报率。主要考虑以下几方面的问题：

报警器的选择。各种防盗报警器由于工作原理和技术性能的不同，往往仅适用于某种类型的防范场所和防范部位，因此须按适用的防范场所和防范部位的不同对防盗报警器进行分类。

布防准备工作。在正确选择了防盗报警器之后，报警系统发生误报的原因则主要是由布防规划不当所引起的。因此，正确合理的布防规划是使报警系统工作稳定可靠，满足防范要求的重要保证。现场勘察是布防规划的第一步，按报警防范现场的不同，可分为室内防范和室外防范。室内防范即指建筑物内部特定区域或部位（如银行的金库、博物馆的珍宝室等）及特殊目标（如金柜、贵重文物等）的点型、线型、面型、空间型的警戒。室外防范包括大面积特定范围和独立建筑物的周围警戒。

室内现场勘察的内容主要包括：建筑物结构、建筑材料、环境因素、工作条件及室内布局。

室外现场勘察的内容主要包括：防范区域的地形、地貌（平地、丘陵、山地、河流、湖泊），防范周界状况（是平地还是丘陵或是山地），植被情况（是有草、树等植物），气候情况（包括气温、风、雪、雷、雨、雾、冰、雹等）和土质情况。还应注意周围有无小动物及马类的活动,有否被磁干扰(广播发射机及各种高频设备)。

4)防盗报警系统布防模式

根据防范场所、防范对象及防范要求的不同,现场布防可分为周界防护、空间防护和复合防护三种模式。

(1)周界防护模式。周界防越报警系统是为防止不法之徒通过小区非正常出入口闯入时而设立的,以此建立封闭式小区,防范闲杂人员出入,同时防范非法人员翻越围墙或护栏。通常,在小区的围墙四周设置红外多束对射探测器,一旦有非法入侵者侵入,就会触发相关装置,并立即发出报警信号到周界控制器,通过网络传输线发送至管理中心,并在小区中心电子地图上显示报警点位置,以利于保安人员及时准确地处警,同时联动现场的声光报警器(白天使用)或强光灯(夜间用),及时威慑和阻止不法之徒入侵,同时提醒有关人员注意,做到群防群治,拒敌于小区之外,真正起到防范作用。

(2)空间防护模式。住宅防盗报警系统的核心部分为家庭智能控制器,该控制器采用模块化设计组成,由 CPU、总线接口、无线防区模块、语音模块、电话模块、多表采集模块、有线防区模块、显示电路、小键盘以及控制接口等组成。防护时的探测器所防范的范围是一个特定的空间,当探测到防范空间内有入侵者侵入时就发出报警信号。

(3)复合防护模式。复合防护模式是指在防范区域采用不同类型的探测器进行布防,使用多种探测器或对重点部位作综合性警戒,当防范区内有入侵者进入或活动时,就会引起两个以上的探测器陆续报警。

3. 社区消防报警灭火系统

火灾是发生频率较高的灾害,无论电器设备、装修材料,还是内部陈设,都可能引发楼宇火灾,导致人员伤亡和财产损失。而火灾最容易发生在人群稠密和物资集中的地方,其损失尤以高层和超高层建筑最大。所以,社区的消防报警灭火系统的应用越来越突显其重要性。

1)火灾自动报警系统的组成

火灾自动报警系统,通常是由触发装置、火灾报警控制器以及消防联动控制装置等组成。火灾发生时,触发装置将火灾信号(如烟雾、高温、光辐射)转换成电信号,传递给火灾报警控制器,再由火灾报警控制器将号传输到消防联动控制装置。

2)自动灭火系统的组成

自动灭火系统由电控制与自动控制两类组成:一是电控制。火灾探测器探测到火灾信号后,向火灾控制器发出信号,火灾控制器又向喷头发出控制信号。二是自动控制。温度上升到一定数值时,闭锁机构自动打开。有易熔件喷头、玻璃泡喷头两种。动灭火系统主要有自动喷水灭火系统、卤代烷灭火系统、二氧化碳灭火系统、干粉灭火系统、泡沫灭火系统等。

4. 社区图像监控系统

随着国民经济的发展和科学技术的不断提高,计算机技术、电视技术已经用于社会生活的各个方面,图像监控系统作为一种先进的、防范能力极强的综合系统,已经广泛应用于社区安全领域,成为保护社区安全的重要手段。它通过遥控前端摄像机及其辅助设备(镜头、云台等)直接观看被监视场所的一切情况,通过对图像分析处理,进行图像报警,以防止偷窃,预防火灾的发生。同时,图像监控系统可以把被监控场所的图像全部或部分地记录下来,为日后对某些事件的处理提供了重要依据。

1) 社区图像监控系统的组成

社区图像监控系统依功能可以分为摄像、传输、控制以及显示与记录四个部分。一是摄像部分。摄像部分。这是安装在现场的用于摄取现场情况的设备,它包括摄像机、镜头、防护罩、支架和电动云台,它的任务是对被摄体进行摄像并将其转换成电信号。二是传输部分。传输部分的任务是把现场摄像机发出的电信号传送到控制中心,它一般包括线缆、调制与解调设备、线路驱动设备等。三是控制部分。这是社区图像监控系统中的核心设备,由总控制台组成,系统内各设备的控制均是从这里发出和控制的。控制台是由视频分配放大器、视频矩阵换器、控制键盘、圆面分割器、长延时录像机等设备组合而成,主要完成视频信号放大与分配、校正与补偿、图像信号的切换、图像信号的记录、摄像机及辅助部件的控制等。四是显示与记录部分。显示与记录部分把从现场传来的电信号转换成图像在监视设备上显示,如果有必要,就用录像机录下来,所以它包含的主要设备是监视器和录像机。

2) 社区图像监控系统的安装与使用

社区图像监控系统主要安装在社区的主要出入口、主干道、主要路口、周界围墙或护栏、停车场出入口、电梯轿箱、设备机房及其他重要区域。

社区图像监控系统的安装与使用可以提高社区安全管理水平,有助于社区管理者充分了解社区的动态,实现对整个社区的实时监控和记录。当发生异常情况时,与周界防盗报警系统及住宅室内报警系统联动的图像监控系统还能自动弹出异常情况发生区域的画面,并进行记录,从而实现对社区的重要区域进行全方位的监视,提高防范效果。

2.3.3　智能建筑简介

智能建筑的概念,在 20 世纪末诞生于美国。第一幢智能大厦于 1984 年在美国哈特福德（Hartford)市建成。中国于 20 世纪 90 年代才起步,但迅猛发展势头令世人瞩目。智能建筑是信息时代的必然产物,建筑物智能化程度随科学技术的发展而逐步提高。当今世界科学技术发展的主要标志是 4C 技术（即 Computer 计算机技术、Contro 控制技术、Communication 通信技术、CRT 图形显示技术)。将 4C 技术综合应用于建筑物之中，在建筑物内建立一个计算机综合网络，使建筑物智能化。智能建筑是集现代科学技术之大成的产物。其技术基础主要由现代建筑技术、现代电脑技术、现代通信技术和现代控制技术所组成。

1. 什么是智能建筑

修订版的国家标准《智能建筑设计标准》(GB/T 50314—2006)对智能建筑定义为：以建筑物为平台，兼备信息设施系统、信息化应用系统、建筑设备管理系统、公共安全系统等，集结构、系统、服务、管理及其优化组合为一体，向人们提供安全、高效、便捷、节能、环保、健康的建筑环境。

原国家标准《智能建筑设计标准》(GB/T 50314—2000)对智能建筑定义为：以建筑为平台，兼备建筑自动化设备 BA、办公自动化 OA 及通信网络系统 CA，集结构、系统、服务、管理及它们之间的最优化组合，向人们提供一个安全、高效、舒适、便利的建筑环境。

2. 智能建筑系统集成

智能建筑系统集成(Intelligent Building System Integration，IBSI)，是指以搭建建筑主体内的建筑智能化管理系统为目的，利用综合布线技术、楼宇自控技术、通信技术、网络互联技术、多媒体应用技术、安全防范技术等将相关设备、软件进行集成设计、安装调试、界面定制开发和应用支持。

智能建筑系统集成实施的子系统包括综合布线、楼宇自控、电话交换机、机房工程、监控系统、防盗报警、公共广播、门禁系统、楼宇对讲、一卡通、停车管理、消防系统、多媒体显示系统、远程会议系统。对于功能近似、统一管理的多幢住宅楼的智能建筑系统集成，又称为智能小区系统集成。

3. 智能建筑的基本要素

结构——建筑环境结构。它涵盖了建筑物内外的土建、装饰、建材、空间分割与承载。

系统——实现建筑物功能所必备的机电设施。如给水排水、暖通、空调、电梯、照明、通信、办公自动化、综合布线等。

管理——是对人、财、物及信息资源的全面管理，体现高效、节能和环保等要求。

服务——提供给客户或住户居住生活、娱乐、工作所需要的服务，使用户获得到优良的生活和工作的质量。

关键术语

安全管理　社区安全管理　非营利组织(NPO)　社区安全检查　智能建筑

复习思考题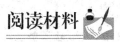

1. 什么是社区安全管理？简述社区安全管理的特点、原则。
2. 简述常见的社区安全管理组织及其基本职责。
3. 简述社区安全管理与服务的基本人力和物力措施。

阅读材料

社区警务——积小安为大安

优美的环境让人舒心、便利的生活让人顺心、平安的秩序让人放心、多元的生活让人开心。这是每一个公民期望的美好生活。邻里大家庭这一警务模式为实现这一成果作出了有力的推进。

社区民警通过帮助群众解决热点问题和实际困难，积极开展民警大走访等活动，强化社区警务服务水平。为使派出所真正把基础工作的重心转移到社区，促使社区民警真正把主要的时间、精力放在社区警务工作上，进一步丰富社区警务活动内容，密切新形势下的警民关系。2005 年 4 月份，省公安厅在全省派出所开展了"打造平安环境，建设和谐社区"社区民警大走访活动。明确规定了民警对辖区内的居民进行逐户逐人走访，了解、掌握辖区群众的基本生活情况，并且与特困户、军烈属、孤寡老人、残疾人等建立联系制度，真正为群众解决一些实际困难和问题。同时，向辖区群众进行广泛宣传，不断增强群众的安全防范意识和自防能力。通过一个多月的实践，全省社区民警共走访居民 150 多万户，与 1 万余户贫困家庭建立联系。

铁岭市工人公安分局南立交桥社区民警首创了"邻里大家庭"工作模式。"邻里大家庭"由社区书记担任中心主任，以社区警务室为龙头，开展各项活动。即在一栋居民楼或两栋相连的居民楼建立一个"邻里大家庭"，由每栋楼居民民主选举出一名"主持人"，主持"邻里大家庭"的各项活动，每个单元民主选举出一名"主持人助理"，配合"主持人"工作。主持人负责调解邻里纠纷，沟通大家庭成员感情；提出倡议，组织活动；掌握"大家庭"住户动态，通信信息等，收集上报"三情"和预警信息，协助民警做好"大家庭"的治安防范工作。"主持人助理"协助主持人工作。经民主选举，南立交桥社区选出大家信赖的 26 名"主持人"，113 名"主持人助理"，以"邻里大家庭"为平台，寓警务工作于服务之中，手牵手、邻帮邻、共建文明大家庭，从而实现"走到一起来"这个主题。一次，一个居民楼院里的下水道被堵，引起了邻里间的相互推诿，社区民警与"主持人"积极协调矛盾，"大家庭"142 户成员主动均摊维修费用，钱虽不多，却让居民们实实在在地感受到了"难事大家分忧，喜事共同高兴"温馨的"大家庭"气氛。一位 70 多岁的老大爷，由于搬家时户口丢失，至今没有户口，多次找到有关部门反映，没有得到解决。社区民警得知这一情况后，马上帮助他查找户口底卡，了解过去的邻居，经详细的调查，情况属实，帮助他办理了落户手续，老人一再说："你帮我把多年心愿了了，警察都像你这样，老百姓办事就再不用发愁了。"

"邻里大家庭"增加了彼此的交往和感情，也促使一些过去难解的邻里纠纷及时排解了。一次居民老赵家的狗咬了老张的儿子，过去像这种事纠纷弄不好就是一起治安案件，可这次不同了，老张见民警和"主持人"都来看望和调解，他与老赵也已经很熟悉了，便豪爽地说："多大个事呀，都是一个'大家庭'的人，拉倒吧！"老赵非要给药费，老张坚决不收，这件事使两家人加深了感情。在活动中，民警以优质的服务全程组织和参与，增强了与群众的亲和力，让群众感到警察就在身边，随时可见，随时可求助，实现了社区警务工作真正前移，并在各个层次渗透警务工作，进一步密切了警民关系，使广大群众加深了对民警的理解和信任。

资料来源：辽宁日报：http：//newspaper.lndaily.com.cn/lnrb/200508/7171720050811.htm

问题讨论

1. 为什么说社区警务工作是"积小安为大安"？
2. 结合案例，试述新形势下完善社区治安管理的具体措施。

本章延伸阅读文献

[1] 马英楠，赵鹏霞，高星.社区安全管理与服务平台研究[C].中国职业安全健康协会 2009 年学术年会论文集，2009
[2] 张宁，孙玉霞，陆文聪.城镇社区安全管理模式的经济学分析[J].技术经济，2006，25(10)：39-43
[3] 宋廷海.创新社区安全管理机制的思考[J].现代物业(上旬刊)，2011，10(1)：22-24
[4] 展万程.人、科技与安全——系统论视野中城镇社区安全管理与防范[J].山东警察学院学报，2005(2)：99-103
[5] 沈少建.新形势下物业管理参与社区安全管理的几点思考[J].公安研究，1999(6)：65-68
[6] 洪伟.NPO 在社区治理中的作用[J].法制与社会，2009(5)：272
[7] 王荣华.我国智能建筑的发展[J].中外建筑，2003(6)：70-74

第 3 章 社区风险辨识与基线调查

3.1 社区危险源及其辨识

社区是指聚居在一定地域范围内的人们所组成的社会生活共同体,包括地理环境、资源环境和人工环境等。社区人口结构复杂,成分多样,社区又是人们休养生息的港湾。该种结构,赋予社区安全工作具有涉及内容多、范围广的特点。随着经济发展和体制的改革,大量的单位人变成社会人,社区承载的功能越来越多,安全工作的重要性愈发凸显。

3.1.1 社区存在的事故和伤害类别

事故是指造成人员死亡、伤害和财产损失的意外事件。伤害是指人体急性暴露于某种能量下,其量或速率超过人体的耐受水平而造成的身体损伤,影响了正常活动,需要医治或看护。《企业职工伤亡事故分类标准》(GB 6441—1986)将事故分为高空坠落、物体打击、触电、淹溺、爆炸、中毒等 20 个类别,《国际疾病分类编码第十版》(International Classification of Diseases,ICD—10)将伤害分为跌倒、淹溺、窒息、运输伤害等 20 类。上述事故和伤害都有可能在社区发生。

中国职业安全健康协会高级工程师欧阳梅等人(2006),[1]根据社区实际情况,参考《企业职工伤亡事故分类标准》(GB 6441—1986)和《国际疾病分类编码第十版》(ICD—10),提出社区存在的 16 类事故与伤害,即车辆伤害、火灾、自我伤害、暴力伤害、爆炸、高空坠落、物体打击、中毒、运动与休闲伤害、电伤害、淹溺、跌倒、灼烫、动物伤害、运动伤害、其他(如医疗事故、植物伤害等)。

---

[1] 欧阳梅,陈文涛,段淼.创建安全社区之伤害调查与风险辨识方法探讨[J].2006,16(11):92-97

3.1.2　事故与伤害调查及风险辨识方法确定的原则

事故和伤害发生的原因是多方面的,例如,能量与有害物质的存在、设备设施故障、人员失误、管理缺陷或不良环境等都是危险因素产生的原因。因此,仅仅通过人群伤害调查是不全面的。安全社区的概念和理论研究源自于安全管理,社区的安全管理工作应该遵照预防为主的原则,做到未雨绸缪,把危险因素控制在相对安全状态。基于系统安全工程理论的风险辨识及其评价方法是事故和伤害预防的重要手段。

3.1.3　风险辨识及其评价范围

社区结构复杂,包含了居民、各类社会单位,道路和建筑物等,风险辨识应考虑可能导致事故与伤害的各种可能性。应从以下方面识别评价危险因素存在的可能性及其风险程度:交通安全、消防安全、工作场所安全、家居安全、老年人安全、儿童安全、学校安全、公共场所安全、体育运动安全、涉水安全、社会治安、防灾减灾与环境安全。

风险辨识应包括每一方面涉及的所有设施、所有人群和所有活动,防止出现漏项。例如,识别工作场所危险因素时,应从厂址、总平面布置、道路及运输、建(构)筑物、工艺过程、生产设备装置、作业环境和安全管理措施等方面分析、评价。

识别居家安全危险因素时,应从室内环境、用电、用燃气、食品、防暴力、家庭用药、出行、家庭用品等方面分析、评价。

识别学校安全危险因素时,应从宿舍、饮食、交通设施、教室、实验室、体育活动、校内外集体活动、网络、校园吸毒、校园暴力、心理健康等方面进行分析、评价。

3.1.4　风险辨识及其评价的步骤

1. 划分辨识单元

可以选取下列方法划分辨识单元:一是按项目划分,如交通、消防、家居、涉水、社会治安等;二是按区域划分,例如,企事业单位、居民区、公共场所等;三是按人群划分,如老年人、儿童、残疾人、外地务工人员等;四是按危险因素类别划分,如噪声、触电、淹溺、爆炸、中毒等。还可将单元细分,例如,交通又可划分为道路、交通设施、行人、驾乘人员、交通工具、交通管理、交通标志标识等。由于安全社区创建执行机构一般按项目组建,建议按项目划分辨识单元。

2. 辨识危险因素

识别分析各种可能导致事故和伤害的不安全行为、不安全状态、不良环境和管理缺陷,分析其发生事故的条件。

3. 确定风险程度

考虑在现有控制措施情况下发生伤害的可能性、伤害可能导致的后果及其严重程度。

4. 确定优先解决项目

采用安全检查表方法时,应首先聘请专家或有经验的工作人员编制检查表,辨识人员可由技术人员、社区工作人员、社区志愿者组成,经过培训后方能开展工作。

采用经验法时,可以采取以往材料分析、查阅事故记录、同行业同类型典型案例分析、组织座谈讨论等形式进行。

3.2　社区风险及其评价方法

世界上已建立安全社区的国家或地区(包括我国香港和台湾地区)在创建之初,一般都采用伤害流行病学方法调查,分析社区引起伤害的危险因素,进而制定相应的干预措施。而我国安全社区的建设基本处于传统管理状态,创建安全社区的地方还十分有限。如何识别社区存在的危险因素、采取哪些控制手段,尚未形成系统的、规范的理论和方法。

目前,我国对风险辨识和评价以及伤害调查的方法研究已较为成熟,已在卫生研究领域和安全生产领域得到了广泛应用。社区在进行事故与伤害调查及风险辨识时,也完全可以借鉴。中国职业安全健康协会高级工程师欧阳梅等人(2006)通过研究与比较,考虑到社区构成与特点,提出两种适用于社区的风险辨识与评价方法以及 6 种伤害调查方法。

3.2.1　社区风险分析典型方法

风险辨识方法是分析危险因素的工具,是策划安全社区建设途径的基础。社区不同于企业,其管理要求和复杂程度相对低一些,绝大多数社区没有专职安全管理机构和人员,应按简便、易懂、有效的原则选取风险辨识方法,而直观经验法能满足上述需求。

1. 安全检查表法

事先剖析检查对象,为了系统地发现危险因素,而确定检查项目,以提问的方式,编制成表,该表被称为安全检查表。该表的内容应列举出所有能导致伤亡事故的不安全状态和不安全行为,现场逐项对照检查,确定是否存在。

　　安全检查表系定性的检查方法,可根据不同的检查对象,编制不同内容的检查表。安全检查表具有方便实用、简明易懂、不易遗漏的优点。例如北京市朝阳区望京街道在对社区重点部位实施检查时,就是采用了该方法,并称其为"傻瓜表"。表3-1为灭火器安全检查表的一般格式(部分)。编制安全检查表的步骤如下:①确定检查对象;②把大系统分割成小的系统;③根据规章制度、规程标准等设计检查项目;④将各检查表的标准或参考标准列出,编制成表。

表 3-1　灭火器安全检查表(样例)

序号	安全检查项目	是或否	备注
1	有足够数量的灭火器吗?		
2	居民都熟悉灭火器的使用方法吗?		
3	每个灭火器上都有有效期的检查标志吗?		

2. 经验法

　　组织专家或有经验的工作人员,借助于经验和判断能力,直观地评价对象可能存在的危险因素。对于一个设施、活动或场所,可从可能存在的危险因素及该危险因素可能导致的事故和伤害的方式、途径、范围及严重程度,现有措施的有效性几个方面综合考虑判断。经验法是一种简便、易行的定性分析方法,见表3-2。

表 3-2　危险因素识别与风险评价表(样例)

序号	设施/活动/场所	危险因素	可能导致事故	故事后果	现有控制措施	措施有效性	备注

3.2.2　社区伤害基础调查方法

　　伤害研究借助于流行病学的理论与方法形成了伤害流行病学,主要通过收集和分析不同人群伤害的发生、死亡、伤残和经济损失等资料,分析并阐明伤害类型—人群—时间的特点与趋势,分析伤害的流行规律、发生原因和危险因素。一般采用人群调查和医院伤害门诊数据记录分析来实现,在国外,该方法应用于社区事故与伤害的调查分析时,被称为社区诊断。

1. 伤害信息与基础调查

　　伤害基础性信息是伤害预防与控制的基础,通过系统地收集、分析伤害及其相关信息,掌握伤害发生的分布特征及变化趋势,为制定伤害干预措施提供可靠的依据。

伤害相关信息有不同的来源,目前我国在职业伤害、交通伤害、火灾伤害和社会治安案件所致暴力伤害方面,开展了规范的信息收集工作。社区伤害预防工作初建阶段信息的收集几乎还是空白。

社区伤害基础调查是指以人群为基础进行的流行病学调查,目的是了解在一定时间内社区伤害发生情况,阐明伤害发生特点,危险环境、高危人群,分析某些因素与伤害发生之间的关联。

伤害基础调查的基本步骤分为以下 5 步:①确定调查目的和内容;②确定调查样本;③编制调查表;④实施伤害调查;⑤资料整理与分析。

2. 社区伤害基础调查方法

1)普查

普查即全面调查,是对调查范围内的全部观察对象进行调查,所取得的资料比较完整、真实,能够反映本社区伤害发生的实际情况,具有较强的针对性。但是,大范围的人群伤害普查工作需要花费大量人力财力,工作量大,人口较多的社区不宜采用。人口较少或人口构成比较单一的社区可采用该方法,如企业所办社区。

2)抽样调查

抽样调查也称为非全面调查,是从总体中随机抽取一定数量的观察单位组成样本,用样本信息来推断总体特征。抽样调查比普查涉及的观察单位数少,故节省人力、财力和时间。抽样调查包括单纯随机抽样、系统抽样、整群抽样、分层抽样和多阶段抽样。具体内容如下:

(1)单纯随机抽样。将调查对象全部顺序编号,再用抽签法或随机数字表随机抽取其中部分调查对象。例如,要从 1 500 名儿童中随机抽取 100 名儿童作样本,则先将全部儿童编号,用随机函数产生 100 个 1 500 以内的随机数字对应编号的儿童组成样本。

(2)系统抽样。系统抽样也被称为机械抽样、等距抽样。即先将全部调查对象按某一顺序号分成几个部分,再从第一部分随机抽取第 K 号,依次用相等间距从每一部分各抽取一个作为调查对象。例如,从 1 000 户居民中抽取 10% 作为样本,首先对这 1 000 户居民进行编号,然后从 1~10 户之间随机抽取一户。如抽到 6,则依次抽取 16,26,36,…,996 号等户组成样本。

(3)整群抽样。总体分群(如按区域、单位、团体等),再随机抽取几个群组成样本,群内全部调查。例如,一个城市街道办事处有 20 个居委会,可以居委会为单位,随机抽取 n 个居委会,对所辖全体居民进行调查。

(4)分层抽样。先将调查对象按其主要特征分层,再在每一层内随机抽取一定数量的对象。例如,从某街道办事处的 20 个居委会中各抽取 10% 的户,其中,小学、中学、大学的学生各抽取 10% 作为调查对象。

（5）多阶段抽样。将两种或几种抽样方法结合起来使用。例如调查某社区老年人伤害发生情况,可先按平房居住区、楼房居住区、新建居住区分层,对各区按照一定比例随机抽取若干栋楼,再随机抽取若干个老年人进行调查。

3）社区中医疗机构的伤害记录

社区内医疗机构(如医院、社区卫生服务站、诊所等)的日常诊疗工作记录能够反映伤害患者就诊情况,根据调查目的的需要,对日常诊疗工作记录进行整理和分类归纳。获得伤害患者的人数,了解伤害的分类及其发生频率。

有条件的社区,如地域相对独立或有相对稳定的就医机构或有比较完善的社区医疗机构体系的社区,可规定由医疗机构对首诊伤害患者按照要求填写统一的《全国伤害监测报告卡》,通过对医院伤害监测资料的收集与分析,获得所需时间段内在社区范围内伤害发生的基本情况,尽管有部分患者在社区以外的医院就诊,但社区医疗机构的伤害监测资料能够基本反映社区伤害发生的情况及变化趋势。

4）特定人群伤害调查

特定人群调查一般基于制订高危人群安全促进计划的需要,这些群体是创建安全社区工作中的重点人群,需要采取措施进行干预。例如社区中的老年人、儿童、残障人员、进城务工人员等,可采取普查或随机抽样方法,调查其在过去一段时间内的伤害发生情况。

5）特定场所伤害调查

对于社区内容易发生伤害的场所,如建筑工地易发生坠落、物体打击伤害;运动场所和娱乐场所易发生运动损伤;沟渠、水塘和游泳池易发生溺水等。对这些场所进行某类伤害发生情况的调查,了解特定场所中人群伤害发生特点。

6）伤害类型的调查

安全社区创建组织机构设有若干个专业工作小组,如居家安全、老年人安全、交通安全等,上述专业组通常需要了解相关伤害情况。按照我国实际情况,职业伤害情况可到安全生产监督管理部门获取,交通伤害情况可到交通管理部门获取,火灾伤害情况可到消防部门获取,暴力伤害情况可到公安部门获取。其他严重威胁社区民的伤害(如溺水、老年跌倒、自杀等),可采取抽样调查或分析医院诊疗记录的方法进行调查。

3. 伤害调查内容与方式

伤害调查前应根据调查目的编制伤害调查表,一般设计为调查问卷形式,主要包括以下内容:

（1）基本信息,即人口学基本特征,如年龄、性别、职业、文化程度等。

（2）伤害的性质,如跌伤、刀割伤、烫伤、动物咬伤、触电、淹死、自杀、他杀等。

（3）伤害发生原因,如跌倒、中毒、溺水、坠落、性侵犯等。

（4）伤害发生地点，如厨房、运动场所、学校、公路等。

（5）伤害发生时活动，如体育活动、休闲活动、驾乘交通工具等。

（6）伤害部位，如头部、上肢、下肢、呼吸系统、神经系统等。

（7）伤害发生的后果，如住院、休工、治疗后回家、致残、死亡等。

因调查对象或采访方法不同，可分为以下几种情况完成调查：知情人填写、被调查人填写、调查人员填写。

4. 资料整理、分析

对从各个渠道收集、获得的信息和资料进行整理、汇总，然后按调查的目的将调查结果划分为性质相同的组，如按伤害类别、伤害原因等分组，然后按分组进行分析。例如老年人伤害组，可分析伤害总数、伤害年龄段、伤害类别、伤害发生地点、伤害发生原因、伤害严重程度等，伤害分析结果可以用统计指标、统计表、统计图等形式表达，作为策划安全促进计划和伤害干预措施的参考依据。

伤害基础调查方法适用于对某一时间段内已发生伤害的调查分析，调查对象为人群，目的是有针对性地策划干预措施或是对安全促进绩效予以评价，帮助检讨伤害干预措施的有效性；风险辨识方法适用于事故和伤害预防目的，辨识对象为设备设施、环境、管理工作等。通过对风险的识别，及早采取措施，把大部分事故与伤害消灭在萌芽之中，最大限度地降低和减少事故与伤害对人群造成的损失。

3.3　社区诊断实例分析

3.3.1　社区诊断理论基础

1. 社区诊断的定义

（1）社区诊断（community diagnosis）是借用临床诊断这个名词，通过一定的方式和手段，收集必要的资料，通过科学、客观地方法确定，并得到社区人群认可的该社区主要的公共卫生问题及其影响因素的一种调查研究方法。

（2）慢性非传染性疾病的社区诊断就是用定性与定量的调查研究方法，摸清本社区的慢性非传染性疾病的分布情况，找出影响本社区人群的主要健康问题。同时，了解社区环境支持、卫生资源和服务的提供与利用情况，为社区综合防治方案的制订提供科学依据。

（3）社区诊断是医学发展的一个标志。在传统的生物医学模式下，人类注重临床诊断，即以疾病的诊疗为目的，病人个体为对象；流行病学诊断则以群体为对象，以疾病的群体防治为目的,而社区诊断是社会—心理—生物医学模式下的产物,以社区人群及其生产、生活环境为对象,以社区人群健康促进为目的。因此可知,三个诊断是现代医学发展的渐进层次,而社区诊断正是这一发展的体现。

2. 社区诊断的目的

(1) 确定社区的主要公共卫生问题;

(2) 寻找造成这些公共卫生问题的可能原因和影响因素;

(3) 确定本社区综合防治的健康优先问题与干预重点人群及因素;

(4) 为社区综合防治效果的评价提供基线数据。

3. 社区诊断的内容

1) 社会人口学诊断

社区特点:①社区类型:居民社区、企业社区、城市社区、农村社区;②地形、地貌、地理位置;③自然资源;④风俗习惯。

人口学特征:①静态人口:a. 人口数量:绝对数(户籍数);相对数(居住+流动人口);b. 人口构成:年龄、性别、职业、文化程度、民族、就业人口、抚养人口、医学敏感人口。②动态人口:a. 人口增长率:自然增长率(出生率、死亡率);社会增长率(迁入率、迁出率);b. 构成变化率:人口发展趋势(如老龄化)。

经济状况:①人均收入;②医疗费用支付方式和比例等。

2) 流行病学诊断

① 传染病、慢性非传染性疾病、各类伤害的死亡率、死因构成和死因顺位。

② 人口动力学角度分析人群中的主要健康问题及分布特征。

③ 居民疾病现患情况:人群慢性病现患率及其顺位;居民两周患病情况分析;年龄、性别等不同病因住院率与平均住院天数;年龄、性别等不同病因就诊率与日门诊量排序。

④ 疾病负担状况:不同病因的寿命损失年(YLLs);残疾生存人年(YLDs);残疾调整生存人年(DALY);残疾现患率。

⑤ 社区特殊健康问题:损伤与中毒情况;居民或病人的生活质量;心理健康状况;疾病的社会、家庭负担状况。

⑥ 卫生服务需求与群众满意度:居民对卫生服务的需求;卫生服务的及时性、可达性和群众的满意度。

3) 行为与环境诊断

① 社区居民关于慢性病的知识、态度、行为现状。

② 常见与慢性病有关的危险因素分布现况:吸烟、饮酒、超重、不参加体育锻炼,不合理膳食结构、高血压、高血脂、生活与工作的紧张度,性格特征等。

③ 自然环境:地理、地貌、自然植被、气象、生态、生物、自然灾害等。

④ 工作、生活环境：居住条件、卫生设施、饮用水、生活用燃料、工作环境的污染等。

4）教育与组织诊断

① 社区行政管理组织、机构及其功能分工。

② 各种组织、机构之间的关系如何。

③ 教育与文化环境：宗教信仰、传统社会风俗习惯，受教育水平与行为观念。

④ 慢性病防治工作中需要依靠的主要组织、机构是哪些，理由是什么。

⑤ 开展慢性病防治工作会遇到阻力的组织、机构是哪些，理由是什么。

⑥ 卫生防疫、防病机构、人员的现状分析。

5）管理与政策诊断

① 现有社会经济发展政策。

② 现有社区卫生政策。

③ 现有社区发展政策。

④ 现有和需要制定的慢性病防治政策。

⑤ 政策的受益面及实际覆盖面，政策的受损面及可能性。

⑥ 卫生防病资源及可利用的状况分析。

4．社区诊断的工作步骤

第一步：确定所需要的信息。社会人口学；流行病学；环境与行为；教育与组织；管理与政策。

第二步：信息的收集。利用现有资料（整理与分析）；定性方法收集资料（专题小组讨论、访谈、咨询）；定量方法收集资料（抽样调查、普查）；摄影法。

第三步：分析所获的信息。简单的卫生统计分析；流行病学分析；归纳综合分析。

第四步：社区诊断报告。社区优先卫生问题；社区重点干预对象；社区重点干预因素；社区综合防治策略与措施。

5．社区诊断资料的收集

（1）收集现有资料。主要包括统计报表、经常性工作记录和既往做过的调查，归纳起来详见表 3-3。利用现有资料应首先对其进行资料质量评价，经确定为可靠、可用资料后再进行进一步的数据分析，得出项目所需的信息。

表 3-3　社区诊断资料的收集项目表

可能的来源	内　　容	注 意 事 项
防疫站	生命统计资料	标准的一致性
公安局	出生、死亡资料	死因诊断依据
卫生局或医院	疾病现患率资料	分母的定义与范围
防疫站	疾病监测资料	覆盖人口面和代表性

续表

可能的来源	内　　容	注　意　事　项
企事业单位、学校	健康体检记录	诊断标准
科研院所	疾病现患及危险因素的调查、研究结果	标准的统一
政府行政部门	有关政策、组织、机构的文件	日期、有效期、保密与否
公安局、统计局	人口学资料	标准化与可比性
交通管理局	交通事故登记资料	分类与标准

（2）定性资料的收集。访谈，又称记者采访法，就是调查人员带着问题去征求某些人的意见和看法。

访谈对象：社区领导者、医务人员和/或专家。调查对象选择标准：①本社区行政领导中的关键人物；②本社区卫生事业的主管领导；③本社区医疗卫生事业的专家与学者；④在本社区享有声望，能在疾病综合防治中起关键作用；⑤热心支持社区活动。

调查内容：①您认为社区中主要的疾病和健康问题是什么；②您认为造成这些问题的主要原因是什么；③您认为怎样才能减少这些问题；④您认为这些问题中应首先解决哪几个问题；⑤在解决这些问题中，社区中的关键人物和关键部门是哪些；⑥您是否支持和参加社区慢性病综合防治工作。

记录内容：①被调查者的年龄、性别、职务；②被调查者回答问题时的态度（积极热情、一般、消极应付）；③被调查者在社区中的角色；④被调查者在本社区已工作的年限；⑤被调查者的主要意见和建议。

访谈步骤：①确定访谈名单，面愈宽，人愈多愈好；②列出访谈提纲；③采用开放式问卷方式；④认真做好记录。

专题小组讨论，根据调查目的，确定讨论主题，一小组调查对象在一个主持人的带领下，用1.5个小时的时间，围绕主题进行讨论并由记录员现场记录，这种形式的调查就是专题小组讨论。

对象：①本社区医疗、卫生工作人员；②本社区的居民代表；③本社区的行政管理工作人员；④一般8～10人一组。

调查内容：①与访谈内容基本相同；②您认为改善现状需要开展哪些工作，提供哪些服务；③您个人或家庭中常见的健康问题是什么；④您认为社区疾病防治中最大的困难和负担是什么。

主持人：①受过专门的人际交流技能训练，并有一定的经验；②熟悉本项目工作，了解当地的基本情况；③能鼓励和启发大家讨论；④能随时调整和控制讨论的内容与进度；⑤善于发现重要信息，并深入探索；⑥能认真倾听，不妄加评议；⑦善于运用非语言性行为（如目光、点头、微笑等）。

记录：①参加人数及人口学特征；②座谈会的时间与地点；③座谈对象参与讨论的

态度；④讨论中提出的主要问题和建议；⑤必要时进行录音；⑥记录讨论中非语言性行为(情绪变化)。

(3) 定量资料的收集。资料收集的方式：①面访调查：就是面对面的访谈，收集所需的信息和资料。这种调查具有灵活性大，应答率高，有非言语行为佐证，能控制调查环境，记录的完整性好等特点，但不足是入户难，且耗费时间多，耗人力、物力和财力。②通信调查：就是邮寄调查问卷。这种调查具有省费用、省时间和匿名效果好，且问卷措辞标准化等优点，但不足是回收率不高，且无法观察是自发回答还是理智回答。③电话调查：这是目前发达国家比较流行的方法，关键是简单、方便，问卷内容也要求简单明确，其不足是容易单方终止调查。④自我管理式调查：就是由调查员集中发放问卷，解释调查目的，说明填表要求，集中填写，统一回收。它结合了面访和通信调查的优点，克服了各自的不足。但由于这种调查要求被调查对象要有一定的文化水平，所以多用于知识分子人群的调查。

调查的方法：①抽样调查：从社区全体人群(总体)中抽取一定数量且具有代表性的人群(样本)进行调查，用调查得到的结果来推断全社区人群的状况。②普查：就是对项目社区的全体人群进行调查，以了解该社区的健康状况。

6. 社区诊断资料的分析

对收集到的社区诊断资料，在开始分析之前应先完成收集资料的质量评价工作。也就是说，先评价收集数据的可靠性，并通过数据的整理、逻辑检错、垃圾数据处理等手段，把数据变为可供分析的数据库。数据收集的来源不同，质量评价的内容也各异。

(1) 现有资料在应用时应注意评价：不同年代的资料所选择的诊断标准是否一致；原收集资料的目的是什么，与本次社区诊断目的是否一致，收集资料有无先天缺陷，如缺失指标或缺失数据；现有资料的完整性；数据覆盖人口面和代表性等。

(2) 定量资料在应用时应从调查表设计，调查员质控，被调查者应答态度和调查环境控制四个方面进行评价，以确定收集到的数据质量是否合格，可靠。

(3) 定性资料的评价应比较简单，重点是看访谈对象的态度与合作程度，访谈环境，主持人访谈技巧及记录的质量，以此来评价访谈资料的质量。在数据质量评价的基础上，就可以进行数据分析了。这里介绍的数据分析方法重点介绍定量资料的数据分析。

7. 确定社区的疾病防治重点和健康优先问题

1) 利用社区诊断所获得的资料发现本社区的主要健康问题

(1) 引起大量死亡的疾病或死亡顺位中的前几位；

(2) 潜在寿命损失的主要原因和疾病；

(3) 本社区发病、死亡情况严重于全国平均水平的疾病；

(4) 与这些疾病和死亡相关的主要危险因素，包括行为和非行为危险因素。

2) 确定优先干预的内容

(1) 依据对人群健康威胁的严重程度排序。该病致残、致死率高;该病受累人群比例大;与该病相关的危险因素分布广;该行为与疾病结局关系密切。

(2) 依据危险因素的可干预性排序。该因素是明确的致病因素;该因素是可以测量、定量评价其消长的;该因素是可以预防控制的,且有明确的健康效益;该因素的干预措施是对象所能接受的,操作简便的;该因素的干预费用应是低度的。根据上述工作内容,就完成了社区诊断的任务,并进一步据此制订出社区为基础的综合防治规划。

3.3.2 社区诊断实例分析

1. 案例背景

(1) 地域。崂山区位于青岛市东部,与市中心接壤,总面积为 389.34 平方公里,辖中韩、沙子口、王哥庄、北宅 4 个街道办事处,146 个社区,其中包括 139 个农村社区和 7 个城市社区,常住人口 22 万,流动人口 20 余万,其中农村人口占 70%,经济社会发展综合指数在全省 121 个区市县中位居前列。

西韩社区位于崂山区中韩街道的西北部,与李沧区、四方区、市北区接壤,东隔张村河与中韩村相望,南邻北村,距中韩街道办事处驻地仅 0.5 公里。村西、村北已被海尔工业园所环绕,处在 308 国道、海尔路、保张路交叉的三角地带,交通便利,地理环境优越,是中韩街道的大村之一。该村原有耕地 3 300 余亩,由于开发建设征用土地较多,现尚有耕地 462 亩。根据青岛市崂山区人民政府文件崂政发[2004]229 号《青岛市崂山区人民政府关于同意西韩等 18 个村委会改为社区居委会的批复》,由村委会改为社区居委会。社区隶属于崂山区中韩街道办事处,社区建成面积 19.6 万平方米。

(2) 组织。社区"两委"在青岛市委执政府、崂山区委区政府、中韩街道党工委、办事处的正确领导下,以"三个代表"重要思想和党的第十七届一中全会精神为指导,坚持"以人为本"和"安全第一,预防为主、综合治理"的方针,全面落实科学、安全发展观,坚持以社区安全建设为重点,以整村改造为突破,以公益事业发展为依托,以社会稳定为保障。全面落实科学、安全发展观,解放思想、开拓创新,社区全貌呈现出强劲的发展势头。尤其是 2006 年以来,通过"安全社区"创建工作的开展,社区居民安全防范意识大大增强,安全基础设施得到很大改善,建立、健全了安全管理长效机制,减少了各类安全事故的发生,营造了一个安全、稳定、文明、和谐的社区环境。目前已经创建为山东省文明和谐社区、山东省卫生社区、青岛市安全社区和崂山区安全社区,2008 年 11 月被授予国家级安全社区。

(3) 经济。西韩村人世代辛勤耕耘,过着自给自足的生活。自青岛开埠以来,因靠青岛市区较近,很多村民以种植蔬菜为主,至 20 世纪六七十年代,西韩村已是青岛市郊区的十大蔬菜基地之一,不仅村经济发展相对较快,村民生活比较稳定。1978 年改革开放后,西韩村走上了快速发展之路,是崂山区的经济强村之一。该村经济势力雄厚,村办企业发达,主要有预制构件厂、纸箱厂、塑料包装厂、建筑公司等,全村 80% 的劳动力在村办企业工作;这里有世界闻名的海尔工业园,村里与海尔集团配套的村办企业也有数家,更加促进了村经济的发展;个体运输业和养殖、种植业以及商业如雨后春笋般发展起来,增添了致富门路,增加了村民收入。2004 年该村经济总收入 3.5 亿元,人均收入 7 348 元。2007 年社区完成经济总收入 5.79 亿元,同比增长 15%;集体纯收入 3 242 万元,同比增长 20%;居民人均收入 13 200 元,同比增长 31%。呈现出了多种经济成分共同发展齐头并进的良好局面。现有集体企业 8 家,个体企业 22 家,经济社会各项发展在崂山 146 个社区中均位居前列。

(4) 人口。西韩社区内 2006 年度出生 41 人、死亡 20 人,2007 年度出生 66 人、死亡 29 人,2008 年度出生 52 人、死亡 25 人。社区人口属于低增长、低死亡的再生产人口类型,流动人口占到常住人口的近一半,现有居民 1 386 户,常住人口 3 870 人,外来人员 1 500 多人。2007 年统计社区内 60 岁以上老年人口为 657 人,占到社区常住人口的 16.98%,18 岁以下人口数量为 720 人,属老龄化社区。

(5) 教育。社区内有小学 1 所,幼儿园 1 所,医疗机构 5 处。充分满足了居民子女小学阶段义务教育和就医需要,社区居民医疗以青岛市基本医疗保障为主。

(6) 医疗保障。社区居民保障以青岛是基本医疗保险为主,辅以农村合作医疗基本保险和商业保险、家属劳保、企业自办保险等多种保障类型。

(7) 伤害分析。社区内 2007 年度受伤害人口数量为 26 人,2008 年度受伤害人口数量为 30 人,均未死亡。受伤害因素排序为磕伤、碰伤、擦伤、烧伤等。

由此可见,西韩社区经济实力较好,政府政策支持有力,社区为改革开放后的新型农村改造的城市化社区,社区服务设施均为新建设施,并且设施较为齐全,群众性主体工作开展有一定的基础,该社区的创建工作,在青岛市开展安全社区创建的社区中具有一定代表性,是青岛市有条件创建世界卫生组织认可的"安全社区"的社区之一。

2. 社区评价实例

1) 危险有害因素辨识

从事故与伤害预防和干预的角度上看,提出社区事故和伤害的种类,风险识别的范围和内容。依据较为成熟的伤害流行病学理论和系统安全工程理论,结合青岛市社区的构成特点,以社区事故预防为目的,不仅要提高社区居民的安全意识、行为和能力,更要为居民提供安全的工作场所、休闲场所和居住环境,加强危险因素的识别和控制。在对设备设施、环境进行风险识别时,可采用安全检查表法和经验法;对社区人群伤害基础调查可采用普查、随即抽样、医疗机构诊疗记录、特定人群调查、特定场所调查和伤害类型调查等方法,辨识各种可能导致伤害的行为和状态,分析其发生事故的条件。可以重点从人的行为、习惯、物的状态,环境和管理等反面进行考虑。结合西韩社区实际,制订出安全检查表,逐项进行,避免疏漏。安全检查表的编制应包括与社区安全有关的机构组织、政府部门、社区志愿者组织、社区居民代表、专家顾问。

由于社区外来人口较多,危险危害因素辨识要对外来人口情况进行调查研究,对外来人口居住情况、房屋质量情况、安全情况进行调查,寻找其中的隐患。

针对社区步入老龄化的情况,有针对性地对社区内安全设施、临水、临边等设施和社区环境进行辨识。

2) 危险有害因素评价

实施一个成功的安全社区的伤害预防异化的关键因素之一是倾听社区成员,让他们说出他们认为最重要的问题。作为评价对象的系统,一般是由相对独立、相互联系的若干部分组成,各个部分的功能、含有的物质、存在的危险因素和有害因素、危险性和危害性以及安全指标不同。以整个系统作为评价对象实施评价时,一般按一定原则将评价对象分成若干有限、确定范围的单元进行评价,然后再综合为整个系统的评价。社区危险因素评价需要社区成员的广泛参与,按照自己的经验进行评分,找出他们认为亟须解决的安全问题。对社区进行评价可按照场所或人群类别划分评价单元,评价方法可参照作业条件危险性评价法进行评价。

美国的 K J 格雷厄姆(Keneth J Graham)和 G F 金尼(Gilbert F Kinney)研究了人们在具有潜在危险环境中作业的危险性,提出了以所评价的环境与某些作为参考环境的对比为基础,将系统风险性作因变量(D),事故或危险事件发生的可能性(L)、暴露于危险环境的频率(E)及危险严重程度(C)为自变量,确定了它们之间的函数式。根据实际经验,他们给出了 3 个自变量的各种不同情况的分数值,采取对所评价的对象根据情况进行"打分"的办法,然后根据公式计算出其危险性分数值,再在按经验将危险性分数值划分的危险程度等级表或图上查出其危险程度的一种评价方法。这是一种简单易行的评价作业条件危险性的方法。其简化公式为:

$$D = L \cdot E \cdot C \tag{3-1}$$

(1) 发生事故或危险事件的可能性(L)。事故或危险事件发生的可能性与其实际发生概率相关。若用概率来表示时,绝对不可能的发生概率为 0;而必然发生的概率为 1。若在考察一个系统的危险性时,绝对不可能发生事故是不确切的,即概率为 0 的情况不确切。所以,将实际上不可能发生的情况作为打分的参考点,定其分数值为 0.1,而必然要发生的事件的分数定为 10,介于这两种情况之间的情况制订若干个中间值(见表 3-4)。

表 3-4　事故或危险事件发生可能性（L）

分值	事故或危险情况发生可能性	分值	事故或危险情况发生可能性
10	完全会被预料到	0.5	可以设想，但高度不可能
6	相当可能	0.2	极少可能
3	不经常，但可以	0.1	实际上不可能
1	完全意外，极少可能		

（2）暴露于危险环境的频繁程度（E）。社区成员出现危险环境中的事件越多，则危险性越大。规定连续出现在危险环境的情况定位 10，而非常罕见地暴露在危险环境规定为 0.5。介于这两种情况之间的情况制订若干个中间值（见表 3-5）。

表 3-5　暴露于危险环境频繁程度（E）

分值	暴露于危险环境的情况	分值	暴露于危险环境的情况
10	连续暴露于潜在危险环境	2	每月暴露一次
6	逐日在某个时段内暴露	1	每年几次出现在潜在危险环境
3	每周一次或偶然的暴露	0.5	非常罕见的暴露

（3）发生事故产生的后果（C）。事故造成的人身伤害变化范围很大，对伤亡事故来说，可从极小的轻伤直到多人死亡的严重后果。由于范围广阔，所以规定分数值为 1～100，把需要救护的轻微伤害规定分数为 1，把造成多人死亡的可能性分数规定为 100，其他情况的数值均在 1～100 之间（见表 3-6）。

表 3-6　发生事故或危险事件严重程度（C）

分值	可能结果，事故严重度/万元	分值	可能结果，事故结果严重度/万元
100	大灾难，许多人死亡，>500	0.5	严重，严重伤害，20
40	灾难，数人死亡，100	0.2	重大，致残，10
15	非常严重，一人死亡，30	0.1	引人注目，需要救护，1

（4）危险性分值（D）。根据公式（3-1）可以计算所处环境的危险程度，根据经验，总分在 20 以下被认为是低危险的，大于 320 是极其危险的，其他等级见表 3-7。

表 3-7　危险性分值（D）

分　值	危险程度	分　值	危险程度
>320	极其危险，不能继续作业	20	可能危险，需要注意
130～320	高度危险，需要立即整改	<20	稍有危险，或许可以接受
70～160	显著危险，需要整改	0.1	

以西韩社区为例，评价该社区内老年人的安全情况。选取有代表性的老年人和有老

年人的家庭,按照实际情况进行评分。邀请社区中的专家、老年人代表等参与表格的汇总、整理和分析,最后可得到表 3-8。

表 3-8　老年安全评价表

伤害类型	L	E	C	$D=L \cdot E \cdot C$	危险程度
跌倒	8	10	1	80	显著危险
用电	6	6	3	108	显著危险
煤气中毒	6	6	2.5	90	显著危险
用药	4	5	3	60	可能危险
交通	2	3	3	18	稍有危险

根据西韩社区 2008 年上半年调查状况显示,老年人安全成为社区关注的首要问题。结果显示老年人发生过跌倒事故的达 70.2%,发生过用药事故的达 56.1%,发生过用电事故的达 72.73%,发生过用气事故的达 74.11%,发生过交通事故的达 12%。这与危险有害因素评价结果相符。

通过数据分析西韩社区伤害主要原因有跌倒、工作伤害、碰伤、交通伤害、烧烫伤和窒息。其中,跌倒、工作伤害、碰伤占到总伤害的 80% 以上。

据此社区伤害因素诊断可按照图 3-1 进行。

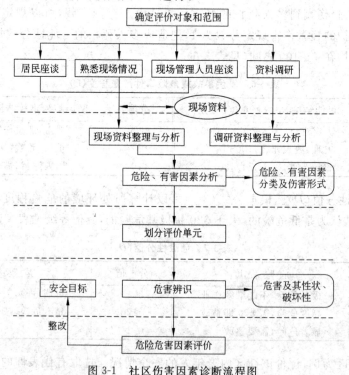

图 3-1　社区伤害因素诊断流程图

3）社区存在问题的确定

通过甄别和排序,确定了 7 个西韩社区存在的主要安全问题:一是伤害预防控制工作尚未纳入疾病预防控制体系;二是伤害监测系统尚未建立;三是社区内老龄化严重,老龄人口安全问题挑战巨大;四是社区内流动人口管理存在漏洞;五是区内企业生产安全监管存在盲区;六是交通事故和交通违章屡禁不止;七是家居安全意识不足,窒息事故屡次发生。根据《安全社区建设基本要求》的规定,社区认真开展危险源辨识、事故与伤害隐患排查等工作。编制社区安全状况调查表和老年人安全调查表等,采取走访人户的形式,定期在社区内部进行基线调查。在全面了解社区安全状况的基础上,作出科学的分析,确定了以老年人、流动人口、企业安全生产和家居等方面为重点的控制内容。同时将老年人的安全工作作为创建"安全社区"各个促进项目的重中之重。

关键术语

社区危险源　社区事故　社区基线调查　社区诊断

复习思考题

1. 如何进行社区存在的事故和伤害类别分类? 开展社区风险辨识及其评价的步骤有哪些?

2. 简述如何开展社区伤害基础调查。

3. 简述社区诊断的目的、内容、步骤,并绘制评价流程图。

阅读材料

社区伤害基线调查

（1）社区伤害干预基线调查实施。某社区为深入了解、真实把握以伤害为主的社区问题,确认社区居民伤害死亡情况及其对居民健康危害程度和所致财产、寿命损失,确定社区现存问题优先级,为下一步充分利用社区现有资源来开展伤害防治工作奠定基础,同时为制订伤害的预防控制对策提供理论依据,开展了基线调查工作。基线调查工作的基本程序如图 3-2 所示。

图 3-2　基线调查工作程序

以该社区 2002 年统计信息、居民死亡信息为主,同时参照了公安分局、安监局等基线调查项目工作组各成员单位的相关数据;主要应用流行病学、统计学方法,同时结合社会学、经济学等学科方法;死因分类按照世界卫生组织发布的《国际疾病分类》(第十版)的伤害死亡编码系统进行死因分类统计,对该社区主要人口指标、经济指标、死亡率及标化死亡率、潜在寿命损失年数、减寿率、平均减寿年数、潜在价值损失年数等指标进行了统计分析,并与同类区相关指标进行对比,与文献报导结果进行比较。

(2)死因分析结果。经过该社区所属的疾病控制预防中心的数据录入、统计和测算,基线调查的数据结果如下:

该社区户籍居民粗死亡率为 527.26 人/10 万人,标化后死亡率为 291.02 人/10 万人,伤害死亡率为 17.0 人/10 万人,标化后伤害死亡率为 10.6 人/10 万人;伤害在全死因构成中位居肿瘤、循环系统、呼吸系统、传染病寄生虫病之后位排第五,占构成比的 3.4%;男性伤害属第四位死因粗潜在寿命损失年数年672 年,标化后减寿年数为 394.73 年,粗减寿率为 24.10‰,标化后的减寿率为 14.16‰,粗平均减寿年数为 12.44,标化后为 7.31 年,潜在工作损失年数为 258 年。

危险、危害因素评价,是实施一个成功的安全社区的伤害预防计划的关键因素之一。要倾听社区成员心声,让他们说出他们认为最重要的问题。作为评价对象的系统,一般是由相对独立、相互联系的若干部分组成,各个部分的功能、含有的物质、存在的危险因素和有害因素、危险性和危害性以及安全指标不同。

以整个系统作为评价对象实施评价时,一般按一定原则将评价对象分成若干有限、确定范围的单元分别进行评价,然后再综合为整个系统的评价。社区危险因素评价需要社区成员的广泛参与,按照自己的经验进行评分,找出他们认为急需解决的安全问题。对社区进行评价可按照场所或人群类别划分评价单元,评价方法可参照作业条件危险性评价法进行评价。

对一个潜在的危险性的环境,K.J.格雷厄姆和 G.F.金尼认为,影响危险性的主要因素有三个:发生事故的可能性大小 L;人体暴露在这种风险环境中的频繁程度 E;一旦发生事故会造成的损失后果 C。

用与系统风险性有关的三种因素指标值之积来评价系统风险性,其简化公式是:
D=LEC。

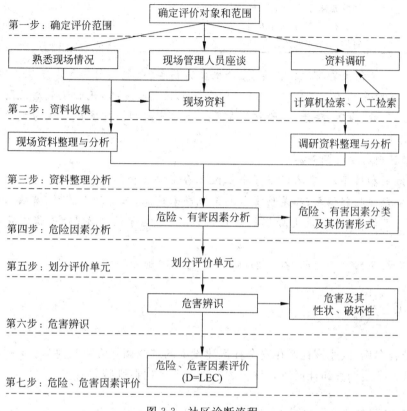

图 3-3　社区诊断流程

在图 3-3 社区诊断流程图中可以发现,危险、危害因素评价系数,用 D＝LEC 来计算。有关分值参考表 3-9 危险、危害因素评价系数 D＝LEC。

表 3-9　危险、危害因素评价系数 D＝LEC

事故或危险事件发生可能性分值(L)

分值	事故或危险情况发生可能性	分值	事故或危险情况发生可能性
10	完全会被预料到	0.5	可以设想,但高度不可能
6	相当可能	0.5	极少可能
3	不经常,但可以	0.1	基本上不可能
1	完全意外,极少可能		

暴露于潜在危险环境的分值（E）

分值	出现于危险环境的情况	分值	出现于危险环境的情况
10	连续暴露于潜在危险环境	2	每月暴露一次
6	逐日在工作时间内暴露	1	每年几次出现在潜在危险环境
3	每周一次或偶然地暴露	0.5	非常罕见地暴露

伤害死亡原因主要有运输伤害、生命机械力伤害、电流辐射和气温气压伤害、自和外因后遗症，死亡率均为 3.59 人/10 万。结合其他区数据分析，死亡造成居民伤害排前三位的是交通事故、自害、跌倒，运输伤害是第一位伤害死因。伤害已经成为威胁群健康的重要原因。

（3）社区现存主要问题界定

根据甄别和排序，界定出以下 6 个社区现存主要安全问题：一是伤害预防机制工作未纳入疾病预防控制体系；二是伤害监测系统尚未建立；三是外来流动、贫困人等弱势群体得不到应有的重视；四是老龄化挑战巨大；五是交通事故屡发；六是伤害死的年轻化趋势。

资料来源：刘丽斌.中国安全社区建设研究[D].上海交通大学，2007

问题讨论

1. 结合案例，试述该社区在安全社区建设中的基线调查流程和内容。
2. 社区基线调查和社区风险评价的区别主要体现在哪些方面？

本章延伸阅读文献

[1] 许国章.社区现场调查技术[M].上海：复旦大学出版社，2010

[2] 贾光，江威.社区常用流行病学调查方法[M].北京：军事医学科学出版社，2008

[3] 李丽萍，王声湧.安全社区伤害干预项目的基线调查方案[J].中华流行病学杂志，2009，27（9）：737-738

[4] 欧阳梅，陈文涛，段淼.创建安全社区之伤害调查与风险辨识方法探讨[J].中国安全科学学报，2006，16（11）：92-97

[5] 丁新国，赵云胜.危险源与危险源分类的研究[J].安全与环境工程，2005，12（3）：87-90

[6] 陈园，柳相珍.社区高血压糖尿病患者基线调查分析[J].护士进修杂志，2010，25（18）：1705-1708

第4章

社区突发事件

4.1 社区突发事件概述

4.1.1 突发事件的概念界定

1. 概念争议

概念是对特征的独特组合而形成的知识单元,要对"突发事件"概念进行准确定义,必须严格按照语义学研究方法,从事物本身属性出发,对其特征(种差)进行分析,从组成结构上看,"突发事件"是一个以"事件"为中心词,以"突发"为定语的偏正词组。"突发"指突然发生、带有异常性质和人们缺乏思想准备的一种情况,"事件"则是指"历史上或社会上发生的不平常的大事情"。所以,"突发事件"的字面意义就是指历史或社会上突然发生的意料之外的不平常的大事情。由于"突发""事件"二词都不包含价值判断,所以字面意义上(或广义上)的"突发事件"的外延极其宽泛,所有历史或社会上突然发生的意料之外的不平常的大事情,不分好事坏事都是"突发事件",这显然与我们日常使用中强调其负面影响的、对给社会造成严重危害损失的"突发事件"意义不同。而广义上的"突发事件"概念仅包含"突然发生"和"重大影响"两个种差,缺少描述事件性质和影响的种差。任何概念的定义都离不开一定的社会背景和使用语境,在人类社会发展历史中,在经历了各种猝不及防的事故后,在遭受了各种巨大的损失后,人们已经赋予"突发事件"概念新的种差——危害严重。[①]

在我国国务院发布的《国家突发公共事件总体应急预案》中,突发事件被定义为:"突然发生,造成或者可能造成重大人员伤亡、财产损失、生态环境破坏和严重社会危害,危及公共安全的紧急事件"。

在《英国政府关于鉴别突发事件的意见》中,"突发事件(Emergency)"被定义为:"使

---

① 菅强.中国突发事件报告[M].北京:中国时代经济出版社,2009

健康、生命、财产或环境遭受直接危害的情况",可以看出,包含"突然发生"、"重大影响"和"危害严重"三个种差的"突发事件"概念对其自身固有特征的表述已经完成。但是,我们在定义"突发事件"这一概念时,不能只看到其自身固有特征,还必须正确认识"突发事件"与人的相互作用。突发事件是灾害中的一种,由于发生突然,情况危急,其反映的问题极端重要,关系社会、组织或个人的安危,必须马上进行有效处理,反应越快、决策越准确,突发事件造成的损失就会越小。因此,突发事件的发生史就是人们面对突发事件的应对史,只有在"突发事件"概念中加入第四个种差——人的紧急处理,才能最精确地对其进行定义。

关于突发事件的诸多定义从不同侧面描述了突发事件的特点。在术语使用上,突发事件有时还被表述为危机、灾难、灾害、紧急状态等术语。

2. 突发事件定义

2007 年 8 月 30 日,第十届全国人民代表大会常务委员会第二十九次会议通过了《中华人民共和国突发事件应对法》(以下简称《突发事件应对法》),并于当年 11 月 1 日起施行,这是一部里程碑式的法律。根据我国国情和长期实践,2007 年颁布实施的《突发事件应对法》,对突发事件的概念作了如下表述:突发事件,是指突然发生,造成或者可能造成严重社会危害,需要采取应急处置措施予以应对的自然灾害、事故灾难、公共卫生事件和社会安全事件。这一定义,明确了界定突发事件的以下 4 个要件:

(1) 突发性。事件发生的准确时间、地点及危害难以预料,往往超乎人们的心理惯性和社会的常态秩序。

(2) 破坏性。事件给公众的生命财产或者给国家、社会带来严重危害。这种危害往往是社会性的,受害对象也往往是群体性的。

(3) 紧迫性。事件发展迅速,需要及时拿出对策,采取非常态措施,以避免事态恶化。

(4) 不确定性。事件的发展和可能的影响往往根据既有经验和措施难以判断、掌控,处理不当就可能导致事态进一步扩大。

《突发事件应对法》中关于突发事件概念的界定,是在对我国常见突发事件的主要特点进行归纳的基础上,对适用于该法的突发事件的主要形态进行了表述,有效解决了此前我国有关法律法规对突发事件界定不统一、应急措施不衔接的问题,为准确识别突发事件并采取相应措施提供了法律依据。

4.1.2 突发事件的特征与分类

1. 突发事件的基本特征

(1) 发生的突然性。突发事件一般是在政府机构和广大民众毫无准备的情况下瞬间发生的,给社会和公众带来极大的惊恐和混乱。例如,像 2008 年"5·12"汶川地震这样的自然灾害,在无明显征兆的情况下突然发生,震级瞬间达到 8 级,持续 22 秒,使震区人民群众的生命财产遭受了巨大损失。按照事物发展规律,任何事件的形成通常都有一个由量变到质变的萌芽、形成和发展的过程,人们可以通过观察、实践把握事件的规律,从而避免灾难的发生,应该说任何事件都具有可知性的必然趋势。但突发事件由量变到质变的过程具有特殊性,它的发生尽管有量变到质变的过程,但突发事件的前因后果不是简单的线性关系,事件不再具体化,所以发生的那一刻,往往是突然的,使人措手不及,突发事件能否发生,于何时、何地、以何种方式爆发,以及爆发的程度等情况,人们都始料未及,难以准确地把握,这加大了突发事件发生后组织有效紧急处理的难度,"突发事件的起因、规模、事件的变化、发展趋势以及事件影响的深度和广度也不能事先描述和确定,是难以预测的",这使得突发事件预防机制的建立困难重重,这是突发事件本身偶然性和随机性的总体体现,正是由于突发事件的突然性,使它能在瞬间造成巨大损失,并对社会产生巨大的影响和震动。

(2)事件的复杂性。突发事件的前因后果不只是简单的线性关系,事件不再简单具体化,所以事件产生的影响常有迟延效应和混合出现的可能,使突发事件变得极其复杂,难以预测和控制。从突发事件的发生原因来看,有纯自然因素造成的突发事件,如不可抗拒的自然原因带来的洪涝灾害、台风、沙尘暴、海啸、暴风雪等;有人为因素造成的突发事件,这是指由于设备、工艺、技术、设计和人为操作不当,或者由于经济、公共卫生建设、政治、文化、宗教等因素导致的具有社会性质的突发事件,如军事政变、金融危机、安全生产事故、公共卫生事件、恐怖袭击等;还有自然因素和人为因素共同影响而造成的突发事件,这其中大部分是人为的破坏形成的生态环境失衡而引起的突发事件,如 1998 年的大洪水,既与当时影响全球的厄尔尼诺气候有关,又与人类乱砍滥伐,没有保护好长江上游的植被和水土有关。从突发事件的表现形式上看,复杂性是指两个时期内事物发展纷繁杂乱的状态,薛澜,张强,钟开斌[①]等学者认为,突发事件一般具有以下特征:一是在空间上表现为矛盾错综复杂,处理起来头绪繁多;二是在时间上表现为突发性,而大多突发事件的非常态性以及连锁反应,造成了解决问题的复杂性;三是在本质上表现为困难与风险超乎寻常,其负面影响直接涉及国家与社会的安全、稳定与发展,甚至造成对人民生命财产的重大损害。

(3)危害的严重性。由于危机突然发生,事件本身又非常复杂,其爆发的时间、地点、方式、种类以及影响的程度常常超出人们的常规思维之外,人们来不及作出第一反应,更难以作出正确的第一反应,容易陷入惊恐、混乱之中,再加上缺乏必要准备,第一时间的救援条件往往跟不上事件发展,突发事件的发生一般都会给国家和人民财产安全造成巨

---

① 薛澜,张强,钟开斌. 危机管理:转型期中国面临的挑战[M]. 北京:清华大学出版社,2003

大危害。例如汶川地震,2008 年 9 月 25 日,全国因地震遇难 69 227 人,受伤 374 643 人,失踪 17 923 人,直接经济损失超过 8 451 亿元人民币。巨大的损失不仅影响了人民的正常生产、生活秩序,而且影响了社会经济发展、政治稳定、民族团结,有极强的危害性。这种危害性不仅体现在人员的伤亡、组织的消失、财产的损失和环境的破坏上,而且还体现在突发事件对社会心理和个人心理所造成的破坏性冲击,并进而渗透到社会生活的各个层面,突发事件越是严重,其危害范围和破坏力就越大,所造成的损失也就越严重。

(4) 事件的关联性。同社会理论中为人们描述的"风险共担"或"风险社会化"图景一样,突发事件也表现出极强的关联性,任何个体想要逃避突发事件的影响都是不可能的,在突然发生的灾害面前,种族的、性别的、阶级的、政治的等边界都将被弱化。突发事件一旦发生,往往会形成连锁反应,产生强大的破坏力,即使一个小小的起因,经过连锁反应,也往往会产生难以想象的严重后果。社会系统的复杂多变性,使得每一个突发事件的出现都呈现出不同的表现形式,再加之突发事件的共振性而产生的"多米诺骨牌效应",不仅给人的生存造成威胁和伤害,还会扩展到经济、政治、社会的各个层面。当风险不能及时得到控制时,它会给整个社会带来相关的一系列连锁反应,这种连锁反应带来的一个直接后果就是突发事件变得复杂化,已经超出纯粹的经济、纯粹的政治和纯粹的文化话题,变成一种含有多项内容的综合性社会危机。如 1994—1995 年的墨西哥金融危机。为了稳定货币,墨西哥政府不得不宣布大幅提高利率,结果导致国内需求减少,企业大量倒闭,失业剧增,引发了一场规模空前的危机。

(5) 处置的紧急性。突发事件是一种对社会系统的基本价值和行为结构产生的严重威胁,并且在时间压力和不确定性很强的情况下必须对其作出关键性决策的事件。突发事件发生时组织所面临的环境达到了一个临界值和既定的阈值,组织亟须快速作出决策,并且缺乏必要的训练有素的人员、物质资源和时间;同时危机事件的发生往往会带来重大的人员和财产损失,并造成巨大的社会影响,所以必须马上要求作出正确的、有效的应急反应,以减轻危机事件给社会带来的巨大的经济损失和不可估量的政治后果。在汶川发生 8 级大地震后,党和政府高度重视,迅速采取措施,第一时间对震区实施了救援,把人民群众的生命财产损失控制在最小范围,稳定了灾区局势,进一步提高了党和政府的威信,增强了中华民族的凝聚力。

(6) 影响的滞后性。"病来如山倒,病去如抽丝",突发事件也是如此,任何突发事件不会像它突然来临一样而突然消失,突发事件一旦爆发,总会持续一段时间,其带来的影响也是长久的。首先,在突发事件中,人民群众的安全遭受巨大威胁,生命可能瞬间消逝,即使幸存下来,目睹灾难、肢体残疾、亲人逝去所带来的心理上的痛苦和创伤也可能是伴随一生的;其次,突发事件给人民群众的财产带来了巨大的损失,对公共基础设施造成了巨大破坏,人民群众的生活质量将在短期内急剧下降,事后重建恢复工作需要长期进行。另外,突发事件往往会对环境造成危害,带来的水源污染、大气污染和生态失衡,也会对人的持续发展带来明显影响,需要长期治理。

2. 突发事件的类型划分标准

科学严谨地对突发事件进行分类,有利于我们明确分工,进而制订相应的应急方案、措施,以便在突发事件袭来之时从容应对,将危机的损失和影响控制在最小范围。其分类标准和类型如下:

(1) 按形成突发事件的原因进行分类。比较有代表性的是美国伊利诺大学刑事司法教授戈登·马斯纳提出的"三分法",即将其分为因自然灾害造成的突发事件;因工业技术原因引起的突发事件;因社会与政治原因引起的突发事件。国内学者袁辛奋根据事件诱因的不同,将突发事件分为两大类:一是自然性的危机,纯粹由于自然界不可抗拒的力量形成的危机;二是人为性的危机,是由于人为的原因形成的危机,人为危机又因外部、内部原因分为外生型危机、内生型危机和内外共生型危机。

(2) 按突发事件的发生领域进行分类。这一分类法以语境的重要因素以不同的行业领域为划分标准,通常在"突发事件"这一概念中加入一定的限定成分,如突发公共卫生事件。《突发公共卫生事件应急条例》规定:"本条例所称突发公共卫生事件,是指突然发生,造成或者可能造成社会公众健康严重损害的重大传染病疫群体性不明原因疾病、重大食物和职业中毒以及其他严重影响公众健康的事件"。

(3) 按突发事件的规模和程度进行分类。《突发事件应对法》规定:"按照社会危害程度、影响范围等因素,自然灾害、事故灾难、公共卫生事件分为特别重大、重大、较大和一般四级"。袁辛奋教授则按照危机形成后果的严重程度不同将危机分成 4 个基本等级,即大规模恶性突发事件、恶性突发事件、严重突发事件和一般性突发事件。

(4) 按突发事件影响范围进行分类。依据突发事件影响范围的不同,可以将突发事件分为两类:①突发国际事件,如 1997—1998 年爆发的亚洲金融危机。②突发国内事件,如 2008 年 1 月中旬到 2 月初,我国南方 14 省遭遇了历史罕见的特大低温雪凝灾害。

(5) 按突发事件发生和终结的速度进行分类。依据不同突发事件的发展进程,罗森塔尔将其分为:①龙卷风型危机:这类危机来得快,去得也快,如交通运输事故;②腹泻型危机:这类危机问题酝酿时间久,但发生后结束得快,如地震灾害,长时间地壳运动蕴含的巨大地质能在短短的几秒钟或几分钟释放后立即结束;③长投影型危机:这类危机突然爆发,但影响深远,如 2003 年春,我国的"非典"疫情持续了半年之久;④文火型危机:这类危机问题集聚时间长,爆发突然,影响长久,比如,我国城市由于长期干旱、过量开采地下水、开矿导致地壳形变、地下水水位降低,地面下沉,地面下沉使区域性地面标高降低,常常导致地裂和地面塌陷等突发性自然灾害,带来人员伤亡和经济损失。

(6) 按突发事件中主体在应急中的态度进行分类。由于不同的突发事件中主体的态度不尽相同,斯塔林斯将危机划分为一致性危机和冲性危机两类。在危机中,应急主体的利益相同时,就属于一致性危机,如我国政府和人民在应对汶川大地震时齐心协力、众志成城,就属于此类事件。

现阶段,我国突发事件种类繁多,形态多样。对我国的突发事件进分类,既要深入分析突发事件发生的原因、机理、过程、性质和危害对象,也要充分考虑我国的自然地理特点、经济社会发展水平,还要兼顾目前我国的应急资源分布和政府组织结构等情况,同时还要根据某些突发事件的关联性、相似性进行必要归纳,力求分类合理,便于应对工作的组织协调。因此,《突发事件应对法》将突发事件分为以下4类:

① 自然灾害。其本质特征主要是由自然因素直接所致,主要包括水旱灾害、气象灾害、地震灾害、地质灾害、海洋灾害、生物灾害和森林草原火灾等。

② 事故灾难。其本质特征是由人们无视规则的行为所致,主要包括工矿商贸等企业6各类安全事故、公共设施和设备事故、核与辐射事故、环境污染和生态破坏事件等。

③ 公共卫生事件。其本质特征是由自然因素和人为因素共同所致,主要包括传染病疫情、群体性不明原因疾病、食品安全和职业危害、动物疫情以及其他严重影响公众健康和生命安全的事件。

④ 社会安全事件。其本质特征主要是由一定的社会问题诱发,主要包括恐怖袭击事件、民族宗教事件、经济安全事件、涉外突发事件和群体性事件等。

需要强调的是,这4类突发事件往往是相互交叉和关联的,某类突发事件可能与其他类别的事件同时发生,或者引发次生、衍生事件,应当具体分析、统筹应对。

3. 突发事件的分级

突发事件究竟如何分级比较合适,需要按照"既要有效控制事态、又要应急措施适当"的原则,根据突发事件的严重程度、可控性、影响范围等因素,作出合理划分。《突发事件应对法》将突发事件分为4级:Ⅰ级(特别重大)、Ⅱ级(重大)、Ⅲ级(较大)、Ⅳ级(一般)。

究竟哪些突发事件属于特别重大、重大,哪些属于较大、一般级别,需要制定详尽、可操作的分级标准。这方面需要考虑的因素十分复杂,要针对各个类型或者具体领域的突发事件作出规定。《突发事件应对法》规定,我国突发事件的分级标准由国务院或者国务院确定的部门制定。在实际工作中,为了使突发事件监测预警、信息报送、分级处置等工作有据可依,国务院印发的《国家突发公共事件总体应急预案》对特别重大、重大突发事件分级标准作了详细规定,并同时明确,较大和一般突发事件的分级标准由国务院主管部门确定。

4. 突发事件应急管理的原则

我国《突发事件应对法》、《国家突发公共事件总体应急预案》等法律法规和文件,深刻总结突发事件应对工作实践,充分借鉴其他国家的有益经验,体现了我们对于突发事件应急管理的规律性认识,明确了我国突发事件应对的理念原则、组织体系和应对程序。

（1）以人为本,减少危害。切实履行政府的社会管理和公共服务职能,把保障公众健康、生命财产安全作为首要任务,最大限度地减少突发公共事件及其造成的人员伤亡和危害。

（2）居安思危,预防为主。高度重视公共安全工作,常抓不懈,防患于未然。增强忧患意识,坚持预防与应急相结合,常态与非常态相结合,做好应对突发公共事件的各项准备工作。

（3）统一领导,分级负责。在党中央、国务院的统一领导下,建立健全分类管理、分级负责,条块结合、属地管理为主的应急管理体制,在各级党委领导下,实行行政领导责任制,充分发挥专业应急指挥机构的作用。

（4）依法规范,加强管理。依据有关法律和行政法规,加强应急管理,维护公众的合法权益,使应对突发公共事件的工作规范化、制度化、法制化。

（5）快速反应,协同应对。加强以属地管理为主的应急处置队伍建设,建立协调联动制度,充分动员和发挥乡镇、社区、企事业单位、社会团体和志愿者队伍的作用,依靠公众力量,形成统一指挥、反应灵敏、功能齐全、协调有序、运转高效的应急管理机制。

（6）依靠科技,提高素质。加强公共安全科学研究和技术开发,采用先进的监测、预测、预警、预防和应急处置技术及设施,充分发挥专家队伍和专业人员的作用,提高应对突发公共事件的科技水平和指挥能力,避免发生次生、衍生事件;加强宣传和培训教育工作,提高公众防范应对各类突发公共事件的综合素质。

5. 社区突发事件的应急管理

社区的安全关系到千家万户和整个社会的稳定与繁荣。社区作为各类灾害承受的主体,是国家应急管理金字塔的底层和基础。在国家应急管理体系中发挥着重要作用,是应对突发事件的前沿阵地,也是应急管理工作的终端。社区的应急管理工作做得好,突发事件就能够在隐患和萌芽阶段被发现,在事件的初始阶段被控制,使损失减少到最小。社区的应急管理工作是整体突发事件应急管理网络的基础,直接影响整体应急工作的落实。社区突发事件的应急管理应包括突发事件发生之前的监测、预防和控制功能;事件发生时减少危害和损失,包括制订应急对策、计划和处理措施;事后通过评价和总结来提高对突发事件的应对能力。

社区突发事件应急管理的任务包括以下几种:

（1）预测预警。针对各种可能发生的突发公共事件,完善预测预警机制,建立各种有关的信息网络系统,建立一个监测预警和应急平台,完善应急管理系统。对监测的信息进行分析处理,根据预测分析结果,对可能发生和可以预警的突发公共事件进行预警,制定应急措施方案和应急器材物资的准备。

（2）应急处置。主要包括：信息报告、先期处置、应急响应、指挥协调、应急结束等环节。通过对事件的快速调查与分析，做出合理判断，制订和实施具体的应急措施，统一指挥，分工负责，协同作战。

（3）恢复重建。主要包括：善后处置、调查与评估、制订恢复重建计划并组织实施等环节。恢复生产、生活，防止突发事件死灰复燃或引发次生事件。对事件进行总结与评价，对应急管理系统进行调整。

（4）信息发布。事件发生的第一时间向社会发布简要信息，随后发布初步核实情况、政府应对措施和公众防范措施等，并根据事件处置情况做好后续发布工作，及时澄清不实传言和谣言，确保不因虚假信息造成社会公众恐慌。形式主要包括：授权发布、新闻稿、组织报道、接受记者采访、举行新闻发布会等。

4.1.3 突发事件的危害

1. 重大的人员伤亡

常言道，水火无情，人的生命在灾难面前是非常脆弱的。在突发事件中，人民群众的安全遭受到巨大威胁，生命可能瞬间消逝，即使幸存下来，身体也可能会受到不同程度的创伤。如 1976 年 7 月 28 日，唐山爆发 7.8 级大地震，共造成 242 469 人死亡，703 600 人受伤，16.4 万多人重伤，15 886 户家庭解体，3 817 人成为截瘫患者，25 061 人肢体残废。

2. 巨大的经济损失

突发事件给人民群众的财产带来了巨大的损失，对公共基础设施造成了巨大破坏，以自然灾害为例，新中国成立后，我国每年仅气象、洪水、海洋、地质、地震、农作物病虫害、森林灾害等七大类自然灾害所造成的直接经济损失（折算成 1990 年价格），在 20 世纪 50 年代平均每年约 480 亿元，20 世纪 60 年代平均每年约 570 亿元，20 世纪 70 年代平均每年约 590 亿元，20 世纪 80 年代平均每年约 690 亿元，20 世纪 90 年代前 5 年平均每年约 1 190 亿元，至 2008 年，仅汶川地震带来的直接经济损失就达 2 000 亿元人民币。

3. 严重的心理影响

在突发事件中，目睹灾难、肢体残疾、亲人逝去给受灾者带来的心理上的痛苦和创伤是长久的甚至可能是伴随一生的。生理心理学的研究表明，当人面对重大突发事件时，将产生一种应激状态，应激是指人对某种意外的环境刺激所做出的适应性反应，当人们遇到某种意外危险或面临某种突发事件时，人的身心都处于高度的紧张状态，这种高度的紧张状态即为应激状态，"应激"可以简单的描述为"心理的巨大混乱"。面对突发事件，大部分受灾者会经受高度的压力，从而进入应激状态，个体达到失控、失能的地步，不仅机体免疫系统严重受损，而且整个心理系统也有可能出现严重障碍。

4. 持久的环境破坏

突发事件往往会对环境造成危害,可能会带来水源污染、大气污染和生态失衡。1986 年 4 月 26 日,切尔诺贝利核电站 4 号反应堆发生爆炸,8 吨多强辐射物质泄漏,外泄的辐射尘随着大气飘散到苏联的西部地区、东欧地区、北欧的斯堪的纳维亚半岛共 15 万平公里的地区,那里居住着 694.5 万人,乌克兰、白俄罗斯、俄罗斯受污染最为严重,由风向的关系,据估计约有 60% 的放射性物质落在白俄罗斯的土地。

4.1.4 突发事件的演化

1. 突发事件诱因增多,形式多元化

在全球化语境中,风险社会成为方兴未艾的理论话题,1986 年德国学者乌尔里希·贝克出版了《风险社会》一书,该书首先使用了"风险社会"的概念来描述当今充满了风险的后工业社会并提出了风险社会理论。贝克认为,虽然"风险"这个概念从人类文明发源时就已存在,但随着现代性和科学技术的飞速发展,人们所面临的风险与过去相比已经发生了本质的变化,现代风险是一种自反性(reflective)现代化的产物,它可以被界定为系统地处理现代化自身引致的危险和不安全感的方式,它其实正是现代化自身发展到一定程度时的产物。现代化和科学技术的发展越快、越成功,风险就越多、越明显,从世界的层面看,虽然和平与发展仍然是时代的主题,战后 50 多年,在相对和平的国际环境中,世界经济发展的规模和速度在人类历史上均为罕见,但世界并不太平,各种矛盾错综复杂,新的情况层出不穷:局部战争、恐怖袭击、金融动荡等突发事件和难以预料的全球性自然灾害及社会风险不断增多,加上突发事件在国际间传播速度的不断加快,如禽流感、疯牛病、SARS 疫情等,都使突发事件呈进一步增多的趋势。

当前,我国处于经济转轨和社会转型的关键时期,社会经济成分、组织形式、就业方式、利益关系和分配方式进一步多样化,人们思想活动的独立性、选择性、多变性和差异性进一步增强,社会思想空前活跃,社会价值观呈多样化趋势。在这种情况下,许多深层次的矛盾和问题逐渐显现,社会矛盾多样化与社会控制力下降之间的矛盾不断激化,可能诱发更多的事件。李季梅、陈安[①]将突发事件的一般机理分为单事件和多事件两个阶段(如图 4-1 所示)。分析社区的突发事件的内在机理,就可以找到孕育事件的源头,发现事件形成的规律和推动事件发展的动力,以便在应急管理中找到相应的应对策略。

2. 突发事件信息传播的加速化

21 世纪,人类进入了信息时代。进入信息时代后,随着现代通信技术、电视技术、卫

---

① 李季梅,陈安. 社区突发事件的机理与应对机制[J]. 现代物业. 2008(7):23-25

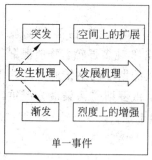
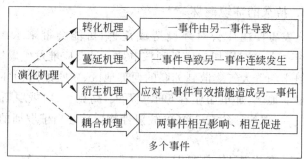

图 4-1　突发事件的机理体系图

星技术、网络技术的广泛运用和迅速普及,传播手段越来越快捷方便,人类的交流方式、交流途径更加多样,人们获取信息的途径越来越多元化,也更加便捷,人们除了通过电话、电视等传播信息外,还可以通过短信、互联网等将事件的信息迅速传播到各地。特别需要注意的是,在互联网时代,信息传播速度异常迅速,想控制突发事件的消息传播是非常困难的。网络媒体、即时聊天工具、博客、BBS 论坛等新型传播形式在引导社会舆论方面产生了巨大冲击,传统的宣传策略和公共沟通方式已不适应新形势和发展的需要,重大突发事件信息的传播带有了越来越强的扩散性,而且危机事件的发生往往涉及社会不同利益群体,敏感性、连带性很强,聚集效应明显,事件可在很短的时间内牵动社会各界公众的"神经",成为社会舆论关注的焦点和热点。如果不加强对民众的疏导和控制,不用正确的信息去引导,那么,谣言、流言、政治性笑话、未经证实的小道消息,就会通过大量的人际传播网络,迅速向各地传播,很容易打破人们生活中相对平衡的心理,引起心理恐慌和行为失常,使突发事件信息进一步放大,影响社会的稳定。

3. 突发事件波及范围扩大、危害增加

贝克认为,全球正处于世纪风险社会,与此前的社会相比发生了根本的变化:第一,风险的规模和范围发生了重大变化。此前的社会是局部的、区域的风险占主导地位的社会,因而一般只对局部的或个别的主体产生影响,风险社会所处历史背景是全球化时代,占据主导地位的是各种全球性风险与危机,风险在全球范围内展开,从而对整个人类共同利益存在着威胁,应对和规避风险就不再是区域的或个别的任务而成为全球共同的历史事件。第二,风险的程度发生了根本性的转变。此前的社会中,风险一般只对局部的、个别的人们产生影响,只对人们生活的某一方面产生影响,风险社会中,各种全球性风险的存在对整个人类的生存和发展存在着严重的威胁。

4.2　社区突发事件的类型及特征

4.2.1　社区自然灾害事件的类型及特征

1. 社区自然灾害事件风险特征

自然灾害主要包括水旱、台风、沙尘暴等气象灾害；火山喷发、地震、山体崩塌、滑坡、泥石流等地质灾害；风暴潮、海啸等海洋灾害；重大生物灾害和森林草原火灾等灾害。

由于所处的自然地理环境和特有的地质构造条件，我国是世界上遭受自然灾害侵袭最为严重的国家之一。特大自然灾害经常发生，给社会生活造成了巨大的损失，对社区公众的生命、健康与财产安全提出了严峻的挑战。城乡社区作为社会的基本构成单元，是广大人民群众工作、生活的重要场所，是防灾减灾的前沿阵地。自然灾害既具自然属性，也具社会属性，无论自然变异或人类活动都可能导致自然灾害或人为自然灾害发生。

（1）自然灾害风险是普遍存在。地球是一个自组织系统，系统内的任何变动，无论自然变动还是人类活动，只要超过一定程度，对人类社会都会产生正面效应与负面效应，其影响的结果都是一分为二的，可能造福，也可能为害；可能是建设性的，也可能是危害性的。受天体的影响，地球的岩石圈、水圈、大气圈、生物圈的物质在运动变化中的变异也不断产生，从而涌现了大量的岩石的、水的大气的和生物的极端地球物理事件等。只要地球在变动，各种自然灾害就会相伴而生，因此，只要地球上有人类存在，不同社会系统的人群，在不同地利用和改造自然中，就必然产生不同的自然灾害。

（2）自然灾害风险是动态变化的。自然灾害风险不是一成不变的。随着影响灾害事件自然原因的变化或人为作用的影响，也随着社会易损性的变化，灾害风险的程度大小，甚至性质都是可以变化的。因此，由于灾害及其影响因素的多变性和社会易损性的可变性，自然灾害风险是动态变化的。

（3）自然灾害风险是复杂多样的。同种灾害在不同结构的社会系统中，风险性质和大小可以是不同的，一个社会系统在面临不同自然灾害时，风险性质和大小也是不同的。加之一个社会系统的社会易损性有较大的可变性，使得自然灾害风险更加复杂多样。泛滥平原上的城市化、易受台风袭击海岸城镇人口的迅速膨胀、不稳定边坡上贫民窟的蔓延等，这些都会增加自然灾害风险；而加强减灾防灾的社会系统组织、培训和投资，增加技术资本等，则会减少和降低自然灾害风险。自然灾害风险在我国是普遍存在的，对我国的自然环境和社会环境产生了广泛的影响，给人民生命财产造成了巨大的损失。随着自然变异的增强和人类活动可以估计到自然灾害损失将会日渐严重，自然灾害风险的情况更加复杂。

2. 社区应对自然灾害实例

以 2008 年"5·12"汶川大地震为例进行说明。一个多世纪以来全球地震详见表 4-1。

表 4-1　一个多世纪以来全球地震一览表

名　称	时　间	地　点	震级/级	死亡人数
意大利墨西拿大地震	1908 年 12 月 18 日 5 时 25 分	西西里岛墨西拿市	7.5	7.5 万人
日本关东大地震	1923 年 9 月 1 日上午 11 时 58 分	日本横滨、东京一带	8.2	13 万余人
土耳其大地震	1939 年 12 月 27 日凌晨 2 时到 5 时	东部城市埃尔津詹	8	5 万人
智利大地震	1960 年 5 月 21 日下午 3 时	智利	8.5	1 万人死亡或失踪
秘鲁大地震	1970 年 5 月 31 日	秘鲁最大的渔港钦博特市	7.6	6 万多人死亡
中国唐山大地震	1976 年 7 月 28 日 3 时 42 分 54 点 2 秒	河北省唐山市	7.8	24.2 万人
墨西哥大地震	1985 年 9 月 19 日上午 7 点 19 分	西部太平洋沿岸 4 个州	7.8	3.5 万人
伊朗大地震	1990 年 6 月 21 日凌晨	西北部	7.3	5 万人
日本神户大地震	1995 年 1 月 17 日 5 时 46 分	日本神户市	7.2	5 400 多人
印度洋地震海啸	2004 年 12 月 26 日 8 时	印尼苏门答腊岛北部	8.9	30 万人
中国汶川地震	2008 年 5 月 12 日 14 时 28 分	四川汶川县	8.0	69 226 人、失踪 17 923 人
印尼苏门答腊	2009 年 9 月 30 日	苏门答腊海域	7.9	1 115 人死亡,近 210 人失踪
海地地震	2010 年 1 月 13 日	距首都太子港西部约 22 公里	7.0	30 万人丧生
智利地震	2010 年 2 月 27 日凌晨 3 时 34 分	智利康塞普西翁	8.8	795 人死亡

2008 年 5 月 12 日 14 时 28 分,一个让中国人乃至世界刻骨铭心的时刻。由于印度板块长期对欧亚板块的碰撞和挤压,龙门山—鲜水河—安宁河断裂带上出现应力集中和调整,四川省汶川县映秀镇西南发生 8.0 级特大地震,地壳在不到百秒的瞬间,沿龙门山

断裂向东北方向破裂了 300 千米。地震波势如破竹,所到之处山川易容,黄烟蔽日,数十万民众、建筑、道路等被掩埋在废墟和山体之中。地震带来的天摇地动、山川河流的改变以及生命的浩劫,从古至今无疑给人类留下了不可磨灭的印象。但汶川地震造成的地质灾害却是空前的,地震造成的死伤只是最表面的损失,与地震伴生的次生地质灾害——山体滑坡、泥石流、堰塞湖、滚石、坍塌等才是最具毁灭性的灾难。在这次地震中,地震破裂带所经之地,道路、河流断错,建筑、房屋、农田等悉数毁灭,引发的次生地质灾害涉及3 个省 84 个县,面积达 48 万平方千米。在极震区,高山并到一块,老乡一夜之间认不得自家门口,山势的情景比比皆是。从映秀到北川,是本次破裂带的中心地带,有 20 个村镇无一幸免夷为平地;北川老县城部分建筑物被滑坡体前缘推高数十米;汉旺镇两座山大面积塌方夹成了一座湖,湖水深度可淹没电线杆;红白镇,这个寓意太阳崇拜的千年古镇,滚落的数十万立方米山石阻塞了通向外面世界的唯一公路,致使古镇整整 5 天在封闭窒息中度过。

那么,是什么原因使得汶川地震的地质灾害如此严重呢?

1) 地壳运动的结果

汶川地震发生的位置是南北地震带中段平原和高山的交汇处,山体呈北东走向。它的西侧是自第三纪起就不断隆起,并向东推挤的青藏高原,东侧是最古老的稳定地块,几亿年来一直持续性沉降的四川盆地。因此,这个地区的差异运动十分强烈,地壳被撕裂的可能随时存在,所造成的破坏、影响和破裂过程都非常复杂。换言之,只要青藏高原存在,四川盆地存在,延续了几百万年的地壳运动存在,这个地区浅部岩体的地层就始终处于一种固化—被破坏—再固化—再破坏的运动状态,岩层也就会不断地破裂、破碎下去,而龙门山断裂恰好位于南北地震带的高山峡谷、地形陡峭的南段。所以,只要不同构造的相互运动不停止,地震的发生是必然的结果。而这个地区一旦发生地震,大规模的地质灾害就会伴生而至,这种山体崩塌和飞石滚落造成的灾害,与大雨造成的地质灾害无法相提并论。

2) 地震破裂过程复杂多变

汶川地震是一次以单侧破裂为主的分段破裂过程,破裂方向和类型均有不同。地震初始阶段是在映秀镇附近形成以逆冲为主的破裂,继而以 3.1 千米/秒的速度向东北方向扩展约 300 千米,然后破裂反向传播,又从汶川县映秀镇向西南方向发生偏弱的能量辐射,并逐步变成以走滑为主的破裂。整个过程可用 7 个震级[①]分别为 7.1-7.1-7.6-7.4-7.4-7.4-7.2 等效地震来表征。位错机制是逐步变化的,破裂和滑动过程也不是连续而均匀的,以龙门山断裂为轴呈长椭圆分布的整个断层面上存在着多个破裂亏空区。在这

---

①　震级是按地震时所释放出的能量大小确定的等级标准。中国目前使用的震级标准,是国际上通用的里氏分级表,共分 9 个等级,在实际测量中,震级则是根据地震仪对地震波所作的记录计算出来的。

样的连续强震之下,断裂带上的山体都震酥了,致使山区的地质构造发生了变化,到处都是开裂塌方的山体,随便一点声响震动都有可能让山体滑坡、巨石滚落。大面积的塌方和滚石在一次次的强震中,犹如阿拉丁神话中的魔毯,随着强震的发生和结束飞起又落下,使得本就伤痕累累不堪一击的山川在超乎想象的自然伟力之下,犹如决堤之水轰然而下。

3)浅源地震

汶川地震是典型的断裂带地震,震源深度 14 千米,属于浅源地震,地震所释放的能量经过很短的距离就可以抵达地面,因此,对于地面上的物体破坏更为致命。从烈度分布平面图不是以震中为圆心,不断向外画等距离圆圈的扩散方式,而是在断裂带上展布。这次地震的破裂带呈"中间窄,两头粗"的哑铃状。哑铃的一头是汶川县的映秀镇,另一头是北川县城。地表破裂带的表现形式受断层几何部位、断层运动方式和地理构造复杂等影响,主要为山体崩塌和地层错动。小则几十万平方米,大则几千万平方米的大面积的山体开裂、失衡,在地球重力的作用下,滑入谷地形成山体滑坡,而崩塌、滑坡所形成的大量松散岩体,不仅掩埋了村镇、道路,还为泥石流的发生提供了物质来源,阻塞河道,形成堰塞湖,这也是这次地震地质灾害深重的原因之一。

那么,地震次生山地灾害防治如何防治呢?

地震次生山地灾害的防治在不同的阶段有不同的对策,主要分应急抢险和灾后重建两个阶段。

(1)应急抢险阶段的防治对策。主要包括以下 3 点:

① 全面调查堰塞湖分布,进行溃决危险性分析。采用高分辨率遥感影像分析解译震区滑坡和泥石流堵塞河道形成的堰塞湖,掌握堰塞湖的数量、分布和性质,开展现场考察和勘察,进行堰塞湖溃决危险性分析和风险排序,作为抢险救灾决策的依据。

② 开展重点堰塞湖的监测预警,制订减灾方案,预防次生灾害。对高风险堰塞湖布设监测预警系统,实时监测水情和坝体稳定状态,分析堰塞湖的溃决条件,预测溃决时间及泛滥范围,制订工程排险措施和下游危险区的临灾预案,一旦发现险情,及时预警并组织撤离泛滥范围内的人员和财产。

③ 注重灾民临时安置点的泥石流、滑坡灾害风险评估。对灾民安置场所和抢险救援人员居住场所进行山地灾害评估,避免这些场所设置在泥石流和滑坡的高危险区。对确实无法避开危险区的临时场所,必须严密监测滑坡和泥石流活动,制订相应的临灾预案,以防地震救援中的次生灾害。

(2)灾后重建阶段的防治对策。包括以下几点:

① 加强震后滑坡和泥石流灾害监测预警。震后滑坡和泥石流灾害多数由强降水诱发,应加强降水(特别是局地强降水)的监测和预报,及时做出滑坡和泥石流灾害预测预报。同时,对具有重要危害对象的滑坡和泥石流点进行监测和预警,减轻滑坡和泥石流

灾害。

　　② 进行灾后重建场址的地质灾害风险评估,选择安全的场所。在对灾区进行系统的调查和勘察后,排查重大灾害隐患点,进行灾害风险分析,选择相对安全的区域作为灾后重建的场址,避免重大人员伤亡。

　　③ 治理重点灾害,确保重建安全。对无法避开灾害的灾后重建点,进行详细的勘察,查明泥石流、滑坡、堰塞湖的性质、规模、潜在危害,采取工程措施、生态措施和预警措施相结合的方法,进行综合治理和灾害监测,保证重建工程的安全。

　　④ 保护生态环境,预防工程诱发灾害。山区土地资源奇缺,在风险评估的基础上,评估山区人口容量,将多余人口尽量移出山区,减小生态和环境的压力。在城镇和村庄重建过程中,尽量避免开挖边坡,保持坡面自然状态,避免诱发新的滑坡。在山区道路恢复重建中,进行道路地质灾害评估,对大型滑坡和泥石流灾害点和隐患点重新选线,尽量采取绕避方案,从源头上减少灾害。

　　⑤ 堰塞湖后续处理与资源利用。开展系统的堰塞湖危险性评估,根据危险程度,分别采取应对措施。对于危险堰塞湖进行排险处置,降低风险。对稳定的堰塞湖,可以进行资源开发,改造为水利水电设施,或者开发为旅游景点。

4.2.2　社区事故灾难的类型及特征

1. 社区事故灾难频发的原因

　　事故灾难,主要包括民航、铁路、公路、水运等交通运输事故,工矿商贸企业、建设工程、公共场所及机关事业单位发生的各类安全事故,造成重大影响和损失的供水、供电、供油、供气,通信、信息网络、特种设备等安全事故,核与辐射事故,环境污染和生态破坏事件等。在我国,由于经济发展所处的特定阶段,生产安全事故频繁发生,主要原因如下:

　　1) 有法不依、有章不循,安全意识不强

　　2002 年 11 月 1 日,正式实施的《安全生产法》是我国第一部全面规定安全生产各项制度的法律法规,它的出台体现了党中央、国务院对安全生产工作的高度重视,是我国安全生产纳入法制化的标志。近年来,国家安全生产监督管理局,以及与安全生产有关的部门也相继出台了一些与《安全生产法》配合实施的法律法规。例如,国家安全生产监督管理总局颁发的《安全生产违法行为行政处罚办法》;交通部发布的《港口危险货物安全管理规定》;建设部颁发的《建设工程安全生产管理条例》;国务院发布的《安全生产许可证条例》等。通过这些法律法规,进一步完善了安全生产管理体系,使我国的安全生产管理工作不断地走向法制化、规范化。但就是在这么多法律法规相继颁布实施的过程中,我国各地的安全事故还是频频发生,先是孟南庄煤矿的瓦斯爆炸,造成厂 62 人命丧黄泉;接着是黑龙江省鸡西特大矿难,造成115人踏上不归之路。2004年2月5日,山西灵石煤矿又发生爆炸事故,造成29人死亡;2004年2月15日下午,浙江海宁发生特大火灾,造成39人死亡;同日,吉林市中百商厦又发生特大火灾,造成53人死亡,71人受伤的特大事故。这一系列的血案反映出一个共同的事故原因,就是有法不依,有章不循。在有些事故的现场,规章制度、安全标语随处可见,操作规程制订了一大堆,但在执行中都成了"摆设",形同虚设。

2) 流于形式,造成安全隐患

安全管理会议大开、小开,安全管理的组织上建下建,要么资金措施不到位,要么人员制度不到位;生产现场安全管理混乱,安全管理名存实亡。每当有上级部门来参观、检查、达标升级验收时,企业领导就大张旗鼓的抓一阵子安全,对职工考核严上加严。还郑重声明,谁影响了达标升级和考评,就砸谁的饭碗。可是,检查一过,又是一切照旧。

3) 粗心大意、违章冒险,检查不细、整改不严

许多事故的发生都是在一瞬间的疏忽中,这归根结底还是预防意识不够。《安全生产法》第三条明确规定,安全生产管理,要坚持"安全第一,预防为主"的方针,只有坚持预防为主的原则,才能彻底消除事故隐患,减少粗心大意、违章冒险造成的伤害,这也是安全生产必须遵循的原则。

另外,整改不严、检查不细也是造成安全事故频繁发生的主要原因。安全检查要么什么问题也没有检查出来,要么查出来的问题和隐患不积极加以整改,安全措施项目上的资金投入比大海捞针还难,但请客送礼却挥金如土,结果安全隐患不断增加,最终造成生命财产的巨大损失。

综上所述,造成安全生产事故频繁发生的原因是多方面的,要想真正把安全生产管理工作落实下去,总结经验和教训,必须树立以下观念:

(1) 预防观。安全生产是关系人命的大事,任何疏忽大意都有可能酿成悲剧。有道是:"事未至而预图,则处之常有余;事即至而后计,则应之常不足",预防为主是安全生产工作永恒的主题。"亡羊补牢"有一定的积极作用,但"羊"毕竟丢了,且"补牢"是以"亡羊"为代价的。可以说一切事故都源于隐患,唯有加强源头预防,才是根除隐患的治本之策。

(2) 基础观。安全生产无小事,要把安全生产工作做好、做实,离不开基础工作。从近些年来《安全生产法》的执行情况看,许多地方没有严格按照法律规定的要求实行,致使基础工作薄弱的局面没有得到彻底改变,一些企业为追求经济利益,置安全于不顾,该投入的资金不投入,该改造的设备不改造,该执行的制度不执行,该遵守的规程不遵守,不具备安全生产条件的单位还在生产经营,最终酿成事故,给人民群众生命财产造成极大损失。因此,要实现安全生产,必须做好安全生产的基础工作。

(3) 责任观。安全生产责重于泰山。各级政府、安全监管部门及所有企事业单位

的领导干部,要本着对党和人民高度负责的精神,切实把安全生产责任制落到实处,主要领导要负起责任。《安全生产法》第五条规定:"生产经营单位的主要负责人对本单位的安全生产工作全面负责。"各级安全监管部门要督促基层单位建立起安全责任制,形成对领导干部和企业负责人有效的安全生产责任追究制度。

(4) 执行观。要解决安全生产中存在的"落实不下去、严格不起来"的问题,必须要严格管理、狠抓落实,特别是安全隐患的整改要抓实,安全基础工作要夯实,坚决杜绝形式主义。

2. 社区应对事故灾难实例

以重庆开县"12·23"特大井喷事故为例进行说明。

2003 年 12 月 23 日,重庆市开县高桥镇罗家寨发生了国内乃至世界气井井喷史上罕见的特大井喷事故,是新中国成立以来重庆历史上死亡人数最多、损失最重的一次特大安全事故。事故发生后,在党中央、国务院的高度重视和深切关怀下,在重庆市委、市政府的坚强领导和直接指挥下,在社会各界的大力支持和无私援助下,重庆市、开县政府坚持以人为本,全力以赴应急救援,积极稳妥处理善后,最大限度地减轻了事故灾难影响,降低了人民群众的生命财产损失,整个应急救援工作取得了决定性胜利。

1) 事故经过

高桥镇是重庆市开县西北方向的一个边境镇,离开县县城约 80 公里。位于高桥镇晓阳村境内的"罗家 16H"井,气藏天然气高含硫,中含二氧化碳,该井设计井斜深 4 322 米,垂深 3 410 米,水平段长 700 米,于 2003 年 5 月 23 日开钻,设计日产 100 万立方米。在日常钻探过程中,该气井运行正常。

2003 年 12 月 23 日 21 时 55 分,四川石油管理局川东钻探公司川钻 12 队对该气井起钻时,突然发生井喷,来势特别猛烈,富含硫化氢的气体从钻具水眼喷涌达 30 米高,硫化氢浓度达到 100ppm 以上,预计无阻流量为 400 万~1 000 万立方米/天。失控的有毒气体(硫化氢)随空气迅速扩散,导致在短时间内发生大面积灾害,人民群众的生命财产遭受了巨大损失。据统计,井喷事故发生后,离气井较近的开县高桥镇、麻柳乡、正坝镇和天和乡 4 个乡镇,30 个村,9.3 万余人受灾,6.5 万余人被迫疏散转移,累计门诊治疗27 011 人(次),住院治疗 2 142 人(次),243 位无辜人员遇难,直接经济损失达 8 200 余万元。其中受灾最重的高桥镇晓阳、高旺两个村,受灾群众达 2 419 人,遇难者达 212 人。

2) 应急救援和善后处置情况

12 月 23 日晚 11 时左右,重庆市政府接到市安监局关于川东北矿区发生井喷的报告,市委、市政府高度重视,即责成开县县委、县政府迅速组织抢险队赶赴现场。在查明井喷事故将可能严重威胁居民生命安全的情况下,迅速采取措施:一是立即通知事故发生地的高桥镇党委政府,以最快的速度组织群众向安全地带疏散转移;二是迅速电告附近的正坝镇、麻柳乡,从人力、车辆等方面进行支援;三是一位副县长率领 50 多人的先遣抢险队伍立即赶往事故现场;四是做好启动应急救援系统的各项准备工作。

24 日上午,重庆市委、市政府派遣一位分管副市长带领市级相关部门和专业救援队伍紧急赶往开县,正式成立了"12·23"抢险指挥部,分成前线指挥、交通控制、后勤保障、医疗救护、信息联络 5 个工作组,以"紧急疏散群众、减少人员伤亡"为第一要务,动员一切力量,采取非常措施,实行"分进合击,各负其责"的战略战术,各级各地迅速调整工作重点,全力以赴抓好抢险工作。整个应急救援工作大致分为疏散转移、搜救安顿、灾民返乡和安置善后四个阶段。

(1)疏散转移阶段。指挥部针对毒气不断向周边地区蔓延扩散的情况,在对硫化氢的 PPM 浓度进行科学检测后,决定采取果断措施:将以气井为中心半径 5 公里范围内的群众全部转移。

根据地形和交通状况,决定将受灾群众向四个方向疏散,呈放射性状设置 15 个政府集中救助点。在每个救助点均安排 1 名县级领导作为第一责任人,所在乡镇的党委书记为直接责任人,各个救助点分设医疗救治、后勤保障、治安巡逻、信息联络等工作组,每个组在救助点领导指挥下,各自开展工作。整个撤离过程有序展开,灾区的 65 632 名群众中,32 526 人安置在指挥部设置的县内的 15 个政府集中救助点,10 228 人有序转移到四川省宣汉县,其余采取在当地县上工作组和基层干部的组织下,采取了投亲靠友和群众互帮互助等方式进行了安置。

24 日 17 时 30 分,指挥部和钻井抢险队在专家和技术人员科学分析研究的基础上,采取了措施,对主管道进行了封堵,放喷管线实施了点火,有毒的硫化氢气体不再扩散,事态得到控制。

(2)搜救安顿阶段。为了尽可能多地挽救受灾群众的生命,同时为下一步即将开展的"压井"工作做好准备,最大限度地减少群众伤亡。12 月 25 日凌晨,组建 20 个搜救队进入事故现场危险区,搜寻幸存者和死亡人员;26 日又组建 102 个搜救组,对以井口为中心、半径为 5 公里的近 80 平方公里的区域,进一步实施拉网式搜救。在搜救过程中,共调集党员、干部 1.2 万余名,驻渝部队、公安、武警和消防官兵 1 500 余人,医护人员 1 400 余人,民兵预备役 2 800 余人。在实施压井之前共搜救出 900 多名滞留危险区的群众。

为保证伤员的救治,指挥部从全市各大医院抽调 160 余名医务人员,组成 5 支医疗队赶赴灾区救援;开县从各医院组织医护人员 1 600 余人,在救灾前沿设立 5 个临时医疗点,将开县人民医院和中医院作为后方医院。全县各类医院和医疗点收治的因灾伤病人员达到 23 515 人,其中住院人员 2 067 人,住院病人中有重症病人 17 人,其中 5 人转到重庆市治疗。

灾民大规模疏散转移后,最大限度地保障灾民基本生活成为整个应急救援工作的当务之急。为了妥善安置灾民,市委、市政府提出了"有饭吃、有衣穿,不挨饿、不受冻"的目标,按照这一目标要求,开县的 16 个灾民集中救助点切实做到了"五热",即保证灾民看热脸、吃热饭、喝热汤、洗热水、睡热被窝。四川省宣汉县发挥革命老区的光荣传统,对开县灾民的安置提出"六个一"措施,即确保灾民"无一人挨饿,无一人受冻,无一人病倒,无一起安全事故,无一人有伤害灾民感情的言行,无一人向灾民收取一分钱"。

为保证灾民有饭吃、不挨饿,开县抽出 15 名县级领导带领 700 多名干部进驻灾民救助点,与灾民同吃同住,切实做好服务工作和思想政治工作。指挥部先后从重庆主城区、万州区和开县周边的一些县,组织发放 85 363 件衣服、35 282 床棉被、152 吨大米、45.5 吨面条、30.5 吨食用油等救灾物资,接纳灾民的乡镇还自行组织了大批食品,保证了避灾群众有饭吃、有水喝、有地方住。指挥部同时采取了多条措施来安置受灾群众:一是发动农村居民亲带亲、邻帮邻,将一些老弱病残人员接到当地居民家过夜;二是在县政府和乡镇政府机关、学校腾出会议室、办公室 3 000 余间,或在院坝搭建简易帐篷安置灾民;三是县政府迅速将组织调运和发动群众捐赠的棉被 3.5 万床,衣服 8.5 万件,发放给灾民使用。

(3)灾民返乡阶段。12 月 27 日 11 时,施工抢险人员对"罗家 16H"井的两条放喷管线实施截堵,"压井"获得成功。指挥部当即决定,整个应急救援工作的重心由组织灾民大规模疏散和生活安置转移到组织灾民返回家园,采取"五条措施"确保灾区环境安全:一是组织 1 000 余名工作人员,对灾区内所有被毒死的动物进行清理,对动物尸体分类进行深埋或焚烧;二是组织庞大的卫生防疫队伍,对事故区进行消毒处理,防止疫病的发生;三是由环保部门以井口为中心,建立 6 个流动监测站,对灾区环境、大气、地表水等指标,进行全天候采集监测;四是由卫生部门对灾区的粮食、蔬菜、肉食品等进行抽样化验;五是将灾后居民在生产生活中的重点注意事项,印制成《灾民返乡须知》,发放到每一户灾民手中,详细告知灾民返家的八大注意事项。

有序组织灾民返乡在"五条措施"全面实施,大气、地表水的环境质量整体达到安全值,灾区内的粮食、动植物的食用安全性评估达标的基础上,再分"两个步骤"组织灾民返乡,确保灾民的生命安全万无一失。第一步,组织离事故核心区 5 公里以外的灾民有序返家。28 日,调集客车 125 辆,抽派 600 多名工作人员,在指挥部的统一指挥下,安全护送 2.6 万名返家(其中政府集中救助点 1.4 万人)。第二步,组织事故重灾区内的灾民有序返家。在卫生防疫部门对事故核心区内的晓阳、高旺、平阳、平乐、银山等村房屋进行再次消毒后,组织核心区的灾民返回家园。29 日,组织 486 辆客车、760 余名工作人员,安全护送 3.9 万名灾民返家。到 30 日,除死难者亲属尚留在县城处理后事外,6 万多名灾民已全部返回家园,实现了指挥部提出"不伤一人、不掉一人、不亡一人"的大返乡目标。

(4)安置善后阶段。灾民返家后,整个应急救援工作的重心又从抢险转移到稳定灾民情绪、组织群众恢复生产、对遇难群众的理赔等善后工作上。市委办公厅、市政府办公厅为此专门下发了《关于做好中石油川东北气矿"12·23"特大井喷事故善后工作的意见》,开县县委、县政府针对实际情况,制定了落实市委、市政府文件精神的具体贯彻意见。深入细致地做好遇难者亲属工作。指挥部及时成立了"一帮一"督察组,落实"一帮一"责任制,要求帮扶部门、单位和工作人员要心系灾民、情系灾民,对死难者亲属要有爱心和同情心,对他们的生活要照顾,对他们的吵闹要忍耐,对他们的意见要解答,对反映的问题要报告,特别是对伤亡人员重、在外务工或工作、意见比较多、影响力大的要实行重点帮助。

按照"能宽尽量宽、就高不就低"的原则,参照《最高人民法院关于审理触电人身损害赔偿案件若干问题的解释》,将"死亡补偿费"中 70 周岁以下遇难者补偿年限由 10 年延长到 20 年,将"被扶养人生活费"中"不满 16 周岁的抚养到 16 周岁"改为"不满 18 周岁的生活费计算到 18 周岁",极大地满足了遇难者亲属的愿望。组织县乡村 273 名党员干部成立 24 个工作组,与灾区 24 个村、316 个社、8 407 户全面对接,对财产损失情况进行全面调查、认真复核和张榜公示,理赔受灾户 4 298 户。同时组织了 65 名畜牧兽医人员,进入灾区开展畜禽疫病巡回防治,进一步减少了灾民损失。

各级医院发扬救死扶伤的革命人道主义精神,以高度的责任心,抓紧对收治伤员的医治;建立的各临时医疗点,按照"病人不愈,机构不撤"的原则,坚持做好救治工作,对重症病人全部转移到条件较好的县医院或市级医院。稳定灾民的思想情绪,解除受灾群众的后顾之忧,在尽力做好灾民思想工作的同时,还出动警力 2 000 多人,组成 8 支流动治安巡逻队,设置 54 个警戒点,对各个灾民临时救助点加强安全警戒工作,对群众转移过后的"空场"、"空街"和公路两边的"空房"进行巡逻,防止不法分子趁火打劫。

召开了"12·23"井喷事故救灾款物管理使用专题会议,下发了加强专项救灾款物管理使用的通知,建立了严格规范的救灾款物管理和使用规定,将救灾资金纳入财政专户储存,救灾物资交由民政部门统一管理,确保统一调拨使用。

3) 新闻发布情况

"12·23"井喷事故发生后,根据党中央、国务院的指示精神,新闻宣传工作在市委的领导下,按照前方指挥部的具体要求,迅速启动突发事件舆论引导机制,采取各种措施,最大限度地营造了正面的舆论氛围。整个突发事件、抢险救灾和善后工作的新闻宣传大局意识强、正面报道足、群众宣传多、社会效果好。为抢险救灾和善后工作提供了强有力的舆论保障。

事故发生后,先后有 59 家媒体的 217 名新闻记者到开县采访报道。整个工作根据市委、市政府的指示,主要从以下几方面开展工作:

一是迅速建立应急工作机制;

二是迅速确定舆论引导的方向和重点;

三是积极争取中宣部的支持和配合;

四是努力加强对记者的现场管理;

五是积极开展舆论引导、疏导和协调服务；

六是协调境外和国外媒体的采访报道；

七是积极组织网上舆论引导；

八是适时组织开展先进典型事迹宣传。

在这次突发事件中，新华社、中央电视台综合频道、《重庆日报》、重庆电视台和开县宣传部作为舆论引导的骨干力量起到了充分的积极作用。最大限度地突出了新闻宣传的正面性、有效性和针对性。牢牢掌握了新闻舆论的主动权。

4）事故应急救援基本经验

在应急救援战斗中，成功地经受住了严峻考验，积累了应对突发事件的重要经验，也获得了进一步做好应对突发公共事件工作的有益启示。

（1）坚持以中央的重要指示精神为指导，是夺取应急救援胜利的坚强后盾。党中央、国务院从贯彻"三个代表"重要思想的高度，坚持把维护人民群众身体健康和生命安全放在第一位，对整个应急救援工作做出了一系列重要指示。当时胡锦涛、温家宝、黄菊、周永康等中央领导同志要求全力搜救中毒人员，大力抢救伤员，疏散转移群众并妥善安排好生产生活，千方百计防止继续泄漏和再次发生井喷。由华建敏同志率领的国务院工作组，提出了"不留后遗症，不添上访户"的总体要求，并决定整个应急救援工作由重庆市委、市政府负责，中央有关部委、重庆、开县共同组建三个职能小组组织指挥应急救援。市委、市政府坚决贯彻中央的决策部署，重庆市委多次召开书记办公会和常委会，认真落实中央指示精神，专题研究应急救援有关问题，有力地保证了应急救援工作的顺利进行。

（2）坚持建立突发公共事件应急机制，是夺取应急救援胜利的治本之策。在应急救援过程中，始终坚持按照全市各级各部门和开县政府制定的突发公共事件应急预案为蓝本，在市政府指挥部的统一指挥下，科学决策，审时度势，因势利导，环环相扣，适时转移工作重点。

（3）坚持把维护群众利益放在首位，是夺取应急救援胜利的立足之本。从组织群众撤离到安置灾民生活，从实施搜寻营救到医治中毒患者，从依法合理地制定赔偿标准到上门赔付兑现，从加强灾后卫生防疫到组织群众恢复生产、重建家园，时时刻刻带着对群众的深厚感情，事事处处为群众利益着想，千方百计地维护群众切身利益，取得了让群众普遍满意的工作效果。

（4）坚持充分发挥基层党组织的战斗堡垒作用和广大党员的先锋模范作用，是夺取应急救援胜利的组织保证。面对突如其来的重大灾害，各级基层党组织和广大党员坚决响应党和人民的召唤，成为团结带领广大群众应急救援的主心骨、贴心人。在应急救援战斗中，涌现出了一大批先进基层党组织和优秀共产党员。

（5）坚持依靠人民子弟兵，依靠群众、发动群众，是夺取应急救援胜利的力量源泉。人民的子弟兵——驻渝部队、武警、消防官兵发扬一不怕苦、二不怕死的革命精神，主动承担了大量急难险重任务,充分发挥了排头兵、突击队作用。人民群众是应急救援的主力军和真正英雄。面对突如其来的重大灾害,人民群众迅速汇集在党组织周围,齐心协力,团结互助,构筑起一道应急救援的坚强屏障。各安置地的广大干部群众纷纷伸出自己的手、打开自己的门、生起自家的火、拿出自家的粮,热情接纳安置灾民,为赢得应急救援的胜利做出了无私的奉献。广大医务工作者恪尽职守,敬业奉献,夜以继日地抢救中毒人员和伤者生命,建立了不可磨灭的功勋。广大公安干警不畏艰苦,忘我工作,有力地维护了灾区社会秩序的稳定。广大新闻工作者深入一线,不辞辛劳,及时传播党和政府的声音,大力宣传先进模范事迹,为弘扬正气、鼓舞斗志、稳定人心做出了积极贡献。

(6)坚持一方有难、八方支援,是夺取应急救援胜利的重要条件。灾情发生后,中央国家机关、兄弟省市、市内有关部门、单位和海内外人士纷纷伸出援助之手,积极捐款捐物,亲切致电慰问,以不同方式,通过不同渠道,帮助和鼓励灾区战胜灾难、重建家园。

(7)坚持把维护社会稳定贯穿始终,是夺取应急救援胜利的有力保障。在应急救援中,牢固树立稳定压倒一切的思想,切实把维护稳定贯穿于应急救援的整个过程和各个方面,周密部署、加强防范、灵通信息、及时处置,多管齐下、积极疏导,有效化解了各种矛盾,排除了不安定因素。

4.2.3　社区公共卫生事件的类型及特征

1. 公共卫生事件特点

突发公共卫生事件,是指突然发生,造成或者可能造成社会公众健康严重损害的重大传染病疫情、群体性不明原因疾病、重大食物和职业中毒以及其他严重影响公众健康的事件。重大突发公共卫生事件主要是由三种原因引发的:一是微生物,包括病毒和细菌;二是中毒;三是由放射性元素引发的。

当今世界,传染性疾病仍然是发病率高、危险性大的疾病,不仅威胁我国及其他发展中国家,也在威胁一些发达国家。再度肆虐人类的传染病主要表现在两方面:一是一批被认为早已得到控制而又卷土重来的再出现的传染病;二是新发现的数十种传染病。一部分已被控制的传染病,由于种种原因发病率又明显上升。一些细菌性、病毒性、寄生虫性传染病具有传染性强、传播速度快、病死率高、危害大等特点,曾给人类带来极大的灾难,例如,鼠疫、霍乱、天花、小儿麻痹、麻疹等,除天花外,其他病至今仍是威胁人类健康的重要疾病;一些病毒病则因其病原型多、变异快,如流感、丙型肝炎、艾滋病等,不仅对人类危害大,也大大增加了预防与控制的难度。在已被控制而死灰复燃、重新肆虐人类的传染病中,结核病、百喉、登革热、霍乱、鼠疫、流脑及疟疾等最为突出。

另一方面,由于生命科学研究的不断进步和致病微生物发生变异和进化等因素,一些新的病原微生物的不断被发现,近30年相继发现了艾滋病病毒、埃博拉病毒等30多种新的病原体。而新发现的传染病,例如,SARS 先在某个国家或地区发现后,其他国家或地区也会相继发生。由于人类对其缺乏足够的认识,还没有掌握与其斗争的武器,又无天然免疫力,往往造成对人类健康生命和社会经济的重大损失。因此,人类与传染病的较量进入了一个新的阶段,面临新老传染病的双重威胁。我国人口众多,传染病依然是严重危害人民健康的主要疾病,某些传染病的流行还有逐渐扩大的趋势。近 40 年来,流行性感冒三次世界性大流行均起源于我国,1997 年和 1998 年在人群中发生的禽流感(H5N1 和 H9N2)也发生在我国香港和广东省。我国每年痢疾的发病人数超过两千万,至今还没有得到根本控制。现在我国是全球 22 个结核病高负担国家之一,排行第二,仅次于印度。艾滋病、淋病、梅毒等多种性传播疾病迅速蔓延。粗略统计,每年我国用于传染病患者的治疗费用达数千亿元人民币,因传染病导致的劳动人口损失对国民经济生产总值的影响不可估算。特别是突如其来的 SARS 疫情使我国的社会、经济发展遭受了史无前例的严重影响。

突发公共卫生事件的特点:

(1) 成因的多样性。比如,各种烈性传染病。许多公共卫生事件与自然灾害也有关,比如说地震、水灾、火灾等,例如,汶川大地震,党中央高度重视地震有没有引起新的疫情,各级政府部门非常关注,从而避免了大灾之后必然有大疫的情况。公共卫生事件与事故灾害也密切相关,比如环境的污染、生态的破坏、交通的事故等。社会安全事件也是形成公共卫生事件的一个重要原因,如生物恐怖等。另外,还有动物疫情,致病微生物、药品危险、食物中毒、职业危害等。

(2) 分布的差异性。在时间分布差异上,不同的季节,传染病的发病率也会不同,比如 SARS 往往发生在冬、春季节,肠道传染病则多发生在夏季。分布差异性还表现在空间分布差异上,传染病的区域分布不一样,我国南方和北方的传染病就不一样,此外还有人群的分布差异等。

(3) 传播的广泛性。当前处在全球化的时代,某一种疾病可以通过现代交通工具跨国的流动,而一旦造成传播,就会成为全球性的传播。另外,传染病一旦具备了三个基流通环节,即传染源、传播途径以及易感人群,它就可能在毫无国界情况下广泛传播。

(4) 危害的复杂性。重大的卫生事件不但是对人的健康有影响,而且对环境、经济乃至政治都有很大的影响。比如 SARS 尽管患病的人数不是最多,但对国家造成的经济的损失却较大。

(5) 治理的综合性。治理需要四个方面的结合:一是技术层面和价值层面的结合,不但要有一定的先进技术还要有一定的投入;二是直接的任务和间接的任务相结合,它既是直接的愿望也是间接的社会任务,所以要结合起来;三是责任部门和其他的部门结合起来;四是国际和国内结合起来。只有通过综合的治理,才能使公共事件得到很好的治理。另外,在解决治理公共卫生事业时,还要注意解决一些深层次的问题,比如社会体制、机制的问题；工作效能问题以及人群素质的问题，所以要通过综合性的治理来解决公共卫生事件。

（6）新发的事件不断产生。比如 1985 年以来，艾滋病的发病率不断增加，严重危害着人们的健康；2003 年，非典疫情引起人们的恐慌；近年来，人禽流感疫情使人们谈禽色变；以及人感染猪链球菌病、手足口病等都威胁着人们的健康。

（7）种类的多样性。引起公共卫生事件的因素多种多样，比如生物因素、自然灾害、食品药品安全事件、各种事故灾难等。

（8）食源性疾病和食物中毒的问题比较严重。比如 1988 年上海甲肝暴发；1999 年宁夏沙门氏菌污染食物中毒；2001 年苏皖地区肠出血性大肠杆菌食物中毒；2002 年南京毒鼠强中毒品；2004 年劣质奶粉事件等。这些事件都属于食源性疾病和食物中毒引起的卫生事件。

（9）公共卫生事件频繁发生。这公共卫生的建设及公共卫生的投入都有关系，公共卫生事业经费投入不足；忽视生态的保护以及有毒有害物质滥用和管理不善，都会使公共卫生事件频繁发生。

（10）公共卫生事件的危害严重。公共卫生事件不但影响健康，还影响社会的稳定，影响经济的发展。

2. 社区应对公共卫生事件实例

以 2003 年抗击 SARS 事件为例进行说明。

1）国外应对 SARS 的情况

（1）越南。自 2003 年 2 月 26 日越南河内报道了首例病例之后，在短短的 2 个月内就成功地控制了 SARS 疫情，是世界上第一个宣布成功控制 SARS 的国家。越南之所以能够在那次防治 SARS 战役中取得成功，主要是依靠早期积极有效的预防控制和国际合作。世界卫生组织将越南采取主动措施发现和预防 SARS 的行动概括为 6 点，即尽早发现 SARS 患者、了解其行踪及接触者；将患者在医院有效隔离；很好地保护治疗 SARS 患者的医护人员；对疑似病人进行全面检查和隔离；对国际旅行者进行出境检疫；向其他政府和国际性权威机构及时通报，共享信息。

（2）新加坡。2003 年 3 月 15 日，新加坡政府正式对外宣布已经发现 16 例 SARS 患者，世界卫生组织随即将新加坡列为 SARS 疫区。面对 SARS，新加坡政府快速应对，成立部长级委员会，领导全国统一行动，每天公布疫情进展，缓解居民的紧张情绪。新加坡在防治 SARS 的战役中，在"关口、医院、社区"3 个方面筑起了 6 道防线，有效地阻止了疫情的蔓延。新加坡总理将其成功控制疫情的经验总结为"自律、合作、互助、应变"，世界卫生组织认为新加坡是第二个宣布控制疫情的国家。

（3）美国。2003 年 4 月 5 日，时任美国总统布什签发总统行政命令将非典型肺炎列人诸如霍乱、鼠疫、天花、肺结核和埃博拉等严重传染病之列,授权卫生部门对感染者进行隔离或检疫。针对 SARS,美国 CDC(疾病控制中心)在研究、协作和信息发布这 3 个主要方面都采取了应对措施。表现为:迅速启动实验室响应网络,加紧对 SARS 检测、病因学和治疗手段的攻关。同时卫生部门组成各类紧急调查小组,对国内外病例展开积极调查,加强与国际调查组等各方面的信息交流;在机场、港口等入境口岸加强对有病例发生地区来客的检测和监测;利用国内的"传染病监测网络"对患者和感染者实施检测与主动监测;美国 CDC 通过设立网站、热线咨询电话、散发防范宣传手册等形式,介绍传染病基本知识及防范措施,并且及时发布健康警告,通知那些从疾病感染地区进入美国的人士。建议他们监控健康,并提供症状的清单。

(4)英国。至 2003 年 5 月 7 日,英国共发现 SARS 患者 6 人,其中,伦敦 4 人,剑桥 1 人,曼彻斯特 1 人。经治疗他们已经全部康复出院。为了防止 SARS 在英国蔓延,英政府与职能部门相合作,采取了一系列防治措施:迅速发布疫情警告、积极查找病因、及时发布疫情通报、对疫情实行跟踪监测以及公布防治指南。

2)中国应对 SARS 的情况

(1)中国广东。2003 年 2 月,广东省河源市报告发现多名原因不明病人,当时命名为非典型性肺炎(即后来证实的 SARS),整个 2 月份广东省进入疾病高发期,病例数急剧上升,同时波及香港,但是进入 3 月份以来,广东省 SARS 得到有效控制,医务人员感染发病问题得到根本解决,疫情明显缓解。广东省将其防治经验总结为"总体部署,统筹组织,全面出击"。疫情出现后,广东省主要负责人不断跟进跟踪实际疫情,多次召集专家进行商讨,组织专题研究,出台了一系列决策,建立了科学严密的疫情监控体系同时进一步加强对医院和社会各界的指导,及时编写针对不同人群、不同场所的宣传资料,加强对人群的宣教。2003 年 5 月 17 日起,广东已不再有新发病例出现,5 月 23 日,世界卫生组织(WHO)取消对广东省的旅游警告。

(2)中国上海。上海市没有出现 SARS 的暴发,主要是由于上海市积极采取了各种有效措施,杜绝了疾病的发展。上海市积极吸取广东、中国香港、北京的经验教训,在疫情没有蔓延至上海市的时候就建立了相应的防范体系,加强出入境检疫、做好医务人员的防护工作。同时在有输入型病例进入上海后,及时、迅速地对病例、疑似病例以及接触人群开展治疗、隔离防护,并迅速开展流行病学调查,有效地预防了疾病的蔓延。上海市各级政府的高度重视和高效运作是取得成功的关键而各级卫生部门加强协作,积极开展有效的健康宣教,提高人民的卫生意识和自我防病意识,也为成功预防 SARS 打下了良好的基础。另外,上海及时修改制定了部分法规,加强了对 SARS 的管理与控制自首例病例报告以来,上海市政府、各高校和科研机构积极开展各种科研活动,加大科研投入,为制定合理的防治措施提供有力的依据。

(3)中国香港。香港是继广东之后第 2 个报道疫情的地区,2003 年 4 月下旬以来,香港新增 SARS 人数开始出现下降趋势。香港开展积极的公共卫生教育,同时研究好治疗方法,并和大陆、世界卫生组织及国际社会进行合作。由于最初的感染主要发生在医院,香港卫生署特别加强了对医院的控制,对医务人员进行培训,在公立医院设立医院病房主任制度,建立感染控制网络。同时,不允许病人家属前去医院探望,到医院看病的病人一律要戴口罩。2003 年 3 月 27 日,香港即开始引用《检疫及防疫条例》,强制与 SARS 病人有接触的市民连续 10 天到指定诊所检查,并要求他们尽量留在家中。在香港发现第 1 例 SARS 病例时,香港即成立了一个领导委员会及专家工作小组,进行调查及执行预防控制措施,同时积极寻求国际合作。

尽管有很多不确定因素影响着 SARS 疫情的发展态势,疫苗和特效药物短期内还不能投放市场,但是如果能够建立健全传染病监测系统,及时发现传染源,堵住传染源的输入和输出,及时识别接触者,保护易感人群,切断传播途径,则还是能够成功地控制 SARS 的流行的。但是,反观整个 SARS 的流行过程,看到了国家在经济发展中的疏漏之处,SARS 的流行也留下了值得思考的问题。

3) 社区在预防 SARS 中的重要性

社区是人们从事生产和日常生活的基本环境。社会中的各种现象、各种灾害,众多疾病和特征均可通过社区反映出来,因此,社区的健康和稳定是整个社会健康稳定的基石。同样,在预防和抵御 SARS 的过程中,为确保人民生命的安全,依靠和发动社区力量是抗击 SARS 防线的坚强支撑。

目前人们对 SARS 发病、治疗、预防均缺乏了解,但从传染病控制传染的角度,在无法消除传染源和提高易感人群免疫力的情况下,切断其传播途径是唯一有效可行的措施而控制传播的第一道"防线"就在社区。

在抗击 SARS 中,广州市采取属地化防制。以社区为基础,上海市采取"两级政府、二级管理、四级网络",其"横向到边、纵向到底",属地化的管理方式,成为了有力、有序、有效防制 SARS 的基本组织,发挥了巨大作用,得到了世界卫生组织官员的肯定。杭州贯彻属地化管理原则,实行条块结合,以块—社区为主的协调机制通过社区果断对病例接触过的几千名居民实施隔离,有效地预防了疫情的扩散事后得到了卫生部专家和杭州市居民的好评事实均证明,社区防制 SARS 工作开展的有效程度,直接影响整个省、市、地区 SARS 的传播、治疗和控制。

(1) 社区防制 SARS 的优势。主要包括以下几点:

① 行政机构健全。已建立了一支职业化的社区工作队伍。我国经过近几年的发展,已经形成一套比较完善的、适合社区生活、学习、工作制度的管理机构。城市从区、街道到居民楼,农村从生产大队到村庄都有负责人,社区和居民楼负责人相对熟悉居民,了解辖区中每一户家庭的基本情况。利用我国有较强的行政管理能力的优势、通过社区能比较顺利地管理好整个辖区。

② 社区内有固定的派出所、机关、商场、学校、医院等机构,能帮助社区协调发展和稳定,在发生突发公共卫生事件中(如 SARS 的发生),也能协同社区开展一系列工作。

③ 社区内人群相对稳定,家庭存在于社区内,是组成社区的细胞,在社区中有相对固定的居住地址、门牌。

④ 社区内拥有一套相对完善的服务和设施。满足了社区居民基本物质和精神的需要。使居民对社区产生出一定的依存性和认同性,故一旦发生 SARS 病人或疑似病人,对疫点和留验点进行隔离、消毒和管理时,居民更易服从和理解接触者。加强对重点人群的监测,尤其是从疫区回来的人员。

⑤ 社区内有基层卫生服务中心。社区卫生服务中心本身就承担着社区预防、保健、常见病和慢性病治疗、健康教育和健康促进、康复、计划生育技术指导的职能,其工作人员有一定的医学知识,又比较熟悉社区环境,了解社区居民的健康,对 SARS 的发生,就能快速采取一定的措施。

(2) 抗击 SARS 的启示。启示主要有:

① 从抗击突如其来的 SARS 的经验与教训中,凸显出我国突发公共卫生事件应急机制的薄弱。

② 在处理突发公共卫生事件时,没有一个有力的指挥协调系统,往往认为是卫生部门之事,表现在各自为战,缺少与其他部门的通力合作。

③ 公共突发事件应急储备不足,疫情发生后,不能迅速应对,医院亦没有应对急性传染病的准备。

④ 缺乏一支训练有素的公共卫生应急反应队伍(如缺少受过系统训练的现场流行病学人员,许多地方无专业的现场流行病学人员)和相应保障机制。

⑤ 我国疾病检测系统还不能做到及时、准确地报告疫情,特别是在疫情突发阶段,疫情信息报告系统分散、缓慢,渠道不畅通,不透明,应急准备不充分。

⑥ 公共卫生实验室没有能力配合突发卫生事件的处理,如缺乏系统的实验诊断技术,无法迅速排除已知病原体,也无完整的已知病原体实验诊断库。

⑦ 缺乏现代危机沟通(包括信息、教育、交流和心理学等)艺术。

⑧ 人们生活习惯中存在着顽固陋习,与文明卫生的要求相差甚远;如吃野生动物、随地吐痰、乱扔垃圾等。

⑨ 疾病控制未能真正做到与科学研究有机结合,有些环节相互脱节,基础研究薄弱,部门分割,科研队伍各自为战,地方保护主义严重,无法真正实现强强合作、联合攻关和研究成果资源共享;各个系统之间处于相对封闭状态,缺乏有效的沟通与合作,由此延误检出 SARS 病原的时间。

⑩ 面对突发事件,尚未建立一套高速、有效的科研应急机制。面对危机时,应由政府出面进行有效的组织是最为关键的,主要涉及科学家的力量调配,物质、资金的分配和保

证等方面。

4.2.4 社区社会安全事件的类型及特征

社会安全事件一般是重大刑事案件、重特大火灾事件、恐怖袭击事件、涉外突发事件、金融安全事件、规模较大的群体性事件、民族宗教突发群体事件、学校安全事件以及其他社会影响严重的突发性社会安全事件的统称。

恐怖事件亦称恐怖主义活动,是指某些组织、团体或个别人,为达到某种政治的或反人类、反社会的目的,运用暴力或威胁并使用暴力的极端手段,蓄意制造特定的恐怖气氛和恐慌因素的犯罪活动。恐怖事件具有两个基本要素:一是从事恐怖主义活动的个人或团体具有一定的政治动机,当他们的政治主张不被接受,或对现实政治严重不满,便在行动上走向极端,采取恐怖暴力手段,强制推行或迫使别人接受他们的主张;二是以无辜民众作为袭击的主要目标,运用暴力或威胁并使用暴力的极端手段,蓄意制造特定的恐怖气氛和恐慌因素。

经济安全事件主要包括大规模非法集资、非法设立金融机构、非法开办金融业务以及金融机构违法违规经营等引发的金融突发事件,突发性挤兑金融事件以及其他可能影响金融机构正常经营和提供正常金融服务的事件,可能严重影响保险行业正常运行、保险公司偿付能力和社会稳定的突发事件,上市公司因经营不善或退市导致资本市场风险等事件,抬价销售国家定价商品以及价格欺诈、价格垄断等扰乱人民生活和市场秩序等事件。

涉外事件主要包括涉外群体性事件如大规模非法集会、游行、示威,严重的蓄意破坏或袭击,第三国人员群体性冲闯外国驻华外交机构、领事机构或民间机构,以及发生自然灾害、事故灾难、公共卫生、社会安全等涉外突发事件,严重威胁外国驻华领事机构和人员、外国在华民间机构和人员的生命财产安全,或涉及国家重大政治、经济、安全利益并造成重大影响。

群体性事件是指由人民内部矛盾引发的、众多人员参与的危害公共安全、扰乱社会秩序的事件,这里主要指大规模群体性事件。

1. 社区社会安全事件特征

社会安全事件属于突发事件的范畴,它具有自然灾害、事故灾难、公共卫生事件等突发事件共同特征,同时又有与其他突发事件不同的特征。

社会安全事件的特征[①]主要表现在以下几方面上:

---

① 周定平. 社会安全事件应对分析[D]. 湖南师范大学,2008

　　一是社会性。主要表现在以下两个方面：其一，事件威胁或者可能威胁人与人之间的基本关系及价值观念；其二，其影响范围足以达到所谓"社会性"或"公共性"的程度才能纳入社会安全事件的范畴，事件发生在社会公共安全领域内。社会性或公共性表现在事件本身可能引起公众的高度关注或者对公共利益产生较大消极负面影响，如危及公共安全、损害公共财产和广大民众的私有财产，甚至严重破坏正常的社会秩序。

　　二是人为性。社会安全事件是由于人的原因直接引发的。社会安全事件较其他突发事件显著不同的特点之一就是引发的直接因素具有人为性。人为的故意或恶意直接导致社会安全事件，人为处置不当导致其他突发事件衍生、次生的社会安全事件。

　　三是紧急性。其一，社会安全事件发生的突然性；其二，社会安全事件的发展十分迅速。其事态在短时间内能够快速发展并酿成严重后果，急需政府部门在有限的时间范围内，在有限的信息条件下开展应急处置工作，否则其会造成社会的更大危害和后果。

　　四是危害性。其一，社会安全事件通过损害公共财产、危机公共安全、破坏公共秩序、减损公众福祉等方式造成威胁或损害；其二，事件在其发展过程中会引起一连串的相关反应。

　　五是采取特殊措施予以应对的必要性。社会安全事件将导致某一方面、某一区域乃至更大范围内常态行政管理机制的失灵，政府部门采取常规的法律、行为方式是难以应对的。

　　社会安全事件的应对应根据上述与自然灾害、事故灾难、公共卫生事件相同及不同的特征采取有针对性的应急处置，才能有效地预防和减少突发事件的发生，控制、减轻和消除其引起的严重社会危害，保护人民生命财产安全，维护国家安全、公共安全、环境安全和社会秩序。

2. 社区应对社会安全事件实例

　　以美国"9·11"恐怖袭击事件为例进行说明。

　　2001 年 9 月 11 日，19 名恐怖分子劫持了美国 4 架民航客机，并对美国的几个标志性建筑发动恐怖袭击，制造了震惊世界的"9·11"事件。

　　在纽约，当地时间上午 8 时 46 分（北京时间晚 8 时 46 分），恐怖分子劫持美洲航空公司第 11 次航班波音 767 客机撞击高 110 层的世界贸易中心大楼北楼。

　　这架飞机是从波士顿飞往洛杉矶的，机上有 81 名乘客和 11 名机组人员。9 时 03 分，被劫持的美洲航空公司第 77 次航班波音 757 客机撞向纽约世贸中心大楼南楼。该机从华盛顿飞往洛杉矶，机上有 58 名乘客和 6 名机组人员。随后，世贸中心两座大楼相继坍塌。双塔楼中 1 号楼 10 时 28 分倒塌，2 号楼 9 时 50 分倒塌。事件中共有 343 位消防队员牺牲。

　　在华盛顿，当地时间上午 9 时 45 分左右，美国联合航空公司的第 175 次航班客机从华盛顿杜勒斯机场起飞后不久被劫持并撞在五角大楼西南端。五角大楼的一角塌陷。机上有乘客和机组人员共 65 人。此后,美国总统府白宫附近发生大火,国务院大楼、国会山附近相继发生炸弹爆炸事件。恐怖袭击发生后,美国副总统切尼、第一夫人劳拉和国会要人旋即转移到安全地点,政府各部门、各大公司等机构的工作人员也都从办公地点紧急疏散。

在宾夕法尼亚州,当地时间上午 10 时,从新泽西州纽瓦克飞往旧金山的联合航空公司的第 93 次航班客机在距匹兹堡东南 130 公里处坠毁。机上有乘客及机组成员共45 人。

时任美国总统布什当天中午在路易斯安那州就上述一系列严重袭击事件发表电视讲话说,美国政府"已经采取了一切适当的安全防范措施来保护美国人民",美国国内和海外驻军"正处于高度戒备状态",美国还采取了必要的保安措施来确保美国政府的"正常运转"。

当日,美国联邦航空局宣布美国有史以来首次关闭领空。

"9·11"这一系列恐怖袭击事件造成近 3 000 多人死亡,死者多为平民。其中,4 架客机上 246 名机组人员和乘客全部遇难,2 600 多人在针对世贸中心的袭击中丧生。由于曼哈顿下城是美国金融和商业中心,世贸中心、华尔街、纽约证券交易所均坐落在此,因此袭击造成的直接和间接经济损失高达数千亿美元,航空业和保险业损失尤为严重,曼哈顿下城的经济活动一度陷入停顿状态。

"9·11"恐怖袭击发生后,美国迅速确定了劫机者的身份,同时认定"基地"组织头目本·拉登是主要嫌犯。对此,本·拉登起先予以否认,但在 2004 年最终承认是他下令发动了"9·11"袭击事件,原因是不满美国偏袒以色列的中东政策。

"9·11"事件发生后,美国以保障国家安全为由,实行先发制人战略,在全球范围内发动"反恐战争"。由于美国认定本·拉登藏匿在阿富汗并受到塔利班庇护,2001 年10 月 7 日,美国开始对阿富汗实施大规模的军事打击。在不到两个月内,美国推翻了阿富汗塔利班政权。此后,美国派大量兵力,利用高科技手段搜捕本·拉登,直到 2011 年5 月 1 日,本·拉登才在巴基斯坦的一座豪宅内,被美国海豹第六分队击毙。2003 年3 月 20 日,美国又以伊拉克拥有大规模杀伤性武器及与本·拉登相勾结为借口,发动伊拉克战争。虽然萨达姆政权被推翻,但美国对伊发动战争的理由,至今查无实据。

反恐战争并没给美国带来真正的安全,相反近两年在美国土生土长的恐怖嫌疑人频频出现,威胁不断。美国的心腹大患——"基地"组织不但没有被铲除,其势力似乎在不断壮大。

另外,美国所发动的两场反恐战争,不仅造成阿富汗和伊拉克大量无辜平民的伤亡,也导致这两个国家的局势动荡不安。同时,美国也为反恐战争付出了沉重的代价:迄今已有 4 400 多人在伊拉克死亡,1 220 多人在阿富汗丧生;用于两场战争的费用累计已超过1万亿美元,其中伊拉克战争约为7 480亿美元,阿富汗战争约为3 000亿美元。

虽然2010年8月31日美国总统奥巴马宣布在伊长达7年的作战行动结束,然而,"9·11"事件引发的反恐战争远没有结束。目前,美国仍在伊拉克驻兵约5万人,在阿富汗驻兵约10万人。但目前遍及全球的恐怖活动依然十分猖獗,各类恐怖袭击事件不断发生。

美国"9·11"恐怖袭击事件后,美国警察组织的工作角色及工作方式均发生了深刻的变化。美国正逐步建立起以信息共享机制为核心,以联邦、州及地方警察组织之间紧密协作机制为基础,以社区警务战略为实现途径的国土安全警务新模式。

通过社区警务战略收集、拓展有关反恐信息情报。美国州以及地方警察部门收集、整理的信息,经过必要的筛选,可以为美国联邦所用,特别是为美国联邦调查局所采用。美国社区居民对恐怖威胁的普遍关注,虽然制造了社会的紧张气氛,但同时也有利于警察执法部门加强与社区居民近距离的沟通、了解,以捕捉与恐怖活动有关的重要信息和情报。社区警察能够迅速、及时了解当地社区的信息。公众也寄希望于社区警察能够及时地为他们提供最新的信息,这有助于控制犯罪、解决社区长时间遗留下来的一些问题。警察与居民之间积极、和谐的关系,可以更好地促进信息持续、可靠的互通。充分地挖掘社区警察的潜能,借助于信息这一有效的途径和方法来预防恐怖袭击以及其他所有违法犯罪的时机已经到来。

美国"9·11"事件和莫斯科人质危机事件,给人们带来了不得不思考的问题。

国际恐怖主义新的发展趋势表现在以下几个方面:

(1)恐怖活动发生频繁。互联网和通信技术的发展为国际恐怖网络的建立提供了条件,而且由于经济全球化的发展,恐怖分子实施恐怖行动的目标在地球上的任何地方都可以找到。

(2)恐怖组织军事化。世界上现有恐怖组织上千个,一些恐怖组织使用的武器装备越来越先进。

(3)恐怖分子职业化。"9·11"事件后,一些对社会不满者、民族分裂分子、宗教极端分子,陆续成为职业恐怖主义者。他们接受专业的恐怖训练,能够熟练使用各种武器,甚至能驾驶飞机、坦克、轮船。

(4)"三股势力"合流化。近年来,"基地"组织在进行自身整合的同时,不但加强了与俄罗斯车臣叛匪、伊拉克极端势力的联系和相互支援,还与一些号称是"追求民族独立"的民族分裂主义和宗教极端主义势力合流,使国际反恐形势更加严峻。

(5)恐怖动机复杂化。随着经济全球化和一些发展中国家的社会转型,发生恐怖活动的诱因越来越多,越来越复杂,使得防范和打击更加困难。

相比于西方国家,中国虽然一直秉行以"和平与发展"为原则的国际政策,营造了良好的国内外发展环境,但近些年面临恐怖主义威胁(如2013年新疆巴楚"11·16"暴力恐怖袭击事件)却在增加,一些暴力恐怖袭击事件时有发生。为此,绝不能放松警惕,而且眼光要放长远和开阔一点,应该认识到由于人为和自然的因素而导致的危机事件在一定阶段还会出现,因此,健全和完善危机处理机制,做好危机事件的应急处理工作就成为减少伤害,维护稳定,保障人民生命财产安全的必需。我国公共危机应对的基本策略主要体现在以下几个方面:

(1)建立综合性的应对公共危机的决策、指挥系统。决策、指挥系统是危机应急处理的核心。主要任务是危机发生以后迅速做出选择和反应,在很短的时间内找到化解危机的正当途径,权衡得失,当机立断,尽快控制危机的蔓延与发展。在危机处理过程中起到统率和协调作用,避免各自为战的混乱局面。同时要在指挥决策系统中常设一个危机管理机构,负责常态下进行危机信息的收集、沟通、分析、经验总结等。

(2)完善危机预警系统。在危机管理中,建立预警机制是非常重要的环节。许多危机的发生,看起来带有偶然性,但实际上都有一个从量变到质变的发展过程,如何做到在危机发生前发出预警,是危机管理中非常重要,也是非常难的一环。应将一切可能导致危机的因素一一列出,确立危机在何种条件下可能发生的指标体系,为危机出现作好各方面的准备,同时,要根据不同性质的危机事件制订好相应的危机管理战略计划和应急方案,针对可能发生的各种情况,组织模拟演习,锻炼危机管理人员的应变能力,完善处理方案。对预警中发现预警等级上升的,要实行重点监控,问题积累到一定程度,预警机制就应当发出警报,公共危机一旦发生,及时启动预案。

(3)加强危机信息系统化建设。既包括预警阶段的危机信息的搜集、整理与分析,更包括危机处理过程中的信息掌握与公布,尤其要尊重百姓的知情权,适时的公开相关信息,避免由于信息不透明而引起的谣言四起和人心惶惶,"防民之口,甚于防川"说的正是这个道理。因此应该特别重视危机处理过程中对新闻媒体的管理,设定专门的新闻发言人和严格的新闻发布制度,在保证危机处理工作正常进行的基础上及时、准确地向公众发布相关信息。

(4)建立一支分类齐全的志愿者队伍。危机的发生是不同的破坏因素和能量在短时间内迅速爆发的过程,规模和破坏程度难以预见,而且是多种危害结果交织在一起,因此单靠政府的力量有时是难以控制和处理的,必须整合社会资源,建立一支分类齐全的志愿者队伍,以应付突如其来的危机事件。志愿者队伍不能是"散兵游勇"式的临时招募,应该做好日常的招募、登记、培训工作,根据志愿者自身特点并结合危机事件的不同性质组织志愿者参加危机处置预案的演练,提高实战水平。

(5)做好危机事后的救助,保证危机处理工作的完整性。危机事件的发生会对公众的生命财产造成巨大损害,而且在危机处理过程中,为了大局的利益,还可能会牺牲个别人和单位的局部利益。因此,事后应该建立正常的危机补偿机制,明确补偿的原则和操作办法,建立专家小组对危机造成的损害进行科学合理的评价,并对做出牺牲的局部做出适当的责任界定,并及时进行补偿。在做好事后物质救助的同时,心理救助必须同步,因为危机事件的发生往往很突然,在公众没有心理准备的情况下对公众造成巨大伤害,因此必须建立一支专业的心理救助队伍,对受危机事件影响的人,尤其是受危机事件直接伤害的人进行及时的心理辅导,防止不良情绪积蓄而导致的心理疾病或不良行为。

关键术语

突发事件　自然灾害　社会安全事件　公共卫生事件　生产安全事故

复习思考题

1. 简述开展社区突发事件应急管理的原则和组织体系。
2. 简述社区四类突发事件的基本特点。

阅读材料

吉化 101 厂"11·13"爆炸事故的演化升级

2005 年 11 月 13 日下午,位于吉林省吉林市的中国石化吉林分公司双苯厂苯胺装置硝化单元发生着火爆炸事故,事故造成当班的 6 名工人中 5 人死亡、1 人失踪,事故还造成 60 多人不同程度受伤。

经吉林省安全生产监督管理局调查,该事故产生的直接原因是当班操作工停车时未将应关闭的阀门及时关闭,误操作导致进料系统温度超高,长时间后引起爆裂,随之空气被抽入负压操作的 T101 塔,引起 T101 塔、T102 塔发生爆炸,随后致使与 T101 塔、T102 塔相连的两台硝基苯储罐及附属设备相继爆炸。随着爆炸现场火势增强,引发装置区内的两台硝酸储罐爆炸,并导致与该车间相邻的 55# 罐区内的一台硝基苯储罐、两台苯储罐发生燃烧。

从事故表面看,该起安全事故处理得当,避免了连环爆炸,未使企业遭受更大的损失,也未使爆炸区域的居民的生命财产遭受重大损失。

在"吉化爆炸"事故中,为扑灭爆炸引起的大火,消防部门调集大批消防车,对爆炸点进行喷水灭火冷却,致使消防用水中含有大量的苯类物质。大量的消防用水在未采取任何收集措施的情况下进入了该厂的雨水管道,最终流入了松花江,致使整个松花江流域面临生态污染,同时由于污染水体中含有致癌物质,也引发了哈尔滨等沿江城市的饮水安全问题,更为严重的是,污染带顺流而下,进入俄罗斯,成为一起严重的跨国污染事件。国家环保总局将该起事故定性为一起重大的环境污染事件。

资料来源:孟凯中,王斌."吉化爆炸"事件对编制污染事故应急预案的启示[J].能源研究与信息,2006,22(4):198-203

问题讨论

1. 请结合案例分析此次爆炸事故演化升级为环境污染事件的形成过程和原因。

2. 石油和化工企业发生火灾或者其他事故,在紧急情况下,消防部门考虑的是救人和控制连环爆炸,一般都直接使用消防水灭火,而这些掺着大量污染物的消防水又往往不经处理直接排放,对此国内各地习以为常。此次"吉化爆炸"事件对我国事故应急救援的启发是什么?

本章延伸阅读文献

[1] 夏保成.中国的灾害与危险[M].长春:长春出版社,2008

[2] 郭济.政府应急管理实务[M].北京:北京中共中央党校出版社,2004

[3] 计雷,池宏.突发事件应急管理[M].北京:高等教育出版社,2006

[4] 许若群.论西南少数民族地区的地震应急救援模式[J].云南行政学院学报,2012(4):49-54

[5] 王晓芸.社区突发公共事件中社区基层组织的功能分析——以××市××村居委会处理天然气爆燃事故为例[J].求实,2011(S1):179-181

[6] 李季梅,陈安.社区突发事件的机理与应对机制[J].现代物业,2008(7):23-25

[7] 申晶.社区突发事件综合防治系统构建途径研究[J].湖北广播电视大学学报,2009,29(5):59-60

[8] 仇念华.县域社会群体性突发事件的影响因素与治理研究——以"瓮安事件"为例[D].中国人民解放军国防科学技术大学,2011

第 5 章　社区应急避难场所

5.1　城市社区应急避难场所建设标准

应急避难场所是指为应对突发事件,经规划、建设,具有应急避难生活服务设施,可供居民紧急疏散、临时生活的安全场所。加强应急避难场所的规划与建设,是提高城市综合防灾能力、减轻灾害影响、增强政府应急管理工作能力的重要举措。

地震应急避难场所是指为应对地震等突发事件,经规划、建设,具有应急避难生活服务设施,可供居民紧急疏散、临时生活的安全场所。

5.1.1　社区应急避难场所建设的重要意义

我国领土广阔,自然地理环境复杂多样,是一个灾害多发的国家。建设部 1997 年公布的《城市建筑综合防灾技术政策纲要》,把地震、火灾、洪水、气象灾害、地质破坏五大灾种列为导致我国城市灾害的主要灾害源。其中地震是我国危害最大、分布面最广的城市灾害。有资料表明,我国占全球 7 级以上的地震约 1/3,我国有 40% 以上地区属于 7 度地震烈度区,且有 70% 的百万以上人口大城市处于地震区。

改革开放以后,我国的城市化进程不断加快。1999 年,我国的城市化水平为 36.9%,已开始进入高速攀升阶段,人口和财富进一步向城市集中,城市数量也急剧增加,巨大城市、城市群和大都市带等新的城市空间组织形式不断涌现。同时,更多的中小城市将迈进大城市—特大城市行列且城市建设日趋现代化、国际化。随着管理体制由乡村—城市二元型向以城市为主的管理方式转变。城市将愈加成为一个地区政治、经济与社会活动的中心。由于我国在开发建设中对资源的过度占用和环境的破坏污染,资源匮乏、人口爆炸、环境恶化等一系列命运攸关的问题也相继出现。然而长期以来对城市防灾工程的重视程度不够和市民防灾意识的缺乏,使得城市的整体防灾减灾功能一直远远滞后于城市发展,加强防御、控制城市灾害、增强城市综合减灾抗灾能力已是一项迫切需要开展的工作。

据统计,20 世纪最后十年全球灾害造成的经济损失是 20 世纪 60 年代的 5 倍多,中国各类灾害损失几乎占全球损失的 1/4,而在所有灾害损失中有近 80% 发生在城市及其社区中。一旦城市灾害事件发生,如何快速组织受灾人口的疏散、临时安置等,将成为保障城市公共安全的首要问题。唐山地震、日本阪神地震、美国"9·11"事件等历史经验教训表明:大城市特别是人口密度大、建筑物密集的城市,为了防御和减轻地震等自然和人为灾害,在城市规划建设中应预留应急避难场所。这不仅是防震减灾的需要,也是防避其他重大自然灾害和人为灾害的需要,是建立、健全城市综合减灾体系的重要内容之一。面对当今现代都市面临的风险,国内外都致力于公共安全与防灾减灾规划建设。

在经历了"9·11"事件后,美国联邦政府和地方政府积极推动建立防灾型社区计划。美国国土安全部下属的联邦紧急信息管理署(简称 FEMA)认为:防灾型社区是需要长期以社区为载体在社区内行使减灾的工作。美国不仅对防灾型社医的基本功能、组成机制以及运作机制做出了研究,而且为社区居民发放了社区安全指南,进行了深入的防灾教育。美国防灾型社区创建的基本条件主要是从管理和社会角度来定义的,包括公共部门的支持、群众社区意识的培养和增强、对放救灾技能的培训等。构建防灾型社区的基本步骤主要从建立社区伙伴关系、对社区内灾害的可能性评估、确定风险和制订社区减灾计划。经过以上三个阶段,然后就可以考虑防灾型社区的推广方法,社区要考虑美国联邦紧急管理署提供资源、工具及计划加以推动和实施。

日本是地震灾害多发的国家,因此是建立避难场所较早也是较为完备的国家。20 世纪末,日本全国就已基本建立了各类应息避难场所。1923 年关东大地震,220 处大火连续燃烧 3 天,70% 的居民房屋烧毁,地震中死亡的 14 万人中,50% 左右死于次生火灾,关东大地震大火熄灭的主要原因有:一是消防灭火;二是自然熄火。公园绿地起了延缓燃烧速度与防止燃烧的作用,60% 的大火熄火于广场、山崖和包括公园绿地在内的自由空间。震后在上野公园避难的有 50 万人左右,在芝樱公园和深川清住公园避难的有 5 万人左右。仅这三个公园的避难人数就占东京市避难总人数的一半左右。在公园避难使许多人幸免于难。依据这次地震的深刻教训,日本一直把合理建设城市公园绿地作为抗震减灾的基本方针之一。防灾公园作为一种以平时娱乐休闲、灾时防灾避难为主要功能的绿地类型,越来越受到人们的关注。1923 年 9 月日本关东大地震后,人们意识到防灾公园和避难通道在防灾过程和灾后重建中起到的重要作用,开始进行防灾公园的研究与建设。

1993 年在日本的《城市公园法实施令》中,把公园确定为"紧急救灾对策必需的设施",并且首次把灾时用作避难场所和避难通道的城市公园称作防灾公园。

1995 年阪神大地震后,神户市的 1 250 个大小公园在抗震救灾中发挥了重要作用,进一步提高了规划建设城市防灾公园的认识。防灾公园的定义是:由于地震灾害引发市区发生火灾等次生灾害时,为了保护国民的生命财产、强化大城市地域等城市的防灾构造,而建设的起广域防灾据点、避难场地和避难道路作用的城市公园和缓冲绿地。也就是说,防灾公园是防灾机能特别高的公园。防灾公园的指标是:按城市人口计算,每人要占有公园面积不少于 7 平方米。公园的分布,最好是让每个居民在 30 分钟之内能步行抵达公园。公园内要有消防直升飞机停机坪、医疗站、防震性水池和防灾食物储备。防灾公园是城市居民的福利设施,平时可供市民游览,万一发生地震火灾、战争火灾或其他重大灾难时,防灾公园便是防灾据点、避难场所。

　　我国台湾地区在“9·21”大地震后,都市防灾建设逐渐受到重视,开始深入研究都市防灾空间系统。震灾中超过 10 万人露宿避难,因此应急避难空间首先应确保足够的城市开放空间,以供救援、避难之用,调查研究初步归纳了台湾避难场所类型、规模、密度、服务范围及应具备的防救设施内容等情况。

　　2003 年 10 月 1 日,我国第一个应急避难场所的试点建设在北京元大都城垣遗址公园圆满完成,它的建立,创造 3 个全国第一:第一个系统规划的应急避难场所;第一个进行应急避难场所建设的城市;第一个悬挂应急标志牌的城市,填充了我国在大城市应急避难场所建设领域的空白。

　　随后在短短的几年内,北京市先后建立了 28 处应急避难场所。但较之北京城市千万人口的需求量,尚远远不够,更难以满足奥运期间外来人口的猛增。这些应急避难场所都是根据美国的很多州、市、县建立起各类避难场所,其设置和使用根据突发公共事件的不同而不同,分为飓风避难场所、生物、化学灾难避难场所、核辐射避难场所、地震避难场所、爆炸避难场所、火灾避难场所、暴风雨避难场所等。每部门会启动不同类型的避难场所。美国通常因为各大高校、教堂具有较大的容量,各种设施较为先备而将其用作避难场所。

　　2008 年南方大雪灾和“5·12”汶川大地震后,政府、专家以及公众都认识到建立应急避难场所的重要性和迫切性。在参照北京建设情况的基础上,各个城市纷纷出台了一系列相关的法规和纲要,成为重要的法律保障;全国专家学者们大量的论文和提案,成为重要的参考意见;群众也认识到尽快在自己身边建立应急避难场所的必要性,积极参与到建设和学习中来。短短几个月,各级城市挂牌的应急避难场所如雨后春笋般呈现。政府和民众促建的心情之迫切,为快速推动应急避难场所的研究和建设,提供了难得的契机。国内对于应急避难场所的重视,是由于北京为了举办 2008 年奥运会和残奥会在安全方面的需要,在《北京中心城地震应急避难场所(室外)规划纲要》的指导下,首先在北京城中心建立了 29 所应急避难场所。这样一批应急避难场所的建立,为全国建立应急避难场所提供了样板,在国内具有良好的示范意义。我国在《“十一五”期间国家突发公共事件应急体系建设规划》中明确提出,省会城市和百万人口以上城市按照有关规划和标准,加快应急避难场所建设工作。目前,北京、上海及大部分省会城市已经建立并完善了应急避难场所的实施情况。

一种避难场所都是根据避难需求进行设置的，不同的突发公共事件发生时，相关应急避难所是政府应对突发重大灾害以及战争可能对人民生命财产安全带来严重威胁时临时安置(疏散)人员的场所。它作为国家或地区综合减灾体系的重要组成部分，国内外各级政府和科研机构对此表示高度重视，在法律法规、规划建设等方面开展了大量的实际工作。在法律法规方面，日本、中国台湾、北京等国家或地区，先后制定了专门的法律、法规，如日本的《灾害对策基本法》(1961)、中国的《突发事件应对法》(2007)、《防震减灾法(修订)》(2008)、《国家综合减灾"十一五"规划》(2007)及《国家突发公共事件总体应急预案》(2006)等，其中对应急避难和避难疏散场所作出明确规定。在规划建设方面，诸多国际会议如"国际减灾十年活动(1990—1999)"、第二届世界减灾大会(2005)、亚洲减灾大会(2005)及21世纪民防发展战略国际研讨会(2007)均提出城市综合减灾要注重综合减灾意义上的城市应急避难场所的建设。此外，各级政府管理机构积极提倡综合减灾工作和规划建设相互结合起来，并纳入国家和地区的中长期规划体系中。2006年我国建设部制定了《城市建设综合防灾"十一五"规划》，并明确指出1/3以上的城市大型公共建筑要具备作为防灾避难场所的条件，1/5以上的城市公园将成为配套设施齐全的防灾公园。以北京为首的诸多城市先后启动了应急避难所规划建设方案，如北京在《北京中心城控制性详细规划(2005—2020)》中，明确指出要结合绿地、体育、学校操场等建设地震避难疏散场所，并将在最近几年内建设成百上千个应急避难所，已经建立了我国第一个防灾公园——元大都城垣遗址公园、第一个学校式避难疏散场所——海淀区东北旺小学等。此外，在上海、广州、西安、重庆、南京等部分城市也逐步开始避难所的建设工作。但是，我国目前城市应急避难所建设仅是一些建筑单体或示范性工程，缺少系统化、层次化及网络化的规划建设，难以发挥综合减灾效益，不能满足所有市民避难需求。

随着城市的快速发展，如何保护现代城市免遭灾害或将灾害带来的危害降到最低限度，已成为城市发展的紧迫任务。从汶川大震后紧急疏散转移受灾群众的情况来看，在大城市组织数百万居民紧急疏散到几十公里外的乡镇，存在较大困难。因此，无论是应对现代战争，还是适应城市平时防灾减灾的需要，都应该在市内、城市周边和近效建设一批应急避难场所。

我国目前针对社区安全已经开展了许多工作，包括近年来开展的"中国减灾世纪行"和"社区减灾平安行"等活动，为推进社区减灾工作向深度和广度发展提供了不可多得的机遇。这些工作都是从社会治安和社区管理角度出发的，是以政府部与社区管理为主要力量进行的。这些工作在社区安全、防止犯罪和人员管理方面确实取得了不少成绩。但是由于灾害种类的增多，城市建设的快速发展，社区规划和建设方面暴露的缺点逐渐显现出来，由于缺乏建筑和规划等相关专业的介入，社区层面的防灾研究工作进展相对缓慢，公众对社区自然灾害方面的防御程度缺乏了解，一旦发生重大灾害，社区有可能因为规划和建筑设计方面的问题，导致人员疏散和避难的困难，从而造成较大的财产损失和人员伤亡。

避难场所是政府应对突发重大灾害临时安置和疏散人员的场所,是在灾害发生的段时期内,供居民紧急避难避险,具备一定防护功能的临时安置场所。

首先,建设城市应急避难场所是各级政府的重要职责。《突发事件应对法》第九条规定:"国务院和县级以上地方各级人民政府是突发事件应对工作的行政领导机关。"另外还规定,自然灾害、事故灾难或者公共卫生事件发生后,履行统一领导职责。在采取的应急处置措施中进一步明确:"向受到危害的人员提供避难场所和生活必需品。"高度重视城市避难所建设,也是政府"以人为本、执政为民"的执政理念重要体现。各级政府应该将避难场所建设列入重要议事日程,摆上重要位置。

其次,建设城市应急避难场所是对城市管理者提出的必然要求。为市民提供安全保障,是政府加强对现代城市管理和公共管理的精髓和根本。政府部门在城市防灾减灾中起主导作用,要确定城市灾害管理的总体目标,综合运用工程技术及法律、经济、教育等手段,全面提高城市的灾害应急管理能力。在关注城市信息的灾害、恐怖袭击和金融危机等各种灾害防治的同时,更多地关注地质灾害、气象灾害、战争灾害等,切实重视应急避难场所建设。只有这样,政府的防灾减灾工作才能做到未雨绸缪,防患于未然,也只有这样,政府才能在遭遇战争和灾难时做到从容应对,为每一个市民提供应急藏身之处。

最后,建设城市应急避难场所也是推进防空防灾一体化的实际需要,防空防灾一体化是新形势下对人防工作提出的新要求。加强和加快城市避难场所建设,既是人防部门的职责所在,更是人防系统实现"战时能力强,平时作为大"要求的重要内容。在经济社会快速发展的今天,人防部门应当紧紧抓住这一有利的发展机遇,按照科学发展观和构建和谐社会的要求,把应急避难场所建设作为服务城市建设、服务人民群众、推进防空防灾一体化的具体行动,真正抓出成效。要充分发挥人防资源优势,努力实现包括人防工程、指挥、通信设备设施等全方位的"平战结合",切实体现人防建设的社会效益。

应急避难场所规划建设工作,是一项长期而艰巨的任务,是一项综合性的系统工程。建设应急避难场所,是结合防灾减灾、减轻人员伤亡的重要措施之一,是建立城市综合防灾体系的重要组成部分,是坚持执政为民、以人为本思想的具体表现。建设应急避难场所的最重要的意义就是为了应对各种公共突发灾害事件的发生,防御与减轻各种灾害,快速有序的安置灾民,为灾民提供必要的生活设施和临时生活场所。

5.1.2　应急避难场所的分类

城市应急避难场所的分类方法有如下几种:

(1) 按管理级别分类。按管理级别分为城市级、区或街道级和社区级三类应急避难场所。

（2）按建设规模分类。可分为以下几类：

微型：可容纳灾民 1 000 人以下；

小型：可容纳灾民 1 000～10 000 人；

中型：可容纳灾民 1 万～5 万人或 1 万～10 万人（根据城市规模）；

大型：可容纳灾民 5 万～10 万人或 10 万～30 万人（根据城市规模）；

巨型：可容纳灾民 10 万人以上或 30 万人以上（根据城市规模）。

（3）按紧急程度分类。按紧急程度把避难场所划分为紧急避难所和固定避难所。

紧急避难所：指城市建筑物附近的小面积空地或公共设施，包括小公园、小花园、小广场、专业绿地以及抗震能力强的公共设施，其抗震减灾的主要功能是供邻近建筑物内的人群临时避难，也是居民家人在建筑物附近集合并转移到固定避难所的过渡性场所。

固定避难所：为面积较大、人员容置较多的公园、广场、操场、体育场、停车场、寺庙、空地、绿化隔离地区等，震后一般都搭建临时建筑或帐篷，是供灾民较长时间避难和进行集中性救援的重要场所。

（4）按不同避难阶段与空间的关系分类。按不同避难阶段与空间的关系将避难场所分为紧急避难场所、临时避难场所、临时收容场所、中长期收容场所。

紧急避难场所：一般认为灾害发生到灾后半日这段时间内发生的避难行为多为个人的自发性避难行为，此时的避难地多为面前道路和邻近的开放空间，如空地、绿地、公园等，如果灾害的规模和影响不大，还常常利用该场地进行受灾人员的抢救。

临时避难场所：主要暂时收容无法直接进入安全避难场所（临时收容场所、中长期收容场所）的避难人员，并以等待救援的方式，经过引导进入安全的收容场所。

临时收容场所：灾后半日到灾后两周内的时间为第二阶段，如果灾害造成大规模建筑物损伤，则需要为灾民提供临时收容场所，目的是提供大面积的开放空间作为安全停留的处所（规模较小的，可专为一些避难困难者如老弱病残服务），待灾害稳定后，再进行必要的避难生活。

中长期收容场所：对于大的灾害，持续时间比较长，避难生活可能会持续长达数月的时间，避难民众从最初需要的临时藏身发展到需要改善避难所的生活环境。这时政府应该提供拥有较完善的设施及可供庇护的场所。

（5）根据功能的不同分类。根据功能的不同将避难空间系统分为收容型避难空间、转运型避难空间和活动型避难空间，依此分类方法把应急避难场所分为收容型避难场所、转运型避难场所和活动型避难场所。

收容型避难场所：专门收容老幼病残等避难困难者，另外还具备情报收集传递、医疗救护、周围街区监视等功能。

转运型避难场所：沿避难线路设置，主要负责情报收集、避难导引、应急医疗，一般不做收容。

活动性避难场所：灾害发生后未受损坏而能起避难作用的避难空间，在危险区域之外，主要收容有行动能力的避难者，兼具救灾消防、应急医疗等功能。

（6）按使用时限分类。美国地震紧急事务管理的标准程序将应急避难作为地震应急管理中的一项重要内容。主要分为临时避难场地（几小时到几天内）、短期避难场地（几天到几个月内）和长期避难场地（规划中长期使用）共三种类型。

（7）根据建设资源的不同分类。体育馆式避难所：是指利用辖区内的大型体育馆和闲置的大型库房（展馆）、防空地下室等建筑物赋予避难所（疏散）功能。适用于应对抗台、防汛等自然灾害和防空。

坑道式避难所：是指利用辖区内的人防坑道工程进行建设改造，完善相应的生活设施，赋予人员应急避难所（疏散）功能。也适用于应对抗台、防汛、防震等自然灾害和防空。

公园式避难所：是指利用辖区内的各种公园、绿地、学校、广场、体育场等公共场所进行改造，加建相应的生活设施，赋予人员应急避难所（疏散）功能。适用于应对防震等自然灾害和防空。

城乡式避难所：是指利用城乡人民防空中的人口疏散基地进行疏散灾区灾民，适用于应对抗台、防汛、防震等自然灾害和防空。

（8）根据避难场所用地的不同功能和性质分类。《北京中心城地震及应急避难场所（室外）规划纲要》中，根据避难场所用地的不同功能和性质分为公园型、体育场（操场、广场）型和小绿地型。

（9）地震应急避难场所、场址及配套设施。国家标准《地震应急避难场所、场址及配套设施》（GB 21734—2008）分为以下三类：

Ⅰ类地震应急避难场所：具备综合设施配置，可安置受助人员 30 天以上；

Ⅱ类地震应急避难场所：具备一般设施配置，可安置受助人员 10～30 天以上；

Ⅲ类地震应急避难场所：具备基本设施配置，可安置受助人员 10 天以内。

5.1.3　应急避难场所的规划与建设原则

1. 应急避难场所建设原则

（1）以人为本。以人民群众的生命财产安全为准绳，充分考虑市民居住环境和建筑情况，以及附近可用作避难场所场地的实际条件，建设安全、宜居城市。

（2）科学规划。应急避难场所的规划作为城市防灾减灾规划的重要组成部分，其规划应当与城市总体规划相一致，并与城市总体规划同步实施。应急避难场所的规划要合理制订近期规划与远期规划。近期规划要适应当前防灾需要，远期规划要通过城市改造和发展，形成布局合理的应急避难场所体系。应急避难所建设，在确定规模、定点选址上，应注意根据人口密度、交通状况、自然条件、安全环境等，科学规划，合理布局。《中华人民共和国突发事件应对法》第十九条规定："城乡规划应当符合预防、处置突发事件的需要，统筹安排应对突发事件所必需的设备和基础设施建设，合理确定应急避难场所。"应急避难场所建设应依法纳入城市总体规划。应急避难场所的建设规划可分为近期规划和远期规划。近期规划主要是利用现有条件，结合应急需要，立足早建成、早准备，先期建设一批，以防急需。远期规划主要体现在城市建设总体规划中融入安全城市的理念，在规划城市发展、旧城改造中充分考虑市民能够避难避险的安全空间，预留建设场地，有序展开建设，逐步形成城市应急避难场所体系。应急避难场所的规划建设要与公共场所建设结合起来，平时发挥各种服务功能，在遭遇突发事件时，为市民提供生存保障平台。应急避难场所的规划建设应与人防工程建设结合起来，切实形成"战时应战、急时应急"的能力。应急避难所的规划建设应把预防多种灾害结合起来，避免不同部门重复建设，造成资源浪费。

（3）就近布局。坚持就近就便原则，尽可能在居民区、学校、大型公用建筑等人群聚集的地区多安排应急避难场所，使市民可就近及时疏散。

（4）平灾结合。应急避难场所应为具备多种功能的综合体，平时作为居民休闲、娱乐和健身的活动场所，配备救灾所需设施（设备）后，遇有地震、火灾、洪水等突发重大灾害时作为避难、避险使用，二者兼顾，互不矛盾。城市绿地、公园、场馆等场所，作为公共产品和公共服务项目，平时应该为市民提供休闲、健身、娱乐等服务，特殊情况下，还应该供市民避难、避险。城市管理者应该从大局出发，从群众利益出发，从节约资源的角度出发，尽可能将可以利用的资源、条件，服从服务于城市应急避难场所建设。在两者发生冲突时，首先应满足市民的安全需求。保证人的生命安全，做到"安全优先"。

（5）一所多用。应急避难场所应具有抵御多灾种的特点，即在突发地震、火灾、水灾、战争等事件时均可作为避难场所。但多灾种运用时，应考虑具体灾害特点与避难需要的适用性，注意应急避难场所的区位环境、地质情况等因素的影响。

2. 城市应急避难所建设措施

（1）树立城市建设规划中的防灾意识。我国华东地区频遭台风侵袭，一些城市仅受到不同程度的影响。与此相反，"卡特里娜"飓风却把大洋彼岸的美国新奥尔良市吹得七零八落，整个城市奄奄一息。同样，一次天气的突变也会导致现代化大城市部分功能瘫痪、生命财产损失惨重。生活在城市里的人们神经被刺痛了：处处可见"钢筋铁骨"的都市，赖以生存并引以为傲的城市家园，竟然突然变得如此"弱不禁风"？就其主要原因是防灾意识决定着城市建设，面对自然灾害采所取的不同态度，必然产生不同的后果。城市建设必须要把防灾理念注入城市规划和建设之中，提高城市整体应急防灾能力。

（2）抓好城市应急避难所（疏散基地）建设的规划工作。20世纪20年代，日本关东大地震中死了14万多人。从那时起，日本政府对突发事件就有了很强的防范意识，并将应急避难所建设写进了法律。20世纪末，日本就已基本建立了应急避难所体系。我国的《城市规划法》虽然规定城市规划必须考虑防灾因素，但缺乏规定具体的执行标准，对城市防灾要求没有硬的考核指标，对规划中的防灾漏洞也缺乏追究机制。城市规划必须考虑在灾难来临时城市能在多大程度上经受住打击：应确定上规模的应急避难所（疏散基地）体系建设内容，结合城市发展格局和公园、绿地、广场、运动场分布情况，合理规划应急避难所（疏散基地）建设；应规定城市绿地、公园、广场、运动场和学校内应预设地下应急自来水管、电线、通信、消防和排污等设施。

（3）城市建设与防灾减灾设施建设同步进行。仅有城市整体规划是不够的，还需把规划变为建设项目。在城市公共场所建设时，要把地下的应急避难（疏散）的基础设施与地面项目一并考虑、同时建设。在城市建设中，多使用一些特殊新型材料，以延缓结构老化使建筑抗灾能力减弱，可降低损害程度；少使用大理石、地面砖、水泥混凝土和沥青等不透水材料。减少城市广场、商业街、人行道、社区活动场所的硬化地面，多建一些透水地面，提高公共场所地面的雨水吸纳能力，减轻城市排水排涝的负担，提高城市建设的防灾能力。

（4）制订一套具有较强操作性的应急行动预案。一个上规模的应急避难所（疏散基地），可以容纳成千上万民众。如何安全、有序地组织市民避难（疏散）；谁来组织，保证这些市民能够在第一时间进入预定位置，这就需要制订相应的应急避难（疏散）行动预案。预案包括：应急避难指挥机构、民众疏散路线、进入避难场所的位置、通知发放、疏散引导、安置的工作程序和有关保障。

（5）建立一支训练有素的应急志愿者队伍。一旦发生突发灾害时，易产生通信中断、道路毁坏等危害。基层社区组织要积极行动起来，组织应急志愿者队伍开展自救互救行动，发挥志愿者防灾宣传员、避难引导员、救灾工作员的作用。有关部门、单位要加强志愿者组织培训和演练工作，平时就熟悉防灾、避难、救灾程序。一旦有应急情况，配备必要的救助器材，就能引导市民有序、快速地进入应急避难所。

（6）建立一套规范的应急避难所（疏散基地）识别标志。应急避难场所附近应设置明显的规范标志牌、管理规定，为居民提示应急避难场所的方位及距离，让公众对应急避难场所管理使用的义务和有关要求有一定了解。

建设应急避难所，目的在于在应急情况下能为老百姓提供一个避难的场所。截至2008年2月，北京市已建成了元大都城垣遗址公园等33个497.94万平方米，可容纳人数190.6万人的应急避难场所，详见表5-1。

表 5-1　北京市应急避难场所建设情况（截至 2010 年 10 月）①

区县	场 所 名 称	面积/万平方米	容纳人数/万人
东城 （5个）	皇城根遗址公园	9	4.5
	地坛园外园	5.4	2.7
	明城墙遗址公园	15.5	6
	玉蜓公园	3.7	1.5
	南中轴绿地	3.7	1.5
西城 （8个）	先农坛神仓外绿地	0.989 5	0.459 8
	翠芳园绿地	1.006 2	0.46
	玫瑰公园	3.617 8	1.341 9
	丰宣公园	4.727 1	1.5
	万寿公园	4.7	1.5
	西便门绿地	3.455 2	1.289 4
	南中轴绿地	11.067 8	4.7
	长椿苑公园	1.4	0.6
朝阳 （10个）	元大都城垣遗址公园	67	19
	朝阳公园	288.7	25
	太阳宫公园	37	11
	奥林匹克森林公园南园	355.7	2
	安贞涌溪公园	2.1	0.56
	将台坝河绿化带	28	8
	兴隆公园	43.4	7.28
	红领巾公园	26.7	3.41
	北小河公园	22.88	3.57
	京城梨园	70	10.54
海淀 （8个）	海淀公园	40	10
	曙光防灾教育公园	2.7	5

---

① 数据来源：http://www.bjyj.gov.cn/ggaq/bncc1/t1108491.html

续表

区县	场 所 名 称	面积/万平方米	容纳人数/万人
海淀 (8个)	马甸公园	8.6	1.29
	阳光星期八公园	1	0.25
	温泉公园	4	1
	东升文体公园	8	2
	长春健身园	10.6	2
	东北旺中心小学	0.8	0.2
丰台 (3个)	东高地街道三角地第二社区怡馨花园	2	0.52
	林枫公园	2	0.3
	东铁匠营街道怡心公园	1	0.3
石景山 (3个)	国际雕塑园	40	11
	西山枫林绿地	5.3	0.4
	自行车馆北侧停车场	1.5	0.49
房山 (8个)	房山体育场	11	1.5
	阎村文化体育广场	5.336	1
	长阳镇组团公园	11.339	2
	窦店版图公园	2.55	0.7
	燕山公园	16	1.5
	府前广场	6.5	2
	北潞园健身广场	6.336 5	1
	琉璃河镇绿色公园	13.320 0	2
门头沟 (7个)	滨河世纪广场	35	10
	黑山公园	3	1.2
	体育中心	8.33	4
	葡山公园	9	2.5
	立思辰公园	0.55	0.2
	陇家庄公园	1.4	0.5
	滨河公园	4.8	1

区县	场 所 名 称	面积/万平方米	容纳人数/万人
昌平 (17个)	亢山广场	4.085	1.838 2
	永安公园	6.9	2.8
	赛场公园	4.678	1.15
	小汤山文化广场	8	3.5
	昌平公园	16.666 7	6.666 7
	回龙园	9.704 8	2.8
	回龙观体育公园	5.049 5	2.43
	回龙观龙禧三街公园	5.049 5	1.9
	南口公园	12	4
	天通艺苑	9	5
	101人工湖广场	6	2.9
	北七家宏福广场	1.2	1
	阳坊文化广场	0.55	0.4
	流村文化广场	3.2	1.1
	北方企业集团马池口村	1.5	1.2
	马池口北小营文化广场	0.5	0.33
	兴寿镇草莓大会沿线村庄文化广场	0.7	0.47
延庆县 (2个)	体育公园	31	10
	香水苑公园	9	3
合　　计		1 406.489	236.746

5.1.4　应急避难场所规划要求

1. 城市应急避难场所的规模

结合城市行政区划、人口分布、人口密度、建筑密度等特点以及居民疏散的要求,可将应急避难场所分为三级建设:

一级应急避难场所为市级应急避难场所,一般规模在15万平方米以上,可容纳10万人(人均居住面积大于1.5平方米)以上。为特别重大灾难来临时,灾前防灾、灾中应急避难、灾后重建家园和恢复城市生活秩序等减轻灾害的战略性应急避难场所。

二级应急避难场所为区级应急避难场所,一般规模在 1.5 万~5 万平方米,可容纳 1 万人以上。主要为重大灾难来临时的区域性应急避难场所。

三级应急避难场所为街道(镇)应急避难场所,一般规模在 2 千平方米以上,可容纳 1 千人以上。主要用于发生灾害时,在短期内供受灾人员临时避难。

以上三级避难场所应在建设过程中,应以一级避难场所为中枢、以二级避难场所为节点、以三级避难场所为末梢,梯次配备、网状配置、分步实施,构建完整的城市应急避难场所体系。在建设的过程中,应按照分级建设的原则,由各级分别承担相应的建设任务。

2. 应急避难场所的设置

(1)应急避难场所的覆盖半径。

一级应急避难场所:灾难预警后,通过 0.5~2 小时的摩托化输送应可到达;

二级应急避难场所:灾难预警后,在半小时内应可到达;

三级应急避难场所:灾难预警后,5~15 分钟内应可到达。

(2)应急避难场所的要素与功能。

三级应急避难场所:设置满足应急状况下生活所需帐篷、活动简易房等临时用房,临时或固定的用于紧急处置的医疗救护与卫生防疫设施,供水管网、供水车、蓄水池、水井、机井等两种以上的供水设施,保障照明、医疗、通信用电的多路电网供电系统或太阳能供电系统,满足生活需要和避免造成环境污染的排污管线、简易污水处理设施,满足生活需要的暗坑式厕所或移动式厕所,满足生活需要的可移动的垃圾、废弃物分类储运设施,棚宿区周边和场所内按照防火、卫生防疫要求设置通道,并在场所周边设置避难场所标志、人员疏导标志和应急避难功能区标志。

二级应急避难场所:在三级应急避难场所的建设基础上,在棚宿区配置灭火工具或器材设施,根据避难场所容纳的人数和生活时间,在场所内或周边设置储备应急生活物资的设施,设置广播、图像监控、有线通信、无线通信等应急管理设施。

一级应急避难场所:在二级应急避难场所的基础上,在场所附近设置应急停车场,设置可供直升机起降的应急停机坪,设置洗浴场所,设置图板、触摸屏、电子屏幕等场所功能介绍设施。

(3)应急避难场所的选址。

可选择公园,绿地,广场,体育场,室内公共的场、馆、所和地下人防工事等作为应急避难场所的场址。选址要充分考虑场地的安全问题,注意所选场地的地质情况,避开地震断裂带,洪涝、山体滑坡、泥石流等自然灾害易发地段;选择地势较高且平坦空旷,易于排水、适宜搭建帐篷的地形;选择在高层建筑物、高耸构筑物的垮塌范围距离之外;选择在有毒气体储放地、易燃易爆物或核放射物储放地、高压输变电线路等设施影响范围之外的地段。应急避难场所附近还应有方向不同的两条以上通畅快捷的疏散通道。

3. 应急避难场所的建设方式

应急避难场所建设可采取以下方式：

一是体育馆式应急避难场所，指赋予城市内的大型体育馆和闲置大型库房、展馆等应急避难场所功能。

二是人防工程应急避难场所，指改造利用城市人防工程，完善相应的生活设施。

三是公园式应急避难场所，指改造利用城市内的各种公园、绿地、学校、广场等公共场所，加建相应的生活设施。

四是城乡式应急避难场所，指利用城乡结合部建设应急避难场所。

五是林地式应急避难场所，指利用符合疏散、避难和战时防空要求的林地。

5.1.5 应急避难场所的维护与管理

（1）实行"谁投资建设，谁负责维护管理"的原则。应急避难场所的所有权人应按要求设置各种设施设备，划定各类功能区并设置标志牌，建立、健全场所维护管理制度。

（2）应急避难场所的政府管理部门，应制定针对不同灾难种类的场所使用应急预案，明确指挥机构，划定疏散位置，编制应急设施位置图以及场所内功能手册，建立数据库和电子地图，并向社会公示。有条件的地方，还可组织检验性应急演练。

（3）各级政府、各部门编制的单项应急预案应与全市应急避难场所规划建设相衔接。应急避难场所建设经费应纳入各级政府年度财政预算。

（4）建立一支训练有素的应急志愿者队伍。通过对志愿者组织的培训、演练，使之熟悉防灾、避难、救灾程序，熟悉应急设备、设施的操作使用。

（5）建立一套规范的应急避难场所识别标志。应急避难场所附近应设置统一、规范的标志牌，提示应急避难场所的方位及距离，场所内应设置功能区划的详细说明，提示各类应急设施的分布情况，同时，在场所内部还应设立宣传栏，宣传场所内设施使用规则和应急知识。

5.1.6 应急避难场所标识

应急避难场所标识是在突发公共事件状态下，供居民紧急疏散、安置的应急避难场所的标志。城市社区各种突发事件时有发生，且诸多突发事件具有不确定性、强破坏性及不可控性等特征，使得城市面临较大的灾害风险。灾情一旦发生，紧急情况下，要确保成千上万群众安全紧急疏散，如果没有避难场所，没有应急指示标志，往往会措手不及。

因此建立规范的应急避难场所标志的管理标准十分重要,应进一步规范应急避难场所标志的管理,将应急避难场所标志管理纳入法制化轨道。《安全标志及其使用导则》(GB 2894—2008)在提示标志中规定了应急避难场所的标志式样,《地震应急避难场所　场址及配套设施》(GB 21734—2008)、北京市地方标准《地震应急避难场所标志》(DB 11/224—2004)、天津市地方标准《应急避难场所标志》(DB 12/330—2007)以及图形符号、标志类等国家、地方标准,为应急避难场所标志制定提供了依据。

应急避难场所标志设置要求如下:

(1) 场所周边主干道、路口应设置周边道路指示标志;

(2) 场所出入口应设置应急避难场所组合标志或统一标志,并要设置标有文字说明的应急避难场所平面图和周边居民疏散线路图;

(3) 场所内主要通道路口应设置应急设施的道路指示标志;

(4) 场所内各类配套设施及设备应设置明显的标志及简易的使用说明。

1. 图形符号

应急避难场所图形符号由图形、衬底色和(或)边框组成,其基本形式为正方形,图形符号可以单独使用,也可与文字、数字、方向等信息组合使用,形成图形标志以表达确切含义。

应急避难场所图形[①]符号见表 5-2。

表 5-2　应急避难场所图形符号

图 形 符 号	名　　称	说　　明
	应急避难场所 Emergency shelter	用于突发公共事件状态下,供居民紧急疏散、临时生活的安全场所。 在本标准其他标志中使用该符号,可采用该符号的镜像图形
	应急指挥 Emergency command	用于应急避难指挥所
	方向 Direction	用于指示应急避难场所的方向。符号方向视情况设置

---

① 　DB11/224—2004 北京市地方标准《地震应急避难场所标志》

续表

图形符号	名　　称	说　　明
	应急通信 Emergency communication	应急状态下提供通信设备的区域
	应急物资供应 Emergency goods supply	应急状态下救灾物资供应的地点
	应急供电 Emergency power supply	应急状态下供电、照明的设施
	应急饮用水 Emergency drinking water	应急状态下饮用水的地点 [采用 GB/T 10001.1—2000(29)]
	应急棚宿区 Area formakeshift tents	应急状态下搭建帐篷的区域
	应急厕所 Emergency toilets	应急状态下的简易厕所 [采用 GB/T 10001.1—2000(26)]
	应急医疗救护 Emergency medicaltreatment	应急状态下医疗救护、卫生防疫的地点 [采用 GB/T 10001.1—2000(42)]
	应急灭火器 Emergency fireextinguisher	应急状态下提供应急灭火器的地点 [采用 GB/T 10001.1—2000(74)]

续表

图 形 符 号	名　　称	说　　明
	应急垃圾存放 Emergency rubbish	应急状态下垃圾集中存放的地点 [采用 GB/T 15562.1—1995]
	应急污水排放 Emergency sewage vent	应急状态下污水排放的地点 [采用 GB/T 15562.1—1995]
	应急停车场 Emergency parking	应急状态下机动车停放的区域 [采用 GB/T 10001.1—2000(11)]
	应急自行车停放 Emergency parking for bicycle	应急状态下自行车停放的区域 [采用 GB/T 10001.1—2000(12)]
	应急停机坪 Emergency airfield	应急状态下直升机的停机坪

2. 统一标志

城市应急避难场所的统一标志由应急避难场所图形符号和本避难场所汉语名称及英语名称组成,为城市应急避难场所标志牌不可缺少内容(见表5-3)。

表 5-3　应急避难场所统一标志

编号	图 形 标 志	名　　称
2-1		应急避难场所标志牌 Sign of emergency shelter

续表

编号	图形标志	名 称
2-2		应急避难场所标志牌 Sign of emergency shelter

3. 组合标志

组合标志是统一标志基础上增添有关避难场所文字说明的标志。可设在应急避难场所各入口的显著位置,说明本场所功能区规划图、疏散道路图、注意事项、应急避难知识等内容应急避难场所组合标志见表 5-4。

表 5-4　应急避难场所组合标志

编号	图形标志	名 称
3-1		应急避难场所组合标志牌 Combined sign of emergency shelter

4. 场所内道路指示标志

应急避难场所内道路指示标志见表 5-5。

表 5-5　应急避难场所内道路指示标志

图形标志	名 称	说 明
	应急指挥道路指示标志 Road sign to the emergency Command	指示应急指挥所的方向
	应急物资供应道路指示标志 Road sign to the emergency goods supply	指示应急救灾物资供应地点的方向

续表

图 形 标 志	名　称	说　明
应急供电 Emergency Power Supply	应急供电道路指示标志 Road sign to the emergency power supply	指示应急供电、照明设施的方向
应急饮用水 Emergency Drinking Water	应急饮用水道路指示标志 Road sign to the emergency drinking water	指示应急饮用水供应地点的方向
应急棚宿区 Area For Makeshift Tents	应急棚宿区道路指示标志 Road sign to the area for makeshift tents	指示应急棚宿区的方向
应急厕所 Emergency Toilets	应急厕所道路指示标志 Road sign to the emergency toilets	指示应急简易厕所的方向
应急医疗救护 Emergency Medical Treatment	应急医疗救护道路指示标志 Road sign to emergency medical treatment	指示应急医疗救护、卫生防疫地点的方向
应急灭火器 Emergency Fire Extinguisher	应急灭火器道路指示标志 Road sign to the emergency fire extinguisher	指示应急灭火器的方向
应急垃圾存放 Emergency Rubbish	应急垃圾存放道路指示标志 Road sign to the emergency rubbish	指示应急垃圾集中存放地点的方向
应急污水排放 Emergency Sewage Vent	应急污水排放道路指示标志 Road sign to the Emergency sewage vent	指示应急污水排放地点的方向
应急停车场 Emergency Parking	应急停车场道路指示标志 Road sign to the emergency parking	指示机动车停放区域的方向
应急自行车停放 Emergency Parking For Bicycle	应急自行车停放道路指示标志 Road sign to the emergency parking for bicycle	指示自行车停放区域的方向
应急停机坪 Emergency Airfield	应急停机坪道路指示标志 Road sign to the emergency airfield	指示应急停机坪的方向

5. 场所周边道路指示标志

应急避难场所周边道路指示标志用于在周边道路上指示位置及距离,应急避难场所周边道路指示标志见表5-6。

表5-6　应急避难场所周边道路指示标志

图形标志	名　称	说　明
应急避难场所 EMERGENCY SHELTER	应急避难场所道路指示标志 Road sign to the emergency shelter	指示应急避难场所的方向
500m 应急避难场所 EMERGENCY SHELTER	应急避难场所方向、距离道路指示标志(右转) Signs of direction, distance of emergency helter(turning right)	指示应急避难场所的方向和距离
500m 应急避难场所 EMERGENCY SHELTER	应急避难场所方向、距离道路指示标志(直行) Signs of direction, distance of emergency shelter(keeping straight on)	指示应急避难场所的方向和距离

5.2　城市社区应急避难场所规划建设实例

以北京中心城地震应急避难场所规划①为例进行说明。

1. 北京应急避难场所规划与建设的意义

(1) 北京是我国的首都,是全国的政治和文化中心,要确保北京的城市安全。

(2) 北京是我国防灾减灾重点设防城市,也是世界上3个历史上曾遭受过8级以上地震灾害的国家首都之一。北京地区被国务院确定为全国地震重点监视防御区之一。

(3) 北京在全国的核心领导地位和在国际上占有的重要位置,决定了北京必须建立和完善城市总体综合防灾体系,以抗御可能发生的包括地震在内的各种突发性自然灾害。这是一项关系国计民生的重要工作。

(4) 作为党中央和国务院等领导机构所在地、外国驻华使馆、国家交通、通信、金融部门集中的城区,尤其是加入世界贸易组织(WTO)后,外国大公司和企业纷纷汇聚北京,北京地区一旦发生类似唐山那样的大地震破坏性大地震,如果事先没有很好的防范、疏散准备措施,没有抗震救灾减灾系统和应急避难场所,将会对全国乃至世界的政治生活

---

① 北京中心城地震及应急避难场所(室外)规划纲要,2007

和经济生活造成不可估量的损失。

（5）北京地区分布多条地震断裂带，直接威胁市区安全。

（6）北京存在发生中强地震的可能。

北京位于华北平原的北部，"北依燕山，西拥太行，南控平原，东濒渤海"，地理位置在北纬 39 度 26 分至 41 度 03 分，东经 115 度 25 分至 117 度 30 分，处于华北主要地震区阴山—燕山地震带的中段。对于北京而言，威胁最大的是市域内分布的顺义—前门—良乡、南苑—通县、黄庄—高丽营、来广营—平房、南口—孙河、小汤山—东北旺等主要断裂带，这些断裂带大多在 10～20 公里左右。断裂带分布情况如图 5-1 所示。

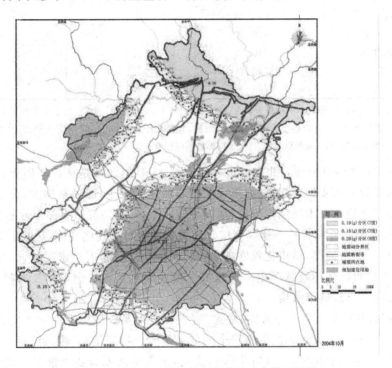

图 5-1　北京市区域地震断裂带及动参数区划图

根据有关地震史书记载，震源在北京地区的震级大于 4 级的地震共计发生过近200 次，大于 5 级的地震 10 余次，如表 5-7 所示。北京历史上发生过的最大地震出现在1679 年，即清代康熙年间，地点在三河—平谷一带，最高震级为 8 级、烈度为 11 度。据有关地震周期估测：6 级地震（强震）最长间隔 280～300 年左右发生一次。上一次这样的地震发生在 1730 年，即清代雍正年间，地点在北京的西北郊地区。北京地区存在发生中强级别破坏性地震的背景。

表 5-7　北京地区历史上发生过的 5 级以上地震情况（震源在北京）

参考震中	年　份	震级/级	烈度/度
延庆东	294	6	8
北京南	1076	6.75	9
北京	1337	5	6
居庸关一带	1484	6.75	8～9
通县附近	1536	6	7～8
北京	1586	5	6
通县东南	1632	5	—
通县西	1666	6.5	8
三河—平谷	1679	8	11
北京西北郊	1730	6.5	8
昌平	1746	5	6
昌平西南	1765	5	—

注：根据地震不同的强弱程度，一般分为弱震，即震级小于 3 级；有感地震，即震级大于或等于 3 级且小于或等于 4.5 级；中强震，即震级大于 4.5 级且小于或等于 6 级；强震，即震级大于或等于 6 级而小于 8 级；巨大震，即震级大于或等于 8 级。一般中强震，即 4.5 级以上地震，就可以形成不同程度的破坏。

（7）地震灾害特点分析。北京市是五朝古都，今日的北京是从一个历史名城和相对古老的城市基础上逐步发展起来的，形成了中心城建筑集中，居民密度大，新旧建筑同时存在的特点。老建筑以木质结构为主，胡同比较狭窄，对于防震防火都十分不利。

① 地震时直接性灾害——建筑倒塌。地震灾害相对于其他灾种，对城市的破坏性最大，范围最广。实践证明，城市化程度越高，现代化水平越高，人口密度越大，建筑密度越高，地震带来的直接破坏就越严重。地震将会造成大批建筑物倒塌以及大量人员伤亡，严重的甚至还会导致城市瘫痪。

② 地震后的次生灾害——火灾、水灾、有害物质毒素扩散中毒。对次生灾害也应给予足够的关注，其中火灾对人民生命安全的危害最大。特别是东、西、崇、宣四个老城区，破旧房屋多，木结构建筑多，一旦发生震后火灾，加上消防系统也可能受到地震的破坏，火势很难扑灭，容易形成大灾难。美国旧金山和日本关东地震时地震火灾的教训值得吸取。如果相关的减灾措施跟不上，次生火灾也很有可能成为北京地震的又一个重要灾害。

应急避难场所承担着防震减灾"三大体系"中的两项职能：灾害防御和应急救援（另一项为监测预报）。因此，编制应急避难场所专项规划可以确保首都的安全，提早做好防震应急准备，将地震发生时可能造成的损失减少到最低程度，间接地对于确保北京市的国民经济持续快速发展和城市建设的正常进行也具有重大意义。

2. 中心城人口、建筑及其特点

人口及人口密度。如表 5-8 所示,北京市域面积为 164 101 平方公里,中心城面积为 1 088 平方公里。不含海淀区山后、丰台区河西地区,包括新增加的昌平区回龙观和北苑北地区。根据 2004 年《北京统计年鉴》按户籍统计,北京市人口为 1 149 万,根据总体规划资料,中心城为约 870 万人。全市人口密度为每平方公里 700 人,中心城为约 8 000 人,比全市平均人口密度高出 10 多倍。另外,东西崇宣四个老城区面积为 87.1 平方公里,人口为 254 万,人口密度每平方公里为 29 162 人,比全市平均人口密度高出近 42 倍。其中,中心城人口最稠密街道的人口密度见表 5-9。

表 5-8　中心城人口密度(2003 年《北京统计年鉴》)

区　　名	常住人口/万人	面积/平方公里	密度/(人/平方公里)
东城区	69	24.7	27 935
崇文区	83	30.0	2 767
西城区	41	15.9	2 579
宣武区	61	16.5	3 697
朝阳区	236	470.8	5 013
海淀区	237	212.5 *	11 153
丰台区	102	187.9 *	5 428
石景山区	41	81.8	5 012
总　　计	870	1088	7 996

注:(1) 丰台列入中心城部分计算为:全区总面积 304.2－116.3(河西地区)＝187.4(平方公里)。列入部分人口计算为:丰台区总人口 86.4－15.5(河西地区)＝70.9(万人)。

(2) 海淀区中心城部分计算为:全区总面积 426－213.5(山后地区)＝212.5(平方公里)。区中心城部分人口计算为:海淀区总人口 178.4－9.5(山后地区)＝168.9(万人)。

(3) 未加入中心城新增加的昌平区回龙观和北苑北地区的用地为 45 平方公里,人口为 27.5 万人。

表 5-9　中心城人口最稠密街道

街道名称	户籍人口/万人	面积/平方公里	密度/(人/平方公里)
天坛	6.8	1.3	51 984
大栅栏	5.8	1.3	44 310
椿树	4.4	1.0	39 775
前门	4.2	1.1	37 878
广内	8.9	2.4	37 182

中心城潜在的地震以及其他灾种的破坏性要大大高于其他地区。中心城人口集中,

且密度大。增加中心城避难场所用地工作的重要性要比其他区大得多。

3. 中心城避难场所用地资源情况

（1）总用地规模及人均面积。可利用作为避难场所的用地，即主要指公园绿地、其他各种绿地、体育用地、学校操场用地等。据有关部门提供的统计数据资料，中心城现有上述各类用地约15 000公顷，其中，公园绿地面积2 768公顷（不包括水面面积）；其他各种绿地11 517公顷；体育用地（市、区级体育场）13处，面积22公顷；学校操场693公顷。

2003年，中心城常住人口为870万，人均可利用作为避难场所的用地17平方米。截至2004年底，中心城已建包括海淀区海淀公园（图5-2）、朝阳区太阳宫公园（图5-3）在内的24个避难场所（图5-6），总面积344.3万平方米，可容纳160.1万人。

图5-2　海淀区海淀公园应急避难规划图　　　图5-3　朝阳区太阳宫公园应急避难规划图

注：（1）其他各种绿地：指除公园绿地以外的街旁绿地、防护绿地以及单位内和住宅之间的附属绿地等。

（2）体育场用地为场地面积（见表5-11）。

（3）学校操场用地只统计了1 000平方米以上操场（见表5-12）。

（4）未计算中心城新增的回龙观和北苑北地区45平方公里用地和人口（27.5万），公共绿地（67.97公顷），绿化隔离地区绿地（93.5平方公里）以及其他绿地（323.67公顷）。

（5）《北京中心城避难场所用地资源现状图》如图5-4所示；《北京中心城避难场所用地资源规划图》如图5-5所示；《北京中心城已建地震及避难场所位置示意图》如图5-6所示。

（6）区县和新城在做避难场所专项规划时，应将可用作避难场所用地按类别进行编号，以便于输入市避难场所数据库。

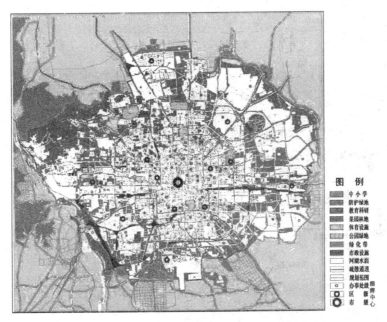

图 5-4　北京中心城地震及避难场所用地资源现状图

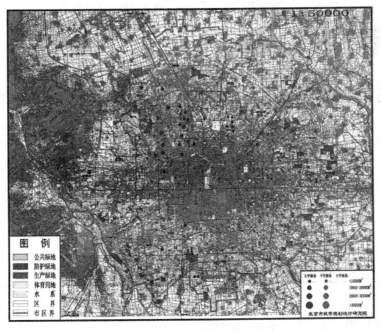

图 5-5　北京中心城地震及避难场所用地资源规划图

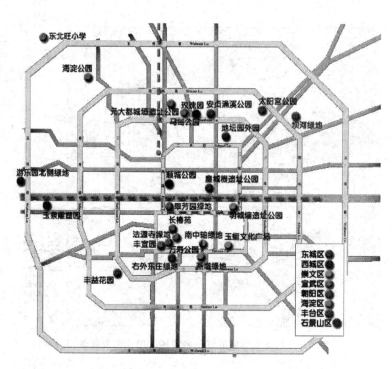

图 5-6　北京中心城已建地震及避难场所位置示意图

（2）公共绿地—公园面积（表 5-10）。

表 5-10　中心城公共绿地公园面积表　　　　　　　　　　平方米

区名	区属公园	公园面积	绿地面积	水面积	绿地率/%	市属公园	公园面积	绿地面积	水面积	绿地率/%
东城区	5	994 351	590 895	147 504	69.78	2	279 794	151 189	38 280	62.60
西城区	9	955 328	379 901	355 213	63.3	4	1 546 797	611 136	446 000	55.52
崇文区	3	1 092 330	452 223	364 975	62.17	1	2 102 000	1 730 244	82.31	—
宣武区	3	246 563	166 182	27 700	75.93	1	590 570	328 934	176 656	79.47
朝阳区	26	8 973 563	5 590 582	1 214 147	72.05	1	290 000	262 200	16 000	95.69
海淀区	7	5 139 363	3 015 484	1 187 749	76.31	7	11 195 468	7 143 475	2 964 008	86.78
丰台区	20	4 017 347	3 119 888	299 868	83.92	—	—	—	—	83.92
石景山区	9	4 496 468	4 179 875	54 800	94.11	—	—	—	—	94.11
总计	83	259 153 13	17 495 030	3 651 956	74.70	16	16 004 629	10 227 178	3 640 944	80.05

（3）体育用地（表 5-11）。

（4）避难场所用地资源汇总表（表 5-12）。

表 5-11　市、区级体育场　　　　　　　　　　平方米

序号	名　称	场地面积
1	先农坛体育场	20 000
2	陶然亭游泳场	3 000
3	宣武体育场	19 000
4	月坛体育场	10 000
5	工人体育场	20 000
6	天坛体育场	20 000
7	丰台体育场	30 000
8	石景山体育场	30 000
9	海淀体育场	16 000
10	奥体中心	16 000
11	地坛体育场	10 000
12	东单体育中心	10 000
13	国家体总运动场	15 000
总　计		219 000

表 5-12　各区避难场所用地资源汇总表　　　　　　　　　公顷

区　名	公园绿地	其他绿地	体育用地	学校操场	总　计
东城区	74	43	2	24	143
西城区	99	46	1	46	192
崇文区	218	48	3	19	288
宣武区	49	41	4	23	117
朝阳区	585	6 801	3	258	7 648
海淀区	1 015	2 268	2	187	3 472
丰台区	311	1 781	3	93	2 188
石景山区	417	489	3	343	952
总　计	2 768	11 517	22	693	15 000

（5）人均用地资源（表 5-13）。

表 5-13　现状各区人均避难场所用地资源

区　名	常住人口/万人	可用作避难场所用地/公顷	人均避难场所用地面积/平方米
东城区	69	143	2
西城区	83	192	2.3
崇文区	41	288	7
宣武区	61	117	1.9

续表

区 名	常住人口/万人	可用作避难场所用地/公顷	人均避难场所用地面积/平方米
朝阳区	236	7 648	32.4
海淀区	237	3 472	14.6
丰台区	102	2 188	21.5
石景山区	41	952	23.2
总 计	870	15 000	17.2

如果体育用地和学校操场用地在建筑物倒塌范围以外,基本上全部面积都可以用作避难用地,详见表5-14。但公园绿地作为避难场所,因为有大量的树木,水面、假山石、陡坡等,因此,并不是所有面积都可用来搭建帐篷避难。根据有关资料,作为 2004 年建设的 24 个应急避难场所之一的海淀公园及大多数场所,总面积中仅有 60% 左右能够作为避难场所用地。考虑到北京市公园绿地的实际用地情况,除去水面外,本规划纲要推荐按其总面积的 60% 计算避难用地。

表 5-14 按 60% 标准计算,各区人均避难场所用地资源

区 名	可用作避难场所用地/公顷(100%计算)	可用作避难场所用地/公顷(按 60%计算)	常住人口/万人	人均避难场所用地面积/平方米
东城区	143	86	69	1.3
西城区	192	115	83	1.4
崇文区	288	173	41	4.2
宣武区	117	70	61	1.1
朝阳区	7 648	4 589	236	19.4
海淀区	3 472	2 083	237	8.8
丰台区	2 188	1 313	102	12.9
石景山区	952	571	41	13.9
总 计	15 000	9 000	870	10.3

注:(1) 公园绿地和其他绿地按照 60% 计算,体育用地和学校操场用地按 100% 计算。

(2) 未加入新总体规划增加的回龙观和北苑北地区,以及丰台区河西和海淀区山后地区的绿地。

4. 避难场所用地分类、等级和场所建设类型

(1)用地分类。用地分类包括以下两种:

① 紧急避难场所用地。紧急避难场所用地主要是指发生地震等灾害时受影响建筑物附近的面积规模相对小的空地,包括小公园绿地、小花园(游园)、小广场(小健身活动场)等。这些用地和设施一般能够起到发生地震等突发灾害时,在相对短的时间内,具有提供用地周围若干个邻近建筑中受灾居民临时和紧急避难使用的功能。也可以认为它是转移到固定避难场所的过渡性用地。但在实际中它却又是在最短的时间内可以最快、

最直接地接受受灾市民,最能够减少灾后人员伤亡的用地(场所)。紧急避难场所用地是整个应急避难场所规划纲要中最重要的设计环节,对于受灾市民应急疏散避难,直接避免和减少人员伤亡来说最为重要。

②长期(固定)避难场所用地。长期(固定)避难用地主要指相对于紧急避难场所用地来说面积规模较大的市级、区级公园绿地,各类体育场等,规模再大些的还包括城区边缘地带的空地、城市绿化隔离地区等,主要用于安排居住区(社区)、街道办事处和区级政府等管理范围内的居民相对较长时间的使用。此类避难场所用地既可以为一个居住区或街道办事处范围内的受灾市民使用,也可为多个居住区服务。避难用地面积越大,离居住区、建成区越远,相对就越安全,越有利和方便于灾后政府集中救助工作。

由于地震发生时地质活动情况多变,加上地下人防工程结构、建设质量、抗震设防等情况比较复杂,在其能否作为避难场所问题上存在一定分歧,故本规划纲要暂不涉及利用地下人防工程作为避难场所问题。

根据《北京市实施〈中华人民共和国防震减灾法〉办法》的规定,已确定为避难场所的用地,不论是紧急避难用地,还是长期(固定)避难用地,在破坏性地震以及其他大规模灾害发生后,有关所有权人和管理权人(单位)应当无偿对受灾市民开放。

特别提示:已经列入世界文化遗产目录,以及批准为国家级和市级文物保护单位的公园等,如天坛公园、故宫等,要慎重对待将其作为避难场所,必要时可根据其"保护规划"划定部分场地,避免人为对历史建筑和环境的破坏。

(2)用地等级。根据避难场所用地的不同规模,可将其分为以下两个等级:

一级为大型避难用地,二级为小型避难用地。

一般来说,与紧急避难场所和长期(固定)避难场所用地规模相对应,紧急避难场所可视为二级小型避难用地,长期(固定)避难场所则为一级大型避难用地。例如,跑道不足 200 米的中小学操场(面积 2 000～3 000 平方米左右),以及小型绿地、体育健身场地大多为 2 000 平方米左右,均可作为二级避难用地;跑道在 200 米以上,包括拥有 400 米跑道的大中小学操场(面积为 4 000 平方米以上)可作为一级避难用地。

通常级别越高,所接收的受灾人员越多,反之则越少。但从突发地震等灾害,市民紧急疏散角度来讲,越靠近居住区的,作用越大。相对而言,市民紧急疏散,紧急避难用地作用突出,灾后政府组织救援时,则长期(固定)避难用地功能显著。这样,既要进行市、区级公园等那样的一级大型避难用地建设,也要保证二级小型避难用地——小公园、小绿地的数量,二者共同发挥作用,相互补充,绝不可重视一方,而轻视另一方。

(3)避难场所建设类型。根据避难场所用地的不同功能和性质,将其建设类型分为以下三类:

(1)公园型;

(2)体育场(操场、广场)型;

（3）小绿地型。

5. 避难场所建设要求

根据国内外城市有关应急避难场所建设的经验,结合北京城市用地现状,本规划推荐下列避难场所用地面积设置标准。

（1）用地面积标准。一般情况下,紧急避难场所用地面积不小于 2 000～3 000 平方米；长期（固定）避难场所用地面积不小于 4 000 平方米以上。

制订紧急避难场所的用地面积标准考虑了北京首绿委办公室提出的要在北京中心城内距离居住区不超过 500 米的范围内建设一个 3 000 平方米左右的街心花园,或绿地的绿化目标问题。

制订长期（固定）避难场所用地面积不低于 4 000 平方米的标准,考虑了一般中小学校拥有 400 米跑道的操场的面积规模就与该面积相当。

若某些地区情况特殊,如东城、西城、崇文、宣武四个老城区,可以根据当地用地现状及居民人员数量,在参照上述标准的同时,可以设置适合本区、街道、社区等需要的小于本标准的避难场所。如面积为 1 000 平方米左右的空地,包括学校小操场、城市小绿地、小广场、小运动场等；四周没有高大建筑物,又在建筑倒塌范围以外,也可选择作为紧急避难场所用地,但要达到下述基本人均用地面积标准。

（2）人均（综合）面积标准。参照国内外城市有关标准,并根据新总体规划的要求,紧急避难场所人均面积标准为 1.5～2.0 平方米,长期（固定）避难场所人均用地（综合）面积标准为 2.0～3.0 平方米。

体育用地和学校操场,如在周围建筑物倒塌范围之外,可按照实际面积考虑人均用地面积标准,但对于公共绿地和其他绿地,在除去水域面积之后,本纲要建议和推荐采用按照 60% 的比例考虑实际可用面积,再计算人均用地面积。

但考虑到一些地区,尤其是四个老城区的实际用地情况,紧急避难场所人均面积可以略低些,但最低不应少于 1.0 平方米。对现状避难场所用地严重不足,达不到人均面积标准的地区,要制订将该地区居民疏散转移到其他地区避难的应急疏散预案。

人均用地（综合）面积指避难场所应配备的主要设施用地面积:居住用地（棚宿区）、应急物资存放地（仓库）、应急厕所用地、指挥部门用地、医疗（卫生）救护站用地等,不包括避难场所内部道路、水域等面积。

要尽可能在大型商场、超市,人流集中的公共建筑,如医院、图书馆、影剧院、企事业办公建筑等周围规划安排避难场所。新建筑在考虑场地规模时,除工作人员外,还要加入前来人员人数（平均天·人）。可参照紧急避难场所人均用地标准计算人均用地面积,设计避难场所规模。

以日本为例,日本《强烈地震发生时的避难生活手册》中确定的大型集中避难用地人均安全面积标准为 2 平方米(至少不得低于 1 平方米)。我国台湾城市救灾应急避难场所设置指标(2003 年)提出紧急避难场所的人均用地指标为 0.5 平方米,临时性收容所人均用地指标为 0.5 平方米,中长期收容所(相对于本规划纲要的长期[固定]避难场所)0.8~2 平方米,其中重点地区人均用地指标至少为 1 平方米。

(3) 服务半径。包括紧急避难场所与长期(固定)避难场所。

① 紧急避难场所。考虑到紧急避难场所距离住宅区较近的特点,服务半径定为 500 米,即步行 5~15 分钟内到达为宜。

这一点主要参考了北京市首绿委办公室提出的 2002 年后在北京中心城实现市民出门时,在不超过 500 米范围内就会看到一个街心花园,或一片具有一定规模的绿地(3 000 平方米左右)的指标,同时也符合新的城市总体规划确定的建设点状绿地,"实现居民出行为 500 米见绿地"的要求。若将中小学校的操场选作避难场所,其服务半径为 500 米,符合北京市有关居住区"千人指标"中确定的设置小学距离方面的标准。

② 长期(固定)避难场所。考虑长期(固定)避难场所主要为城市公园、区级公园、大型体育场、学校操场(有 400 米跑道)的特点,服务半径定为 2 000~5 000 米,即步行 0.5~1 小时内到达为宜。

另外,制订上述服务半径标准时,也借鉴并参考了《北京中心城绿地系统规划(2001—2010 年)》中确定的有关公共绿地服务半径标准。

日本《强烈地震发生时的避难生活手册》提出,根据日本阪神·淡路大地震的经验,紧急避难场所避难距离以步行 15 分钟的路程为最大限度。另外,我国台湾城市救灾应急避难场所设置指标(2003 年)提出中小学操场作为避难场所时,其服务半径为 500~1 500 米,疏散距离不宜超过 1 500 米;社区公园为 500~700 米;市级公园为 2 000 米。

(4) 配套建设要求。包括以下 3 点:

① 紧急避难场所。用地应平坦,易于搭建帐篷及临时建筑,并配备自来水管等基本设施,以满足临时避难及生活需要。另外,要考虑设置厕所的可能性。若在场所内无法解决,应制订就近如厕的方案。

② 长期(固定)避难场所。除达到一般紧急避难场所建设的要求,包括划定棚宿(居住)区外,还要有较完善的所有"生命线"工程要求的配套设施(备):配套建设应急供水(自备井、封闭式储水池、瓶装矿泉水[纯净水]储备)、应急厕所、救灾指挥中心、应急监控(含通信、广播)、应急供电(自备发电机或太阳能供电)、应急医疗救护(卫生防疫)、应急物资供应(救灾物品储存)用房、应急垃圾及污水处理设施,并配备消防器材等,有条件的还可以建设洗浴设施,设置应急停机坪。

③ 避难场所内的道路、厕所。为保证灾后救援车辆的正常行驶要求,避难场所(公园绿地等)内的主要道路的宽度应不低于 3.75 米(一条机动车道的设计宽度)。另外,要按照建设部《城市道路和建筑物无障碍设计规范》的要求对避难场所进行无障碍设计,保证

全部用地无障碍化、无坡道化。还要根据残疾人、老年人等弱势群体的特殊生活需要,安排无障碍洗手间或专用厕位。

(5)选址要求。除了考虑就近安排的原则外,不管是紧急还是长期(固定)避难场所的选址、安排,要注意参考市地震防灾减灾规划中的《北京市域地震断裂带及动参数区划图》断裂带分布情况,如图5-1所示。一定要避让地震断裂带,如砂土液化、沉降、地裂、泥石流等可能发生地质灾害的地区,以及远离泄洪区、低洼地易积水地区,高压线走廊区域,以确保前来避难市民的安全。另外,也不要将避难场所安排在存放易燃易爆品、化学品等仓库的周围地区。避难场所还要安排在建筑倒塌范围之外。

(6)对避难场所周围建筑的要求。应急避难场所,尤其是长期(固定)避难场所周围的建筑要采用抗震防震、防火耐火材料和构造,并且考虑建筑的倒塌范围,同时,还要注意建筑高度和密度问题。

根据唐山地震房屋倒塌情况分析,一般建筑物倒塌范围的测算方法为:砖石混合结构、预制楼板房屋为 $1/2H\sim1H$;砖石混合结构、现浇板房屋为 $1/2H$;砖承重墙体房屋为 $1/3H\sim1/2H$。其中,H 为建筑檐口至地面的高度。

(7)对避难场所疏散道路的要求。应急避难场所疏散道路对于受灾市民前来避难,意义重大,直接关系到疏散速度,以及今后政府部门的救助工作。紧急避难场所应设置2条以上疏散道路;长期(固定)避难场所应设置4条以上疏散道路(要安排在不同方向上)。另外,参照一般防火通道的有关宽度标准,紧急避难场所的道路宽度不小于3.5米;长期避难场所疏散道路的宽度不小于15米。

日本《强烈地震发生时的避难生活手册》规定,连接大型集中避难用地的疏散道路的宽度为15米。

(8)对避难场所的所有权人、管理人(单位)的要求。避难场所的所有权人或者管理人(单位)要按照规划要求安排所需设施(备)、应急物资,划定各类功能区,并且设置标志牌。避难场所的所有权人等要经常对避难场所进行检查和维护,保持其完好,以保证其在发生地震时能够有效利用。已确定为避难场所用地的,不论是何类何等,在地震发生时,有关所有权人或者管理人(单位)均应无偿对受灾群众开放。

6. 北京中心城地震及应急避难场所(室外)规划纲要实施步骤

(1)近期规划实施年限:2010年前。2006年,根据本规划纲要,开始编制完成区、县、新城以及重点镇地震及应急避难场所专项规划,首先是中心城八个区,重点是人口密度大的东、西、崇、宣四个老城区。应按照本规划提出的各项要求,对所在区可作为疏散场所的用地资源情况进行较详细的调查,结合各区的实际和特点,完成各区避难场所专项规划的编制工作,并纳入各自的总体规划及近期建设规划中。各行政区等要不断地补充、调整和完善各类避难场所,使其更加适合全市防灾震减灾的需要。有条件的区,还可以进行小规模(可考虑以社区为单位)不定期的防震(火灾等)疏散演习,以检验避难场所的实用性、利用效果,及规划的可操作性,并根据演习经验再行对避难场所专项规划进行完善及调整,使场所建设和规划达到切实可用。

要加快应急避难场所及其配套设施建设。要在 2004 年初步完成 24 个应急避难场所的基础上,每年安排一定数量的场所建设任务,首先要保证规划重点地区的重点地段,尤其是奥运村、CBD 地区。从 2006 年起,中心城每年要完成 20～30 处应急避难场所(可接纳 150 万～200 万人)的确定和配套设施建设,各新城每年完成 3～5 处(可接纳 6 万～10 万人)应急避难场所的确定和配套设施建设。2008 年奥运会前,要完成奥运村、奥林匹克公园、各奥运比赛和练习场馆以及奥运官员、运动员宾馆等周围的应急避难场所设置和相关配套设施建设,实现人文奥运的目标,保证安全,满足各国各地运动员的避难需要。

各区在安排和推动避难场所建设时,要参照北京市已建成的避难场所,首先选择已基本具备避难场所必需的各类设施,且场地条件较好的市级、区级公园进行试点,然后再逐步推开。力争在近期规划实施期内,即 2010 年前完成所有大型避难场所——市、区级公园,学校操场,体育场等避难场所的配套设施建设工作,以基本能够满足市民疏散避难的需要。

另外,新城在编制总体规划、详细规划时,要根据本规划纲要提出的有关避难场所设计、人均指标、服务半径等标准,安排好避难场地,并进行相应的配套设施建设。

区、县和新城在编制避难场所专项规划时,要参照本规划纲要,编绘各类图,包括区、县、新城在北京市的位置图、可用作避难场所用地现状图、规划图、各类应急指挥中心位置图等。避难场所图,应主要包括避难场所所属地区(街道)在区县和新城位置图、避难场所在所属地区(街道)位置图、避难场所服务半径(服务范围)图、避难场所应急规划图等。

(2) 远期规划实施年限:2020 年前。在实现 2010 年近期规划的基础上,继续完善全市应急避难场所规划,以及场所配套设施建设,并在可能的情况下扩大地震(火灾等)避难演习的规模,进行大级别避难演习。

7. 避难场所建设必要的保障条件

根据本规划纲要关于"规划编制的迫切性"的论述,北京现在面临着可能发生中强地震的形势,因此,在制订应急避难场所规划、确定避难场所建设原则时,考虑并紧密结合了城市建设实际和中心城人口现状,以及可利用作避难场所用地资源现状等情况,采取均衡布局的方法,力求尽可能多地规划安排避难用地,以求安置更多的受灾居民,减少不必要的人员伤亡。

(1) 建立和完善市、区、街道三级综合灾害应急指挥机构。这是全市综合灾害应急和减灾工作必须建立的政府组织机构。三级指挥中心密切协作,能够保证全市抗灾减灾工作的正常进行。这样,全市将形成市级综合灾害应急指挥中心一个,区级 19 个(包括北京经济技术开发区),街道级数百个的灾害应急指挥机构(组织)。规划纲要建议:组建市级综合灾害应急避难场所建设办公室,具体负责和协调区县、新城、镇等地震及应急避难场所专项规划的编制和实施,包括审查具体个案避难场所规划和配套设施建设方案等项工作,以加快和推动北京市避难场所建设。

(2)建立避难场所资料库。要对所有应急、长期(固定)避难场所做到心中有数,要尽快建设全市性避难场所数据库,以及各区县、街道数据库。这些数据库主要包括以下内容:避难场所的具体位置及编号、面积大小、可容纳人数、与避难道路的连接状况、配套设施情况等。另外,数据库建立后,还要再通过仔细核(普)查,进一步挖掘可利用的新的避难场所用地,并配之以必要的设施。

(3)大力增加避难场所用地。主要是增加小绿地、小公园。

① 城市建设要注意绿地建设。中心城现状是建筑密度大,尤其是四个老城区,包括 33 片历史文化保护区在内。四个老城区仍有很大比例的旧平房、简易楼房。从规划用地角度分析,避难用地严重不足,因此,在进行开发建设,以及旧城区危旧房改造时,一定要结合绿地规划,包括广场建设,有目的、有计划地增加避难用地,尤其是在安排居住区(社区)级小公园、小花园时更应重视这一问题。如果有条件和可能,建设皇城根遗址公园那样的既有一定长度,又有一定宽度的绿地(带状公园),以满足附近居民避难的需要。大型居住区,尤其是新建居住区、不断扩大规模的居住区,如回龙观、望京地区等,人口密度高、高层建筑密集,尤其要关注建设公园绿地问题,尽可能多安排,绝不能只重建设,而忽略了防震避难这一事关人民群众生命财产安全问题。要树立安全社区的理念。

② 重视公园绿地的综合防灾减灾作用。根据综合防灾减灾的需要,参照国外主要是日本城市规划安排避难场所的经验,公园绿地最适合用作避难场所。例如,日本阪神地震后,十几万受灾市民疏散到城市公园中避难。现在日本的主要大城市都建设了防灾公园。另外,1976 年唐山大地震波及北京,据有关资料介绍,包括中山公园在内的 3 个大型公园,当时接纳了 17 万名受灾群众避难。一些规模较大的公园还成了当时各级政府进行救援工作的指挥中心和物资集中(发放)地。另外,公园中的有些设施,如供水管线、小运动场地、小卖部等,在受灾群众的避难生活中起到了很大的作用。

城市绿地在防灾减灾方面的作用还包括它具有可以有效地防止和阻断地震后次生火灾蔓延的功能。例如,日本关东地震后发现,地震时 63% 的次生火灾是由于城市绿地这一开放空间的存在而熄灭的,只有 37% 是通过人工扑灭的。此情况也佐证了城市绿地除具有疏散避难作用外,还具有减少和阻断地震次生灾害的作用。因此,对居住区公园绿地建设工作应给予充分的认识,从减少人民群众伤亡,保护其生命安全的高度去认识。进行居住区、居住小区规划建设,要认真执行并完成居住区人均 2 平方米,居住小区人均

1 平方米公共绿地的指标要求。

（4）建立应急救灾物资储备系统。要保证灾后救灾工作的顺利开展,应建立市、区级救灾物资储备和保障系统。该系统以市级救灾物资储备库为中心,以下设区县级分储备点(库)中心为结点的全市综合仓储网络。

根据综合救灾的需要,科学地规划储备物资的品种和总量,包括食品、药品、帐篷、救灾锹镐铲绳等,并健全灾民救助物资储备制度,以保证灾时、灾后市民的生产和生活正常进行。另外,可以考虑综合开发地下空间资源,包括地下人防设施,利用地下空间进行救灾物资储备。这点对于城区救灾来讲,非常重要,可以起到及时、快速调用各类物资的作用。另外,要根据城市新的总体规划的安排,结合北京市仓储物流设施布局调整工作,利用原有仓储设施,建议在四环、五环路附近,有计划地选择和安排 2～3 处救灾性质的专业物流园区,或者综合性物流园区,要在其中辟出一定的容量用来储存救灾救援物资。

8. 规划实施条件

编制规划,就要有规划实施的保证条件,否则规划再好,也将不能发挥作用。尤其是本避难场所规划纲要,因事关城市建设和发展,事关市民生命和财产安全,其实施保证条件就更显重要了。

（1）建立各级防震减灾领导机构。市政府设立应急委员会(包括防震减灾方面),各区、街道也要建立相应的机构,并将防灾减灾工作作为一项重要内容,这是保证专项规划实施的重要组织保证条件。三级政府都有了专门的领导机构和专门的人员,综合防灾减灾工作就落实到了实处。

（2）编制与避难场所规划相协调的应急疏散预案。有了避难场所规划,建设了相应的配套设施,若发生地震等灾害,安全疏散、有秩序地安排受灾居民就是大问题了。因此,各区要根据各自的具体情况,编制与避难场所规划相协调的应急疏散预案,这是保证规划纲要顺利实施的关键。

（3）加强综合防灾减灾知识的宣传教育,增强全民防范意识。要在全市范围宣传、普及防灾减灾知识,让普通市民知晓防灾减灾的内容,了解避难场所专项规划,清楚所在地区避难场所的位置,这样才能在发生地震时,有备无患,以平稳的心态应对突发事件,将灾害损失减少到最低水平。要结合"国际减灾日",即每年十月的第二个星期三,进行全市范围的防灾减灾宣传教育活动,普及自救知识和技能。

① 有必要在中小学开展防灾避难知识方面的教育,从小抓起,提高防范意识,有条件的还可以进行相关的演习。

② 本规划建议:学习日本阪神和京都市的经验,建设地震博物馆,或市民防灾减灾教育中心,用来作为常设的专门进行普及地震以及多灾种知识的基地。据资料介绍,该中心的最大特点,就是采用了让参观者亲身体验和感觉为主的教育培训方式。那里建有

模拟各级别地震的训练屋。参观者进去后,可以亲身感受真实的地震发生过程,增加自我保护常识,并学习和训练如何在地震时及时关闭煤气灶和电器开关,防止震后发生次生火灾的办法。据称,1/5 的京都市民曾到中心参观接受教育。

（4）应急避难场所规划与各方面的参与和支持。

① 避难场所规划是一项系统工程,实施的成功与否要靠各部门的协调配合。

不能只靠规划、地震管理部门,需要在市政府的领导下,坚决落实《北京市破坏性地震应急预案》中确定的各级应急机构、各有关部门应承担的应急行动职责,市地震行政主管部门和发展计划、经济、建设、园林、教育、体育、民政、市政管理、国土房管、民政、公安、卫生和文物等行政主管部门等,按照职责分工,各负其责,密切配合,才能做好此项工作。作为避难场所的管理人或所有人,各级园林、教育、体育、民政等主管部门应编制相关财政预算,以保证避难场所配套设施、物资储备设施等所需资金,保障市、区、新城等各级避难场所规划的顺利实施。

② 各基础设施部门,包括水电气生产企业、园林绿化、学校、通信等单位要积极参与防灾减灾避难场所建设工作。

大家都要有防灾,防大灾的准备,防患于未然。还要充分发挥街道组织、社区居民委员会、村民委员会的作用,依靠所有国家机关、社会团体、企事业单位和全体市民的共同努力,使本专项规划发挥其应有的效能,最大限度地减轻各类灾害造成的损失。

（5）政府加大资金投入,完善避难场所配套设施。

① 市、区政府应将防灾减灾工作纳入其"五年"和年度国民经济和社会发展计划,在财政预算和物资储备中,安排一定的抗灾救灾工作经费和物资,适当拨款进行已确定作为避难场所的公园等的配套设施建设,将避难场所所需设施（备）建设好,并使其在需要时能用好用。

② 鼓励有条件的单位开展地震等灾害应急救助技术和装备的开发研究和研制;要建立灾害紧急救援专业队伍,配备现代化的专业设备,并且注意平时训练,以做好充分准备,迎接突发地震灾害。

关键术语

应急避难场所　　地震应急避难场所　　应急避难场所标志

复习思考题

1. 简述社区应急避难场所的规划与建设的基本原则和方法。

2. 简述社区应急避难场所规划、建设、维护、管理的具体要求。

阅读材料

南京：社区将"配套"应急避难场所

在南京雨花台区康盛花园小区可以看到，小区干道的醒目处竖立着多块写有"应急避难场所"的指示牌，顺着指示牌一路走过去，小区现有的公共绿地，就是一个天然的应急避难场所。

依靠小区现有的公共绿地等资源"配套"应急避难场所，这只是人防进社区其中的一项工作。市人防办主任贾德裕坦言，以前人防工作进社区，绝大多数还停留在宣传民防知识的层面，居民对人防不了解、不支持，更缺乏防空防灾知识和自救互救技能。2011 年全市将在 304 个社区推广人防工作进社区，目前全市已有 206 社区建立了人防工作站，明年底全市 756 个社区将全部建成人防工作站。

1. 篮球场可"变身"棚宿区

刚走进雨花台区的康盛花园小区，被主干道上一块块"应急避难场所"的指示牌吸引了注意，顺着指示牌一路走过去，就到达了小区现有的公共绿地，这块公共绿地不仅有个小广场，还有一个篮球场。社区工作人员介绍说，一旦遇到突发灾害，这里便可立即"变身"应急避难场所，临近的篮球场还可就地成为棚宿区。

2. 实战演练遇灾不慌张

人防部门将为社区配备应急柜等应急抢险器械物资，同时将建设一个有水源的应急避难场所，定期组织应急演练，真正让每位居民在地震或火灾等灾害来临时，知道如何逃生和互救。秦淮区龙苑新寓社区书记杨金福告诉记者，以楼栋为单位的逃生演练将一个月举办一次，以小区为单位的演练一个季度进行一次，全社区的演练每年将举办一至两次，此外社区还有人防志愿者，关键时刻他们都将成为疏散引导员。

3. 应急联络卡求生"一卡通"

康盛花园社区的工作人员还给记者展示了"家庭应急防护联络卡"，上面不仅有常见的火警、急救等联络电话，还有普通市民不大知晓的市地震局、区人防办的应急求助电话。工作人员表示，家庭是各类灾害的第一应对者，有准备的家庭是减轻灾害后果的首要因素。

4. 疏散路线图指出逃生路

除了"应急避难场所"的指示牌，在雨花台区的康盛花园社区，以及秦淮区的龙苑新寓社区，记者都看到了防空防灾应急疏散路线示意图。"人防工作进社区，应急处置是关键。"南京市人防办主任贾德裕接受采访时说，人防工作进社区不搞形式不做摆设，关键是要落实就近疏散的原则,制订多条路线,力求灾害发生时,在最短时间内将居民疏散到合适的地点。

5. 应急包明年再发5万只

由区县人防办为社区统一配置的应急柜和应急救灾器材已经在试点社区配备到位,人防应急柜里配有警用强光电筒、灭火器、逃生绳、大功率喊话器等器材。2011年市人防办通过摇号向"江南八区"居民免费发放4万个应急救援包。贾德裕表示,这项工作明年将继续开展,至少还有5万户居民可以免费领取应急救援包。

资料来源:扬子晚报网:http://www.yangtse.com/system/2011/10/21/011913815.shtml

问题讨论

1. 结合案例,试述我国社区应急避难场所的规划与建设的具体标准与要求。

2. 在倡导社区应急避难场所建设"百花齐放"的同时,结合日本"3·11"大地震,还需要注意哪些问题?

本章延伸阅读文献

[1] 《北京中心城地震及应急避难场所(室外)规划纲要》(2008)

[2] 《安全标志及其使用导则》(GB 2894—2008)

[3] 《地震应急避难场所 场址及配套设施》(GB 21734—2008)

[4] 北京市地方标准《地震应急避难场所标志》(DB 11/224—2004)

[5] 天津市地方标准《应急避难场所标志》(DB 12/330—2007)

[6] 戴晴,高振记,杨鹊平. 城市应急避难场所研究方法综述[J]. 科技资讯,2010(6):250-251

[7] 杨文斌,韩世文,张敬军,宋伟. 地震应急避难场所的规划建设与城市防灾[J]. 自然灾害学报,2004,13(1):126-131

[8] 李继东,周长兴,荣博. 城市地震应急避难场所的规划建设——以北京市地震应急避难场所为例[J]. 北京规划建设,2008(4):16-21

[9] 戴晴. 基于GIS的应急避难场所适宜性评价——以深圳市地震应急避难场所为例[D]. 中国地质大学(北京),2010

第 6 章　社区应急预案评价

6.1　应急预案概论

6.1.1　社区应急预案概述

应急预案最早是化工生产企业为预防、预测和应急处理"关键生产装置事故"、"重点生产部位事故"、"化学泄漏事故"而预先制订的对策方案。随着社会发展,应急预案的管理思想引入社区。目前,在我国集中居住在城市的人口已占总人口的 43%,在全国660 多个城市中有 6 万多个社区组织。专家预测到 2020 年,我国的城市化率将达到约60%,城市人口将猛增到大约 9 亿人。除小城镇可以消化两三亿外,约有 6 亿要在城市中消化。现在,我国几乎所有城市的街道居委会都在行使政府的管理职能,统揽社区的日常事务。随着市场经济的确立,政府和企业的社会职能都在减弱,各种社会矛盾和问题都集中在城市社区里,迫切需要建立一种新的城市社区管理机制来调节社会矛盾。城市各个分支子系统社区的平安与否,必将影响城市及国家的整体稳定。因此,按照"防患于未然"的指导思想,应从社区的基础建设开始,以实现社区民众安全和健康为目标,从被动应对突发灾害转到主动预防或缓解各种危机。平安社区是构建社会主义和谐社会的重要基础,是实施城市管理的组织细胞和支撑点。因此,推动以社区、学校、企业等社会基本单元的防灾救灾工作已经纳入国家重要战略部署,并且以这些社会基本单元为主体的防灾救灾工作最能符合大规模灾害发生后的实际情况与资源需求,在具体工作的落实上,也从过去重宣传的形式逐步转移到重宣传的效果上来。家庭、社区是社会最基本的组成单位。只有从最基层抓起,实行群防群治,逐步建立和完善社区防灾体系,才能从根本上增强城市整体的防范进行评估,发现问题及时进行修订和完善,进一步提高预案的完备性、针对性和有效性,进一步提高组织指挥能力和应急实战能力,使应急预案在灾害发生时能真正起到重要的指导作用。

1. 什么是应急预案

应急预案,又称"应急计划"或"应急救援预案",是针对可能发生的事故,为迅速、有序地开展应急行动、降低事故损失而预先制订的有关计划或方案。它是在辨识和评估潜在重大危险、事故类型、发生的可能性及发生的过程、事故后果及影响严重程度的基础上,对应急机构职责、人员、技术、装备、设施、物质、救援行动及其指挥与协调方面预先做出的具体安排。应急预案实际上是标准化的反应程序,以使应急救援活动能迅速、有序地按照计划和最有效的步骤进行。应急预案明确了在事故发生之前、发生过程中以及刚刚结束之后,谁负责做什么,何时做,怎么做,以及相应的策略和资源准备等。

应急预案有三个方面的含义:(1)事故预防:应急预案的根本目的在于事故预防。通过危险辨识、事故后果分析,采用技术和管理手段降低事故发生的可能性且使可能发生的事故控制在局部,防止事故蔓延;同时,通过应急预案,可以进一步提高各层次人员的安全意识,从而达到事故预防的目的。(2)应急处置:一旦发生事故,应急预案可以提供应急处理程序和方法,从而可以快速反应处理事故或将事故消除在萌芽状态。(3)抢险救援:通过编制应急预案,采用预定的现场抢险和抢救方式,控制事故发展并减少事故造成的损失。

2. 应急预案的作用

应急预案是应急救援体系的主要组成部分,是应急救援工作的核心内容,是及时、有序、有效地开展应急救援工作的重要保障。应急预案在应急救援中的重要作用体现在以下几个方面:

(1)应急预案确定了应急救援的范围和体系,使应急管理不再无据可依、无章可循。尤其是通过培训和演练,可以让应急响应人员熟悉自己的任务,具备完成指定任务所需的相应技能,并检验预案和行动程序,评估应急人员技能和整体协调性。

(2)应急预案有利于做出及时的应急响应,降低事故后果。应急行动对时间要求十分敏感,不允许有任何拖延。应急预案预先明确了应急各方的职责和响应程序,在应急力量应急资源等方面做了大量准备,可以指导应急救援迅速、高效、有序地开展,将事故的人员伤亡、财产损失和环境破坏降到最低限度。

(3)应急预案是各类突发重大事故的应急基础。通过编制应急预案,可以对那些事先无法预料到的突发事件或事故,起到基本的应急指导作用,成为开展应急救援的"底线"。在此基础上,可以针对特定危害编制专项应急预案,有针对性制定应急措施、进行专项应急准备和演练。

(4)应急预案中建立了与上级单位和部门应急预案的衔接。通过编制应急预案,可以确保当发生超过应急能力的重大事故时与上级应急单位和部门的联系和协调。

(5)应急预案有利提高风险防范意识。应急预案的编制、评审、发布、宣传、教育和培训,有利于各方了解可能面临的重大风险及其相应的应急措施,有利于促进各方提高风险防范意识和能力。

3. 建立社区应急预案的必要性

(1) 减少社区不稳定因素的需求。大量外来务工人员涌向城市后,绝大部分居住在城乡结合部或城市棚户区这些相对廉价的居所,各项安全设施得不到有效保障,居住环境恶劣;这些外来务工人员文化程度普遍较低,很少有一技之长,缺少专门的技术培训和就业机会,大多数以出卖苦力维持生计,与城市生活形成明显反差;同时,多年来在他们身上体现出的乡村文化与城市文化的冲突以及他们本身对安全意识的淡薄,都成为诱发社会不稳定的因素,尤其是外来人口快速涌入的大都市,这种现象更为突出。

(2) 有效预防和消除安全隐患的需求。老城区多存在建筑老龄化,耐火等级低,电器负荷过大,人口流动性大,安全通道被堵占,道路狭窄,水源缺少,消防器材严重损坏等问题。在新城区高层建筑林立、地下空间密布、社区规模扩大,功能由单一的供人居住向产业、经营、生活、人文景观等多方面结合转化,从而大大增加了社区的安全隐患。根据某中小城市老城区 2006—2008 年前三季度发生火灾的统计数字来看,因建筑物电气线路老化、电器负荷过大引发的火灾起数平均占到总起数的 30%;而 2006 年建成的新区,因建筑物电气线路老化、电器负荷过大引发的火灾起数仅占到总起数的 0.5%。

(3) 提高居民整体素质,增强居民防灾减灾意识的需求。增强居民的灾害意识是提高社区减灾能力的重要影响因素之一,由于缺乏大力的宣传和科普教育,使居民的心理免疫能力较低,在灾难突然降临之际容易惊惶失措。社区家庭是社会的基本单元,因此,对其教育可收到很好效果。如 2004 年印度洋地震海啸发生时,随父母去度假的英国小女孩就是利用课堂上所学的地理知识,从观察到的奇异现象中预测将会有强大的海啸发生,提前发出了警报,从而挽救了 100 多名游客的生命。

(4) 有效降低灾害损失的需求。当灾害来临时,应急救援者往往忙于应付此起彼伏的求助电话,再加上其他原因,不能马上抽调人手外出施救。因此,邻里互助就是非常重要的。首先,人们应能知道如何保护自己,然后与邻居共同谋划如何在灾后援助到来之前互相帮助,再者是了解和掌握一些专业技能,帮助身患残疾或年老体衰的人做好防范工作。例如,在"5·12"汶川大地震中,在救援的大部队到来之前,有很多生还者就是在社区的组织下,在宝贵的第一时间里被抢救出来的。2005 年 11 月 10 日,深圳一居民家由于发生煤气泄漏,父母双双昏死在小小的浴室里,煤气悄悄蔓延,危险逼近了家中 8 岁大的小女孩袁媛,一家人的命运悬在了一线之间。在这紧急关头,这个孩子正确运用平时在社区组织消防学习培训中学到的逃生自救常识,果断地打开浴室门,借助衣架捅开高高的窗户,又迅速关上煤气开关,跑到客厅拨出了 110、120 求救电话,简洁准确地自报位置,使救援人员在第一时间内就赶到了现场,成功挽救了父母的生命。

(5)缩短灾后恢复重建时间的需求。社区是实施城市灾害管理事务的组织细胞,是城市灾害管理工作真正落到实处的支点。灾害社会学家在研究中发现,家庭、邻里、社区的人际关系网络在灾害中会发生多方面令人难以想象的积极作用,可大大减轻人们灾中实际损失和灾后心理创伤。

6.1.2　应急预案相关法律、法规要求

近年来,我国政府相继颁布的一系列法律、法规如《安全生产法》、《危险化学品安全管理条例》、《关于特大安全事故行政责任追究的规定》、《特种设备安全监察条例》等,对危险化学品、特大安全事故、重大危险源等应急救援工作提出了相应的规定和要求。

《安全生产法》第十七条规定,生产经营单位的主要负责人具有组织制定并实施本单位的生产安全事故应急救援预案的职责;《安全生产法》第三十三条规定:"生产经营单位对重大危险源应当制定应急救援预案,并告知从业人员和相关人员在紧急情况下应当采取的应措施。"《安全生产法》第六十八条规定:"县级以上地方各级人民政府应当组织有关部门制定本行政区域内特大生产安全事故应急救援预案,建立应急救援体系。"

《危险化学品安全管理条例》第四十九条规定:"县级以上地方各级人民政府负责危险化学品安全监督管理综合工作的部门会同同级有关部门制定危险化学品事故应急救援预案,报本级人民政府批准后实施。"《危险化学品安全管理条例》第五十条规定:"危险化学品单位应当制定本单位事故应急救援预案,配备应急救援人员和必要的应急救援器材和设备,并定期组织演练。危险化学品事故应急预救援预案应当报设区的市级人民政府负责化学品安全监督管理综合工作的部门备案。"

在《关于特大安全事故行政责任追究的规定》第七条规定:"市(地、州),县(市、区)人民政府必须制定本地区特大安全事故应急处理预案。"

国务院《特种设备安全监察条例》第三十一条规定:"特种设备使用单位应当制定特种设备的事故应急措施和救援预案。"

国务院《使用有毒物品作业场所劳动保护条例》第十六条规定:"从事使用高毒物品作业的用人单位,应当配备应急救援人员和必要的应急救援器材、设备,制定事故应急救援预案,并根据实际情况变化对应急救援预案适时进行修订,定期组织演练。事故应急救援预案和演练记录应当报当地卫生行政部门、安全生产监督管理部门和公安部门备案。"

《职业病防治法》第十九条规定:"用人单位应当采取下列职业病防治管理措施:建立、健全职业病危害事故应急救援预案。"

《消防法》第十六规定:"机关、团体、企业、事业等单位应当履行下列消防安全职责:落实消防安全责任制,制定本单位的消防安全制度、消防安全操作规程,制定灭火和应急

疏散预案。"

2006 年 1 月,国务院发布了《国家突发公共事件总体应急预案》明确各类突发公共事件分级分类和预案框架体系,规定了国务院应对特别重大突发事件的组织体系、工作机制等内容,是指导预防和处置各类突发公共事件的规范性文件。预案将突发事件分为自然灾害、事故灾难、公共卫生事件、社会安全事件 4 类,按照突发公共事件的性质、严重程度、可控性和影响范围等因素,将突发公共时间分为四级,即Ⅰ级(特别重大)、Ⅱ级(重大)、Ⅲ级(较大)和Ⅳ级(一般)。特别重大或重大突发公共事件发生后,省级人民政府、国务院有关部门要在 4 个小时内向国务院报告,同时通知有关地区和部门。同时,《国家突发公共事件总体应急预案》规定:各地区、各部门要针对各种可能发生的突发公共事件,完善预测预警机制,建立预测预警系统,开展风险分析,做到早发现、早报告、早处置。根据预测分析结果,对可能发生和可以预警的突发公共事件进行预警。依据突发公共事件可能造成的危害程度、紧急程度和发展势态,预警级别一般划分为四级:Ⅰ级(特别严重)、Ⅱ级(严重)、Ⅲ级(较重)和Ⅳ级(一般),依次用红色、橙色、黄色和蓝色表示。《国家突发公共事件总体应急预案》发布后,国家安监总局发布了《国家安全生产事故灾难应急预案》,该预案适用于特别重大安全生产事故灾难、超出省级人民政府处置能力或者跨省级行政区、跨多个领域(行业和部门)的安全生产事故灾难以及需要国务院安全生产委员会处置的安全生产事故灾难等。

2007 年 8 月 30 日,全国人大常委会通过了《突发事件应对法》,2007 年 11 月 1 日起实施,该法明确规定了突发事件的预防与应急准备、监测与预警、应急处置与救援、事后恢复与重建等活动中,政府单位及个人的权利与义务。

2009 年,国家安全生产监督管理总局发布了《生产安全事故应急预案管理办法》(安监总局 17 号令),《生产经营单位生产安全事故应急预案评审指南》(安监总厅应急〔2009〕73 号)、《安全生产应急演练指南》等相关法规和文件,对安全生产应急管理工作的相关事宜做出了明确规定。这些法律、法规对加强安全生产应急管理工作,提高防范、应对安全生产重特大事故的能力,保护人民群众生命财产安全发挥了重要作用。

在社区应急方面,2006 年 1 月国务院发布了《国家突发公共事件总体应急预案》,提出要充分动员和发挥乡镇、社区的作用,依靠公众力量,形成统一指挥、反应灵敏、功能齐全、协调有序、运转高效的应急管理机制。7 月初发布的《关于全面加强应急管理工作的意见》强调应急管理"要以社区、乡村、学校、企业等基层单位为重点";2007 年下发《关于加强基层应急管理工作的意见》,指出要通过两到三年初步形成"政府统筹协调、社会广泛参与、防范严密到位、处理快捷高效"的基层应急管理工作机制。全国各省、自治区、直辖市的省级突发公共事件总体应急预案和应急体系建设规划相继出台,为各地的公共安全保障和突发事件的处置提供了制度保证和总体思路。应急管理的制度和体系把充分依靠和发动群众、积极预防和最大限度地减少突发公共事件对人民群众的危害作为政府职责的重中之重。依靠群众和发动群众离不开社区的力量,城乡社区的参与日益受到政府和社会的关注。社区居民是公共危机事件的直接受害者,同时也是应对危机事件的直接参与者。从历次应急事件的应对情况来看,社区民众、志愿者团体、非政府民间组织、慈善组织等发挥了积极的作用。

实践中,国内一些省市引入了社区和非政府组织参与公共应急管理的工作,例如,2003年抗击"非典"过程中,国内很多城市的各社区配合政府建立了社区应急管理组织,成立了防"非典"指挥部,社区相关职能部门共同参与;深圳市2006年将行业协会等非政府组织引入应急管理工作,选择行业维稳任务较重、社会影响面较大、劳资纠纷较多、协会运作较成熟的10家行业协会进行试点,在社会组织参与公共应急管理方面开了先河;2009年,广东省开展基层应急管理工作试点工程建设,推动包括农村在内的基层组织的应急管理工作,2010年1月又开始组建与国际接轨、具有广东特色的应急志愿者队伍,为省内的应急管理工作打下了良好的人力基础。但是,就我国目前的整体情况而言,城乡社区参与应急管理总体上还缺乏社会合法性、积极自主性以及与政府的合作不足等问题,这对社区应急救援工作来说非常不利。随着公民社会的发展,城乡社区及基层社会组织的数量和质量将会日益增长,同时也将会有更强的能力参与到社会公共事务的管理中。公共事务管理的更多需求和政府力量的相对不足以及应急管理本身在体制、机制和法制方面的逐渐完善将使城乡社区的参与由自发到自觉。由于我国把建立、健全大城市突发公共事件的应急机制作为重点,有关应急机制的建设实践和理论研究工作也自然偏重于大城市,对于农村社区参与应急管理问题的研究几近空缺,这不利于我国政府职能改革,同时,也不利于建构符合现代社会要求的应急管理体系建设。

近年来,随着社会危机事件发生频率和危害程度频频上升,环境危机、食品安全、群体性事件、公共卫生、自然灾害等各类事件不断出现,严重阻碍了城乡社会的协调发展和农村的社会稳定。因此,在预防和处置各类重大公共危机事件中,城市社区和广大农村地区是不可忽视的环节,重视和提高城乡社区应急能力建设是做好我国应急管理工作的基础。农村社会组织是农村社会发展的重要社会力量,在历次公共突发事件的应急救援中,充分显示了社区参与应急管理的积极功能。在构建和谐社会的背景下,如何构建适合于公共危机频发时期的应急管理体系,如何有效引入社区力量参与公共应急管理的有效机制,如何正确看待和有效发挥社区参与公共应急管理的优势和作用机理,是应急管理法规体制建设研究的重要问题。

6.1.3 应急预案存在的主要问题

随着我国有关制定事故应急预案要求的法律、法规相继出台,各地方政府和企业及社区已经开始了应急预案的编制工作,表明了对事故应急预案制定工作的高度重视和风险防范意识的提高。然而,从目前所编制的重大事故应急预案的总体情况来看,水平参差不齐,与开展事故应急救援工作的要求存在较大的差距,难以满足指导事故应急救援工作的需要。应急预案存在的主要问题如下:

(1) 应急预案内容不完备。目前,相当一部分已经发布的应急预案只是一个几页纸的政府文件,其中仅对应急救援的有关组织机构与职责、法律责任等方面做了一些规定,而应急预案中其他所应包括的核心内容都未能反映,对应急预案的要求认识不够,将应急预案与应急条例混淆。

(2) 应急预案的可操作性差。普遍存在的问题是应急预案的编制未能充分明确和考虑事故可能存在的重大危险及其后果,也未能结合自身应急能力的实际,对应急的一些关键信息进行系统而准确地描述,导致应急预案的针对性和操作性较差。

(3) 各种重大事故应急预案缺乏系统的规划和协调。应急管理中资源管理是一项主要内容,能否合理有效地配置和调度资源关乎整个应急管理的成败。虽然城市和企业及社区面临的潜在重大事故可能会存在多种类型,但是某些应急资源是共同的。如何针对多种事故类型进行应急预案的系统规划,保证各应急预案之间的协调性,形成完整的应急预案文件体系,避免应急预案之间的矛盾和交叉,是在编制应急预案前必须总体考虑并予以明确的问题。

(4) 应急预案缺乏演练,难于事前评估应急预案实施效果。尽管编制应急预案在事故应急救援中起着十分关键的作用,但有了应急预案,并不等于事故的应急救援工作就有了全部的保障。应急预案能否在事故应急救援中发挥积极有效的作用,不仅仅取决于应急预案本身的完善程度,还取决于应急预案的实施情况。

(5) 应急预案缺乏动态调整方法,难以做到随机应变。在现有的许多应急预案中,针对事件变化或环境变化的动态调整,往往只是一句话提醒人们当事件的性质和环境变化时,应急预案应该随之变化,或仅仅只是给出了一些调整的原则,其结果往往是应急预案在实施的过程中难以做到随机应变。

6.1.4　应急预案的基本要求

1. 应急预案要有针对性

应急预案,是针对可能发生的事故,为迅速、有序地开展应急行动而预先制订的行动方案。因此,应急预案应结合危险分析的结果,针对以下内容进行编制,确保其有效性。

(1) 针对重大危险源。重大危险源是指长期地或临时地生产、搬运、使用或者储存危险物品,且危险物品的数量等于或者超过临界量的单元(包括场所和设施)。重大危险源历来就是国家安全生产监管的重点对象,在《安全生产法》当中明确要求针对重大危险源进行定期检测、评估、监控,并制定相应的应急预案。

（2）针对可能发生的各类事故。由于应急预案是针对可能发生的事故而预先制定的行动方案，因此，强调的是在编制应急预案之初就要对可能发生各类事故进行分析和辨识，在此基础上编制预案，才能实现预案更广范围的覆盖性。同时，不同的社区可能发生的事故类型也往往不相同，因此也间接说明了不同社区的应急预案也应该存在差异。

（3）针对关键的区域和地点。不同的社区，以及同一社区不同区域其存在的风险的大小也往往不相同。对于危险的地点，常常是事故发生概率较高，或者发生概率低，但是一旦发生事故造成的后果和损失却十分巨大，针对这些区域和地点，应当编制应急预案。

（4）针对薄弱环节。薄弱环节主要指社区为应对重大事故发生，而存在的应急能力缺陷或不足的方面。在进行重大事故应急救援过程中，可能会出现人力、救援装备等资源不足或满足不了要求，那么针对这种情况，要提出补救办法或弥补措施。

2. 应急预案要有科学性

应急救援工作是一项科学性很强的工作，编制应急预案也必须以科学的态度，在全面调查研究的基础上，实行领导和专家相结合的方式，开展科学分析和论证，制定出决策程序和处置方案、应急手段先进的应急反应方案，使应急预案真正具有科学性。

3. 应急预案要有可操作性

应急预案应具有实用性或可操作性。即发生重大事故灾害时，有关应急组织、人员可以按照应急预案的规定迅速、有序、有效地开展应急与救援行动，降低事故损失。为确保应急预案实用、可操作，重大事故应急预案编制机构应充分分析、评估本地可能存在的重大危险及其后果，并结合自身应急资源、能力的实际，对应急过程的一些关键信息如潜在重大危险及后果分析、支持保障条件、决策、指挥与协调机制等进行详细而系统的描述。同时，各责任方应确保重大事故应急所需的人力、设施和设备、财政支持，以及其他必要资源。

4. 应急预案要有完整性

应急预案内容应完整，包含实施应急响应行动需要的所有基本信息。应急预案的完整性主要体现在下列几方面：

（1）功能（职能）完整。应急预案中应说明有关部门应履行的应急准备、应急响应职能和灾后恢复职能，说明为确保履行这些职能而应履行的支持性职能。

（2）应急过程完整。应急管理一般可划分为应急预防（减灾）阶段、应急准备阶段、应急响应阶段和应急恢复四个阶段，每一阶段的工作以前一阶段的工作为基础，目标是减轻辖区内紧急事故造成的冲击，把其影响降至最小，因此可能会涉及不同性质的应急计划（或预案），如减灾计划、行动计划、防灾计划和灾后恢复计划。重大事故应急预案至少应涵盖上述四阶段，尤其是应急准备和应急响应阶段，应急计划应全面说明这两阶段的有关应急事项。对事故现场进行短期恢复，例如，恢复基础设施的"生命线"，供水、供电、供气或疏通道路等以方便救援,此类行动是应急响应的自然延伸,自然也应包括在应急计划中。此外,由于短期恢复状况会影响减灾策略的实施,因此,应急计划中又必然涉及有关减灾策略的内容。

(3) 适用范围完整。应急预案中应阐明该预案的适用地理范围。应急预案的适用范围不仅仅指在本区域或生产经营单位内发生事故时,应启动预案。其他区域发生事故,也有可能作为该预案启动条件。即针对不同事故的性质,可能会对预案的适用区域进行扩展。

5. 应急预案要合法合规

应急预案中的内容应符合国家相关法律、法规、国家标准的要求。我国有关应急预案的编制工作必须遵守相关法律法规的规定。我国有关生产安全应急预案的编制工作的法律法规包括《安全生产法》、《危险化学品安全管理条例》、《职业病防治法》、《建筑安全管理条例》等,因此,编制安全生产应急预案必须遵守这些法律法规的规定,并参考其他灾种(如洪涝、地震、核和辐射事故等)的法律、法规。

6. 应急预案要有可读性

应急预案应当包含应急所需的所有基本信息,这些信息如组织不善可能会影响预案执行的有效性,因此预案中信息的组织应有利于使用和获取,并具备相当的可读性。

(1) 易于查询。应急预案中信息的组织方式应有助于使用者找到他们所需要的信息,各章节组成部分阅读起来较为连贯,使用者能够较为轻松方便地掌握章节安排的基本原理,查询到所需要的信息。

(2) 语言简洁,通俗易懂。应急预案编写人员应使用规范语言表述预案内容,并尽可能使用诸如地图、曲线图、表格等多种信息表现形式,使所编制的应急预案语言简洁,通俗易懂。应急预案中应主要采用当地官方语言文字描述,必要时补充当地其他语种;尽量引用普遍接受的原则、标准和规程,对于那些对编制应急预案有重要作用的依据应列入预案附录;高度专业化的技术用语或信息应采用有利于使用者理解的方式说明。

(3) 层次及结构清晰。应急预案应有清晰的层次和结构。正如前文所述,由于面临的潜在灾害类型多样,影响区域也各有不同,因此,应急管理部门应根据不同类型事故或灾害的特点和具体场所合理组织各类预案。

7. 应急预案要相互衔接

重大事故应急预案应与其他相关应急预案协调一致、相互兼容。其他预案的范围包括:上级应急预案,如政府、主管部门应急预案;下级应急预案,如生产经营单位的应急预案;相邻生产经营单位的应急预案;本地其他灾种的应急预案,如防洪预案。

6.1.5 社区应急预案基本要求

1. 工作原则要具体

确定统一指挥，属地管理为主的工作原则。要强化社区居委会组织的权威性，理顺政府职能部门和边区单位与社区的条块关系，建立以社区居委会为主，条块结合，职责分明，统一协调，高效服务的社区管理体制，为社区提供优质良好的社会服务。

2. 预测预警及时

做好灾前准备确定社区应急指挥部及其职责，社区自救互救组织及职责，责任区的应急联动机制；设想突发灾害的可能情境、重点部位，制作几套自救互救方案，明确自救互救小组的搭配组合，在灾害发生时有组织的实施救助指挥和力量调度；通信支持，包括自救互救组织的联络方式，与上级应急指挥中心的联络，家庭成员之间的联系等；通过发放家庭用的 119 消防宣传手巾、消防安全家庭导则等做好宣传教育工作，掌握突发灾害情况下紧急避险的基本知识和技能，各种方式的求救，准备应急包，制作几套紧急避险方案，在保护自身安全的情况下协助亲友或邻居脱离险境，掌握社区内弱势群体如老、弱、病、残、孕、儿童的基本情况，并准备救援的工具和器材。

3. 应对灾害要有可操作性

要及时通报预警和响应信息，并对预警和响应信息予以核实；及时报告上级应急指挥中心，以便在事态升级时启动上级应急预案；查明灾害状况，确定应急方案；对灾害进行紧急处理，组织人力抢救和运送危难人员；组织居民撤离，照顾弱势群体；对灾害邻近的危险源进行紧急处理，防止灾情蔓延；维持现场秩序；灾害难以控制或有扩大趋势时，迅速报请上级应急指挥中心增援，可增调各种社会救援力量和物资；自救互救，救援物资保障的具体组织；应急结束，向上级建议解除应急状态。

4. 灾后处置到位

设立灾民安置场所和救济物资供应站，做好灾民安置和救灾款物的接收、发放与管理工作，确保受灾居民的基本生活保障，并做好灾民及其家属的安抚工作；广泛动员，开展互助互济和救灾捐赠活。

6.2 社区应急救援预案编制

有效的应急系统或应急预案能够降低事故发生的损失。事故损失与应急救援的关系如图 6-1 所示。编制应急预案是应急救援准备工作的核心内容，是开展应急救援工作的重要保障。我国政府近年来相继颁布的一系列法律、法规,如《安全生产法》《危险化学品安全管理条例》《关于特大安全事故行政责任追究的规定》《特种设备安全监察条例》等,对矿山、危险化学品、特大安全事故、重大危险源、特种设备等应急预案的编制提出了相关的要求,是各级政府、企事业单位编制应急预案的法律基础。

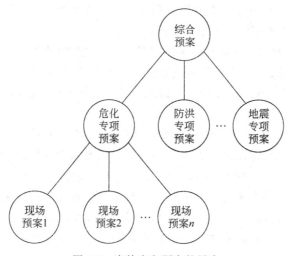

图 6-1　事故应急预案的层次

6.2.1　应急预案编制基本要求

事故应急处理是一项科学性很强的工作,编制应急预案必须以科学的态度,在全面调查的基础上,实行领导与专家相结合的方式,开展科学分析和论证,使应急预案真正具有科学性。同时,应急预案应符合使用对象的客观情况,具有实用性和可操作性,以利于准确、迅速控制事故。事故应急救援工作是一项紧急状态下的应急性工作,所编制的应急预案应明确救援工作的管理体系,救援行动的组织指挥权限和各级救援组织的职责、任务等一系列的管理规定,保证救援工作的权威性。应急预案的编制基本要求有三点:(1)分级、分类制订应急预案内容;(2)上一级应急预案的编制应以下一级应急预案为基础,做好应急预案之间的衔接;(3)结合实际,确定应急预案编制内容。

6.2.2　事故应急预案的层次

基于可能面临多种类型的突发重大事故或灾害,为保证各种类型预案之间的整体协调性和层次,并实现共性与个性、通用性与特殊性的结合,对应急预案合理地划分层次是将各种类型应急预案有机组合在一起的有效方法。应急预案可分为三个层次,如图 6-1 所示。

(1)综合预案。综合预案是整体预案,从总体上阐述应急方针、政策、应急组织结构及相应的职责,应急行动的总体思路等。通过综合预案可以很清晰地了解应急体系及预案的文件体系,更重要的是可以作为应急救援工作的基础和"底线",既使对那些没有预料的紧急情况也能起到一般的应急指导作用。

(2)专项预案。专项预案是针对某种具体的、特定类型的紧急情况,例如,危险物质泄漏、火灾、某一自然灾害等的应急而制定的。专项预案是在综合预案的基础上充分考虑了某特定危险的特点,对应急的形势、组织机构、应急活动等进行更具体的阐述,具有较强的针对性。

(3)现场预案。现场预案是在专项预案的基础上,根据具体情况需要而编制的。它是针对特定的具体场所(即以现场为目标),通常是该类型事故风险较大的场所或重要防护区域等,所制定的预案。例如,危险化学品事故专项预案下编制的某重大危险源的场外应急预案,防洪专项预案下的某洪区的防洪预案等。现场应急预案的特点是针对某一具体现场的该类特殊危险及周边环境情况,在详细分析的基础上,对应急救援中的各个方面做出具体、周密而细致的安排,因而现场预案具有更强的针对性和对现场具体救援活动的指导性。

6.2.3 应急预案主要内容及核心要素

完整的应急预案主要包括以下几个方面的内容:

(1)应急预案概况。应急预案概况主要是对紧急情况下应急管理提供简述并作必要说明,如明确应急方针与原则,作为开展应急救援工作的纲领。

(2)预防程序。预防程序是对潜在事故进行分析并说明所采取的预防和控制事故的措施。

(3)准备程序。准备程序应说明应急行动前所需采取的准备工作,包括应急组织及其职责权限、应急队伍建设和人员培训、应急物资的准备、预案的演练、公众的应急知识培训、签订互助协议等。

(4)应急程序。在应急救援过程中,存在一些必需的核心功能和任务,如接警与通知、指挥与控制、警报和紧急公告、通信、事态监测与评估、警戒与治安、人群疏散与安置、医疗与卫生、公共关系、应急人员安全、消防和抢险、泄漏物控制等,无论何种应急过程都必须围绕上述功能和任务开展。应急程序主要指实施上述核心功能和任务所确定的程序和步骤。

应急预案是整个应急管理体系的反映,它的内容不仅仅限于事故发生过程中的应急响应和救援措施,还应包括事故发生前的各种应急准备和事故发生后的紧急恢复以及预案的管理与更新等。因此,一个完善的应急预案按相应的过程可分为 6 个一级关键要素,包括:方针与原则、应急策划、应急准备、应急响应、现场恢复、预案管理与评审改进,详见表 6-1。

表 6-1　应急救援预案体系框架核心要素表

级号	要素内容	级号	要素内容
1	方针与原则	4.2	预警与通知
2	应急策划	4.3	警报系统与紧急通告
2.1	危险分析	4.4	通信
2.2	资源分析	4.5	事态监测
2.3	法律法规要求	4.6	人员疏散与安置
3	应急准备	4.7	警戒与治安
3.1	机构与职责	4.8	医疗与卫生服务
3.2	应急设备、设施与物质	4.9	应急人员安全
3.3	应急人员培训	4.10	公共关系
3.4	预案演练	4.11	消防与抢险
3.5	公众教育	4.12	泄漏物控制
3.6	互助协议	5	现场恢复
4	应急响应	6	预案管理与评审改进
4.1	现场指挥与控制		

6 个一级要素相互之间既相对独立,又紧密联系,从应急的方针、策划、准备、响应、恢复到预案的管理与评审改进,形成了一个有机联系并持续改进的体系结构。根据一级要素中所包括的任务和功能,其中,应急策划、应急准备和应急响应 3 个一级关键要素可进一步划分成若干个二级小要素。所有这些要素即构成了城市重大事故应急预案的核心要素。这些要素是重大事故应急预案编制所应当涉及的基本方面,在实际编制时,可根据职能部门的设置和职责分配等的具体情况,将要素进行合并或增加,以便于预案的内容组织和编写。

1. 方针与原则

应急救援体系首先应有一明确的方针和原则来作为指导应急救援工作的纲领。方针与原则反映了应急救援工作的优先方向、政策、范围和总体目标,如保护人员安全优先,防止和控制事故蔓延优先,保护环境优先。此外,方针与原则还应体现事故损失控制、预防为主、常备不懈、统一指挥、高效协调以及持续改进的思想。

2. 应急策划

应急预案是有针对性的,具有明确的对象,其对象可能是针对某一类或多类可能的重大事故类型。应急预案的制定必须基于对所针对的潜在事故类型有一个全面系统的认识和评价,识别出重要的潜在事故类型、性质、区域、分布及事故后果,同时,根据危险分析的结果,分析城市应急救援的应急力量和可用资源情况,为所需的应急资源的准备提供建设性意见。在进行应急策划时,应当列出国家、地方相关的法律、法规,以作为预案的制定、应急工作的依据和授权。应急策划包括危险分析、资源分析以及法律、法规要求的 3 个二级要素。

1) 危险分析

危险分析的最终目的是要明确应急的对象(存在哪些可能的重大事故)、事故的性质及其影响范围、后果严重程度等,为应急准备、应急响应和减灾措施提供决策和指导依据。危险分析包括危险识别、脆弱性分析和风险分析。危险分析应依据国家和地方有关的法律法规要求,结合城市的具体情况来进行;危险分析的结果应能提供以下内容:

(1) 地理、人文(包括人口分布)、地质、气象等信息;

(2) 城市功能布局(包括重要保护目标)及交通情况;

(3) 重大危险源分布情况及主要危险物质种类、数量及理化、消防等特性;

(4) 可能的重大事故种类及对周边的后果分析;

(5) 特定的时段(如人群高峰时间、度假季节、大型活动);

(6) 可能影响应急救援的不利因素。

2) 资源分析

针对危险分析所确定的主要危险,应明确应急救援所需的资源,列出可用的应急力量和资源,包括以下内容:

(1) 城市的各类应急力量的组成及分布情况;

(2) 各种重要应急设备、物资的准备情况;

(3) 上级救援机构或相邻城市可用的应急资源。

通过分析已有能力的不足,为应急资源的规划与配备、与相邻地区签订互助协议和预案编制提供指导。

3) 法律、法规要求

应急救援有关法律、法规是开展应急救援工作的重要前提保障。应列出国家、省、地方涉及应急各部门职责要求以及应急预案、应急准备和应急救援有关的法律、法规文件,以作为预案编制和应急救援的依据和授权。

3. 应急准备

应急预案能否在应急救援中成功地发挥作用,不仅仅取决于应急预案自身的完善程度,还取决于应急准备的充分与否。应急准备应当依据应急策划的结果开展,包括各应急组织及其职责权限的明确、应急资源的准备、公众教育、应急人员培训、预案演练和互助协议的签署等。

1）机构与职责

为保证应急救援工作的反应迅速、协调有序，必须建立完善的应急机构组织体系，包括城市应急管理的领导机构、应急响应中心以及各有关机构部门等，对应急救援中承担任务的所有应急组织明确相应的职责、负责人、候补人及联络方式。

2）应急资源

应急资源的准备是应急救援工作的重要保障，应根据潜在事故的性质和后果分析，合理组建专业和社会救援力量，配备应急救援中所需的消防手段、各种救援机械和设备、监测仪器、堵漏和清消材料、交通工具、个体防护设备、医疗设备和药品、生活保障物资等，并定期检查、维护与更新，保证始终处于完好状态。对应急资源信息的实施有效管理有更新。

3）教育、训练与演练

为全面提高应急能力，应对公众教育、应急训练和演练做出相应的规定，包括其内容、计划、组织与准备、效果评估等。

公众意识和自我保护能力是减少重大事故伤亡不可忽视的一个重要方面。作为应急准备的一项内容，应对公众的日常教育作出规定，尤其是位于重大危险源周边的人群，使其了解潜在危险的性质和健康危害，掌握必要的自救知识，了解预先指定的主要及备用疏散路线和集合地点，了解各种警报的含义和应急救援工作的有关要求。

应急训练的基本内容主要包括基础培训与训练、专业训练、战术训练及其他训练等。基础培训与训练的目的是保证应急人员具备良好的体能、战斗意志和作风，明确各自的职责，熟悉城市潜在重大危险的性质、救援的基本程序和要领，熟练掌握个人防护装备和通信装备的使用等；专业训练关系到应急队伍的实战能力，主要包括专业常识、堵源技术、抢运和清消和现场急救等技术；战术训练是各项专业技术的综合运用，使各级指挥员和救援人员具备良好的组织指挥能力和应变能力；其他训练应根据实际情况，选择开展如防化、气象、侦检技术、综合训练等项目的训练，以进一步提高救援队伍的救援水平。

预案演练是对应急能力的一个综合检验，应以多种形式应急演练包括桌面演练和实战模拟演练，组织由应急各方参加的预案训练和演练，使应急人员进入"实战"状态，熟悉各类应急处理和整个应急行动的程序，明确自身的职责，提高协同作战的能力。同时，应对演练的结果进行评估，分析应急预案存在的不足，并予以改进和完善。

4）互助协议

当有关的应急力量与资源相对薄弱时，应事先寻求与邻近的城市或地区建立正式的互助协议，并做好相应的安排，以便在应急救援中及时得到外部救援力量和资源的援助；此外，也应与社会专业技术服务机构、物资供应企业等签署相应的互助协议。

4. 应急响应

应急响应包括了应急救援过程中一系列需要明确并实施的核心应急功能和任务,这些核心功能或有具有一定的独立性,但相互之间又是密切联系的,构成了应急响应的有机整体。应急响应的核心功能和任务包括:接警与通知、指挥与控制、警报和紧急公告、通信、事态监测与评估、警戒与治安、人群疏散与安置、医疗与卫生、公共关系、应急人员安全、消防和抢险、泄漏物控制。

1)接警与通知

准确了解事故的性质和规模等初始信息是决定启动应急救援的关键,接警作为应急响应的第一步,必须对接警要求作出明确规定,保证迅速、准确地向报警人员询问事故现场的重要信息。接警人员接受报警后,应按预先确定的通报程序规定,迅速向有关应急机构、政府及上级部门发出事故通知,以采取相应的行动。

2)指挥与控制

城市重大事故的应急救援往往涉及多个救援机构,因此,对应急行动的统一指挥和协调是应急救援有效开展的一个关键。应规定建立分及响应、统一指挥、协调和决策的程序,以便对事故进行初始评估,确认紧急状态,迅速有效地进行应急响应决策,建立现场工作区域,确定重点保护区域和应急行动的优先原则,指挥和协调现场各救援队伍开展救援行动,合理高效地调配和使用应急资源等。

3)警报和紧急公告

当事故可能影响到周边地区,对周边地区的公众可能造成威胁时,应及时启动警报系统,向公众发出警报,同时通过各种途径向公众发出紧急公告,告知事故性质,对健康的影响、自我保护措施、注意事项等,以保证公众能够作出及时自我防护响应。决定实施疏散时,应通过紧要公告确保公众了解疏散的有关信息如疏散时间、路线、随身携带物、交通工具及目的地等。

该部分应明确在发生重大事故时,如何向受影响的公众发出警报,包括什么时候,谁有权决定启动警报系统,各种警报信号的不同含义,警报系统的协调使用、可使用的警报装置的类型和位置,以及警报装置覆盖的地理区域。如果可能,应指定备用措施。

4)通信

通信是应急指挥、协调和与外界联系的重要保障,在现场指挥部、应急中心、各应急救援组织、新闻媒体、医院、上级政府和外部救援机构等之间,必须建立畅通的应急通信网络。该部分应说明主要通信系统的来源、使用、维护以及应急组织通信需要的详细情况等,并充分考虑紧急状态的通信能力和保障,建立备用的通信系统。

5)事态监测与评估

事态监测与评估在应急救援和应急恢复的行动决策中具有关键的支持作用。在应急救援过程中必须对事故的发展势态及影响及时进行动态的监测,建立对事故现场及场外进行监测和评估的程序。包括:由谁来负责监测与评估活动;监测仪器设备及监测方法;实验室化验及检验支持;监测点的设置及现场工作及报告程序等。

可能的监测活动包括:事故影响边界、气象条件、对食物、饮用水、卫生以及水体、土壤、农作物等的污染、可能的二次反应有害物、爆炸危险性和受损建筑跨蹋危险性以及污染物质滞留区等。

6) 警戒与治安

为保障现场应急救援工作的顺利开展,在事故现场周围建立警戒区域,实施交通管制,维护现场治安秩序是十分必要的,其目的是要防止与救援无关人员进入事故现场,保障救援队伍、物资运输和人群疏散等的交通畅通,并避免发生不必要的伤亡。此外,警戒与治安还应该协助发出警报、现场紧急疏散、人员清点、传达紧急信息、执行指挥机构的通告、协助事故调查等。对危险物质事故,必须列出警戒人员有关个体防护的准备。

7) 人群疏散与安置

人群疏散是减少人员伤亡扩大的关键,也是最彻底的应急响应。应当对疏散的紧急情况和决策、预防性疏散准备、疏散区域、疏散距离、疏散路线、疏散运输工具、安全庇护场所以及回迁等作出细致的规定和准备,应考虑疏散人群的数量、所需要的时间和可利用的时间,风向等环境变化以及老弱病残等特殊人群的疏散等问题。对已实施临时疏散的人群,要做好临时生活安置,保障必要的水、电、卫生等基本条件。

8) 医疗与卫生

对受伤人员采取及时有效地现场急救以及合理的转送医院进行治疗,是减少事故现场人员伤亡的关键。在该部分明确针对城市可能的重大事故,为现场急救、伤员运送、治疗及健康监测等所做的准备和安排,包括:可用的急救资源列表,如急救中心,救护车和现场急救人员的数量;医院、职业中毒治疗医院及烧伤等专科医院的列表,如数量、分布、可用病床、治疗能力等;抢救药品、医疗器械、消毒、解毒药品等的城市内、外来源和供给;医疗人员必须了解城市内主要危险对人群造成伤害的类型,并经过相应的培训,掌握对危险化学品受伤害人员进行正确消毒和治疗的方法。

9) 公共关系

重大事故发生后,不可避免地会引起新闻媒体和公众的关注。应将有关事故的信息、影响、救援工作的进展等情况及时向媒体和公众进行统一发布,以消除公众的恐慌心理,控制谣言,避免公众的猜疑和不满。该部分应明确信息发布的审核和批准程序,保证发布信息的统一性;指定新闻发言人,适时举行新闻发表会,准确发布事故信息,澄清事故传言;为公众咨询、接待、安抚受害人员家属做出安排。

10) 应急人员安全

城市重大事故尤其是涉及危险物质的重大事故的应急救援工作危险性极大,必需对应急人员自身的安全问题应进行周密的考虑,包括安全预防措施、个体防护等级、现场安全监测等,明确应急人员的进出现场和紧急撤离的条件和程序,保证应急人员的安全。

11) 消防和抢险

消防和抢险是应急救援工作的核心内容之一,其目的是为尽快地控制事故的发展,防止事故的蔓延和进一步扩大,从而最终控制住事故,并积极营救事故现场的受害人员。尤其是涉及危险物质的泄漏、火灾事故,其消防和抢险工作的难度和危险性十分巨大。该部分应对消防和抢险工作的组织、相关消防抢险设施、器材和物资、人员的培训、行动方案以及现场指挥等做好周密的做出相应的安排和准备。

12) 泄漏物控制

危险物质的泄漏以及灭火用的水由于溶解了有毒蒸气都可能对环境造成重大影响,同时也会给现场救援工作带来更大的危险,因此必须对危险物质的泄漏物进行控制。该部分应明确可用的收容装备(泵、容器、吸附材料等)、洗消设备(包括喷雾洒水车辆)及洗消物资,并建立洗消物资供应企业的供应情况和通信名录,保障对泄漏物的及时围堵、收容和清消和妥善处置。

5. 现场恢复

现场恢复也可称为紧急恢复,是指事故被控制后所进行的短期恢复,从应急过程来说意味着应急救援工作的结束,进入到另一个工作阶段,即将现场恢复到一个基本稳定的状态。大量的经验教训表明,在现场恢复的过程中往往仍存在潜在的危险,如余烬复燃、受损建筑倒蹋等,所以应充分考虑现场恢复过程中可能的危险。在现场恢复中也应当为长期恢复提供指导和建议。该部分主要内容应包括:宣布应急结束的程序;撤点、撤离和交接程序;恢复正常状态的程序;现场清理和受影响区域的连续检测;事故调查与后果评价等。

6. 预案管理与评审改进

应急预案是应急救援工作的指导文件,同时又具有法规权威性。应当对预案的制定、修改、更新、批准和发布作出明确的管理规定,并保证定期或在应急演练、应急救援后对应急预案进行评审,针对城市实际情况的变化以及预案中所暴露出的缺陷,不断地更新、完善和改进应急预案文件体系。

6.2.4 应急预案编制步骤

应急预案的编制过程可分为下面 4 个步骤:

1．成立预案编制小组

应急预案的成功编制需要有关职能部门和团体的积极参与,并达成一致意见,尤其是应寻求与危险直接相关的各方进行合作。成立应急预案编制小组是将各有关职能部门、各类专业技术有效结合起来的最佳方式,可有效地保证应急预案的准确性、完整性和实用性,而且为应急各方提供了一个非常重要的协作与交流机会,有利于统一应急各方的不同观点和意见。

2．危险分析和应急能力评估

为了准确地策划应急预案的编制目标和内容,应开展危险分析和应急能力评估工作。为有效开展此项工作,预案编制小组首先应进行初步的资料收集,包括相关法律、法规、应急预案、技术标准、国内外社区事故案例分析等。

1）危险分析

危险分析是应急预案编制的基础和关键过程。在危险因素辨识分析、评价及事故隐患排查、治理的基础上,确定本区域可能发生事故的危险源、事故的类型、影响范围和后果等,并指出事故可能产生的次生、衍生事故,形成分析报告,分析结果作为应急预案的编制依据。

风险分析是对危险源可能发生事故的后果严重程度和可能性的综合描述。通过风险分析,可以明确应急对象,使应急预案能够针对风险最大的事故进行处置。

① 风险等级确定方法。介绍一种简单的定性风险分析方法供参考。该方法采用定性的方法确定事故发生的可能性和后果的严重程度,然后通过风险矩阵的方式确定事故的风险等级。事故发生的等级可参考表 6-2 来确定,后果严重程度等级可参考表 6-3 来确定,风险矩阵如表 6-4 所示。

表 6-2　事故发生可能性等级

可能性等级	概 率 描 述	可能性说明
几乎可能	每年≥1.0	在大多数情况下每年都有可能发生
很可能	1.0>每年≥0.01	在设施的使用年限内可能发生若干次
有时	0.01>每年≥10^{-4}	在设施的使用年限内有时可能发生
极少	10^{-4}>每年≥10^{-7}	在设施的使用年限内不易发生,但同样的事故历史上有个别的记录
极不可能	10^{-7}>每年	几乎没有发生过

表 6-3　事故后果严重程度等级

脆弱性目标	后果的严重程度等级				
	不重要的	较小的	严重的	重大的	特大的
人	急救治疗	① 通过治疗能够很快恢复 ② 住院时间小于 24 小时	① 多人次的损伤——多处伤害 ② 住院时间大于 24 小时	1～10 人的人员死亡	10 人以上的人员死亡
财产	现场损坏的设备在 24 小时内修复,没有产品的损失	现场损坏的设备在 7 天内可以修复	现场设备的损失在 7～120 天可以修复。因设备的损坏,可能造成产品的损失	① 现场设备的损失在 4～12 月可以修复,要求大量的资金支出(低于 1 000 万元) ② 现场以外财产的重大损失(低于 500 万元)	① 现场设备全部、大部分损害需要重新更换,要求大量的资金支出(超过 1 000 万元) ② 现场以外财产的重大损失(超过 500 万元)
环境	现场释放物能够很容易的清除	在现场有限的区域内产生微小的生态反应	对当地的生态系统有短期的损害	大范围、中长期的生态系统损害	对生态功能产生严重的、持续的、不可挽回的损害

表 6-4　风险分析矩阵

事故发生可能性等级	事故后果严重程度等级				
	不重要的	较小的	严重的	重大的	特大的
几乎可能	IV	III	II	I	I
很可能	IV	III	II	II	I
有时	V	IV	III	II	II
极少	V	V	IV	III	II
极不可能	V	V	V	III	III

在确定事故后果严重程度等级时,应选择对人、财产和环境影响最严重的等级作为事故后果严重度等级。确定了事故发生的可能性等级和事故后果严重度等级后,就可利用表 6-4 所示的风险分析矩阵确定事故的风险等级(风险从大到小依次表示为 I～V 级)。

② 危险分析结果汇总。通过危险源辨识、脆弱性分析和风险分析,对政府或企业的危险源的基本情况、可能的事故后果、事故风险大小都进行了分析,对每个危险源分析的结果可以用表 6-5 的形式进行最终的分析结果汇总,便于编制应急预案时使用。

表 6-5　危险分析结果汇总表(样表)

1. 危险源辨识	
① 危险化学品名称	
② 位置	
③ 数量	
④ 可能的泄漏量	
⑤ 危险化学品危险特性	
2. 脆弱性分析	
① 脆弱区范围	
② 脆弱区内的人口数量	
③ 可能被破坏的财产	
④ 可能被破坏的公共工程	
⑤ 可能造成的环境影响	
3. 风险分析	
① 事故发生的可能性	
② 人员伤害类型	
③ 财产破坏类型	
④ 环境破坏类型	
⑤ 事故后果的严重程度	
⑥ 风险等级	

2) 应急能力评估

应急能力包括应急资源(应急人员、应急设施、装备和物资),应急人员的技术、经验和接受的培训等,它将直接影响应急行动的快速、有效性。应急能力评估就是依据危险分析的结果,对已有的应急能力进行评估,明确应急救援的需求和不足,为应急预案的编制奠定基础。制订应急预案时应当在评价与潜在危险相适应的应急资源和能力的基础上,选择最现实、最有效的应急策略。

3. 编制应急预案

针对可能发生的事故,结合危险分析和应急能力评估结果等信息,按照《生产经营单位安全生产事故应急预案编制导则》(AQ/T 9002—2006)等有关规定和要求编制应急预案。

应急预案编制过程中,应注重全体人员的参与和培训,使所有与事故有关人员均掌握危险源的危险性、应急处置方案和技能。应急预案应充分利用社会应急资源,与政府应急预案、上级主管单位以及相关部门的应急预案相衔接。

4. 应急预案的评审与发布

1) 应急预案的评审

为确保应急预案的科学性、合理性以及与实际情况的符合性,应急预案编制单位或管理部门应依据我国有关应急的方针、政策、法律、法规、规章、标准和其他有关应急预案编制的指南性文件与评审检查表,组织开展应急预案评审工作,取得政府有关部门和应急机构的认可。应急预案评审图如图 6-2 所示。

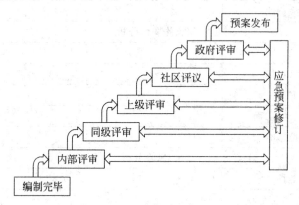

图 6-2　应急预案评审图

2) 应急预案的发布

重大事故应急预案经评审通过后,应由最高行政负责人签署发布,并报送有关部门和应急机构备案。应急预案编制完成后,应该通过有效实施确保其有效性。应急预案实施主要包括:应急预案宣传、教育和培训;应急资源的定期检查落实;应急演练和训练;应急预案的实践;应急预案的电子化;事故回顾等。应急预案的编制工作流程参见图 6-3。

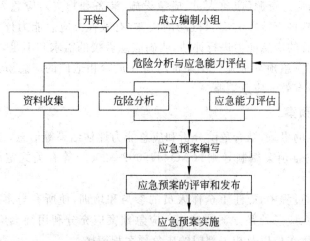

图 6-3　应急预案编制流程

6.3　社区应急预案完整性评价

　　纵观国内外的应急救援模式和做法,基于社区层面的应急救援方式得到理论与实践上的广泛认同,但基于中国国情的研究非常有必要开展。自 2003 年"SARS"发生以来,中国建立了以"一案三制"为核心的突发事件应急管理模式,且近年来我国"一案三制"的建设成果显著,但现有预案主要围绕基于经验的突发事件应急技术展开,而较少研究是基于社区的应急管理问题。在反思 2008 年"5・12"汶川大地震和 2010 年"4・14"玉树大地震时,基层社区应急预案完整性成为影响应急救援效果的重要因素之一。基层社区应急预案是否具有完整性,直接关系预案能否实用有效,因此,必须科学评价基层社区应急预案的完整性。

6.3.1　现行应急预案体系的缺陷与不足

1. 现行应急预案体系的缺陷

　　(1) 现行应急预案体系的形成。自 1949 年以来,我国应急预案经历了从单项应急预案到综合性应急预案的转变,其构成主要包括国家级、地方级(省、市/区、县)和社区级(主要指街道)三个层级,其中社区级应急预案最为薄弱(见图 6-4 中的虚线框)。特别是 2006 年国家颁布了《国家突发公共事件总体应急预案》后,应急预案体系在我国应急管理体系中的基础地位得到巩固,在各级各类突发事件救援中发挥了重要作用,但现行应急预案体系的缺陷也逐渐暴露出来。

　　(2) 预案本身存在的先天缺陷。主要包括预案的内容不完备;预案的编制生成过程不够规范;重大预案间缺乏系统的规划和协调;基层预案缺乏可操作性。

　　(3) 预案执行过程中的后天不足。主要包括缺少真正的"应急管理专家";缺少基于风险评估的风险源辨识与分析实用手段,导致形式大于内容的缺陷,不能有效涵盖应有风险;缺少对未知风险的综合应对措施;基层管理人员缺少培训和技能训练,导致极其缺乏实践经验。

2. 影响应急预案完备性的因素

　　应急预案体系是否完整成为一个国家应急管理体系完善与否的一个重要标志之一,也是各级政府是否履行应急救援职责的参考依据。其实,在 20 世纪 50 年代之前,应急救援还被看作是受灾人的邻居、宗教团体及居民社区的一种道德责任,而不是政府的责任。伴随着政府职能转变,应急预案编制与执行效果,科学评估其完整性成为政府应急

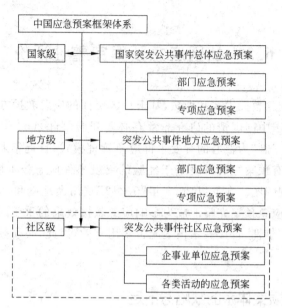

图 6-4　中国现行应急预案体系与构成

管理者关注的基本问题。依据我国应急预案体系的缺陷和当前社区级应急预案的实际，结合现行《农村、社区突发公共事件应急预案框架指南》从应急预防准备、应急预警、应急响应、后期处理等 4 个方面分析了影响应急预案完整性的主要因素及成因，见表 6-6。

表 6-6　社区应急预案完整性影响因素表

目标	主要影响因素、成因及各基本事件分级			
	Ⅰ级	Ⅱ级	Ⅲ级	Ⅳ级
社区应急预案完备性（A）	应急预防准备（A_1）	制定与审查应急预案（A_{11}） 应急资源保障（A_{12}） 应急演练（A_{13}） 监督检查（A_{14}） 应急组织机构（A_{15}）	应急救援人员保障（A_{121}） 医疗卫生保障（A_{122}） 交通运输保障（A_{123}） 通信保障（A_{124}） 应急物资器材储备（A_{125}） 经费保障（A_{126}）	专业应急救援队伍（A_{1211}） 其他救援人员保障（A_{1212}）
			社区应急指挥机构（A_{151}） 社区应急救援力量（A_{152}） 居民应急教育与培训（A_{153}）	
	应急预测预警（A_2）	预警行动（A_{21}） 社区风险评价（A_{22}） 社区监测预警系统（A_{23}）	事故分类分级（A_{211}） 预警信息（A_{212}）	
			监测网络（A_{231}） 应急指挥系统（A_{232}）	

续表

目标	主要影响因素、成因及各基本事件分级			
	Ⅰ 级	Ⅱ 级	Ⅲ 级	Ⅳ 级
社区应急预案完备性（A）	应急响应（A_3）	应急指挥与调度（A_{31}） 响应分级管理（A_{32}） 应急处理与救援（A_{33}） 社会救助动员（A_{34}） 信息发布（A_{35}） 现场监测评估（A_{36}）	应急资源调度（A_{311}） 现场指挥部（A_{312}） 对人员进行安全防护（A_{331}） 对主要设施进行安全防护（A_{332}） 进行医疗防护和卫生防疫（A_{333}） 维护治安（A_{334}） 检测现场（A_{361}） 评估损失（A_{362}） 事件发展趋势分析（A_{363}）	居民安全防护（A_{3311}） 应急人员安全防护（A_{3312}） 居民转移安置（A_{3313}）
	后期处理（A_4）	善后处置（A_{41}） 调查评估（A_{42}） 应急结果宣布（A_{43}）	安置人员（A_{411}） 恢复现场（A_{412}） 心理救助（A_{413}） 保险理赔（A_{414}）	

（1）预防准备中的影响因素。主要包括未制定与审查应急预案、未进行应急演练、未进行应急资源保障、未成立应急组织机构、未进行监督检查。

（2）预测预警中的影响因素。主要包括未进行预警行动、未建立社区监测预警系统、未进行社区风险评价。

（3）应急响应中的影响因素。主要包括未对响应进行分级、未进行指挥与调度、未动员社会救助、未进行应急处理与救援、未进行信息发布、未进行现场监测评估。

（4）后期处理中的影响因素。主要包括未进行善后处置、未进行调查评估、未宣布应急结果。

6.3.2　预案标准事故树分析及建立

建立事故树是使用 FTA 方法分析预案完整性的一项基础工作，其分析对象是一般社区应急预案的完备性问题。

1. 分析顶上事件

在事故树中，顶上事件是不希望发生的事件，即分析系统发生事故的损失和频率大小，从中找出后果严重，且较容易发生的事故，作为分析的顶上事件。在本研究中应急预案不完备是不希望发生的事件，可确定顶上事件为应急预案不完备。

2. 细分事件及层次关系

结合我国应急预案的编制、使用及突发事件应急救援的实际,将预案标准事故树的事件分为顶上事件和基本事件,其中基本事件又细分为Ⅰ～Ⅳ级(见表6-6),进而规范而清晰地定义了事故树中的事件。在事件定义的过程中,并不涉及行为事件的正确与否,只考虑是否有该项行为事件。同时,为了使标准事故树对一般事故应急预案具有通用性,在细分事件直至基本事件的过程中,兼顾了细化程度和通用性二者之间的平衡。

3. 建立预案标准事故树

事故树是一种表示故障事件发生原因及其逻辑关系的层次关系的基础上,分析各基本事件之间的逻辑关系,采用表6-6中的逻辑关系符号,进而建立一般应急预案系统的标准事故树。在此事故树中如当"未进行应急预防准备""未进行应急预测预警""未进行应急响应"和"未进行后期处理"4个Ⅰ级子事件中任何一个发生的时候,顶上事件"应急预案不完备"必然发生。因此,这4个子事件之间由逻辑符号"或门"来连接。以此类推,将所有关联基本事件的逻辑关系确定,即建立如图6-5所示的标准事故树(以符号表示各事件)。

4. 确定基本事件权重

权重作为一个相对概念,是针对某一指标而言的,是指该指标在整体评价中的相对重要程度。因此,权重反映了评价主体对客观事物的重视程度,即对被评价对象的不同侧面的重要程度的定量分配,对各评价因子在总体评价中的作用进行区别对待。要实现从定性到定量的计算,确定权重是相当重要的一个环节。因为权重在进行评判和决策的过程中至关重要,它反映了各个因素在评判和决策过程中所占有的地位和所起的作用,能否准确地确定权重直接影响到最终的评判和决策结果。通常设定权重在理论上有很多方法,如主观经验法、主次指标排队分类法及专家调查法等主观方法,也有根据粗糙集理论(Pawlak,1982)确定权重的系统方法。在预案标准事故树中,每一基本事件对顶上事件发生的贡献程度不同,即权重是不相同的。一般来说,基本事件的权重可以从概率和事故树的结构方面来确定。当前,由于我国启动和执行应急预案后的分析数据非常缺乏,从概率角度确定基本事件的权重并不可行。

$$p(e_i) = \begin{cases} 1, & e_i \text{ 是顶上事件} \\ p(e_j), & e_i \text{ 不是顶上事件,逻辑关系为"或"} \\ \dfrac{p(e_j)}{t}, & e_i \text{ 不是顶上事件,逻辑关系为"与"} \end{cases} \tag{6-1}$$

式中,$p(e_i)$是事件e_i的权重;事件e_j是事件e_i的直接上层事件;t是事件e_j的直接子事件的数量。

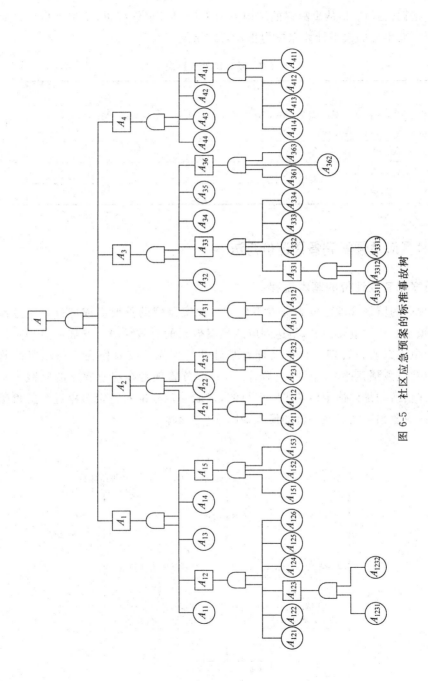

图 6-5　社区应急预案的标准事故树

因此,依据公式(6-1)从事故树的结构方面来确定各事件权重,从顶上事件开始逐层计算,直至所有事件的权重计算完毕为止。其结果见表6-7。

表6-7　基本事件权重表

序号	基 本 事 件	权重
1	A_{11},A_{13},A_{14},A_{22},A_{32},A_{34},A_{35},A_{41},A_{42},A_{43},A_{121},A_{122},A_{124},A_{125},A_{126},A_{332}, A_{333},A_{334},A_{361},A_{362},A_{363}	1
2	A_{1231},A_{1232},A_{211},A_{212},A_{231},A_{232}	0.50
3	A_{151},A_{152},A_{153},A_{3311},A_{3312},A_{3313}	0.33
4	A_{411},A_{412},A_{413},A_{414}	0.25

6.3.3　社区应急预案完备性评价方法

1. 预案完备性评价的基本流程

应急预案的监督管理已成为突发事件应急预案制度的重要组成部分。应急预案评估是应急预案监管的重要内容,是达到应急预案效果的有效保障。开展应急预案的科学评估,在应急预案监督管理工作中发挥着基础性的作用。政府作为应急预案的管理主体,理应熟知应急预案评估的标准与程序,但一部分管理者在应急救灾的实践中缺少这一能力。评估活动是评估主体基于特定目的,采取一定标准对特定对象进行的价值判断活动。社区应急预案完备性评价的流程如图6-6所示。

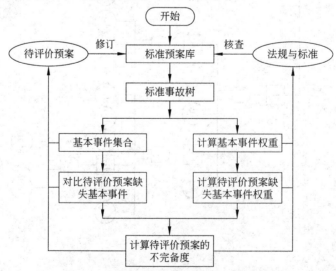

图6-6　社区应急预案完备性评价流程图

（1）建立标准预案库。认真疏理各级应急预案，对比应急预案相关法律、法规和有关评估标准，建立标准预案库。

（2）建立标准事故树。结合法规与标准认真分析现行应急预案体系的缺陷与不足，运用 FTA 法建立应急预案标准事故树。

（3）确立基本事件及权重。此过程分两个方面：一方面结合标准事故树，建立基本事件集合，并计算基本事件的权重；另一方面对比待评价应急预案，找出待评价应急预案缺失的基本事件，并计算其权重。

（4）计算待评价应急预案的不完备度。利用公式（6-2）计算待评价应急预案的不完备度，并结合结果分析，找出提高待评价应急预案的有效途径，并及时修订待评价应急预案，使之成为有效的标准应急预案，并加入预案库。

2. 社区应急预案的完备度计算方法

（1）社区应急预案的突出特征。社区应急预案除了具有一般应急预案的基本特征以外，还有其自身的特点：一是当突发事件发生时，社区救援具有第一时间性，决定了预案必须有很强的针对性；二是社区各类非政府组织众多，预案制定和启动条件缺少统一性；三是社区应急预案的制定、演练、培训与评估缺少专家的支撑，导致预案"千篇一律"缺乏有效的适应性。

（2）社区应急预案的完备度计算。从社区应急预案特征分析可看出，社区应急预案不仅要求预案规划本身要简便、快捷与实用，更重要的是与社区管理者及居民的安全文化素质是相关的。因此，建立基于社区实际的社区应急预案完备性评价方法是解决社区预案评估问题的有效途径之一。为了更直观地得到待评价应急救援预案的完备度，可以利用标准事故树的最小割集的数量对评价结果进行归一化处理得：

$$p = \left(1 - \sum_{i=1}^{n} \frac{p(e_i)}{m}\right) \times 100\% \qquad (6\text{-}2)$$

式中，p 为待评价预案的完备率；

　　m 为标准事故树的最小割集的数量；

　　n 为待评价预案缺失的基本事件的数量；

　　$p(e_i)$ 为基本事件 e_i 的权重。

下面介绍某社区地震应急预案完备性评价实例分析。

1）应急预案内容缺失情况统计

通过对某社区地震应急预案的梳理，对照表 6-6 和表 6-7，得出了该应急预案缺失的基本事件 14 个，并确定其权重，相关结果参见表 6-8。

表 6-8　某社区地震应急预案缺失基本事件

序号	基 本 事 件	代码	权重
1	未进行应急演练	A_{13}	1
2	未进行社区风险评价	A_{22}	1
3	未进行监督检查	A_{14}	1
4	未宣布应急结果	A_{43}	1
5	未进行保险理赔	A_{414}	0.25
6	未进行调查评估	A_{42}	1
7	未建立监测网络	A_{231}	0.50
8	未对事故分类分级	A_{211}	0.50
9	未发布预警信息	A_{212}	0.50
10	未分析事件发展趋势	A_{363}	1
11	未检测现场	A_{361}	1
12	未评估损失	A_{362}	1

2）应急预案完备度计算

由表 6-8 可知，该项预案缺失 14 个基本事件，同时从标准故障树中提取该预案缺失基本事件的权重，根据式（6-2）得该应急预案的完备度为：

$$p = \left(1 - \sum_{i=1}^{n} \frac{p(e_i)}{m}\right) \times 100\% = \left(1 - \frac{9.75}{36}\right) \times 100\% = 72.92\%$$

即通过该方法计算的某社区应急预案的完备度为 72.92%。

3）应急预案修订与完善建议

从以上结果可以看出：社区应急预案的编制水平是很低的，这与加强以社区为核心的社会精细化管理要求是不相符的，据此提出完善该应急预案的具体建议如下：

（1）提高应急评估技术在社区的应用。仅就应急评估与预测油区预警技术，我国社区水平整体不高，尤其针对地震等重大自然灾害，亟须加强地震情景设置的完备度，增加对造成地震突发事件的深刻认识，提高应急预案的预见性。

（2）逐步提升应急准备能力。对于社区来说，采用多种方式和途径，开展地震应急演练，普及安全社区建设理念和实验，切实发挥安全社区建设的基础性作用。

（3）强化灾后恢复能力建设。进一步加强灾后总结与评估工作，特别是做好受灾群众灾后理赔工作，建立符合社区实际的灾情监测网络，更好地发挥群众在抗震救灾中的重要作用。

6.4　社区应急预案演练

应急演练是指来自多个机构、组织或群体的人员针对模拟紧急情况,执行实际紧急事件发生时,各自所承担任务的排练活动。虽然评价、总结实际重大事故的应急响应过程是检验重大事故应急预案实用性、完整性和协调性的最佳方式,但却不符合预防为主的工作原则,不能在事故发生前修改、完善应急预案,避免事故发生和事态的进一步扩大。比较而言,应急演练可以在重大事故预防过程中发挥如下作用:

(1) 评估应急准备状态,发现并及时修改应急预案中的缺陷和不足;

(2) 评估重大事故应急能力,识别资源需求,澄清相关机构、组织和人员的职责,改善不同机构、组织和人员之间的协调问题;

(3) 检验应急响应人员对应急预案的了解程度和实际操作技能,评估应急培训效果,分析培训需求;

(4) 促进公众、媒体对应急预案的理解,争取他们对重大事故应急工作的支持。

考虑到应急演练在重大事故预防过程中的重要作用,经济合作与发展组织在其颁布的《化学品事故预防、准备与响应导则》中要求定期开展演练,检验应急预案之间的相容性。美国负责石油与危险物质泄漏事故应急协调工作的国家应急队将其与应急预案编制、应急知识培训并列为重大事故应急准备过程的三项基本任务。

6.4.1　应急演练目的与要求

1. 应急演练目的

应急演练是我国各类事故及灾害应急过程中的一项重要工作,多部法律、法规及规章对此都有相应的规定,如《消防法》、《危险化学品安全管理条例》、《矿山安全法实施条例》、《使用有毒物品作业场所劳动保护条例》、《核电厂核事故应急条例》、《突发公共卫生事件应急条例》等规定有关企业和行政部门应针对火灾、化学事故、矿山灾害、职业中毒、核事故和突发公共卫生事件定期开展应急演练。

应急演练目的是通过培训、评估、改进等手段提高保护人民群众生命财产安全和环境的综合应急能力,说明应急预案的各部分或整体是否能有效地付诸实施,验证应急预案应急可能出现的各种紧急情况的适应性,找出应急准备工作中可能需要改善的地方,确保建立和保持可靠的通信渠道及应急人员的协同性,确保所有应急组织都熟悉并能够履行他们的职责,找出需要改善的潜在问题。

2. 应急演练要求

应急演练类型有很多种,不同类型的应急演练虽有不同特点,但在策划演练内容、演练情景、演练频次、演练评价方法等方面的共同性要求包括以下几点:

(1)应急演练必须遵守相关法律、法规、标准和应急预案规定。

(2)领导重视、科学计划。开展应急演练工作必须得到有关领导的重视,给予财政等相应支持,必要时有关领导应参与演练过程并扮演与其职责相当的角色。应急演练必须事先确定演练目标,演练策划人员应对演练内容、情景等事项进行精心策划。

(3)结合实际、突出重点。应急演练应结合当地可能发生的危险源特点、潜在事故类型、可能发生事故的地点和气象条件及应急准备工作的实际情况进行。演练应重点解决应急过程中组织指挥和协同配合问题,解决应急准备工作的不足,以提高应急行动的整体效能。

(4)周密组织、统一指挥。演练策划人员必须制定并落实保证演练达到目标的具体措施,各项演练活动应在统一指挥下实施,参演人员要严守演练现场规则,确保演练过程的安全。演练不得影响生产经营单位的安全生产和正常运行,不得使各类人员承受不必要的风险。

(5)由浅入深、分步实施。应急演练应遵循由下而上、先分后合、分步实施的原则,综合性的应急演练应以若干次分练为基础。

(6)讲究实效、注重质量的要求。应急演练指导机构应精干,工作程序要简明,各类演练文件要实用,避免一切形式主义的安排,以取得实效为检验演练质量的唯一标准。

(7)应急演练原则上应避免惊动公众,如必须卷入有限数量的公众,则应在公众教育得到普及、条件比较成熟时进行。

6.4.2 应急演练任务与目标

1. 应急演练的任务

应急演练过程可划分为演练准备、演练实施和演练总结3个阶段。应急演练是由多个组织共同参与的一系列行为和活动,按照应急演练的3个阶段,可将演练前后应予完成的内容和活动分解并整理成20项单独的基本任务。

具体任务包括:(1)确定演练日期;(2)确定演练目标和演示范围;(3)编写演练方案;(4)确定演练现场规则;(5)指定评价人员;(6)安排后勤工作;(7)准备和分发评价人员工作文件;(8)培训评价人员;(9)讲解演练方案与演练活动;(10)记录应急组织演练表现;(11)评价人员访谈演练参与人员;(12)汇报与协商;(13)编写书面评价报告;(14)演练人员自我评价;(15)举行公开会议;(16)通报不足项;(17)编写演练总结报告;

(18)评价和报告不足项补救措施；(19)追踪整改项的纠正；(20)追踪演练目标演示情况。

2. 应急演练目标

应急演练目标是指检查演练效果，评价应急组织、人员应急准备状态和能力的指标。下述 18 项演练目标基本涵盖重大事故应急准备过程中，应急机构、组织和人员应展示出的各种能力。在设计演练方案时应围绕这些演练目标展开。

(1)应急动员。展示通知应急组织、动员应急响应人员的能力。本目标要求责任方应具备在各种情况下警告、通知和动员应急响应人员的能力，以及启动应急设施和为应急设施调配人员的能力。责任方既要采取系列举措，向应急响应人员发出警报，通知或动员有关应急响应人员各就各位，还要及时启动应急指挥中心和其他应急支持设施，使相关应急设施从正常运转状态进入紧急运转状态。

(2)指挥和控制。展示指挥、协调和控制应急响应活动的能力。本目标要求责任方应具备应急过程中控制所有响应行动的能力。事故现场指挥人员、应急指挥中心指挥人员和应急组织、行动小组负责人员都应按应急预案要求，建立事故指挥系统，展示指挥和控制应急响应行动的能力。

(3)事态评估。展示获取事故信息，识别事故原因和致害物，判断事故影响范围及其潜在危险的能力。本目标要求应急组织具备主动评估事故危险性的能力。即应急组织应具备通过各种方式和渠道，积极收集、获取事故信息，评估、调查人员伤亡和财产损失、现场危险性以及危险品泄漏等有关情况的能力；具备根据所获信息，判断事故影响范围，以及对居民和环境的中长期危害的能力；具备确定进一步调查所需资源的能力；具备及时通知国家、省及其他应急组织的能力。

(4)资源管理。展示动员和管理应急响应行动所需资源的能力。本目标要求应急组织具备根据事态评估结果识别应急资源需求的能力，以及动员和整合内外部应急资源的能力。

(5)通信。展示与所有应急响应地点、应急组织和应急响应人员有效通信交流的能力。本目标要求应急组织建立可靠的主通信系统和备用通信系统，以便与有关岗位的关键人员保持联系。应急组织的通信能力应与应急预案中的要求相一致。通信能力的展示主要体现在通信系统及其执行程序的有效性和可操作性方面。

(6)应急设施、装备和信息显示。展示应急设施、装备、地图、显示器材及其他应急支持资料的准备情况。本目标要求应急组织具备足够应急设施，而且应急设施内装备、地图、显示器材和应急支持资料的准备与管理状况能满足支持应急响应活动的需要。

(7)警报与紧急公告。展示向公众发出警报和宣传保护措施的能力。本目标要求应急组织具备按照应急预案中的规定，迅速完成向一定区域内公众发布应急防护措施命令和信息的能力。

（8）公共信息。展示及时向媒体和公众发布准确信息的能力。本目标要求责任方具备向公众发布确切信息和行动命令的能力。即责任方应具备协调其他应急组织，确定信息发布内容的能力；具备及时通过媒体发布准确信息，确保公众能及时了解准确、完整和通俗易懂信息的能力；具备谣言控制，澄清不实传言的能力。

（9）公众保护措施。展示根据危险性质制定并采取公众保护措施的能力。本目标要求责任方具备根据事态发展和危险性质选择并实施恰当公众保护措施的能力，包括选择并实施学生、残障人员等特殊人群保护措施的能力。

（10）应急响应人员安全。展示监测、控制应急响应人员面临的危险的能力。本目标要求应急组织具备保护应急响应人员安全和健康的能力，主要强调应急区域划分、个体保护装备配备、事态评估机制与通信活动的管理。

（11）交通管制。展示控制交通流量，控制疏散区和安置区交通出入口的组织能力和资源。本目标要求责任方具备管制疏散区域交通道口的能力，主要强调交通控制点设置、执法人员配备和路障清除等活动的管理。

（12）人员登记、隔离与去污。通过人员登记、隔离与消毒过程，展示监控与控制紧急情况的能力。本目标要求应急组织具备在适当地点如接待中心对疏散人员进行污染监测、去污和登记的能力，主要强调与污染监测、去污和登记活动相关的执行程序、设施、设备和人员情况。

（13）人员安置。展示收容被疏散人员的程序、安置设施和装备以及服务人员的准备情况。本目标要求应急组织具备在适当地点建立人员安置中心的能力，人员安置中心一般设在学校、公园、体育场馆及其他建筑设施中，要求可提供生活必备条件，如避难所、食品、厕所、医疗与健康服务等方面。

（14）紧急医疗服务。展示有关转运伤员的工作程序、交通工具、设施和服务人员的准备情况，以及展示医护人员、医疗设施的准备情况。本目标要求应急组织具备将伤病人员运往医疗机构的能力和为伤病人员提供医疗服务的能力。转运伤病人员既要求应急组织具备相应的交通运输能力，也要求具备确定伤病人员运往何处的决策能力。医疗服务主要是指医疗人员接收伤病人员的所有响应行动。

（15）24小时不间断应急。展示保持24小时不间断的应急响应能力。本目标要求应急组织应急过程中具备保持24小时不间断运行的能力。重大事故应急过程可能需坚持1日以上的时间，一些关键应急职能需维持24小时的不间断运行，因而责任方应能安排两班人员轮班工作，并周密安排接班过程，确保应急过程的持续性。

（16）增援国家、省及其他地区。展示识别外部增援需求的能力和向国家、省及其他地区的应急组织提出外部增援要求的能力。本目标要求应急组织具备向国家、省及其他地区请求增援，并向外部增援机构提供资源支持的能力。主要强调责任方应及时识别增援需求、提出增援请求和向增援机构提供支持等活动。

（17）事故控制与现场恢复。展示采取有效措施控制事故发展和恢复现场的能力。本目标要求应急组织具备采取针对性措施，有效控制事故发展和清理、恢复现场的能力。事故控制是指应急组织应及时扑灭火源或遏制危险品溢漏等不安全因素，以避免事态进一步恶化。现场恢复是指应急组织为保护居民安全健康，在应急响应后期采取的清理现场污染物、恢复主要生活服务设施、制定并实施人员重入、返回与避迁措施等一系列活动。

（18）文件化与调查。展示为事故及其应急响应过程提供文件资料的能力。本目标要求应急组织具备根据事故及其应急响应过程中的记录、日志等文件资料调查分析事故原因并提出应急不足改进建议的能力。从事故发生到应急响应过程基本结束，参与应急的各类应急组织应按有关法律法规和应急预案中的规定，执行记录保存、报告编写等工作程序和制度，保存与事故相关的记录、日志及报告等文件资料，供事故调查及应急响应分析使用。

应急演练是检验、评价和保持应急能力的一个重要手段。其重要作用突出地体现在：可在事故真正发生前暴露预案和程序的缺陷；发现应急资源的不足（包括人力和设备等）；改善各应急部门、机构、人员之间的协调；增强公众应对突发重大事故救援的信心和应急意识；提高应急人员的熟练程度和技术水平；进一步明确各自的岗位与职责；提高各级预案之间的协调性；提高整体应急反应能力。

6.4.3　演练的类型

对应急预案的完整性和周密性进行评估，可采用多种应急演练方法，如桌面演练、功能演练和全面演练等。

1. 桌面演练

桌面演练是指由应急组织的代表或关键岗位人员参加的，按照应急预案及其标准工作程序讨论紧急情况时应采取行动的演练活动。桌面演练的主要特点是对演练情景进行口头演练，一般是在会议室内举行。主要目的是锻炼参演人员解决问题的能力，以及解决应急组织相互协作和职责划分的问题。

桌面演练一般仅限于有限的应急响应和内部协调活动，应急人员主要来自本地应急组织，事后一般采取口头评论形式收集参演人员的建议，并提交一份简短的书面报告，总结演练活动和提出有关改进应急响应工作的建议。桌面演练方法成本较低，主要用于为功能演练和全面演练做准备。

2. 功能演练

功能演练是指针对某项应急响应功能或其中某些应急响应行动举行的演练活动。

功能演练一般在应急指挥中心举行,并可同时开展现场演练,调用有限的应急设备,主要目的是针对应急响应功能,检验应急人员以及应急体系的策划和响应能力。例如,指挥和控制功能的演练,其目的是检测、评价多个政府部门在紧急状态下实现集权式的运行和响应能力,演练地点主要集中在若干个应急指挥中心或现场指挥部举行,并开展有限的现场活动,调用有限的外部资源。

功能演练比桌面演练规模要大,需动员更多的应急人员和机构,因而协调工作的难度也随着更多应急响应急组织的参与而加大。演练完成后,除采取口头评论形式外,还应向地方提交有关演练活动的书面汇报,提出改进建议。

3. 全面演练

全面演练是指针对应急预案中全部或大部分应急响应功能,检验、评价应急组织应急运行能力的演练活动。全面演练一般要求持续几个小时,采取交互式方式进行,演练过程要求尽量真实,调用更多的应急人员和资源,并开展人员、设备及其他资源的实战性演练,以检验相互协调的应急响应能力。与功能演练类似,演练完成后,除采取口头评论、书面汇报外,还应提交正式的书面报告。

无论选择何种应急演练方法,应急演练方案必须适应辖区重大事故应急管理的需求和资源条件。桌面演练、功能演练和全面演练比较,如表 6-9 所示。

表 6-9 桌面演练、功能演练和全面演练比较

项　　目	桌 面 演 练	功 能 演 练	全 面 演 练
演练人员	负责应急管理工作的有关官员 从事应急管理工作的关键人员 当地政府机构、省和国家有关政府部门的有关工作人员	负责应急管理工作的有关官员,以及负责相应功能的政策拟定、协调工作的人员 当地政府机构、省和国家有关政府部门的有关工作人员	所有与应急工作相关的政府机构及尽可能多的演练人员
演练内容	模拟紧急情景中应采取的响应行动 应急响应过程中的内部协调活动	相应的应急响应功能,如指挥与控制 应急响应过程中的内部、外部协调活动	应急预案中载明的大部分要素
演练地点	会议室 应急指挥中心	应急指挥中心 实施应急响应功能的地点 工厂或交通事故现场	省、地方应急指挥中心 现场指挥所 人员收容所,道路及路口交通控制点,医疗处置区

续表

项　目	桌面演练	功能演练	全面演练
演练目的	锻炼解决问题的能力 解决应急组织相互协作和职责划分的问题	检验应急响应人员以及应急管理体系的策划和响应能力	尽可能在真实并吸引众多人员、应急组织参与的条件下,检验应急预案中的重要内容
所需评价人员数量	一般需 1～2 人	一般需 4～12 人	一般需 10～50 人
总结方式	口头评论 参与人员汇报 演练报告	口头评论 参与人员汇报 演练报告	口头评论 参与人员汇报 书面正式报告

注:三种演练类型的最大差别在于演练的复杂程度和规模,所需评价人员的数量与实际演练、演练规模、地方资源等状况有关。

6.4.4　演练的参与人员

应急演练的参与人员包括参演人员、控制人员、模拟人员、评价人员和观摩人员,这五类人员在演练过程中都有着重要的作用,并且在演练过程中都应佩带能表明其身份的识别符。

1. 参演人员

参演人员是指在应急组织中承担具体任务,并在演练过程中尽可能对演练情景或模拟事件作出真实情景下可能采取的响应行动的人员,相当于是通常所说的演员。

2. 控制人员

控制人员是指根据演练情景,控制演练时间进度的人员。控制人员根据演练方案及演练计划的要求,引导参演人员按响应程序行动,并不断给出情况或消息,供参演的指挥人员进行判断、提出对策。

3. 模拟人员

模拟人员是指演练过程中扮演、代替某些应急组织和服务部门,或模拟紧急事件、事态发展的人员,模拟受害或受影响人员。

4. 评价人员

评价人员是指负责观察演练进展情况并予以记录的人员。

5. 观摩人员

观摩人员是指来自有关部门、外部机构以及旁观演练过程的观众。

6.4.5 演练实施的基本过程

由于应急演练是由许多机构和组织共同参与的一系列行为和活动,因此,应急演练的组织与实施是一项非常复杂的任务,建立应急演练策划小组(或领导小组)是成功组织开展应急演练工作的关键。策划小组应由多种专业人员组成,包括来自消防、公安、医疗急救、应急管理、市政、学校、气象部门的人员,以及新闻媒体、企业、交通运输单位的代表等组成,必要时,军队、核事故应急组织或机构也可派出人员参与策划小组。为确保演练的成功,参演人员不得参与策划小组,更不能参与演练方案的设计。综合性应急演练的过程可划分为演练准备、演练实施和演练总结三个阶段,各阶段的基本任务如图 6-7 所示。

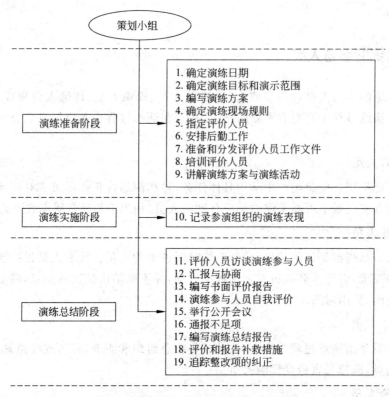

图 6-7　综合性应急演练实施的基本过程

6.4.6　演练结果的评价

应急演练结束后应对演练的效果做出评价,并提交演练报告,并详细说明演练过程中发现的问题。按对应急救援工作及时有效性的影响程度,演练过程中发现的问题可划分为不足项、整改项和改进项。

1. 不足项

不足项指演练过程中观察或识别出的应急准备缺陷,可能导致在紧急事件发生时,不能确保应急组织或应急救援体系有能力采取合理应对措施,保护公众的安全与健康。不足项应在规定的时间内予以纠正。演练过程中发现的问题确定为不足项时,策划小组负责人应对该不足项进行详细说明,并给出应采取的纠正措施和完成时限。最有可能导致不足项的应急预案编制要素包括:职责分配,应急资源,警报、通报方法与程序,通信,事态评估,公众教育与公共信息,保护措施,应急人员安全和紧急医疗服务等。

2. 整改项

整改项指演练过程中观察或识别出的,单独不可能在应急救援中对公众的安全与健康造成不良影响的应急准备缺陷。整改项应在下次演练前予以纠正。两种情况下,整改项可列为不足项:一是某个应急组织中存在两个以上整改项,共同作用可影响保护公众安全与健康能力的;二是某个应急组织在多次演练过程中,反复出现前次演练发现的整改项问题的。

3. 改进项

改进项指应急准备过程中应予改善的问题。改进项不同于不足项和整改项,它不会对人员的生命安全健康产生严重的影响,视情况予以改进,不必一定要求予以纠正。

关键术语

应急预案　综合预案　专项预案　现场预案　应急资源　预案演练

复习思考题

1. 简述应急预案相关法律的基本要求。
2. 简述编制社区应急预案的核心要素、内容和基本要求。
3. 开展社区应急预案演练需要注意哪些问题?简述其基本步骤。

4. 简析影响应急预案有效性的因素。

阅读材料

"千篇一律"的基层社区应急预案

为确保节日期间社区稳定,掌握重点人群的基本情况,根据东原街道关于做好近期辖区内稳定工作的精神,结合本社区实际情况,特制定方案如下:

一、应急预案适用范围

适用在辖区内节日期间的突发性重点事件。

二、处置原则

1. 坚持事前预防与事后应急相结合原则。

2. 坚持依规管理、分级控制的原则。对突发事件的预警、控制进行管理和处置,最大限度地控制事态发展。

3. 坚持快速反应、科学应对的原则。建立社区预警和处置突发事件的快速反应机制,一旦出现突发事件,确保发现、报告、指挥、处置等环节的紧密衔接,及时应对。

4. 对突发性群体性事件,坚持宜散不宜聚、宜解不宜结、宜快不宜慢、宜缓不宜激的原则,讲究策略,注意方式,正确做好事件现场处理工作。

三、领导组织机构

组长:各社区主任。

副组长:各社区副组长。

成员:各社区工作人员,社区治安协管员,社区劳动保障工作人员。

四、主要职责

1. 针对群体性突发事件的性质、规模、事态、地域等,采取相应的处置措施;

2. 负责应急现场通信联络、对外联系、突发事件的统一协调;

3. 组织力量确保重点要害部位的安全和正常的工作、生活秩序;

4. 发生突发事件时,指挥平台,为办事处提供信息、通信、预案、咨询等,保证正常运转;

5. 对因工作不力而引发事件的负责人,按照有关规定追究责任;

6. 负责向街道汇报应急时期的每日维稳情况;

7. 加强对社区内重点人员的监管工作。

五、个体、群体突发性事件及突发性重点问题处置程序

1. 社区应急工作领导组人员接报后,立即向社区、街道应急工作领导组组长通报情

况,并启动应急预案。

2. 应急状态启动后,应急工作办公室立即赶赴现场,到达现场后,从 3 个方面开展工作:

(1) 事态控制:制定现场应急方案,并进行上报和组织实施,及时向街道应急领导小组汇报现场工作进展情况。

(2) 教育引导:了解现场情况,做好解释疏导工作。

(3) 协调联络:通知相关人员赴现场,做好情况上报工作。

3. 直至突发事件切实消除后,应急工作人员办及有关人员方可离开现场。

4. 对突发事件必须记录在案,同时要对应急行动过程的活动进行综合评价,整理记录,及时写出工作总结,上报街道应急工作领导组,并进行归档保存。

六、工作要求

1. 加强对领导干部的教育,提高对做好应急工作重要性的认识。凡是涉及应急的工作,必须在第一时间作出反应,不折不扣地贯彻执行社区应急工作领导小组的各项指令和工作安排。

2. 做好排查走访工作,定期分析职工思想动态。要查找社区内已知以及未知应急因素,制定措施,堵塞漏洞。特别是要做好特殊人员、群体的跟踪调查,及时掌握情况,高度警觉,早发现、早渗透、早报告、早化解,把问题消灭在萌芽中。

3. 始终坚持正确的舆论导向。对社区群众中出现的一些不利于应急的话和事,要及时进行正确引导,引导群众把主要精力放在谋求社区的发展、干好本职工作上来。

七、本预案自印发之日起施行。

资料来源:http://www.wenmi114.com/wenmi/fanwen/qihuawenan/2009-06-25/20090625145020.html

问题讨论

1. 为什么说"千篇一律"应急预案起不到应有的作用?

2. 以社区应急预案编制为例,试论在策划和组织实施社区应急管理工作中应注意的问题。

本章延伸阅读文献

[1]　夏保成,牛帅印,张永领,吴晓涛.我国专项应急预案完备性评估指标与方法探讨[J].河南理工大学学报(自然科学版),2012,31(1):19-24

[2]　邢娟娟.企业事故应急管理与预案编制技术[M].北京:气象出版社,2009

［3］ 刘铁民.应急体系建设和应急预案编制［M］.北京：企业管理出版社,2005

［4］ 邓芳,刘吉夫.高原地震协同应急方法研究——以玉树地震为例［J］.中国安全科学学报,2012,22
　　　 (3)：171-176

［5］ 吴宗之,刘茂.重大事故应急预案分级、分类体系及其基本内容［J］.中国安全科学学报,2003,13
　　　 (1)：15-18

［6］ 张永领,夏保成,吴晓涛.应急预案运行保障的评价方法［J］.灾害学,2013,28(1)：146-149,159

［7］ 石彪.应急预素管理中的若干问题研究［D］.中国科学技术大学,2012

［8］ 张英菊.基于灰色多层次评价方法的应急预案实施效果评价模型研究［J］.计算机应用研究,2012,
　　　 29(9)：3312-3319

［9］ 于瑛英.应急预案制定中的评估问题研究［D］.中国科学技术大学,2008

第 **7** 章 家庭及居民行为安全

7.1 家居安全问题分析

7.1.1 家居安全

1. 社区的人口学特征

社区伤害的预防和控制是针对个体社区居民的,具有普遍性。根据我国社区居民构成特点,从人口学角度将社区居民分为两种:重点人群和普通人群。

(1) 重点人群。重点人群主要是指伤害事件发生的多发人群。社区伤害事件的统计表明,高风险人员以及脆弱群体更容易发生伤害事件,并且容易造成更大的损失。因此,对于重点人群需要采取特殊措施进行重点管理和保护;而对于普通人群只需进行通用化管理。

根据北京社区居民构成的特点又将重点人群分为高危人群、弱势群体和流动人口。主要因为这三个群体在应对社区伤害事件中所具有的能力不同,在评价体系中应赋予不同的权重。

高危人群主要是指从事高风险行业的人员以及经常接触高风险环境的相关人员。包括:社区的物业管理人员、消防队员、居委会人员和司机等,他们从事的职业往往面临着更高的伤害危险或者经常参与、接触高风险环境。同时,下岗失业人员在某种程度上也属于高危人群,是社区不稳定因素之一,容易造成伤害。

弱势群体主要指那些由于身体、心理、年龄等因素造成的对伤害缺乏预防及处理能力的人群。包括:老人(60 岁及以上)、儿童(14 岁及以下)、残障人员等。老人由于年龄大,视力和听力下降,体弱多病,行动不便,活动量减少,免疫功能减退,日益突出的"空巢"现象,造成独居老年人逐渐增多,家庭对老年人缺乏照顾等,造成了老年人是易受伤害的人群。儿童发育尚未成熟,动作不协调,好奇心强,回避反应迟缓,缺乏自我保护意识和常识,辨别伤害能力最差,以及在监护人疏忽的时候容易发生伤害。残障人员由于身体的缺陷使他们也成为伤害的易发人群。

流动人口主要是指非长期居住固定社区的人员。北京城市社区不同于国外,社区居民的流动性比较大,有的社区可能很大一部分居民都是外来的流动人口。流动人口的不稳定性以及人员构成的复杂性决定了他们也是伤害事件的高发人群。

(2)普通人群。除了重点人群以外,其他即普通人群,社区伤害事件的预防和处理同样需要他们的参与。

2. 家居安全类别

家居安全是公共安全领域的一个重要方面,借鉴生产安全领域的分析方法,可以人—机—环—管四个方面分析,家居安全主要分为人的安全、物的安全、环境的安全和管理的安全。具体包括以下几种:

(1)用电安全。不要移动正在运行的家用电器,如电视机、电风扇、洗衣机等。如需搬动,应关上开关,并拔去插头。

不要赤手赤臂去修理家中带电的线路或设备。

使用频繁的电器,如电热淋浴器、电风扇、洗衣机等,应经常用验电笔测试金属外壳是否带电,否则应请专业人员维修。

使用的家用电器因不慎浸水,首先应切断电源开关,防止电器绝缘损坏,再次使用前,应请专业人员进行检测。

进行电气工作前,需先验明确实无电;湿手不要接触或操作电气设备。

电器设备应保持良好的接地。

灯头、插座、开关、导线等接着电器的带电部分绝对不能外露,需用绝缘带缠紧包实。

教育未成年孩子不要玩弄电气设备。为避免家庭电器设备安装埋下事故隐患。

(2)防火安全。不要让孩子接触火、电、气源,在儿童房间不要使用蜡烛等明火照明,不要在儿童蚊帐附近安放蚊香等。

不可随意将烟蒂、火柴杆扔废纸篓内或可燃杂物上,不要躺在床上或沙发上吸烟。

不私接乱接电线,插座上不要使用过多的用电设备,电线老化应及时更换,不用铜、铁、铝丝等代替。

刀闸形状保险丝。离家或入睡前,应对用电器具开关进行检查,用电设备长期不使用时,应切断开关或拔下插销。

不要在楼梯间、公共楼道内动火或存放可燃物品,不要在棚厦内动火、存放易燃易爆物品,不要在棚厦禁火地点吸烟、动火。

使用液化气,要先开气阀再点火。使用完毕,要先关气阀再关炉具。不要随意倾倒液化气、石油气残液。燃气泄漏,要迅速关闭气源阀门,开窗通风,切勿触动电器开关、使用明火、拨打电话。

炉灶周围不要堆放可燃物。使用炉灶做到人离火灭。入冬前要仔细检查火炕、火墙、烟囱的烟道。

农村草垛要远离住房,周围有可靠水源。

(3) 燃气安全。使用前,要认真阅读使用说明书和燃气公司提供的(燃气安全使用手册),使用时保持室内通风。

每次使用后,除关闭灶具自身的开关外,还必须关闭管路上的灶前阀门。如长期不使用,一定要关闭表前阀门。

使用中要注意检查连接软管的状况,严防出现挤压、烫坏、裂纹等缺陷。连接灶具的软管长度不要超过 2 米。

使用燃气时,务必看到灶具点燃后再从事炊事活动,并且不要远离。

用户不得自行拆、装、改造燃气管道。

(4) 煤气安全。使用煤气时,一定要有人在灶前看管。每天临出门或临睡前要检查煤气阀门是否关好。

煤气用具要选用正规厂家的合格产品,并请专业队伍进行规范安装。使用煤气热水器时,一定要保持室内通风良好。

在进行室内装修时,不得擅自拆、迁、改造、遮挡或封闭煤气管道设施,不得将煤气表、煤气管道等安装在密闭的橱柜内。

使用管道煤气的燃具不能和使用其他气体的燃具互相代替,不要在管道上悬挂物品,也不要在管道煤气设备周围堆放杂物和易燃品。

有煤气或液化气的家庭最好安装可燃气体泄漏报警器。

(5) 家具安全。鱼缸不要放在电话桌旁和离厕所、厨房门近的地方,以防着急或潮湿滑倒,撞碎鱼缸。

花瓶和吊兰也常被人们放在陈列柜的高处,应给吊兰做个半人高的架子,或把盆景放在阳台或窗台上。若家里有孩子,最好把易碎的东西放到带门的柜子里。

若有大块玻璃或玻璃门,一定要在眼睛平视的方位挂个颜色鲜明的装饰物。

地砖一定要选防滑的;拖鞋最好买塑胶底的;防滑垫要表面干净、四角平整,放在干燥的地面。以免人滑倒。

家中最好用固定在墙上的插座,少用接线板;家电不要过于集中于某个区域,最好分散放置,并用固定插座;接线板的最大功率和家电各自的功率不超过接线板所能容纳的最大功率;长电线不要相互缠绕;电线不可暴露过多,建议用埋线管将其包裹起来,并放在角落里;收拾电源线时,手要干,以防触电。

一人高以内的家具,最好选圆角的,以免易被撞伤;如果家具是直角的,千万别放在狭小的空间、门的旁边,以免因空间狭窄而撞到;如果家中有孩子和老人,可用软布将四角包起来。

一定要把水果刀套上刀鞘,并放进刀架上,不要横着摆在桌上;指甲刀和镊子等放进抽屉;家里最好不要用金属架子,如果有的话,也要在墙面等地方固定好,或将金属制品放入带盖的收纳盒。

(6)防雷安全。防雷安全包括以下几种:

发生雷击时,不能停留在楼(屋)顶。

发生雷击时,要注意关闭门窗。

发生雷击时,在室内,电视机或收音机(尤其是使用室外天线的)要停止收看、收听;要切断电源,并要把室外天线与电视机脱离而与地线连接,电灯和其他电器最好都暂停使用,也不要打电话。

发生雷击时,如发现电器设备被雷电烧坏时,应尽快地切断电源,并通知电工来检查修理。

在雷击时不宜接近室内裸露的金属物,如门、窗、水管、暖气管、煤气管等,更应远离专门的避雷针引下线。

发生雷击时,坐在干燥的可作为绝缘材料的物质上面,弯腰低头、抱膝抵胸,脚要离开地面,四肢并拢,不要用手触地,那样可能会传导雷电。

(7)厨房安全。预防厨房安全有以下几种方法:

蔬菜灭火法。当油锅因温度过高,引起油面起火时,此时请不要慌张,可将备炒的蔬菜及时投入锅内,锅内油火随之就会熄灭。使用这种方法,要防止烫伤或油火溅出。

锅盖灭火法。当油锅火焰不大,油面上又没有油炸的食品时,可用锅盖将锅盖紧,然后熄灭炉火,稍等一会儿,火就会自行熄灭,这是一种较为理想的窒息灭火方法。但要注意,油锅起火千万不能用水灭火,水遇油会将油炸溅锅外,使火势蔓延。

干粉灭火法。平时厨房中准备一小袋干粉灭火剂,放在便于取用的地方,一旦遇到煤气或液化石油气的开关处漏气起火时,可迅速抓起一把干粉灭火剂,对准起火点用力投放,火就会随之熄灭。这时可及时关闭总开关。除气源开关外,其他部位漏气或起火,应立即关闭总开关阀,火就会自动熄灭。当然厨房内配备一个小型灭火器,效果会更好。

(8)食物中毒的预防与急救。防止食品被细菌污染。首先应该加强对食品企业的卫生管理,特别加强对屠宰厂宰前、宰后的检验和管理。禁止使用病死禽畜肉。食品加工、销售部门及食品饮食行业、集体食堂的操作人员应当严格遵守食品卫生法,严格遵守操作规程,做到生熟分开,特别是制作冷荤熟肉时更应该严格注意。从业人员应该进行健康检验合格后方能上岗,如发现肠道传染病及带菌者应及时调离。

控制细菌繁殖。主要措施是冷藏、冷冻。温度控制在2℃～8℃,可抑制大部分细菌的繁殖。熟食品在冷藏中做到避光、断氧、不重复被污染,其冷藏效果更好。动物食品食前应彻底加热煮透,隔餐剩菜食前也应充分加热。腌腊罐头食品,食前应煮沸6～10分钟。

高温杀菌。食品在食用前进行高温杀菌是一种可靠的方法,其效果与温度高低、加热时间、细菌种类、污染量及被加工的食品性状等因素有关,根据具体情况而定。

（9）用药安全。急性腹痛忌用止痛药。以免掩盖病情,延误诊断,应尽快去医院查诊。

腹部受外伤内脏脱出后忌立即复位。脱出的内脏须经医生彻底消毒处理后再复位,以防止感染而造成严重后果。

使用止血带结扎忌时间过长。止血带应每隔 1 小时放松 1 刻钟,并做好记录,防止因结扎肢体过长造成远端肢体缺血坏死。

昏迷病人忌仰卧。应使其侧卧,防止口腔分泌物、呕吐物吸入呼吸道引起窒息,更不能给昏迷病人进食、进水。

心源性哮喘病人忌平卧。因为平卧会增加肺脏瘀血及心脏负担,使气喘加重,危及生命,应取半卧位使下肢下垂。

脑出血病人忌随意搬动。如有在活动中突然跌倒昏迷或患过脑出血的瘫痪者,很可能有脑出血,随意搬动会使出血更加重,应平卧,抬高头部,即刻送医院。

小而深的伤口忌马虎包扎。若被锐器刺伤后马虎包扎,会使伤口缺氧,导致破伤风杆菌等厌氧菌生长,应清创消毒后再包扎,并注射破伤风抗毒素。

腹泻病人忌乱服止泻药。在未消炎之前乱用止泻药,会使毒素难以排出,肠道炎症加剧。应在使用消炎药之后再用止泻药。

如发现有人触电应立即切断电源,或用干木棍、竹竿等绝缘体挑开电线。

（10）儿童铅安全。注意自来水管道的铅污染。早晨经水龙头放出的自来水含铅较多,应待水放出 3～5 分钟后再使用。如果以前装修使用的是 PVC 水管,有条件的可以更换 PPR 管,也可以在管道上安装除铅的过滤器。

注意临街房屋的汽车污染。临街的住宅在装修时要注意门窗的密封,适当地进行室内通风换气。孕妇和儿童应尽量少在公路旁边逗留,孕妇在孕期前后尽量不要开车。

注意儿童家具的选择。为了防止长牙的宝宝啃东西,婴儿床的所有表面必须漆有防止龟裂的保护层,床缘的双边横杆必须装上保护套,婴儿床的油漆绝对不能含有铅等对孩子身体有害的元素。

注意采用室内空气净化措施,因为室内空气中的铅等重金属物质一般会与悬浮颗粒物结合。选用质量可靠的空气净化器,降低室内的悬浮颗粒物,是减少室内环境中铅尘的有效途径。

利用植物进行室内环境湿度调节,也可以降低室内环境中的铅尘。

童房和儿童家具一般都喜欢选用鲜艳的颜色,更容易造成房间空气里的铅污染,因此一定要注意选择无铅的油漆或者涂料。此外,五颜六色的儿童玩具也容易含有铅,一定要经常清洗。

（11）电梯安全。一旦被困电梯中,不必惊慌。因为电梯的轿厢上有好多条安全绳,它的安全系数很高。而且电梯都装有防坠安全装置,即使停电了,电灯熄灭了,安全装置也不会失灵,电梯会牢牢夹住电梯槽两旁的钢轨,使电梯不至于掉下去。即使电梯上的安全绳断了(这种情况极少发生),在电梯槽的底部都有缓冲器,它可以减少掉下来时的冲击速度,电梯内的人是不会受到身体的伤害的。所以不要因此而害怕。

电梯内若有司机,一定要听从他的指挥。他们都是受过专业训练的,都有处理这种情况的办法。如果没有司机,应该采取好措施:用电梯内的电话或对讲机求救,必要时按下标盘上的警铃;拍门大声叫喊,或脱下鞋子,用鞋拍门,以引起梯外人注意。

千万不要强行扒开电梯门或试图从电梯轿厢上的安全窗跳出,这样做非常危险。因为电梯如果突然启动,人就会失去平衡。在漆黑的电梯槽里,可能会被缆索绊倒,或踩着油垢滑倒,从电梯顶上掉下去。

3. 家居安全识别

调查显示,2000 年以来,70％以上的亡人火灾事故都发生在家庭,消防安全重点将从人员密集场所向家庭延伸。公安部等 8 部门联合下发了《全民消防安全宣传教育纲要(2011—2015)》,提倡家庭制定应急疏散预案并进行演练,表明家庭消防安全成为社会关注的焦点。开展家居安全自我管理,其主要路径是运用科学方法进行家居安全问题识别与改进,具体步骤包括以下几步:

1)家居安全自查

如表 7-1 所示,可用检查表法来识别。

表 7-1　家居消防安全自查表(样例)

序号	检查内容	评 分 项		
		是	否	不确定
1	家里每个房间是否都计划了不同的火灾逃生线路?			
2	家里的火灾逃生路线是否始终畅通无阻?			
3	一旦发生火灾,全家都知道如何正确、快速地拨打 119 火警电话吗?			
4	你是否养成了不把孩子置于无人看护状态的习惯?			
5	全家是否都清楚逃生第一准则——所有人尽快撤离火场,不再返回?			
6	你是否向孩子的看护人教授了正确的火灾逃生路线及报警方法?			
7	你的家里是否严格禁止卧床吸烟?			
8	在你丢掉烟头,处理烟嘴、烟缸之前是否确定香烟已经熄灭?			
9	火柴是否远离每个孩子?			
10	如果你的家里有移动式加热器,它们摆放在安全的位置吗?			
11	窗帘和其他可燃物是否远离电加热器等热源呢?			
12	做饭时你衣服的袖子扎好了吗?			
13	你能安全地扑灭油锅火灾吗?			

续表

序号	检查内容	评分项		
		是	否	不确定
14	当炉灶有火时,总有大人留在厨房吗?			
15	你确定家里的电线没破损,没有电源延长线从地毯下面穿过吗?			
16	家里电线每个回路上的保险或断路器与线路负荷匹配吗?			
17	你家里的电视机通风情况良好吗?			
18	你把垃圾、废物及时地从卧室、储藏室、厨房、车库清理出去了吗?			
19	你把易燃易爆液体、气体放置在远离热源和孩子的安全的地方了吗?			
20	家中备有灭火器或其他灭火工具吗?			

2) 制订家庭防火应急预案

(1) 头脑里要有一张清单,明白家里房间的一切可能逃生的出口。例如,门、窗、天窗、阳台等。应该想到每间卧室至少有两个出口,就是说,除了门外,窗户能作为紧急出口使用。知道几条逃生路线,就可以在主要通道被堵时,走别的路线求生。

(2) 平时要让你的家庭成员,尤其是儿童了解门锁结构和怎样开窗户,一个被钢丝钉固定的纱窗就会使窗户不能成为紧急出口。因此,无论什么门窗,都应该是容易开关的。要让儿童知道,在危急关头,可以用椅或其他坚硬的东西砸碎窗户玻璃。

(3) 绘一张住宅平面图,用特殊标志标明所有的门窗,表明每一条进生路线,注明每一条路线上可能遇到的障碍,画出住宅的外部特征,标明逃生后家庭成员的集合地点。

(4) 让家庭成员牢记下列逃生规则:

① 睡觉时把卧室门关好,这样可以抵御热浪和浓烟的侵入、延缓火势的蔓延。假如你必须从这个房间跑到另一个房间方能逃生,到另一个房间后应随手关门。

② 在开门之前先摸一下门,如果门已发热或者有烟从门缝中渗透进来,切不可开门,而应准备走第二条逃生路线。假如门不热,也只能小心翼翼地打开少许并迅速通过,通过后立即重新关上。因为门大开时会跑进许多氧气,这样即使是快要熄的火也会骤然重新猛烈燃烧起来。

③ 假如出口通道被浓烟堵住,并且没有其他路线可走,要贴近地面的"安全带"。匍匐前进通过浓烟弥漫的走廊和房间,千万不可站着走动。

④ 不要为穿衣服和取贵重物品而浪费时间,没有任何东西值得冒生命危险。

⑤ 如果你的衣服着火了,应立即脱掉或躺下就地打滚。若有人带着火惊慌失措地乱跑,应将其放倒让他滚来滚去,直至火焰熄灭。

⑥ 一旦到家庭集合地点,要马上清点人数,看看还有谁滞留在屋内。同时,不要让任何人重返屋内,寻找和救援工作最好由专业消防人员去做。

(5) 要把住宅平面图和逃生规则贴在家中显眼的地方,使所有家庭成员都能经常看到。不仅如此,至少每半年要进行一次家庭消防演习,让每个人都把逃生方案和原则熟悉一遍,并按既定逃生路线走一遍,反复训练是从火灾中脱险的关键。

上述方案的制订和实施,在一些公民消防意识较强的国家,是家庭各种计划中必不可少的内容。虽然麻烦点,但请你记住:只有这样,你的生命才能在火灾中延续。

3)绘制家庭逃生图

"家"向来都是人们避风的港湾,但火灾却无时无刻不在威胁着"家"的安全。较之公众场所的消防安全,家庭消防安全往往被忽视。假如您的家里发生火灾时,您和家人能够安全逃生吗?一旦发现火情,全家人都应该知道怎么做,去哪里。现在,请全家一起动手制作一个家庭火灾逃生计划吧!家庭逃生图如图7-1所示。

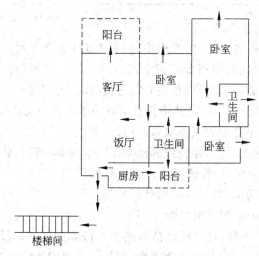

图 7-1 居民楼火灾家庭逃生计划示意图

(1)画一幅您家的平面图。在印有网格的稿纸或者图纸背面画出您家的平面图,如果您的房子超过1层,记得每层都画一个平面图。

(2)在图上标出所有可能的逃生出口。记得一定要把家里所有的房门、窗户、楼梯都标注在图上,这样能够让您和您的家人对紧急情况下家里的逃生路线一目了然。同时,请别忘记标注房屋附近的疏散楼梯,因为城市居民大多住在多层和高层住宅里面。

(3)如若可能,尽量为每个房间画出两条逃生路线。房门当然是每个房间的主要逃生出口。但是,如果房门被大火和浓烟封堵,您就需要另外一个逃生出口,例如,窗户。所以,您一定要确保家里的窗户能够自如开启,并且家里的每个人都清楚知道逃生的路线。如果窗户安装了防盗锁,那么一定记得在家里准备锤子等应急工具。

(4)重点关注火灾发生时家里其他需要帮助的成员。制订家庭火灾逃生计划一定要提前考虑紧急情况下家里需要帮助的小朋友、老年人,甚至您心爱的宠物。事先的规划能够帮助您在紧急情况下争取到关键的几秒钟,甚至几分钟。此外,火灾逃生时,请顺便大力敲一下您邻居的家门,并关上自家的大门,以帮助邻居逃生和避免自家大火短时间殃及近邻。

(5)在户外确定一个会合点。在您的家外面确定一个家里所有人都知道的逃生会合点,一棵树、一个公交站台、一座报亭都是不错的选择。一旦火灾发生,家庭成员都直接到会合地点集中,这样能够很快确定所有家庭成员是否全部成功逃生。

(6)在户外给消防队打电话报警。千万不要浪费宝贵的逃生时间在家里给消防队打电话报警。一旦您已安全逃生,就用手机或者公共电话给消防队报警。

(7)一定记得演练您的火灾逃生计划。家里的每个成员都要熟悉火灾逃生计划,最好全体家庭成员试着从每个房间徒步走向逃生出口,这样可以确定所有的逃生出口是否可以正常使用。家里最好每年做1～2次这样的演练,一旦火灾真的发生,家庭成员就能够在烟、火封堵逃生路线前准确、快速地疏散逃生。

4)配备必要的应急器材

(1)过滤式自救呼吸器。消防过滤式自救呼吸器是绝大多数室内场所发生火灾时最佳的逃生用品之一。经研究,发生火灾时,真正被火烧死的并不多,大多数都死于烟熏中毒,消防过滤式自救呼吸器是企业单位及家庭必备的个人防护用品。过滤式自救呼吸器防护对象:一氧化碳(CO)、氰化氢(HCN)、毒烟、毒雾,油雾透过系数<5%,吸气阻力<800pa,呼气阻力<300pa。消防过滤式自救呼吸器使用方法如图7-2所示。

1.开盒取出呼吸器　　2.拔掉前后两个塞子　　3.将呼吸器戴于头上　　4.从侧面拉紧系带

图 7-2　消防过滤式自救呼吸器使用方法示意图

消防过滤式自救呼吸器注意事项:一是自救式呼吸器只可一次性使用,仅供个人逃生,不可用于工作防护;二是应放置于干燥通风、无腐蚀物质处;三是备用状态时不可撕开真空包装袋,否则将失效。

(2)救生缓降器。当高层建筑发生火灾,浓烟烈火封闭疏散通道的危急情况下,被困人员可利用救生缓降器安全迅速地从天而降脱离险境。救生缓降器如图7-3所示。缓降器使用方法包括以下几种:

① 将调速器用安全钩挂在预先安装好的挂钩板上或用安全钩连接用钢丝绳将其挂在坚固的支撑物上(暖气管道,上、下水管道,楼梯栏杆等处),对已安装了安装箱的用户,

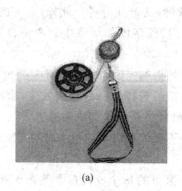

(a)　　　　　　　　　(b)

图 7-3　救生缓降器示意图

可在紧急情况发生时打碎玻璃取出调速器;

② 将钢丝绳盘顺室外墙面投向地面,且保证钢丝绳顺利展开至地面;

③ 被救人系好安全带,将带夹调整适度;

④ 被救人站在窗台上拉动钢丝绳长端,使其短端处于绷紧状态;

⑤ 被救人双手扶住窗框,将身体悬于窗外,松开双手,开始匀速下降,下降过程中,面朝墙,双手轻扶墙面,双脚蹬墙,以免擦伤;

⑥ 被救人安全落地后,摘下安全带迅速离开现场。

(3)强光手电筒。强光手电筒,又称 LED 强光手电筒,是以发光二极管作为光源的一种新型照明工具,它具有省电、耐用、亮度强等优点。使用方法如图 7-4 所示。

首次使用之前,先对本灯　　　开关的使用:按一次强光,两次特　　　如不常使用,三个月补充电
充电5~8小时。　　　　　　强光,三次闪光警示,四次关灯。　　　一次,否则会降低电池寿命。

图 7-4　强光手电筒使用方法示意图

建议在第一次使用之前,先对本灯充电 5~8 小时,以保证本灯具发挥最佳性能。

在使用时,第一次按下开关为强光,第二次为特强光,第三次为闪光警示,第四次为关灯。

在使用过程中,当灯泡亮度暗淡时,电池趋于完全放电状态,此时,为保护电池,应停止使用,并及时充电。探照灯应经常充电使用。

如不经常使用,请每存放三个月内补充电一次约 10 个小时以上,否则会降低电池寿命。

(4) 灭火器。灭火器有以下 3 种:

① 手提式泡沫灭火器适应火灾及使用方法。适用于扑救一般 B 类火灾,如油制品、油脂等火灾,也可适用于 A 类火灾,但不能扑救 B 类火灾中的水溶性可燃、易燃液体的火灾,如醇、酯、醚、酮等物质火灾;也不能扑救带电设备及 C 类和 D 类火灾。

使用方法:可手提筒体上部的提环,迅速奔赴火场。这时应注意不得使灭火器过分倾斜,更不可横拿或颠倒,以免两种药剂混合而提前喷出。当距离着火点 10 米左右,即可将筒体颠倒过来,一只手紧握提环,另一只手扶住筒体的底圈,将射流对准燃烧物。在扑救可燃液体火灾时,如已呈流淌状燃烧,则将泡沫由远而近喷射,使泡沫完全覆盖在燃烧液面上;如在容器内燃烧,应将泡沫射向容器的内壁,使泡沫沿着内壁流淌,逐步覆盖着火液面。切忌直接对准液面喷射,以免由于射流的冲击,反而将燃烧的液体冲散或冲出容器,扩大燃烧范围。在扑救固体物质火灾时,应将射流对准燃烧最猛烈处。灭火时随着有效喷射距离的缩短,使用者应逐渐向燃烧区靠近,并始终将泡沫喷在燃烧物上,直到扑灭。使用时,灭火器应始终保持倒置状态,否则会中断喷射。

泡沫灭火器存放应选择干燥、阴凉、通风并取用方便之处,不可靠近高温或可能受到曝晒的地方,以防止碳酸分解而失效;冬季要采取防冻措施,以防止冻结;并应经常擦除灰尘、疏通喷嘴,使之保持通畅。

② 二氧化碳灭火器的使用方法。灭火时只要将灭火器提到或扛到火场,在距燃烧物 5 米左右,放下灭火器拔出保险销,一手握住喇叭筒根部的手柄,另一只手紧握启闭阀的压把。对没有喷射软管的二氧化碳灭火器,应把喇叭筒往上板 70°～90°。使用时,不能直接用手抓住喇叭筒外壁或金属连线管,防止手被冻伤。灭火时,当可燃液体呈流淌状燃烧时,使用者将二氧化碳灭火剂的喷流由近而远向火焰喷射。如果可燃液体在容器内燃烧时,使用者应将喇叭筒提起。从容器的一侧上部向燃烧的容器中喷射。但不能将二氧化碳射流直接冲击可燃液面,以防止将可燃液体冲出容器而扩大火势,造成灭火困难。

推车式二氧化碳灭火器一般由两人操作,使用时两人一起将灭火器推或拉到燃烧处,在离燃烧物 10 米左右停下,一人快速取下喇叭筒并展开喷射软管后,握住喇叭筒根部的手柄,另一人快速按逆时针方向旋动手轮,并开到最大位置。灭火方法与手提式的方法一样。

原理:让可燃物的温度迅速降低,并与空气隔离。

好处:灭火时不会因留下任何痕迹使物品损坏,因此可以用来扑灭书籍、档案、贵重设备和精密仪器等。

注意事项:使用二氧化碳灭火器时,在室外使用的,应选择在上风方向喷射,并且手要放在钢瓶的木柄上,防止冻伤。在室外内窄小空间使用的,灭火后操作者应迅速离开,以防窒息。

（5）灭火毯。

灭火毯（图7-5）具有难燃、耐高温、遇火不延燃、耐腐蚀、抗虫蛀的特性，可有效减少火灾隐患，增加逃生机会，减小人员伤亡，维护人们的生命和财产安全。采用难燃性纤维织物，经特殊工艺处理后加工而成，具有紧密的组织结构和耐高温性，能很好地阻止燃烧或隔离燃烧。

石棉被　　　　　　　　　　　灭火毯

图 7-5　石棉被与灭火毯

石棉被（图7-5）是用优质的石棉纱交织而成。适用于各种热设备和热传道系统作保温，隔热材或加工成其他石棉制品。石棉被的主要用途，除了制造各种耐热、防腐、耐酸、耐碱等材料外，还利用它做化工过滤材料及电解工业电解槽上的隔膜材料以及锅炉、气包、机件的保温隔热材料，在特殊场合用它做防火幕，还直接用于各种热设备和热传导系统做包扎保温材料。

灭火毯的使用方法及用途如下：

火场逃生：将灭火毯披裹在身上并戴上防烟面罩，迅速脱离火场。灭火毯可隔绝火焰、降低火场高温。

工业安全：炼钢厂、电弧焊加工、锅炉房及化学实验室等有火花、易引起火灾的场合，能够抵挡火花飞溅、熔渣、烧焊飞溅物等，起到隔离工作场所、分隔工作层、杜绝焊接工作中可能引起的火灾危险。

初期灭火：在起火初期，将灭火毯直接覆盖住火源或着火的物体上，可迅速在短时间内扑灭火源。

地震逃生：将灭火毯折叠后顶在头上，利用其厚实、有弹性的结构，减轻落物的撞击。

7.1.2　社区消防安全的主体和宣教任务

1. 家庭、基层社区及宣教

（1）家庭成员学习掌握安全用火、用电、用气、用油和火灾报警、初起火灾扑救、逃生白救常识,经常查找,消除家庭火灾隐患;教育未成年人不玩火;教育家庭成员自觉遵守消防安全管理规定,不圈占、埋压、损坏、挪用消防设施、器材,不占用消防车通道、防火间距,保持疏散通道畅通;提倡家庭制订应急疏散预案并进行演练。

(2) 社区居民委员会、住宅小区业主委员会应建立消防安全宣传教育制度,制订居民防火公约,重要防火时期、"119消防日"活动期间组织居民参加消防科普教育活动和消防安全自查、互查及灭火、逃生演练;发动社区老年协会、物业管理公司职工、消防志愿者、义务消防队员参与消防安全宣传教育工作,与社区老弱病残、鳏寡孤居家庭结成帮扶对子,上门进行消防安全宣传教育,帮助查找消除火灾隐患,遇险情时帮助疏散逃生;为每栋住宅指定专兼职消防宣传员,绘制、张贴住宅楼疏散逃生示意图,开展楼内消防巡查,确保疏散通道畅通、防火门常闭、消防设施器材和标志标识完好。

(3) 社区居民委员会、住宅小区业主委员会应在社区、住宅小区因地制宜设置消防宣传牌(栏)、橱窗等,适时更新内容;小区楼宇电视、户外显示屏、广播等应经常播放消防安全常识。

(4) 街道办事处、乡镇政府等应引导城镇居民家庭和有条件的农村家庭配备必要的报警、灭火、照明、逃生自救等消防器材,其他农村家庭应储备灭火用水、沙土,配备简易灭火器材,并掌握正确的使用方法。

(5) 街道办事处、乡镇政府等应将家庭消防安全宣传教育工作纳入"平安社区"、"文明社区"、"五好文明家庭"等创建、评定内容。

(6) 各级党校、行政学院应将消防安全纳入领导干部培训内容。

2. 学校及宣教

(1) 学校应落实相关学科课程中消防安全教育内容,针对不同年龄段学生分类开展消防安全教育;每学年组织师生开展疏散逃生演练、消防知识竞赛、消防趣味运动会等活动;有条件的学校应组织学生在校期间至少参观一次消防科普教育场馆。

(2) 学校应利用"全国中小学生安全教育日"、"防灾减灾日"、"科技活动周"、"119消防日"等集中开展消防宣传教育活动。

(3) 小学、初级中学每学年应布置一次由学生与家长共同完成的消防安全家庭作业;普通高中、中等职业学校、高等学校应鼓励学生参加消防安全志愿服务活动,将学生参与消防安全活动纳入校外社会实践、志愿活动考核体系,每名学生在校期间参加消防安全志愿活动应不少于4小时。

(4) 校园电视、广播、网站、报刊、电子显示屏、板报等,应经常播、刊、发消防安全内容,每月不少于一次;有条件的学校应建立消防安全宣传教育场所,配置必要的消防设备、宣传资料。

(5) 学校教室、行政办公楼、宿舍及图书馆、实验室、餐厅、礼堂等,应在醒目位置设置疏散逃生标志等消防安全提示。

3. 农村及宣教

（1）乡镇政府、村民委员会应制订完善消防安全宣传教育工作制度和村民防火公约，明确职责任务；指导村民建立健全自治联防制度，轮流进行消防安全提示和巡查，及时发现、消除火灾隐患。

（2）在人员相对集中的场所建立固定消防安全宣传教育阵地，教育村民安全用火、用电、用油、用气，引导村民开展消防安全隐患自查、自改行动；教育村民掌握火灾报警、初起火灾扑救和逃生自救的方法。

（3）农忙时节、火灾多发季节以及节庆、民俗活动期间，乡镇、村应集中开展有针对性的消防安全宣传教育活动。

（4）乡镇政府应在农村集市、场镇等场所设置消防宣传栏（牌）、橱窗等，并及时更新内容；举办群众喜闻乐见的消防文艺演出；督促乡镇企业开展消防安全宣传教育工作。

（5）乡镇、村应设专兼职消防宣传员，鼓励农村基干民兵、村镇干部和村民加入义务消防队、消防志愿者队伍，与弱势群体人员结成帮扶对子，上门宣传消防安全知识、查找隐患，遇险时协助逃生自救。

4. 人员密集场所及宣教

（1）人员密集场所应在安全出口、疏散通道和消防设施等位置设置消防安全提示；结合本场所情况，向顾客提示场所火灾危险性、疏散出口和路线、灭火和逃生设备器材位置及使用方法。

（2）人员密集场所应定期开展全员消防安全培训，落实从业人员上岗前消防安全培训制度；组织全体从业人员参加灭火、疏散、逃生演练，到消防教育场馆参观体验，确保人人具备检查消除火灾隐患能力、扑救初起火灾能力、组织人员疏散逃生能力。

（3）文化娱乐场所、商场市场、宾馆饭店以及大型活动现场应通过电子显示屏、广播或主持人提示等形式向顾客告知安全出口位置和消防安全注意事项。

（4）公共交通工具的候车（机、船）场所、站台等应在醒目位置设置消防安全提示，宣传消防安全常识；电子显示屏、车（机、船）载视频和广播系统应经常播放消防安全知识。

5. 企事业单位及宣教

（1）机关、团体、企业、事业单位应建立本单位消防安全宣传教育制度，健全机构，落实人员，明确责任，定期组织开展消防安全宣传教育活动。

（2）机关、团体、企业、事业单位应制订灭火和应急疏散预案，张贴逃生疏散路线图。消防安全重点单位至少每半年、其他单位至少每年组织一次灭火、逃生疏散演练。

（3）机关、团体、企业、事业单位应定期开展全员消防安全培训，确保全体人员懂基本消防常识，掌握消防设施器材使用方法和逃生自救技能，会查找火灾隐患、扑救初起火灾和组织人员疏散逃生。

（4）机关、团体、企业、事业单位应设置消防宣传阵地,配备消防安全宣传教育资料,经常开展消防安全宣传教育活动;单位广播、闭路电视、电子屏幕、局域网等应经常宣传消防安全知识。

7.2　居民安全行为

7.2.1　人的不安全行为

1. 基本概念

1）人的不安全行为

当前,国内外学术界还没有提出一个关于不安全行为的统一定义,现主要介绍几种定义表述。

《职业安全卫生术语》（GB/T 15236—94,已失效）中对"不安全行为"（unsafe behavior)的定义是：职工在职业活动过程中,违反劳动纪律、操作程序和方法等具有危险性的做法。但在《职业安全卫生术语》（GB/T 15236—2008)中没有定义。

陈红（2006)[①]从事故学角度界定了不安全行为的概念,认为人的不安全行为是在生产过程中发生的,直接导致事故的人失误行为,含缺陷设计、故意违章、管理失误。

海因里希在《工业事故预防》中就使用了人的不安全行为这一概念,并认为人的不安全行为是导致事故的直接原因。

青岛贤司曾经指出,从发生事故的结果看,确实已经造成了伤害事故的行为是不安全的,或者说可能造成伤害事故的行为是不安全的。然而,如何在事故发生之前判断人的行为是否是不安全行为,则往往很困难,人们只能根据以往的事故经验总结归纳出某些类型的行为是不安全行为,供安全工作中参考。

博德从实用的角度出发,定义不安全行为是可能引起事故的、违反安全规程的行为。这样的定义给日常安全管理带来很大方便,即以是否违反安全规程作为判别不安全行为的标准。但是,不安全行为的种类很多,安全规程不可能把所有的事情都包括进去,只能限制那些经常出现、后果较严重的不安全行为,因而按这样的定义可能漏掉许多不安全行为。

2）安全行为

安全是人类基本的权利,是社区持续发展的前提和基础。安全是指威胁社区和个人

---

① 陈红. 中国煤矿重大事故中的不安全行为研究[M]. 北京：科学出版社,2006

健康舒适的危害因素和导致生理、心理或物质的伤害条件被控制的一种状态,是个人和社区实现各种愿望的基础。安全被看作是已知环境中不同元素之间建立的一种动态平衡,是人类同生活的环境之间相互作用的结果。这里的环境并不单指自然环境,还包括社会环境,如文化、技术、政治、经济和组织等。安全是相对的,危险是绝对的。人处在某种程度的危险环境下是可以保持警觉的状态,从而起到预防的作用。人的安全行为是指那些不会引起事故的人的行为。

总之,在社区管理中,居民的安全行为能力主要是指居民预防和处理伤害的能力,主要体现在两个方面:一是预防伤害发生的能力;二是伤害发生时的处理能力。

2. 人的不安全行为分类

为了准确找出不安全行为产生的原因,以便采取恰当措施防止不安全行为的产生,就要对不安全行为进行分类。对不安全行为的分类方法很多,下面主要介绍三种分类方法:

(1) 按不安全行为的表现形式,在我国《企业职工伤亡事故分类》(GB 6441—86)中将不安全行为分为 13 种(见表 7-2),这与美国(见表 7-3)和日本(见表 7-4)的不安全行为划分有所不同。分别是:操作错误、忽视安全忽视警告;造成安全装置失效;使用不安全设备;手代替工具操作;物品存放不当;冒险进入危险场所;攀、坐不安全位置;在起吊物下作业、停留;机器运转时加油、修理、检查、调整、焊接、清扫等工作;有分散注意力行为;在必须使用个人防护用品、用具的作业或场所中,忽视其使用;不安全装束;对易燃、易爆等危险物品处理错误。

表 7-2　GB 6441—1986 规定的不安全行为

1. 操作错误、忽视安全、忽视警告
2. 造成安全装置失效
3. 使用不安全设备
4. 手代替工具操作
5. 物体存放不当
6. 冒险进入危险场所
7. 攀、坐不安全位置
8. 在起吊物下作业、停留
9. 机器运转时加油、修理、检查、调整、焊接、清扫等
10. 有分散注意力行为
11. 在必须使用个人防护用品、用具的作业或场所中,忽视其使用
12. 不安全装束
13. 对易燃易爆等危险品处理错误

表 7-3　美国 ANSIZ16.2—1962 规定的不安全行为

1. 未经允许操作
2. 不报警、不防护
3. 用不适当的、不合规定的速度操作
4. 使安全防护装置失效
5. 使用有毛病的设备
6. 使用设备不当
7. 没有使用个人防护用品
8. 装载不当、放置不当
9. 提升、吊起不当
10. 姿势不对、位置不正确
11. 在设备开动时维护设备
12. 恶作剧
13. 喝酒、吸毒

表 7-4　日本劳动省规定的不安全行为

1. 使用安全装置无效
2. 不执行安全措施
3. 不安全放置
4. 造成危险状态
5. 不按规定使用机械装置
6. 机械、装置运转时清扫、注油、修理、点检等
7. 防护用具、服装缺陷
8. 接近其他危险场所
9. 其他不安全、不卫生行为
10. 运转失效
11. 错误动作
12. 其他

（2）按其行为后果，可分为三种：一是引发事故的不安全行为；二是扩大事故损失的不安全行为；三是没有造成事故的不安全行为。

（3）按其产生的根源，可分为有意识不安全行为（简称为有意不安全行为）和无意识不安全行为（简称无意不安全行为）。有意不安全行为是在有意识的冒险动机支配下产生的行为。无意不安全行为是指行为者不知道行为的危险性，或者不具备作业安全知识和技能，或者由于外界干扰，或者由于生理及心理状况欠佳而出现危险性操作等。

3. 不安全行为的特性

（1）相对性。从不安全行为的定义可以看出，不安全行为不是绝对的。它与安全行为之间是相对的关系，是相对某个特定的时空环境而言的。同样一种行为在某种环境中就是安全行为，而在另一种环境中就是不安全行为。例如，戴手套，在从事电焊作业时戴

防护手套就是安全行为,而在操作车床时戴手套就是不安全行为。

(2)难判断性。不安全行为的相对性决定了它的难判断性,由于不安全行为与安全行为之间没有严格的界限,所以说在事故发生之前是很难判断人的行为是否安全。在实际工作中,人们对不安全行为的判断是根据以往的事故经验以及由此总结出来的安全行为进行判断。而对某些行为只能等行为结束后看是否发生事故或造成损失才能做出判断。

(3)普遍性。不安全行为伴随着生产作业的全过程,只要有生产作业行为就随时有可能发生不安全行为,每个行为者都有做出不安全行为的可能性。不安全行为是普遍存在的,有相当数量的不安全行为仅造成未遂事故或构成潜在失效。根据事故法则、无伤害事故、轻微伤、严重伤害的事故比例为 300：29：1。这一比例说明某行为者在受到伤害之前已经历了数百次没有造成伤害的事故,而在数百次无伤害事故中每一次事故在发生之前已经反复出现了无数次不安全行为。因此,往往虽然违章,但还没有造成事故或损失。就会给人们造成一种麻痹思想和侥幸心理,从而也就忽视了不安全行为的存在。

4. 不安全行为产生的原因

不安全行为受多种因素的影响,产生不安全行为的原因较多,情况也非常复杂,一般认为不安全行为的产生主要有以下几个方面的原因:

(1)态度不端正,忽视安全甚至采取冒险行动。这种情况是行为者具备应有的安全知识、安全技能,也明知其行为的危险性。但是,往往由于过分追求行为后果,或过高估计自己行为能力,从而忽视安全。抱着侥幸心理甚至采取冒险行动,正所谓"艺高人胆大"。行为者在为获得丰厚报酬,而图省事,贪方便,也会违反规章制度冒险蛮干,产生一些不安全行为。

(2)教育、培训不够。由于对行为者没有进行必要的安全教育、培训。使行为者缺乏必备的安全知识和安全技能。不懂操作规程、不具备安全行为的能力。在作业中完全处于盲目状态下进行的。凭借自己想象的方法蛮干,就必然会出现各种违章行为。

(3)行为者的生理和心理有缺陷。每一项作业对行为者的生理和心理状况都有一定的要求,特别是有些情况复杂、危险性较大的作业对行为者的生理和心理状况还有一些特殊的要求,如果不能满足这些要求就会造成行为判断失误和动作失误。如果行为者体形、体能不符合要求;视力、听力有缺陷,反应迟钝;有高血压、心脏病、神经性疾病等生理缺陷或者有过度疲劳、情绪波动、恐慌、焦虑、忧伤等不稳定心理状态都会产生不安全行为。

(4)作业环境不良。行为者的每项行为都是在一定的环境中进行的。生产作业环境因素的好坏,直接影响人的作业行为。过强的噪声会使人的听觉灵敏度降低,使人烦恼甚至无法安心工作;过暗或过强的照明会使人视觉疲劳,容易接受错误的信息;过分狭窄的场所会难以按安全规程正常的作业;过高或过低温度会使人产生疲劳,引起动作失误;有毒、有害气体会使人由于中毒而产生动作失调。作业环境恶劣既增加了劳动强度使人产生疲劳,又会使人感到心烦意乱,注意力不集中,自我控制力降低,因此说,作业环境不良是产生不安全行为的一个重要因素。

（5）人机界面缺陷,系统技术落后。绝大部分的作业行为是通过各种机械设备、工器具来完成的。如果行为者所接触的机械设备或使用的工器具有缺陷或者整个系统设计不合理等。就会使行为者的行为达不到预期的目的,为了达到目的就必须采取一些不规范的动作,也就导致了不安全行为的产生。

5. 控制不安全行为的 3E 对策

事故发生的直接原因是人的不安全行为和物的不安全状态,而基本原因可以归结为技术、教育、身体和管理四个方面。针对这四个方面的原因企业可以采取以下 3 种基本对策:

（1）Engineering——技术对策,即运用工程技术的手段消除生产设备和作业环境存在的不安全因素;

（2）Education——教育对策,即提供各种层次各种形式的教育和训练,使全体员工掌握安全生产的基本知识和技能,树立安全的基本观念;

（3）Enforcement——法治对策,即利用法律、规程、标准和制度等一系列强制手段约束人们的行为,避免事故的发生。

7.2.2　居民安全行为的定义及分类

1. 什么是安全行为能力

关于"安全行为能力"这个概念至今还没有比较系统权威的定义,肖振锋(2006)[①]对其进行定义和分析。将安全行为能力分为采取有效的预防、控制和恢复措施降低伤害事件的发生和损失的能力。如图 7-6 所示,在社区管理中,居民的安全行为能力主要是指居民预防和处理伤害的能力,体现为两方面:一是预防伤害发生的能力;二是伤害发生时的处理能力。同时,每个方面还包括两种情况。预防伤害发生的能力包括:一是预判伤害发生的能力,即能够对伤害发生前的各种征兆有所识别的能力;二是减少伤害发生的能力,即能够采取相应措施降低伤害发生可能性的能力。伤害发生时的处理能力包括:一是自我保护能力,即在伤害事件发生时,能够采取有效措施降低自身伤害的能力;二是控制局面、减少伤害损失的能力,即伤害事件发生时,能够采取相应措施,减少伤害损失,控制伤害事件蔓延的能力。

---

① 肖振峰. 北京城市社区居民安全行为能力评价指标体系研究[D]. 北京化工大学,2006

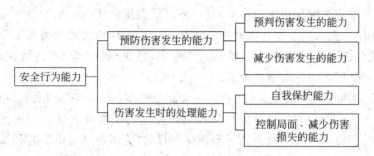

图 7-6 居民安全行为能力的构成

2. 居民安全行为能力分类

（1）预判伤害发生的能力。即能够对伤害发生前的各种征兆有所识别的能力。伤害事件发生前往往有所征兆，如果及时发现，就能进而采取措施避免伤害发生以及减少伤害损失。

（2）减少伤害发生的能力。能够采取相应措施降低伤害发生可能性的能力。社区中不仅要能够及时的发现事故隐患，还要能够采取有效措施阻止伤害的发生。比如，发现事故隐患能够依靠自身能力阻止伤害事件发生或者能够迅速报告有关职责部门，及时处理等。

（3）自我保护能力。即在伤害事件发生时，能够采取有效措施降低自身伤害的能力。当伤害事件发生后，社区居民能否针对事件类型、特点采取合适的方式、方法来使自己避免或者减小伤害。自救是人的本能，伤害发生时社区居民是否能够保证自身的安全，是否有必要的身体条件来躲避伤害等。

（4）控制局而、减少伤害损失的能力。即指伤害事件发生后，事件参与人员是否可以有效组织协调、控制局而，协同各个方面最大限度的较少伤害损失。

7.3 居民安全行为能力评价

7.3.1 评价指标选取原则

1. 科学性原则

科学性是制订评价指标体系的最基本原则。根据这一原则，评价指标体系既要能揭示居民安全行为的本质特征，又要反映出社区居民安全行为能力建设的内在要求。因此，在选取具体的评价指标时，一方面要考虑体系的完整性，大的方面不能有遗漏；另一方面又要考虑指标的代表性，通过层层筛选，从众多的指标中遴选出最能代表居民安全行为能力本质特征的优化指标,使其具有最大的科学性。

2. 可比性原则

指标体系中同一层次的指标,应该满足可比性的原则,即具有相同的计量范围、计量口径和计量方法,指标取值宜采用相对值,尽可能不采用绝对值。

3. 系统性原则

指标体系的设置应尽可能的反映社区居民安全行为能力的综合水平。各指标之间要相互联系、相互配合,形成有机的整体,既突出重点,又兼顾全面,从不同角度客观反映出社区居民安全行为能力的实际水平。具体包括下列几种:

相关性——要运用系统论的相关性原理不断分析,组合设计指标体系。

层次性——指标体系要形成阶层性的功能群,层次之间要相互适应并具有一致性,要具有与其相适应的导向作用,即每项上层指标都要有相应的下层指标与其相适应。

整体性——不仅要注意指标体系整体的内在联系,而且要注意整体的功能和目的。

综合性——指标体系要综合考虑多方面因素,这样才能更为客观和全面。

4. 可操作性原则

指标应明确地反映系统与指标间的相互关系,确定的指标力求简练,含义清晰明确,便于应用操作,具有实用性,并且要尽量保证可量化指标的可度量性,即可定量指标的计算方法操作性应较强,数据来源较易获得。

7.3.2　建立评价指标体系的步骤

如图 7-7 所示,评价指标体系的构造是一个从"具体—抽象—具体"的辩证逻辑思维过程,是人们对对象特征认识的逐步深化、逐步求精、逐步完善、逐步系统化的过程。一般来说,这个过程可大致分为以下四个环节: 理论准备、评价指标初选、指标体系完善、指标体系试用。

1. 理论准备

在设计评价指标及指标体系前,应对安全行为的有关基础理论有一定深度和广度的了解,全面掌握该领域描述指标体系的研究概况,同时还应掌握一定的数理统计方法。

2. 评价指标初选

在具备了一定的理论和方法之后,可以采用一定的方法,即主要是系统分析法来构造评价指标体系的框架。这是认知逐步深入的过程,是"先粗后细,逐步求精"的过程。

3. 评价指标体系完善

作为综合评价指标体系,显然有许多要求。初选的结果并不一定是合理的或必要

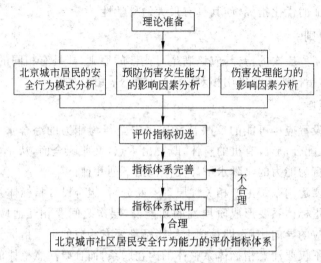

图 7-7　建立评价指标体系的流程图

的,可能有重复,也可能有遗漏甚至错误。这就要对初选指标进行精选(筛选)、测验,从而使之臻于完善,对于例选指标体系的结构进行优化。

4. 评价指标体系试用

这是评价指标体系的实践过程。实践是检验真理的唯一标准,也是评价指标体系设计的最终目的。评价指标体系需要在实践中逐步完善。通过实例的计算,分析输出结果的合理性,寻找导致评价结论不合理的原因,并及时修改指标体系。

7.3.3　评价指标的初选

1. 评价指标的初选方法

评价指标体系的初选方法有分析法、综合法、交叉法、指标属性分组法等多种方法。这里主要介绍综合法和分析法。

1) 综合法

所谓综合法,是指对已存在的一些指标按一定的标准进行聚类,使之系统化的一种构造指标体系的方法。例如,西方许多国家的社会评价指标体系设计,常常是在一些公共研究机构拟定的指标体系基础之上,作进一步的归类整理,使之条理化之后而形成的,这就是综合法。综合法特别适用于对现行评价指标体系的完善与发展。

2) 分析法

所谓分析法,即将综合评价指标体系的度量对象和度量目标划分成若干个不同组成部分或不同侧面(即子系统),并逐步细分(即形成各级子系统及功能模块),直到每一个部分和侧面都可以用具体的统计指标来描述和实现。这是构造综合评价指标体系最基本、最常用的方法。

2. 评价指标的选择

在选取指标时,首先将社区居民分为两种:重点人群和普通人群。重点人群是伤害事件发生的主要对象,需要采取特殊措施进行重点管理和保护,而对普通人群只需进行通用化管理。然后,将重点人群根据北京市社区特点分为高危人群、弱势群体和流动人口,主要因为这三个群体对社区伤害的影响大小不同,应赋予不同的权重。

1) 建立一级指标

如图 7-8 所示,指标体系的第一层指标为:高危人群——从事高风险行业人员(司机、保安、消防员等);弱势群体——老人(60 岁及以上)、儿童(14 岁及以下)、残障人员等;流动人口——非长期居住该社区的人员;其他人群。

2) 建立二级指标

前文对居民安全行为能力的范围进行了界定,将其分为四方面的内容,这四方面也就构成了指标体系的第二层指标(如图 7-9 所示),即预判伤害发生的能力、减少伤害发生的能力、自我保护能力、控制局面与减少伤害损失的能力。

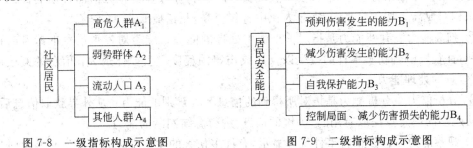

图 7-8　一级指标构成示意图　　　　图 7-9　二级指标构成示意图

3) 建立三级指标

通过对人的安全行为模式和安全行为影响因素分析,并结合社区居民伤害统计的特征,得到安全行为能力的影响因素,如表 7-5 所示。

表 7-5　安全行为能力的影响因素

安全行为能力	影响因素
预判伤害发生的能力	经验、安全意识、分析判断能力、观察能力等因素
减少伤害发生的能力	预判伤害发生的能力、健康和体力状况、反应能力、相关技能知识、责任感等因素
自我保护能力	自救知识、健康和体力状况、反应能力、心理素质等因素
控制局面、减少伤害损失的能力	自我保护能力、专业知识、大局观、责任感、应急能力、协调能力、控制能力等因素

由此建立第三层指标,具体内容如下:

(1) 预判伤害发生的能力。预判伤害发生的能力,即能够对伤害发生前的各种征兆有所识别的能力。伤害事件发生前往往有所征兆,如果能及时发现,就能进而采取措施避免伤害发生以及减少伤害损失。主要包含 5 项指标:经验、安全意识、判断能力、分析能力、观察能力。

① 经验。经验主要指常识性的知识,对一般伤害事件的了解程度,对伤害发生前兆的了解程度。比如对于火灾发生前的种种迹象了解程度等。居民的经验主要取决于居民自身知识水平、日常生活常识的积累、生活阅历、专业知识的水平等。经验在预判伤害发生中占有重要的地位,社区中很多伤害事件的发生往往是在于作业人员或者当事人经验不足,没有及时采取相应的措施。同时,正是因为有经验丰富的专业人员以及社区年长者的积极参与,某些潜在的伤害事件并没有发生。

② 安全意识。安全意识是人们对生产、生活中所有可能伤害自己或他人的客观事物的警觉和戒备的心理状态。影响安全意识的因素,一般应包括心理素质、思想素质、业务素质的心理状态。影响安全意识的因素,一般应包括心理素质、思想素质、业务素质 3 个方面的因素。在社区管理中,居民委员会成员、保安、物业人员比社区内的普通居民的安全意识相对要高。按年龄来说,老年人比中青年要高,儿童最低。

③ 判断能力。判断能力是指对信息加工处理的能力。能否对发现信息准确及时做出判断,往往影响到伤害事件的发生以及造成伤害的程度。主要体现为:信息的阅读能力、对信息的处理能力。

④ 分析能力。分析能力是指对所得到的信息区分辨别的能力。从外界获取信息后,能够从众多的信息点提取有用的、关键的信息,进行总结判断的能力。

⑤ 观察能力。社区伤害事件统计显示,有许多伤害的发生是因为人们没有能及时地发现事故隐患,对一些伤害前兆丝毫没有感知,即缺乏观察能力。观察能力是指善于观察事物和环境的细微变化及其特点的能力。这里主要指对事故隐患的发现能力,对周围环境变化的感知能力和细心程度。观察能力主要包括:对周围环境的熟悉程度、细心程度以及观察事物细微变化的能力等。

(2) 减少伤害发生的能力。减少伤害发生的能力,即能够采取相应措施降低伤害发生的可能性的能力,社区安全不仅要求居民能够及时的发现事故隐患,还要能够采取有效措施阻止伤害的发生。减少伤害发生的能力主要包括 5 项指标:健康、体力状况;反应能力;相关技能知识;责任感;组织报告能力。

① 健康、体力状况。健康、体力状况,即指居民的身体条件。社区居民的身体是否健康,行动是否方便直接影响到伤害事件的发生。如果能及时发现伤害隐患,又有良好的体力健康状况,就可以有效减少伤害的发生。健康、体力状况主要包括:健康水平、是否有足够的体力以及行动是否方便等。

② 反应能力。反应是指机体对外界环境的改变或刺激产生的对应变化。反应能力是指发现伤害隐患时能否及时的做出反应,比如自己采取措施消除事故隐患,或者及时上报有关部门。

③ 责任感。责任感是指应该做的(或承担)事情勇于面对,值得做的事情(或承担)和有必要做(承担)但可以不做(承担)的事情也视为自己应该做(或承担)的事。社区管理中,责任感能够充分体现社区居民对社区事务的关注程度,对社区建设的支持和参与程度,现在很多社区在开展"社区是我家"等活动,这些都是在培养社区居民的责任感,将"为社区服务,也是为自己服务"的观念植入居民心中,从而使社区安全建设更加顺利的进行。

④ 相关技能知识。相关技能知识是指那些能够用来采取正确措施消除事故隐患的知识。当发现伤害隐患时,自己可以根据自己的知识技能采取措施在第一时间消除事故隐患,这样可以免去上报有关部门的时间耽搁,从而最大限度减少伤害发生。相关技能知识主要包括简单的通用技巧和一部分专业的知识等。

⑤ 组织报告能力。组织报告能力是指当发现隐患自己不能及时处理时,能否准确及时的上报相应的部门进行处理,最大可能减少伤害事件发生的能力。组织报告能力不仅仅是能够上报,而且要及时准确地上报到主管部门。组织报告能力主要包括:对相应部门联系方式的熟悉程度、对相关部门职责的熟悉程度以及语言组织表达能力等。

(3) 自我保护能力。自我保护能力,即在伤害事件发生时,能够采取有效措施降低自身伤害的能力。也就是说当伤害事件发生后,社区居民能否针对事件类型、特点采取合适的方式、方法来使自己避免或者减小伤害。自我保护能力主要包括 5 项指标:自救知识、健康状况、心理素质、应变能力、对周边环境的熟悉程度。

① 自救知识。自救知识指应对一般伤害事件的自我保护知识,比如说,当发生烧烫伤时,在去医院处理前自己能够处理伤口,防止伤口恶化。自救知识主要包括:对常见突发疾病的紧急处理常识、对一般伤害事件的临时处理能力、基本的逃生知识等。

② 健康状况。健康状况即身体状况,这里主要指是否有足够的体力和方便行动来躲避伤害,逃离伤害发生区域,保护自身安全。健康状况主要包括:健康水平、是否有足够的体力以及行动是否方便等。

③ 心理素质。心理素质是指个体在心理过程、个性心理等方面所具有的基本特征和品质。它是人类在长期社会生活中形成的心理活动在个体身上的积淀,是一个人在思想和行为表现出来的比较稳定的心理倾向、特征和能动性。这里主要指面对伤害能否保持镇定的心态来应对,自我保护。

④ 应变能力。应变能力是指随情况的变化灵活机动的处理能力。伤害事件发生后,居民面临的变化和压力迅速增大,能否根据情况的变化及时采取自我保护措施,直接反应了该居民的应变能力。

⑤ 对周边环境的熟悉程度。对周边环境的熟悉程度是指对周边环境是否熟悉,能否迅速选择合适的自救路线,确保自己能够及时躲避伤害。主要包括:对紧急疏散通道的熟悉程度、对社区内紧急避难场所的熟悉程度以及相对安全场所的辨别能力等。

(4) 控制局面、减少伤害损失的能力。控制局面、减少伤害损失的能力是指伤害事件发生后,参与人员是否可以有效组织协调和控制局面,协同各个方面最大限度的较少伤害损失。主要包括 8 项指标:专业知识、大局观、责任感、影响力、应急能力、组织协调能力、控制能力和心理素质。

① 专业知识。专业知识是指应对不同伤害的特有知识,比如说,火灾的专业知识,不同起火原因应该选择何种方法灭火。主要包括:常规伤害的一般性特征、不同特征的不同应对措施、人员疏散、救治的基本常识等。

② 大局观。大局观是指对整个局面的了解和控制能力,即全面了解伤害事件的前因后果,掌控全局的能力。大局观主要是对社区管理人员以及相关职责部门的领导人员,当伤害事件发生后,需要他们能够统筹大局、全面分析事态、合理分配资源等。主要包括:统筹能力、分析能力以及观察能力等。

③ 决断能力。决断能力是指面对突发事件能够迅速正确做出判断的能力,即及时准确地采取措施应对已经发生的伤害事件的能力。

④ 领导能力。领导能力是指用自身的权力去命令其他人,带领他们去积极工作的能力。即在伤害事件的处理中,组织相关人员进行抢救,减少伤害损失的能力。

⑤ 责任感。责任感是指应该做的(或承担)事情勇于面对,值得做的事情(或承担)和有必要做(承担)但可以不做(承担)的事情也视为自己应该做(或承担)的事。社区管理中,责任感能够充分体现社区居民对社区事务的关注程度,对社区建设的支持和参与程度,现在很多社区在开展"社区是我家"等活动,这些都是在培养社区居民的责任感。身为社区的一员,特别是社区的管理人员或者伤害事件的处理人员,应当富有责任感,是自己的责任要勇于承担,要采取积极的态度去应对伤害。

⑥ 影响力。影响力是指用自身的魅力去影响人的思想,感化他们的工作态度,带领他们去积极地工作的能力。即能够号召别人积极的参与减少伤害损失的能力。主要包括:感召力、人格魅力等。

⑦ 应急能力。应急能力是指对突发状况的反应处理能力,也就是指面对突发事件能否及时迅速地做出判断,并采取恰当的措施应对伤害,从而较少伤害损失的能力。主要包括:应变能力、分析辨别能力以及各部门紧急协作能力等。

⑧ 组织协调能力。组织协调能力是指根据工作任务,对资源进行分配,同时控制、激励和协调群体活动,使之相互配合,从而实现组织目标的能力。这里主要是指面对伤害事件能否组织协调各有关部门,使其能够协调合作,最大限度地减少损失的能力。主要包括:沟通能力、表达能力及领导魅力等。

⑨ 控制能力。控制能力是指防止事故蔓延、事态恶化的能力。伤害事件发生后,相关人员良好的控制能力能够有效遏制事件的扩大,节约人力、物力,把伤害损失控制到最少。控制能力主要包括:执行力、领导气质、威慑力等。

⑩ 心理素质。心理素质是指个体在心理过程、个性心理等方面所具有的基本特征和品质。它是人类在长期社会生活中形成的心理活动在个体身上的积淀,是一个人在思想和行为上表现出来的比较稳定的心理倾向、特征和能动性。这里主要指,面对伤害事件,能否从容指挥,合理安排资源,采取有效措施,最大限度地减少伤害损失。

7.3.4　评价指标体系的建立

1. 指标简化的原则

评价体系是一个系统工程,指标简化是这个系统工程中一个不可缺少的部分。同时,它又是与其他过程、其他方面有机联系的,因此在指标简化中要注意各方面的关系。

(1) 完整性与指标简化的平衡。指标的完整性是指标系统不遗漏任何重要指标,同一子系统的指标个体反映它的上一级指标的整体,同一层次结构的指标全体反映指标的整体。完整性考虑的是指标的全面与信息的充分,而指标的简化是着眼于指标的精简与操作的易行,往往会损失一部分信息,在简化指标时,要考虑这两者间的度。

(2) 相关性的把握。评价指标系统由许多指标组成,指标系统内的指标最好是不相关的,即同一级内的各个指标互不重叠。如果指标相关,说明有冗余指标存在,不但加大了评估工作量,而且影响了指标体系及评价结论的科学性。但另一方面,为了尽量提高评价的可信性,人们用相关的两个或多个指标去评价同一事物,这也是允许的,关键是把握好对相关性处理的度。

(3) 抽象与具体的平衡。指标系统中的指标,应是一些具体的、可以行为化的内容。但也要清醒地认识到,有时具体的东西并不就是需要评价的东西,而只是与要评价的对象有关联的某种效应。因而,在完善指标时要注意,不能因过分强调这种具体化而丧失了指标效应与被评估客体的一致性。

2. 指标简化的方式

指标体系的简化主要有两种方式:一是指标个数的减少;二是组合方式的简化。对指标简化的各个判据作判断是我们要做的主要工作之一,但不是最终目的。目的是依据对判据的判断,对指标作各种处理,从而简化并完善指标体系。在对指标的具体处理过程中,往往遇到以下几种情况:合并指标、删除指标、添加指标、替代指标、指标重组及指标类型转换等。

(1) 合并指标。对相关的或重要性不够的几个指标变量,分析其共同因素,合并成一个指标,使其涵盖这几个指标所要表达的内容。合并指标既有效地减少了指标个数,又保留原来信息。

(2)删除指标。对经判据判断存在问题的指标,方法之一是将其摒弃。摒弃一个指标变量后,既清除了所引起的问题,也简化了指标体系。但要注意,删除指标必须有充分的理由,否则简化后的指标体系很可能得不到普遍认可。

(3)添加指标。指标简化不排斥指标增加。由于初始指标体系的不完善,或简化过程中有关内容的删除,增加一些遗漏的重要指标是必要的。

(4)替代指标。对于具有问题,不但不能删除,又不容易合并到其他变量中的指标,应用一个新的指标来代替它。新指标应重点反映指标中的特殊信息,又避免了存在的问题

(5)指标重组。指标重组是增加指标效度、简化指标的另一种方法。

(6)指标类型转换。类型转换不能使指标个数减少,却改变了指标体系的性质,简化了评价过程,同样也是一种有效的指标简化方法。

3. 评价指标体系的简化

通过对初选指标的分析,完成了对评价指标体系的简化,具体包括:

(1)预判伤害发生的能力中的判断能力和分析能力两个指标含有很多共同因素,因此,将其合并为分析判断能力。

(2)控制局面、减少伤害损失能力中的决断能力包含于控制能力中,因此,删除决断能力指标。

(3)领导能力涵盖的内容较多,可以包括组织协调能力、控制能力和影响力,其中任何一个能力的缺乏都会导致领导能力的减弱,为了很好反映社区居民的控制局面、减少伤害损失的能力,需要分别考察居民的组织协调能力、控制能力和影响力,故删除领导能力指标。

4. 评价指标体系的建立

通过对社区居民安全行为能力评价指标体系的初选和简化工作,建立了城市社区居民安全行为能力评价指标体系,如图 7-10 所示。

7.3.5 建立综合评价模型

1. 评价方法的确定

目前,国内外关于综合评价的方法很多,如灰色综合评价法、层次分析法、多元统计分析法、模糊综合评价法、神经网络评价法等。由于各种评价方法的适用条件以及效果各异,因此,科学地选择评价方法尤为重要。对于社区居民安全行为能力的评价而言,评

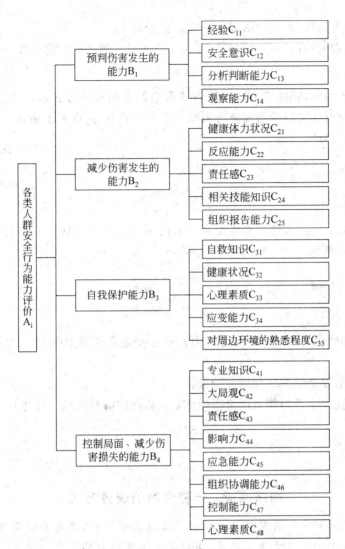

图 7-10　城市居民安全行为能力评价指标体系

价指标众多且权重各异,而且大量的评价指标难以量化,只能用"好"、"差"等等级概念来评述,具有较强的模糊性。模糊评价在处理定性指标较多的评价问题时具有良好的适应性,对带有主观评价因素的指标适用性较强。可适用于类型识别系统、专家评价系统、带有评语集的多目标社会评价系统。因此,采用"模糊综合评价法"对居民安全行为能力进行综合评价。

2. 综合评价模型的确定

建立模糊综合评价模型时,主要工作是因素集合(指标体系)的建立、各因素权重的获取、评价集合的建立、隶属度的确定和模糊算子的选择。

那么，应该如何确定各因素权重？其典型方法又有哪些呢？请思考。

3. 模型验证

以现实社区为例，通过实地问卷调查或网络调查的基本方式进行数据收集，综合评价该社区居民应对伤害事件的安全行为能力水平及差异，进而对上述评价指标体系和综合评价模型进行验证。

关键术语

人口学特征　重点人群　家居安全　人的不安全行为　居民安全行为能力　评价指标　综合评价模型

复习思考题

1. 什么是社区居民的安全行为能力？简述企业员工和社区居民安全行为能力的异同。
2. 简述家居安全的类型和划分标准。
3. 建立居民安全行为能力评价指标体系需要注意哪些问题？简述其基本步骤。

阅读材料

网络调查：一种全新的调查方式

信息时代网络作为一种新型的社情民意表达渠道，网络调查应运而生，不仅拓宽了民众社会政治参与的表达方法和渠道，同时成为汇集民意的巨大舆情源，得到了广泛关注。网络调查民意信息量大、参与面广、反应灵敏、成本低廉、统计方便，在一定程度上弥补了传统调查方式的不足，通过发挥网络调查便捷、快速的特点和优势整合民众的智慧，使网络调查在服务政府和社会方面凸显的作用愈加突出。

民心调查作为民心网的民意搜集平台之一，主要以调查民意、了解民愿、收集民情、民智为主要工作。通过网上开展调查，收集样本，科学分析，客观地就社会热点问题及为各部门和行业开展有针对性的调查工作。如就社会热点问题广泛征集民意的观点看法，就部门的某项工作了解群众需求，就窗口单位的服务情况了解群众的满意度，就某一项政策或举措的出台了解群众的意见和建议等。调查以第三方形式开展，以客观的立场了解群众的意见,收集群众的智慧,并将调查结论作为帮助部门改进工作、提供决策的依据。

目前,民心网已经形成了一批固定的网友群和调友群,不仅拥有一支普通的社会网友群队伍,还拥有省、市直机关业务处室政策专家组成的1 321名专家队伍,以及省、市、县三级部门1 500余个民心网联网点信息员,使民心网开展的网络调查参与人群更多,地域覆盖面更广。调查结论按照科学的分析与综合方法及相关模式形成调查分析报告,使网络调查更具有代表性和决策参考性,并在工作运行中逐渐形成了调查发布—网友参与—综合分析—传递部门—反馈网友的互动机制和具有自身特色的调查服务体系。

民心调查致力于协助部门和行业掌握真实的民情民意和效果,提供有利于提升部门和行业管理服务水平的调查报告,有益于促进服务型政府建设,树立部门和行业良好形象,使百姓的声音和民众的智慧成为滋养政府部门的丰厚土壤。拥有信息技术含量、互动特色以及广泛的群众基础的民心调查,在汇集民意方面的功能与做法值得借鉴。

资料来源:天下信息网:http://www.txxx9.com/Demand/view.aspx? ID=939

问题讨论

1. 如何开展网络调查? 与问卷调查相比,其优点体现在哪些方面?
2. 在虚拟社区的"网民"和现实社区中的"居民"有哪些异同点? 结合本案例,试从社区安全的视角进行分析。

本章延伸阅读文献

[1] 杨桂英,杜文.社区及家庭公共安全管理实务[M].北京:化学工业出版社,2006
[2] 肖振峰.北京城市社区居民安全行为能力评价指标体系研究[D]. 北京化工大学,2008
[3] 刘敏.北京市海淀区城市社区居民对体育服务的满意度分析[D]. 首都体育学院,2008
[4] 张瑞霞.校园安全我知道,家庭安全我排查——中学生综合实践活动案例分析[J].学周刊,2012(8):90
[5] 邓玮.社区安全治理创新中社会工作的价值与介入策略[J].科学社会主义,2012(6):116-119
[6] 张兴凯,王勇毅,衰化临.首都经济发展中的安全义化建议——北京居民家庭安全文化现状[J].首都经济贸易大学学报,1999(2):56-57
[7] 沙雨勤,和庆法.煤矿安全隐患排查治理规范化操作研究和实践[J].河北煤炭,2007(3):23-24
[8] 阮俊,金海萍,冯建跃.关于高校实验室安全隐患排查与整改的探讨[J].实验技术与管理,2010,27(9):190-192

第8章 安全社区建设

8.1 安全社区概述

安全社区(safe community)的概念,首次提出是在1989年瑞典首都斯德哥尔摩举行的世界卫生组织(WHO)第一届事故与伤害预防大会上。会上通过的《安全社区宣言》指出:任何人都享有安全和健康的权利。从此,推广安全社区概念就成为WHO在推广健康和安全方面的一个重点工作,WHO并委托WHO设在瑞典皇家医科大学的社区安全推广协进中心负责在全球范围内推广这一概念。

8.1.1 安全社区的概念及构成要素

1. 安全社区的定义

《安全社区建设基本要求》(AQ/T 9001—2006)中的定义,安全社区是建立了跨部门合作的组织机构和程序,联络社区内相关单位和个人共同参与事故与伤害预防和安全促进工作,持续改进地实现安全目标的社区。

2. 安全社区的基本要素

(1) 创建机构与职责。建立跨部门合作的组织机构,整合社区内各方面资源,共同开展社区安全促进工作,确保安全社区建设的有效实施和运行。安全社区创建机构的主要职责包括:组织开展事故与伤害风险辨识及其评价工作;组织制定体现社区特点的、切实可行的安全目标和计划;组织落实各类安全促进项目的实施;整合社区内各类资源,实现全员参与、全员受益,并确保能够顺利开展事故与伤害预防和安全促进工作;组织评审社区安全绩效;为持续推动安全社区建设提供组织保障和必要的人、财、物、技术等资源保障。

（2）信息交流和全员参与。社区应建立事故和伤害预防的信息交流机制和全员参与机制。主要包括：建立社区内各职能部门、各单位和组织间的有效协商机制和合作伙伴关系；建立社区内信息交流与信息反馈渠道，及时处理、反馈公众的意见、建议和需求信息，确保事故和伤害预防信息的有效沟通；建立群众组织和志愿者组织并充分发挥其作用，提高全员参与率；积极组织参与国内外安全社区网络活动和安全社区建设经验交流活动。

（3）事故与伤害风险辨识及其评价。建立并保持事故与伤害风险辨识及其评价制度，开展危险源辨识、事故与伤害隐患排查等工作，为制订安全目标和计划提供依据。事故与伤害风险辨识及其评价内容应包括：适用的安全健康法律、法规、标准和其他要求及执行情况；事故与伤害数据分析；各类场所、环境、设施和活动中存在的危险源及其风险程度；各类人员的安全需求；社区安全状况及发展趋势分析；危险源控制措施及事故与伤害预防措施的有效性。事故与伤害风险辨识及其评价的结果是安全社区创建工作的基础，应定期或根据情况变化及时进行评审和更新。

（4）事故与伤害预防目标及计划。根据社区实际情况和事故与伤害风险辨识及其评价的结果制定安全目标，包括不同层次、不同项目的工作目标以及事故与伤害控制目标，并根据目标要求制订事故与伤害预防计划。计划应：覆盖不同的性别、年龄、职业和环境状况；针对社区内高危人群、高风险环境或公众关注的安全问题；能够长期、持续、有效地实施。

（5）安全促进项目。为了实现事故与伤害预防目标及计划，社区应组织实施多种形式的安全促进项目。安全促进项目的重点应针对高危人群、高风险环境和弱势群体，并考虑下列内容：交通安全；消防安全；工作场所安全；家居安全；老年人安全；儿童安全；学校安全；公共场所安全；体育运动安全；涉水安全；社会治安；防灾减灾与环境安全。安全促进项目的实施方案内容应包括：实施该项目的目的、对象、形式及方法；相关部门和人员的职责；项目所需资源的配置和实施的时间进度表；项目实施的预期效果与验证方法及标准。

（6）宣传教育与培训。社区应有安全教育培训设施，经常开展宣传教育与培训活动，营造安全文化氛围。宣传教育与培训活动应针对不同层次人群的安全意识与能力要求制订相应的方案，以提高社区人员安全意识和防范事故与伤害的能力。宣传教育与培训方案应：与事故和伤害预防的目标及计划内容一致；充分利用社会和社区资源；立足全员宣传和培训，突出对事故与伤害预防知识的培训和对重点人群的专门培训；考虑不同层次人群的职责、能力、文化程度以及安全需求；采取适宜的方式，并规定预期效果及检验方法。

（7）应急预案和响应。对可能发生的重大事故和紧急事件，制订相应的应急预案和程序，落实预防措施和具体应急响应措施，确保应急预案的培训与演练，减少或消除事故、伤害、财产损失和环境破坏,在发生紧急情况时能做到:及时启动相应的应急预案,保障涉险人员安全;快速、有序、高效地实施应急响应措施;组织现场及周围相关人员疏散;组织现场急救和医疗救援。

(8)监测与监督。制订不同层次和不同形式的安全监测与监督方法,监测事故与伤害预防目标及计划的实现情况。建立社区内政府和相关部门的行政监督,企事业单位、群众组织和居民的公众监督以及媒体监督机制,形成共建社区和共管社区的氛围。监测与监督结果应形成文件,其内容应包括:事故与伤害预防目标的实现情况;安全促进计划与项目的实施效果;重点场所、设备与设施安全管理状况;高危人群与高风险环境的管理情况;相关安全健康法律、法规、标准的符合情况;社区人员安全意识与安全文化素质的提高情况;工作、居住和活动环境中危险有害因素的监测;全员参与度及其效果;事故、伤害、事件及不符合的调查。

(9)事故与伤害记录。建立事故与伤害记录制度,明确事故与伤害信息收集渠道,为实现持续改进提供依据。记录应实事求是,具有可追溯性。事故与伤害记录应能提供以下信息:事故与伤害发生的基本情况;伤害方式及部位;伤害发生的原因;伤害类别、严重程度等;受伤害患者的医疗结果;受伤害患者的医疗费用等。

(10)安全社区创建档案。建立规范、齐全的安全社区创建档案,将创建过程的信息予以保存,包括:组织机构、目标、计划等相关文件;相关管理部门和关键岗位的职责;社区重点控制的危险源,高危人群、高风险环境和弱势群体的信息;安全促进项目方案;安全管理制度、安全作业指导书和其他文件;安全社区创建活动的过程记录,包括创建活动的过程、效果记录,安全检查和监测与监督的记录等。安全社区创建档案的形式包括文字(书面或电子文档)、图片和音像资料等。社区应制订安全社区创建档案的管理办法,明确使用、发放、保存和处置要求。

(11)预防与纠正措施。针对安全监测与监督、事故、伤害、事件及不符合的调查,制订预防与纠正措施并予以实施。对预防与纠正措施的落实情况应予以跟踪,确保:不符合项已经得到纠正;已消除了产生不符合项的原因;纠正措施的效果已达到计划要求;所采取的预防措施能防止同类不符合的产生。社区内部条件的变化(如场所、设施及设备、人群结构变化等)和外部条件的变化(如法律法规要求的变化、技术更新等)对社区安全的影响应及时进行评价,并采取适当的纠正与预防措施。

(12)评审与持续改进。社区应制订安全促进项目、工作过程和安全绩效评审方法,并定期进行评审,为持续不断地开展安全社区建设提供依据。评审内容应包括:安全目标和计划;安全促进项目及其实施过程;安全社区建设效果;确定应持续进行或应调整的计划和项目;为新一轮安全促进计划和项目提供信息。社区应持续改进安全绩效,不断消除、降低和控制各类事故与伤害风险,促进社区内所有人员安全保障水平的提高。

3. 安全社区的类型

（1）国际安全社区。国际安全社区是指已建立相关组织机构,社区内有关部门、企业、志愿者和个人共同参与伤害预防和安全促进工作,持续改进地实现安全健康目标的社区。从图 8-1 可以看出,截止到 2012 年 8 月,在全球范围内已有 238 个社区被任命为国际安全社区,主要分布于瑞典、澳洲、泰国、加拿大、丹麦、挪威、美国、新西兰及国家和地区,其中中国总共有 74 个,包括内地（46 个）、中国台湾（19 个）、中国香港（9 个）。

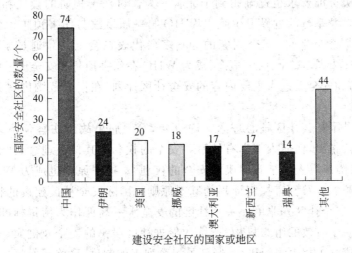

图 8-1　建设国际安全社区的国家与地区分布

（2）全国安全社区。全国安全社区是指建立了跨部门合作的组织机构和程序,联络社区内相关单位和个人共同参与事故与伤害预防和安全促进工作,持续改进地实现安全目标的社区。2003 年,受国际安全社区的启发,我国大陆地区引入了安全社区理念,安全社区创建工作引起了国家的高度重视。国家安全生产监督管理总局所属中国职业安全健康协会作为“国际安全社区支持中心”负责“安全社区”建设项目的推广、联络、推荐和技术支持,并负责“全国安全社区”的标准制定、评审和管理工作。

此外,还有省级安全社区、市级安全社区、县（区）级安全社区。

8.1.2　国内外安全社区发展概况

1. 国际安全社区发展概况

20 世纪 70 年代,北欧的瑞典 Lidköping cummunity（利德雪平社区）在对长期的死亡和受伤等数据分析后,意识到伤害已经成为影响公众安全健康的主要原因之一,于是在社区内调动社区各部门和社会志愿团体组织的合作,力图通过制订有针对性地预防伤害计划,降低社区内伤害影响居民的安全健康率。1984 年开始实施"安全社区的推广计划",经过 5 年的推广建设,1989 年,瑞典 Lidköping cummunity 成为了世界卫生组织授予的第一个安全社区。基于这一计划,该社区两年后交通意外伤害、家居伤害、工伤事故和学龄前儿童意外伤害均减少了 27% 以上。由此,安全社区的雏形基本形成。经过学者的研究和理论发展,1989 年 9 月,"安全社区"的概念在世界卫生组织(WHO)第一届事故与伤害预防大会上被正式提出来,并在世界范围内成立了安全社区建设推广中心,安全社区建设的相关标准要求也逐渐得到了完善。为探讨伤害预防的模式和途径,在 1989 年瑞典斯德哥尔摩举行的世界卫生组织 WHO 第一届事故与伤害预防大会上正式提出"安全社区"的概念。来自 50 个国家的 500 多名代表在会上一致通过了《安全社区宣言》。20 多年来,推广"安全社区"概念,成为 WHO 在伤害预防和安全促进的一项重点工作,以伤害预防和安全促进为主要内容的安全社区计划,在世界范围内得到了广泛的认同和快速发展。

(1) 确立国际安全社区核心理念。1989 年,第一届事故与伤害预防大会上通过的《安全社区宣言》指出,任何人都享有健康和安全的权利。其核心理念是"有效控制和预防意外伤害,保障所有人都享有健康和安全的权利"。这一原则也成为 WHO 推进人类健康及全球预防意外及伤害控制计划的基本原则。国际安全社区建设的核心理念基本形成。基于此,安全社区并非单一一个社区的安全水平高低作为衡量标准,而是取决于该社区是否有一个有效的组织机构、持续的促进社区居民的安全及健康。因此,安全社区可理解为已成立了相关组织机构,制订了一系列工作制度,联络了社区内有关部门、志愿者组织、企业和个人共同参与伤害预防和安全促进工作,持续改进地实现安全健康目标的社区。安全社区的基本理念是强调针对所有类别的伤害预防,包括所有年龄、环境和条件,尤其是高危人群和弱势群体以及高风险环境。

(2) 成立国际社区安全促进合作中心。世界卫生组织(WHO)为了推广安全社区理念,在瑞典皇家医科大学卡罗林斯卡学院成立了"社区安全促进合作中心",主要负责安全社区的全球推广促进计划,同事负责安全社区申报材料的审核和实地考察验证。世界卫生组织在"社区安全促进合作中心"已经建立了 14 个"安全社区支持中心"。主要任务是协助世界卫生组织宣传、推广安全社区计划;通过提供技术咨询、知识培训、协助项目策划、提供各类资料等方式,协助社区建设成为符合 WHO 标准的安全社区;开展本国(区域)范围内的安全社区创建、运行经验总结,优秀项目的推广和交流活动;组织社区参与国际安全社区的相关活动;负责与世界卫生组织"社区安全促进合作中心"建立联系,推荐条件成熟的社区向其申报。目前,中国已经建立的社区安全促进合作中心两个,香港社区安全促进合作中心和中国职业安全健康协会社区安全促进合作中心。

(3) 制定命名国际安全社区标准。世界卫生组织社区安全促进合作中心为了推广安全社区的理念,世界卫生组织社区安全促进合作中心提出了安全社区的 6 条准则:有一个负责安全促进的跨部门合作的组织机构;有长期、持续、能覆盖不同的性别、年龄的人员和各种环境及状况的伤害预防计划;有针对高风险人员、高风险环境,以及提高脆弱群体的安全水平的预防项目;有记录伤害发生的频率及其原因的制度;有安全促进项目、工作过程、变化效果的评价方法;积极参与本地区及国际安全社区网络的有关活动。

近年来,在总结安全社区建设和发展经验的基础上,世界卫生组织社区安全促进中心在上述 6 条标准的基础上,又在交通安全、体育运动安全、家居安全、老年人安全、工作场所安全、公共场所安全、涉水安全、儿童安全和学校安全 9 个方面分别提出了 7 项具体指标(具体内容参见 8.2 节)。

2. 中国安全社区发展概况

中国香港特别行政区是我国最早开展安全社区建设的地区。2000 年,香港职业安全健康局引进了安全社区项目,并在同年 3 月与世界卫生组织社区安全促进中心签约成为了全球第 6 个安全社区支持中心。2003 年,香港屯门社区和葵青社区成功获得世界卫生组织安全社区称号。2002 年,我国台湾省"卫生署国民健康局"选定了台北市内湖区、花莲县丰滨乡、台中县东势镇和嘉义县阿里山乡 4 个地区作为"安全社区"试点进行推广,并于 2005 年通过世界卫生组织认定,截至 2009 年共有 11 个获得认定。

2002 年 3 月,世界卫生组织社区安全促进合作中心主席温思朗(Leif Svanstrom)教授考察了济南市青年公园街道,认为该街道开展的社区消防、交通安全、反家庭暴力、社区卫生等工作符合世界卫生组织提倡的安全社区创建原则,建议青年公园街道办事处按照国际安全社区标准开展工作。2002 年 6 月,世界卫生组织安全建设项目在青年公园街道正式启动。2004 年 5 月,青年公园街道向世界卫生组织社区安全促进合作中心提出了认可申请。2006 年 3 月 1 日,世界卫生组织(WHO)对济南市槐荫区青年公园安全社区进行命名,由此实现了我国安全社区建设与国际的接轨。济南市槐荫区青年公园社区也成为了中国内地第 1 个,世界第 97 个世界卫生组织批准的"安全社区"。到目前为止,全球共有 194 个社区被命名为"安全社区",中国内地已经相继有 33 个社区由世界卫生组织命名为"国际安全社区"。

(1) 确立中国安全社区建设组织。中国香港职业安全健康局于 2000 年 3 月 21 日与 WHO 签署盟约成为全球第 6 个安全社区支援中心。2002 年 3 月,国家安全生产监督管理局主办了建设安全社区研讨会,世界卫生组织社区安全促进合作中心主席温思朗教授、国家安全生产监督管理局原副局长闪淳昌做了重要讲话。2002 年 3 月,世界卫生组织社区安全促进合作中心主席温思朗先生考察了青年公园街道,认为该街道开展的社区消防、交通安全、反家庭暴力、社区卫生等工作符合世界卫生组织提倡的安全社区创建原则,建议青年公园街道办事处按照国际安全社区标准开展工作。2002 年 6 月,世界卫生组织的安全社区促进项目在青年公园街道正式启动。2004 年 6 月中国职业安全健康协会(COSHA)在北京召开了安全社区建设研讨会,北京、上海、大连、济南、长沙、无锡、唐山、长沙等市代表参加了会议。2004 年 7 月 31 日,河北开滦集团钱家营和荆各庄启动安全社区计划;此后,北京市朝阳区望京街道、麦子店街道、亚运村街道和建外街道,北京市东城区、北京市西城区、山西潞安集团的 7 个社区、上海浦东花木镇、北京奥运会场馆所在地的 20 个街道等相继启动。

中国职业安全健康协会(COSHA)受国家安全生产监督管理局委托,负责在国内推广世界卫生组织的安全社区理念。2004 年以来应世界卫生组织社区安全促进合作中心主席温思朗教授的邀请,中国职业安全健康协会理事长张宝明先生率代表团赴捷克、奥地利及希腊参加了第十三届国际安全社区大会、第七届世界伤害预防与安全促进大会。会议期间张宝明理事长与世界卫生组织伤害与暴力预防局局长克拉格博士和社区安全促进中心主席温思朗教授进行了会谈,中国职业安全健康协会将作为中国安全社区支持中心在中国推广安全社区工作。此后,中国职业安全健康协会做了大量的工作,促进了中国安全社区的发展。

(2) 制定全国安全社区标准。2006 年 2 月 27 日,国家安全生产监督管理总局颁布了《安全社区建设基本要求》(AQ/T 9001—2006),该要求参照 WHO 安全社区标准,形成了中国安全社区建设标准;2006 年 4 月 18 日,国家安全生产监督管理总局制定了《关于在安全生产领域深入开展平安创建活动的意见》(安监总协调〔2006〕67 号)规范性文件;2009 年 1 月 14 日,国家安全生产监督管理总局出台《关于深入开展安全社区建设工作的指导意见》(安监总政法〔2009〕11 号)安全社区建设规范性文件;2009 年 3 月 2 日,中国职业安全健康协会制定了《安全社区评定管理办法(试行)》,推动了全国安全社区的申请与评定工作,安全社区建设进入快速发展阶段。2010 年 7 月 20 日,按照国家安全监管总局《关于深入开展安全社区建设工作的指导意见》(安监总政法〔2009〕11 号)的要求,为了帮助各社区充分理解安全社区标准和建设方法,指导现场评定人员实施规范、有效的评定工作,中国职业安全健康协会依据《安全社区建设基本要求》(AQ/T 9001—2006)和中国社区实际情况,编制了《全国安全社区现场评定指标》(暂行)。

(3) 成立全国安全社区支持中心

2010 年 7 月 20 日,为了指导全国安全社区地区支持中心有序地开展各项工作,规范行为,中国职业安全健康协会依据国家安全监管总局《关于深入开展安全社区建设工作的指导意见》(安监总政法〔2009〕11 号)的要求,编制了《全国安全社区地区支持中心管理办法(暂行)》,有效地促进了全国安全社区的规范化和科学化。

为加强安全社区建设的指导,促进全国安全社区建设广泛、规范、有序、健康和深入发展,中国职业安全健康协会(全国安全社区促进中心)按照《地区支持中心管理办法》规定条件,设立地区安全社区支持中心作为在各地的技术支持机构,代表中国职业安全健康协会(全国安全社区促进中心)并按照《地区支持中心管理办法》要求开展安全社区促进工作。当前,全国安全社区促进中心有 4 家:济南市槐荫区安全生产监督管理局、大连市安全生产协会、上海市安全生产协会、北京城市系统工程研究中心。

在我国安全社区建设和安全文化普及中存在着认识偏颇、建设失调和评价标准单一的倾向性弊端,这促使人们要重新考量安全社区建设效果的诸多问题。参考中国职业安全健康协会(http://www.cosha.org.cn)和 WHO 社区安全促进协作中心(http://www.phs.ki.se/csp)网站提供的数据资料进行整理(见表 8-1)。统计结果表明,截止到2012 年 8 月,在中国职业安全健康协会备案,并建成的国家安全社区累计达到 303 个(见表 8-1),涉及北京、上海、辽宁等 14 个省及直辖市,占省级行政区的 45.2%,覆盖人口 1.2亿人左右,彰显突出效果。但同时也发现国际安全社区及国家安全社区主要分布在比较发达的地区(如北京、上海、辽宁),在经济欠发达地区安全社区的建设不尽如人意,安全社区建设路还很长。

表 8-1　国内已建的国际及国家安全社区分布表

所在地区	社区类别	国际安全社区/个	国家安全社区/个
中国大陆	北京	16	37
	上海	16	33
	辽宁	9	105
	河北	2	18
	山东	2	81
	广东	1	14
	重庆		4
	山西		2
	四川		2
	浙江		2
	江苏		2
	广西		1
	河南		1
	天津		1
中国香港		9	
中国台湾		19	
合计		74	303

8.2 安全社区建设标准与要求

8.2.1 创建安全社区的指导思想

1. "以人为本"原则

以人为本,是安全社区创建的灵魂。安全社区,根本在人。必须将以人为本的理念贯穿于安全社区建设的始终,在安全促进的各个环节、各个程序、各个步骤中体现以公众的需要为第一信号,以公众的评判为第一关注,以保障公众的生命财产安全为第一职责。不断拓宽保障范围,持续助推公民参与,力求全面贯彻共驻、共建、共享的基本准则。

具体来说,在安全社区的建设目标和项目选择上,要充分考虑社区实际,从公众的实际需求出发,着力解决辖区内多数人最关心、最直接、最现实的利益问题。要综合采取意见/建议会、满意度调查、民意调查、公民大会、评议表、服务使用者论坛、社区/地区论坛、互动网络、公民座谈小组、公民投票、居民议事会、公民听证会等多种方式,收集公众意见,倾听公众声音,了解公众需求,确保所实施和推动的安全促进项目能够最大限度地提升公众的生活质量和满意度水平。

在安全促进的具体运作中,要充分发挥人民群众的力量和作用。通过宣传培训、模拟演习,全方位提升公众自救互救能力;鼓励公众成立安全互助小组,协作互助以分摊风险;鼓励公众参与志愿活动,共同帮助辖区内的高风险人群和弱势群体,以促进社区整体安全水平的提高。在安全社区的评估反馈中,要充分展示公众的真实感受,以群众满不满意、赞不赞成为评价社区安全工作的主要指标之一。要拓展渠道,积极互动,以公众的意见建议作为调整项目、完善整改的依据,使公众的意志在安全社区建设的各个环节中得以体现。

2. "五有一参与"原则

"五有一参与"是世界卫生组织社区安全促进合作中心提出的国际安全社区准则。具体包括:有一个负责安全促进的跨部门合作的组织机构;有长期、持续、能覆盖不同性别、年龄的人员和各种环境及状况的伤害预防计划;有针对高风险人员、高风险环境,以及提高脆弱群体的安全水平的伤害预防项目;有记录伤害发生的频率及其原因的制度;有安全促进项目、工作进程、变化效果的评价方法;积极参与本地区及国际安全社区网络的有关活动。简而言之,就是"有机构、有计划、有制度、有项目、有评价、重参与"。

"五有一参与"中的"五有",强调的是一种机制保障—机构是否体现资源整合、计划是否长期有效、制度是否完善、项目是否有针对性、评价是否客观,这些是推进安全促进工作的前提和基础。实现"五有",要侧重于资源的整合,要立足于社区实际,以现有资源为依托,进行结构重组和功能强化,在此基础上,逐步提升。因此,即使在硬件条件较差的社区,也同样可以根据自身的情况,通过以促进安全为主导思想的调整和完善,来达成安全社区的基本要求。"一参与"则是贯穿于安全社区创建始终的软实力,它展示了一种全民动员、共驻安全的精神理念,是安全社区的内核和关键。只有使安全意识、安全理念真正深入人心,才能形成人人参与安全建设、人人关心安全工作的良好局面,才能真正将共建安全、减少伤害的目标落到实处。

3. "人人享有健康和安全权利"原则

"人人都享有健康和安全权利"是创建安全社区的总体目标。1989 年在瑞典斯德哥尔摩举行了第一届预防事故和伤害世界大会,会议通过决议《安全社区宣言》,指出"人人都平等享有健康及安全的权利"。这构成了各国创建安全社区的总体目标。该目标有以下两个基本点:

第一,是"人人"。它指出了社区安全促进工作的惠及范围——社区安全工作要包括辖区内所有人。无论是常住人口,还是流动人口;无论是本国公民还是外国公民,都是安全促进工作要涵盖的对象。这一点,体现了对于人权的尊重,体现了对平等理念和公平正义的贯彻。同时,它也为"大安全"的实现提供了基本的保障——只有每一个人的安全健康权利都得到平等的保护,才能形成和谐稳定的社会关系,才能实现整个辖区的长治久安。以"人人"为对象,要求安全促进工作涵盖不同阶层、不同职业、不同收入群体、不同年龄层次的公众,不能因为籍贯、身份、社会地位等方面的差异而有所不同。同时,它也要求安全促进工作能够有重点和针对性,能够突出强调高风险人群、高风险环境和弱势群体的安全工作,并根据其特点拟订相关项目,鼓励和号召社区公众互相帮扶,实现共同安全。

第二,是"健康及安全"。它突破了狭义的安全概念,将"大安全"提上了社区工作日程。所谓"大安全",是指一种安全、健康、文明、合意的生活状态,它既包括整个社区的治安水平,也包括普通公众的健康程度。它的目标是系统地减少事故和伤害。为了达到这一目的,一要维护社会秩序,最大限度减少违法犯罪活动;二要加强日常安全防护,提高医疗卫生服务质量,最大限度减少疾病和痛苦;三要宣传安全理念,促使公众养成科学健康的生活习惯,在日常生活的方方面面维护健康文明,实现"大安全"。

4. "资源整合、全员参与、持续改进"原则

资源整合、全员参与、持续改进是创建安全社区的三大核心理念。资源整合与全员参与,实质上共同强调了大安全构建的整体性、全局性。安全成果要惠及辖区所有人,安全建设亦要凝聚辖区的整体合力。

社区成员是分散的,如何将社区成员凝聚到安全社区创建工作上来是创建安全社

面对的首要问题。资源整合,就是要将社区的不同部门、不同领域的资源集中整合、有效利用,最终实现共赢。资源整合更加强调物质力量,侧重于静态的制度安排。它要求在制度上搭建安全建设的联动平台,通过机制设计,将党委领导、政府主导、社会协同、公民参与的安全建设格局固定化、规范化,使其各司其职,协调联动,最大限度地发挥整体合力。而世界卫生组织社区安全促进合作中心提出的安全社区"五有一参与"的标准中,首先强调要有一个负责安全促进的跨部门合作的组织机构,也是意在通过这样的一个跨部门组织推动区域内资源整合,推进安全社区的创建工作。

全员参与,是安全社区的另一个非常重要的核心理念。安全社区的提出,带我们走出狭隘的安全概念,走进"大安全"观,帮助居民进入安全、健康、文明、合意的生活状态。在安全社区中,居民不再是被动的接受者,而是要成为积极主动的主导者,因此安全社区的创建工作自然不能缺少全员参与。与资源整合不同的是,全员参与更加强调人的力量,侧重于动态的共建过程。它要求采取广泛的宣传动员,使社会团体、企事业单位、居民个人深入了解安全社区的基本理念和构建安全社区的深远意义,从而将遵循安全准则内化为自身的行为准则,将安全创建活动转变为自主的行为方式。积极参与安全项目,积极开展志愿活动,真正做到共同建设、共同享有。

持续改进,强调大安全构建的长期性,安全社区的创建工作不是可以集中在某个时间段内完成的工作。社区的情况不是一成不变的,随着时间的推移,社区的人员构成、焦点问题、阶段特色等方方面面都会发生多种多样的变化,社区面临的安全工作形势也将发生变化,即时根据社区状况调整预防计划、改进措施等工作是十分必要的。因此,安全社区的建设是只有起点没有终点的持续进程。要在现有项目的基础上,不断找到新的问题和切入点,将安全工作不断向纵深推进,持续地提升社区安全状况,持续地增进社区健康水平,持续地减少意外和伤害事故的发生。

8.2.2　建设安全社区的基本要求

世界卫生组织于 1989 年在举行第一届世界预防意外事故及伤害会议期间访问了瑞典 Lidköping cummunity 安全社区,来自 15 个国家的与会人士在会后提出了一份报告。该报告通过分析 Lidköping cummunity 及泰国 Wang Khoi 社区的建设经验,提出了建设安全社区的 5 项基本要求,即社区组织、流行病学及资讯、参与、决策、技术及方法。此后,经过不断地修改完善,形成了目前的安全社区标准。通过世界卫生组织认可的安全社区必须符合下列 6 项要求:

1. 有一个负责安全促进的跨部门合作的组织机构

建立这个组织机构的目的在于整合社区资源,以伙伴合作模式,自发性地组织起来,集结力量,各施所长,运用各自的资源,为区内居民提供一个安全健康的工作及生活环境。通常由社区所在的政府部门、安全、卫生、民政事务、劳动和社会保障、消防、公安、交通、教育、医院、房管、企业、商业机构等部门联合组成推进委员会;并视实际情况设工作场所安全、家居安全、学生安全、道路安全、宣传教育、治安、伤害统计分析等工作组;社区内的政府机构、商业机构、学校、医院及社会服务团体等按职责分工,承担各自的伤害预防工作。

2. 有长期、持续、能覆盖不同的性别、年龄的人员和各种环境及状况的伤害预防计划

安全社区建设的重点在于策划和实施各类伤害预防计划。这些计划应该是在对本社区的情况进行充分调查分析的基础上,针对需要解决的伤害预防重点问题而策划的控制措施和项目。这些计划还应该考虑到不同的情况,如年龄、性别、环境、职业等诸多因素的特殊性及需要,并且要坚持长期地、持续地策划和执行各类伤害预防项目,不能搞成形式化或运动化。项目可以多种多样,切合实际,不拘形式,以实现最佳效果为准。如举办健康讲座、消防安全讲座,用电安全讲座,开展居民安全意识、灾害预防常识教育、驾驶员安全培训、安全知识竞赛、改善道路安全设施、改善居住环境条件、举办应急演习、开展各种安全宣传活动、建立无障碍公共场所、伤害应急救助系统等。

3. 有针对高风险人员、高风险环境,以及提高脆弱群体的安全水平的预防项目

高风险人员、高风险环境和脆弱群体的安全问题是社区关注的重点,也是策划实施安全和伤害预防项目的重点,应该予以特别重视。高风险人员、高风险环境伤害预防项目的确定应建立在社区伤害统计分析和危险危害因素辨识评价基础上,由于各个社区具体情况的差异,不同时期和不同社区确定的高风险人员和环境是不同的。

4. 有记录伤害发生的频率及其原因的制度

记录和档案是安全社区建设中不可缺少的部分,是追溯相关活动的必要途径。通过真实的伤害发生的频率及其原因的记录,可以帮助总结分析社区伤害的特点,便于找出重点,有针对性地加以解决。由于社区存在成分复杂、人员具有流动性等困难,所以在策划记录方法时应考虑尽量简单、实用。如在医院建立伤害记录系统、伤患者档案、意外伤害记录及追踪分析系统(包括袭击、虐待、交通意外、工伤、居家意外、运动伤害等);也可以考虑以楼座或居委会为单位进行统计,建立数据库,充分记录相关数据。

5. 有安全促进项目、工作过程、变化效果的评价方法

根据各种统计数字的比较分析,评价计划实施的效果,如伤害类别、刑事发案率、疾病救助效果、未成年人犯罪情况、交通意外情况、用药错误情况、生产安全情况等,针对所表现出来的问题,制定相应的对策。评价结果既可以帮助总结过去,又为策划将来的计划和项目提供依据。

6. 积极参与本地区及国际安全社区网络的有关活动

通过国内外交流,取长补短,促进本社区安全健康工作的发展。交流可以是多渠道、多方面的。既可以走出去,也可以请进来。例如,参加国际性的安全健康会议、参观兄弟社区、参加培训交流活动等。按世界卫生组织的要求,通过确认的社区,如果不参与安全社区网络的相关活动,将会被撤销"安全社区"称号。

8.2.3 安全社区专项安全指标要求

国际社区安全促进合作中心在 6 条准则的基础上,又在交通安全、工作场所安全、公共场所安全、涉水安全、学校安全、老年人安全、儿童安全、家居安全和体育运动安全 9 个方面分别提出了 7 项具体指标,如图 8-2 所示。

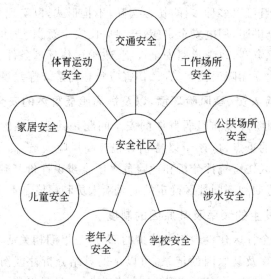

图 8-2　安全社区的九大安全类别

1. 交通安全的指标

(1)已成立一个由管理人员、工人、技术人员、志愿者组织以及安全专家组成的跨界组织,以伙伴合作模式,负责交通方面的所有安全促进事宜,由一名政府代表和一名志愿者代表共同担任负责人;

(2)有交通安全规章制度,这些制度应由跨界组织制定,并被安全社区内的交通部门所采纳;

（3）长期、持续地开展交通安全促进工作，并覆盖到不同的性别、年龄、未采取保护措施的行人、机动车驾驶者、所有交通场所、环境和状况；

（4）有针对高风险人群、高风险环境，以及脆弱群体的安全措施；

（5）有记录伤害（包括意外伤害和故意伤害）发生的频率及其原因的制度；

（6）有评估规章制度、项目或措施及其实施过程、变化效果的评价方法；

（7）积极参与本地及国际交通安全有关的活动。

2. 工作场所安全的指标

（1）已成立一个由管理人员、工人、技术人员以及安全专家组成的跨界组织，以伙伴合作模式，负责工作场所的所有安全促进事宜，由一名管理者代表和一名工会代表共同担任负责人；

（2）有工作场所安全规章制度，这些制度应由跨界组织制定，并被安全社区内的管理部门和工会所采纳；

（3）长期、持续地开展工作场所安全促进工作，并覆盖到不同的性别、工龄的人员以及各种环境和状况；

（4）有针对高风险人群、高风险环境，以及脆弱群体的安全措施；

（5）有记录伤害（包括意外伤害和故意伤害）发生的频率及其原因的制度；

（6）有评估规章制度、项目或措施、工作过程及变化效果的评价方法；

（7）积极参与本地及国际工作场所安全有关的活动。

3. 公共场所安全的指标

（1）已成立一个由管理人员、志愿者组织代表、技术人员以及安全专家组成的跨界组织，以伙伴合作模式，负责公共场所的安全促进事宜，由一名社区行政管理代表和一名志愿者代表共同担任负责人；

（2）有公共场所安全规章制度，这些制度应由跨界组织制定，并被安全社区内的志愿者组织采纳；

（3）长期、持续地开展公共场所安全促进项目，并覆盖到不同的性别、年龄的人员及各种环境和状况；

（4）有针对高风险人群、高风险环境，以及脆弱群体的安全措施；

（5）有记录伤害（包括意外伤害和故意伤害）发生的频率及其原因的制度；

（6）有评估规章制度、项目或措施、工作过程及变化效果的评价方法；

（7）积极参与本地及国际公共场所安全有关的活动。

4. 涉水安全的指标

（1）已成立一个由管理人员、水源开发者、志愿者组织、技术人员以及安全专家组成的跨界组织，以伙伴合作模式，负责用水方面的所有安全促进事宜，由一名政府代表和一名志愿者代表共同担任负责人；

（2）有安全涉水规章制度，这些制度应由跨界组织制定，并被社区采纳；

（3）长期、持续地开展涉水安全促进项目，并覆盖到不同的性别、年龄的人员及各种环境和状况；

（4）有针对高风险人群、高风险环境，以及脆弱群体的安全措施；

（5）有记录伤害（包括意外伤害和故意伤害）发生的频率及其原因的制度；

（6）有评估规章制度、项目或措施、工作过程及变化效果的评价方法；

（7）积极参与本地及国际涉水安全有关的活动。

5．学校安全的指标

（1）已成立一个由老师、学生、技术人员以及学生父母组成的跨界组织，以伙伴合作模式，负责学校的安全促进事宜，由一名学校董事会代表和一名教师共同担任负责人；

（2）有学校安全规章制度，这些制度应由安全社区内的学校董事会和社区居委会制定；

（3）长期、持续地开展学校安全促进项目，并覆盖到不同的性别、校龄的人员及各种环境和状况；

（4）有针对高风险人群、高风险环境，以及脆弱群体的安全措施；

（5）有记录伤害（包括意外伤害和故意伤害）发生的频率及其原因的制度；

（6）有评估规章制度、项目或措施、工作过程及变化效果的评价方法；

（7）积极参与本地及国际安全学校有关的活动。

6．老年人安全的指标

（1）已成立一个由管理者、老年人、志愿者组织代表、技术人员以及安全专家组成的跨界组织，以伙伴合作模式，负责老年人的安全促进事宜，由一名社区行政管理代表和一名志愿者代表共同担任负责人；

（2）有老年人安全规章制度，这些制度应由安全社区内的跨界组织制定；

（3）长期、持续地开展老年人安全促进项目，并覆盖到不同的性别、所有年龄阶段的老年人以及各种环境和状况；

（4）有针对高风险人群、高风险环境，以及脆弱群体的安全措施；

（5）有记录伤害（包括意外伤害和故意伤害）发生的频率及其原因的制度；

（6）有评估规章制度、项目或措施、工作过程、变化效果的评价方法；

（7）积极参与本地及国际老年人安全有关的活动。

7．儿童安全的指标

（1）需成立一个由管理者、儿童/父母、志愿者组织代表、技术人员以及安全专家组成的跨界组织，以伙伴合作模式，负责儿童安全促进事宜，由一名社区行政管理代表和一名志愿者代表共同担任负责人；

（2）有儿童安全规章制度，这些制度由安全社区内的跨界组织制定；

（3）长期、持续地开展儿童安全促进工作，并覆盖到不同的性别、所有年龄阶段的儿童以及各种环境和状况；

（4）有针对高风险人群、高风险环境，以及脆弱群体的安全措施；

（5）有记录伤害（包括意外伤害和故意伤害）发生的频率及其原因的制度；

（6）有评估规章制度、项目或措施、工作过程、变化效果的评价方法；

（7）积极参与本地及国际儿童安全有关的活动。

8. 家居安全的指标

（1）已成立一个由管理者、志愿者组织代表、技术人员以及安全专家组成的跨界组织，以伙伴合作模式，负责家居的所有安全促进事宜，由社区一名行政管理代表和一名志愿者代表共同担任负责人；

（2）有家居安全规章制度，这些制度应由跨界组织制定，并被安全社区的志愿者组织采纳；

（3）长期、持续地开展家居安全促进工作，并覆盖到不同的性别、年龄的人员及各种环境和状况；

（4）有针对高风险人群、高风险环境，以及脆弱群体的安全措施；

（5）有记录伤害（包括意外伤害和故意伤害）发生的频率及其原因的制度；

（6）有评估规章制度、项目或措施、工作过程、变化效果的评价方法；

（7）积极参与本地及国际家居安全有关的活动。

9. 体育运动安全的指标

（1）已成立一个由管理者、运动参与者、技术人员以及安全专家组成的跨界组织，以伙伴合作模式，负责运动场所的安全促进事宜，由一名运动组织代表和一名运动参与者代表共同担任负责人；

（2）有体育运动安全规章制度，这些制度应由跨界组织制定，并被安全社区的运动组织所采纳；

（3）长期、持续地开展体育运动的安全促进工作项目，并覆盖到不同的性别人员、运动场所、环境和状况；

（4）有针对高风险人群、高风险环境，以及脆弱群体的安全措施；

（5）有记录伤害（包括意外伤害和故意伤害）发生的频率及其原因的制度；

（6）有评估规章制度、项目或措施、工作过程、变化效果的评价方法；

（7）积极参与本地及国际体育运动安全有关的活动。

当前,安全社区共包括9项指标。虽然9项指标每一项都从7个方面提出了要求,但实际上,除了指标不同外,需求却是共性的,即其原则要求是相同的。每项指标的共性可以描述为:

(1) 有组织:已成立一个跨界组织,由一名社区行政管理代表和一名志愿者代表共同担任负责人;

(2) 有制度:有由跨界组织制定的、并被安全社区内的志愿者组织采纳的安全规章制度;

(3) 有项目:长期、持续地开展安全促进的项目,并覆盖到不同的性别、年龄的人员及各种环境和状况;

(4) 有措施:有针对高风险人群、高风险环境,以及脆弱群体的安全措施;

(5) 有记录:有记录伤害(包括意外伤害和故意伤害)发生的频率及其原因的制度;

(6) 有评估:有评估规章制度、项目或措施、工作过程及变化效果的评价方法;

(7) 有交流:积极参与本地及国际相关安全活动。

8.3 安全社区的建设程序与方法

8.3.1 安全社区建设的 PDCA 模型

安全社区建设是长期、持续的,可运用 PDCA 循环法来指导创建工作的整体运作过程(图 8-3),以提高安全社区建设的工作效率。PDCA 循环的概念最早是由美国质量管理专家戴明提出来的,所以又称为"戴明环"。

PDCA 以四个英文字母及其在 PDCA 循环中所代表的含义如下:P(Plan)——策划,确定方针和目标,确定活动计划;D(DO)——执行,实地去做,实现计划中的内容;C(Check)——检查,总结执行计划的结果,注意效果,找出问题;A(Action)——改进,对总结检查的结果进行处理,成功的经验加以肯定并适当推广、标准化,失败的教训加以总结,以免重现,未解决的问题放到下一个 PDCA 循环。

PDCA 循环实际上是有效进行任何一项工作的合乎逻辑的工作程序。之所以将其称之为 PDCA 循环,是因为这四个过程不是运行一次就完结,而是要周而复始地进行。一个循环完了,解决了一部分的问题,可能还有其他问题尚未解决,或者又出现了新的问题,再进行下一次循环。PDCA 循环是大环带小环。如果把整个安全社区工作作为一个大的 PDCA 循环,那么各个工作小组还有各自小的 PDCA 循环,就像一个行星轮系一样,大环带动小环,一级带一级,有机地构成一个运转的体系,如图 8-4 所示。PDCA 循环不

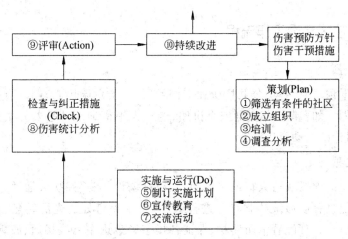

图 8-3 安全社区建设的 PDCA 模型

是在同一水平上循环,是阶梯式上升,每循环一次,就解决一部分问题,取得一部分成果,工作就前进一步,水平就提高一步。在安全社区建设中应结合社区实际情况运用 PDCA 循环理论。

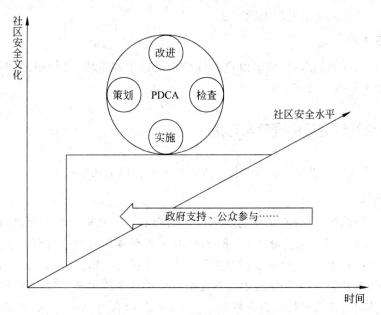

图 8-4 社区安全水平的持续改进

8.3.2 安全社区建设工作流程

1. 安全干预

针对各类干预对象、各类公共场所和工作场所、各类危险因素、制定有针对性的安全措施和干预计划。如：青少年交通安全讲座、老年人平衡训练、"平安万里行"竞赛、社区消防演习、公司消防运动会等。

2. 环境改善

在事故多发的地段实行人行道路封闭、红绿灯增设、完善残疾人通道、对楼梯和地面的防滑和夜间能见程度做统计调查并进行调整、教室拐弯处的光滑转角、交通安全提示语、儿童安全坐椅、合理配置消防器材、保证各楼宇紧急逃生路线畅通、改善厨房、浴室防滑设备，以减少跌倒和滑倒。

3. 监测跟踪

要成立专门的检测中心，在社区基线调查的基础上，利用各省市区疾病控制预防中心（CDC）资源，以各种针对性干预措施与小型成效调查相配合，全面了解干预措施和环境改善工作对社区安全状况的影响程度。

4. 循环改进

根据监测跟踪的结果，整合出值得商榷和改进的干预措施、值得跟进和拓展的干预措施、适时停止的干预措施。

8.3.3 安全社区建设的程序与方法

如图 8-5 所示，创建安全社区的基本流程主要包括以下几种：

1. 创建机构

成立跨部门的组织机构，是创建安全社区的起点。在机构创建方面，要着重注意以下三点：第一，要坚持政府主导、领导重视，以基层最高领导者为总负责人。坚持将安全社区建设作为一把手工程，以保证该项工作受到足够关注。第二，要坚持资源整合，要以原有政府架构为基础，各部门都要参与到安全社区创建工作中来，坚持责任到人，保证各职能部门能够通过相关责任人紧密联动，充分发挥部门合力。第三，要贯彻落实"跨界"联动，实现政府、辖区企事业单位、社会单位、公民的共同参与，共驻共建。在政府方面，安全生产监督管理部门、民政部门、医疗卫生部门、综合治理部门、社区管理部门等职能机构协同配合。同时，要号召辖区所有企事业单位积极参与安全建设，并从中选取代表

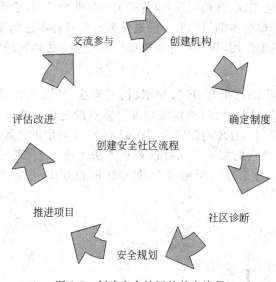

图 8-5　创建安全社区的基本流程

加入安全促进机构。特别是涉及社区高风险人群、高风险环境及弱势群体的企事业单位,如幼儿园、学校、餐饮、工矿商贸等生产经营单位、工地等,更要成为安全促进工作的主要对象,这些行业中的工作人员和技术人员亦应成为安全促进机构的主要备选成员。在居民方面,则应广泛吸收居民自治组织和志愿者代表加入安全促进机构,以确保代表的广泛性,使不同主体的安全健康权利都得到平等的保证。

2. 确定制度

确立和完善各项制度规范,是创建安全社区的保证。要建立促进安全工作的各项制度,通过制度保障各项安全政策、目标的运转、执行、控制、进程和程序。具体包括:

安全促进工作制度:如工作例会制度、工作调研制度、工作责任制度、工作培训制度、定期通报制度等。

安全促进管理制度:如监督检查制度、绩效考核制度、绩效通报制度、信息沟通制度、公众监督制度、档案管理制度、安全设施维修检测制度等。

安全社区适用制度:如门禁制度、交通制度、业主委员会制度、物业管理制度等。

应急处置制度:包括应急预案制度、联动协调制度、责任保障制度等。

在安全社区创建的各项制度中,国际安全社区准则特别强调了记录伤害发生的频率及其愿周的制度。这是找到安全促进工作重点,并监督其运行成效的有力保障。只有规范监测,如实记录各项事故和伤害,并进行有效分析,才能准确地找到社区的高风险环境、高风险人群,才能准确定位、科学选择安全促进项目。在记录工作中,既要发挥政府统计部门的作用,也要在各相关单位,如在医院中建立伤害监测机制,获得有效的数据。

除政府部门的安全工作、管理制度外,各相关企事业单位、社会组织也要建立相应的制度,以明确和落实本单位本部门的安全促进任务。要对各单位制度建立和执行情况进行检查,并充分发挥典型作用,积极推介先进单位的先进方法和先进理念。

3. 社区诊断

社区诊断就是采取隐患排查、风险识别、伤害监测、社区调查等方法对社区安全状况、安全需求进行自我识别、分析,确定安全促进重点的过程。通过充分细致地诊断,能准确了解群众的安全需要,合理定位安全工作的重点,使有限的资源得到最优化的利用,最大限度地解决广大群众的需求。在社区调查方法的选取上,则可以广泛借鉴国际经验。图 8-6 列举了英国政府较常使用的 19 种社区调查方式。[①] 这些方法又可以综合为以下五大类别,见表 8-2。

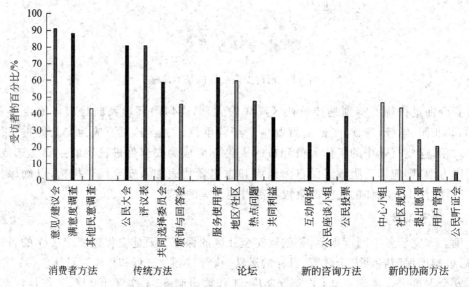

图 8-6 英国政府常用的 19 种社区调查方式

表 8-2 英国政府常用的 19 种社区调查方式分类表

类 别	评 述	具 体 方 式
消费者方法	以客户为导向,以服务质量为主要关注点	意见/建议会、满意度调查、其他民意调查
传统方法	历史悠久、采用普遍	公民大会、评议表、共同选择委员会、质询与回答会

① 维维安·朗兹,劳伦斯·普拉特特车特,格里·斯托克. 英国公民参与的趋势(上)[J]. 北京行政学院学报,2002(3):91-96

续表

类　别	评　述	具体方式
论坛	将特定服务的使用者、某一地区的居民、关注某一热点问题的居民或具有共同利益的人组织起来,定期举办活动	服务使用者论坛、社区/地区论坛、热点问题论坛、共同利益论坛
咨询法	侧重于针对特定问题对公民进行咨询,而不是持续性的讨论	互动网络、公民座谈小组、公民投票
协商法	鼓励公民通过某种协商程序来思考那些影响他们生活的问题	中心小组、社区规划、提出愿景、用户管理、公民听证会

4. 安全规划

安全规划,是创建安全社区的抓手。要根据社区实际,妥善制订多层次规划。首先,要以"平等保障每个人的安全健康权利"为目的,制订社区长期总体规划,提出社区安全建设在一定时间之内要达到的伤害与事故降低、设施完善、环境改善等方面的总目标。其次,要制订更具有针对性和可操作性的具体规划。这些具体规划可以划分为两个维度:一是时间维度上的短期规划,即将长期规划细化为若干阶段,以便于更好地分步实施,监督检查;二是内容维度上的项目规划,即根据社区的实际需要和伤害监测结果,选择若干项目,并对项目的实施方法、步骤,作出具体的规定。三是要将制订的所有规划系统化为完整的规划体系,在整体规划的指导下,连通时间与项目,以便整合资源、逐项推进。在制订安全规划的过程中,要注意以下几点:

第一,规划切忌大空。要细化到具体的指标,以利于监督执行。例如,我国香港安全社区就规定了如下内容:5 年内,将区内的意外伤害数字减少 30%;3 年内,成为世界卫生组织认可的安全社区;5 年内,0~5 岁儿童家居意外降低 33.7%。

第二,规划指标要切实可行。既要具有一定的挑战性,以形成激励;同时又要具有可实现性,以避免目标过高导致的急功近利、弄虚作假,以及高期望值带给公众的心理落差。

5. 推进项目

安全社区建设主要是以安全项目促进的形式推动的,所涉及的类别包括交通安全、工作场所安全、公共场所安全、涉水安全、学校安全、老年人安全、儿童安全、家居安全、体育运动安全、社会治安、消防安全、防灾减灾与环境安全等。社区可以根据实际情况,选择最适合、最迫切的类别深入实施,以达到安全促进的目的。在项目的推进中,应特别注意:

第一,项目的选择必须立足社区实际。要依据伤害监测统计结果、社区风险识别的结果和社区调查结果确定项目。以保证有限的资源能够最大限度地用来减少事故和伤害,满足社区公众的需要。

第二,项目应长期坚持。安全社区的基本理念之一是持续改进。在项目的推进上,必须坚持人性化原则,坚持贴近百姓、贴近生活,力求避免表面化、运动化、形式化。要循序渐进,逐渐完善、持之以恒。

6. 评估改进

评估改进,是创建安全社区的持续动力。要通过调查结果对比、伤害监测分析、事故统计报表分析、安全检查、群众满意度调查、安全促进项目分析总结、绩效评估等多种方式,监督社区安全目标的绩效表现,并进行评价,以便进行修正和提升。同时根据评估结果,采取预防性和纠正性措施来维护和提升社区安全系统。

7. 交流参与

需要特别强调的是,交流参与,应贯穿安全促进工作的整个过程。具体地说,参与可以划分为以下三个维度:

第一是公众参与。要在机构的设置中,安排适当比例的公众代表;在政策制定、社区调查、安全规划中,要充分吸纳和考虑公众的意见建议;在项目推进中,要积极发挥公众的力量,引入社团组织和志愿者组织共同参与;在评估改进中,也要以公众的满意水平为重要衡量指标。

第二要建立相应的制度和渠道,使得各类安全信息能够及时传达给社区群众,公众的安全需求能够及时反映到领导层并得到处理和反馈。

第三是要积极参与本地区及国际安全社区网络的有关活动。要积极行使国际权利,履行国际义务,通过活动的参与,在更广阔的平台上实现自身发展。

8.4 安全社区建设的保障机制

8.4.1 应急管理机制

1. 社区安全保障工作的重点

危机是指对社会系统产生严重威胁,并且在时间压力和不确定性极高的情况下,必须对其作出关键决策的事件。面对危机,管理者必须在有限的信息、资源和时间的条件下寻求"满意"的处理方案,尽可能的采取和平方式解决问题,并尽可能的维护国家、社会、人民的生命财产安全。因此,应急管理是对政府行政能力的挑战和考验。现代城市突发事件具有突发性更强、频率更快、破坏性更大、牵连性更广、非传统安全问题更多等新特点。面对突发事件,社区安全保障工作应以突发事件的预防和救治为重点。

2. 搭建社区应急管理平台

建立应急管理机制,关键在于搭建基础性的应急管理平台。使其成为贯穿于应急管理的全过程的常设系统,在信息储备、风险分析、监控监测、预警预防、动态决策、综合协调、应急联动、评估重建等各环节发挥积极作用,以实现资源整合、增进工作效率、提高应急能力。通过应急管理平台,给突发公共事件应对提供"眼"、"脑"、"手",实现平战共举、防治并重:既收集信息,提供"过去"和"现时"的状态数据,又分析信息,对突发公共事件进行科学预测和风险评估;既助推决策,能动生成方案,为突发事件的优化处置提供支持,又统一协调,合理调配资源,促进各部门及时形成合力;既迅速回应,紧密链接紧急信息的接报与处理,争取时间控制局面,又有效反馈,及时通过平台发布权威信息,保障公众知情权,平抑社会恐慌心态。通过这种机制设置,使社区应急管理工作能够未雨绸缪,防微杜渐,指挥统一,运转高效。有效预防和应对各种突发公共事件,减少突发公共事件造成的损失,最大限度的保护公民生命财产安全。

8.4.2　专家咨询机制

1. 科学组建专家咨询机制

专家学者是安全社区建设的智囊团。建立专家咨询机制,就是要把在安全社区创建方面有深入研究的专家学者引入社区的管理、决策系统,以知识积累促进安全管理。

2. 有效发挥专家咨询机制作用

第一,为社区危机管理提供经验积累。事实表明,在危机的状态下,时间与准确度往往是相互替换的关系,决策越迅速,准确度可能就越低。因此,危机之下,人们的思维方式不是分析式的,而是"类型识别"式的。[①] 他们要在最短的时间内判断:这是哪一种类型的危机,应该怎样处理。这时,人们往往没有时间去进行系统分析,没有时间科学衡量成本收益,也就是说,在紧急关头,人们是听不到理性的声音的。这时,决策头脑中储存的经验越多,就越利于其冷静地作出合理的决策。而对于危机的应对经验,除了来自于切身的经历之外,对已经发生的灾害的归类总结也应是其重要来源。因此,引入专家学者,丰富危机判断的"类型"和范式,将有助于社区危机应对能力的提高。

第二,为社区日常安全管理提供咨询指导。一方面,可以将专家引入社区管理、决策系统,通过向其提供准确、翔实、全面的信息,使其能够为社区安全促进工作出谋划策;另一方面,也可以通过专家咨询,向公众提供更多的安全常识和安全知识,引导其形成文明、健康的生活方式。

---

① 孙玉红,王永,周卫民. 直面危机——世界经典案例剖析[M]. 北京:中信出版社,2004

8.4.3 宣传教育机制

宣传教育是建立安全社区的必须途径。应努力形成系统、稳定的宣教机制,推动宣传教育工作进一步发展。

1. 社区安全宣传教育的基本内容

首先,要着力宣传社区应急预案的主要内容和应急处置的基本规程,使广大公众了解预案内容,熟悉应急流程,明确自己在危机应对中的权利、职责、义务;

其次,要全面普及防灾减灾知识和各类安全常识,使公众能够防患于未然,避险于危难,全面提升其应对各种危险事件的综合素质,使其能够在日常生活中防微杜渐。

最后,要深入宣传开展安全促进工作的重要意义,宣传各部门、各单位卓有成效的工作,以推广经验,总结教训,在安全促进实践中全面提升社区安全能力。

2. 社区安全宣传教育的基本方式

在社区安全宣传教育中,要综合使用各种方式途径,注重针对性,增强实效性。充分发挥社区中小学和幼儿园的知识普及作用,尽快落实公共安全知识进课堂。积极探索基层的知识宣传方法,综合运用宣传手册、公益广告、发放明白卡、贴宣传画、播宣传片、举办知识讲座、分析典型案例、评选先进人物、进行应急演练等多种形式,让安全知识进入企业、社区和家庭。综合运用各种现代传播手段,发挥广播、电视、报刊、网络的积极作用,开展宣传教育。

8.4.4 国际合作机制

安全社区工作要积极参与国际交流和国际合作。特别是作为国际安全社区网络成员的社区,参与国际交流合作,既是权利也是义务。要建立全方位、多层次的联系制度、合作制度,积极参与经验交流与经验推介。

1. 加强与国际机构间的交流

加强与"国际安全促进合作中心"及各个"安全社区支持中心"的交流互动,积极申请成为国际安全社区,主动接受国际专家的监督、检查、指导。

2. 加强与国际社区间的交流

在条件允许的情况下,可以加强与国外社区的交流互动,通过考察、互访等形式,了解他们的社区安全建设理念及措施,交流经验,相互学习。

8.4.5　信息管理机制

随着信息时代的到来,互联网日益深入社区群众生活。在安全社区创建过程中,亦应充分运用现代网络技术手段,建立数字化信息管理平台,把管人与管物、管理和服务、属地管理与专业管理、政府管理和社会管理紧密结合,实现对人、社区单位以及城市环境和基础设施部件的动、静态管理精细化,管理与服务互动,增强城市管理和服务效能。

安全社区的信息管理机制的典型范例是望京街道采取的"一库三网",即安全社区网及人口资源、社会资源、环境与市政设施部件数据库,包括了机关内部办公网、办公业务资源网络、公共管理与服务网络。

1. 服务人性化

核心理念就是关注人的安全健康。社区网络和数据库采取个性化、人性化的提示,为用户提供向导服务。

2. 管理规范化

从数据信息的采集、录入、管理、利用、分析、发布、维护等都有规范的要求,有一整套工作流程。其建设内容参照人力资源和社会保障部、建设部、国家统计局和北京市民政局及相关专业部门的有关统计内容、标准、项目、流程的规定要求。

3. 数据动态化

多主体的信息采集系统,将派出所民警、社区楼门长、物业公司管理员、社区专职工作者、居民专业志愿者等共同纳入信息采集系统。并由专业公司、管理员组成专业的数据维护管理体系,确保及时发现、及时报告、及时登记、及时录入,定期维护,定期核对,定期分析利用。

4. 内容精细化

数据库包括辖区居民和单位的详细信息,以社区和住户为单元,以人员和部件为元素,利用图片或数字定位等技术手段,做到了"三清"、"一准",即底数清、情况清、问题清、定位准。

关键术语

安全社区　安全社区建设标准　戴明环(PDCA)　专项安全评价指标

复习思考题

1. 什么是 PDCA 模型？如何运用 PDCA 模型开展安全社区建设？
2. 简述安全社区专项评价指标及其内涵。
3. 简述安全社区建设的基本程序和方法。
4. 试述安全社区建设的保障机制。

阅读材料

高危人群伤害干预已成为安全社区建设关键内容

伤害严重威胁着人类的健康和生命，是一个重要的公共卫生问题，也是世界各国的主要死亡原因之一。多年来，中国政府对伤害的预防、救治及研究工作给予了高度重视，采取了一些相应的措施，使伤害的增长得到一定程度的遏制。2004 年以来，国家安全生产监督管理总局通过抓基层抓基础，广泛推进了安全社区建设针对社区重点问题尤其是高危人群开展各类事故与伤害预防工作，取得了较好的效果。

高危人群主要是指容易受到伤害的人群，其所受到的伤害高于人群伤害的平均水平。由于其工作的特殊性如特种作业人员；或者处于特定的环境如居住在自然灾害频发地区、事故高发地带或隐患多的住房内；或者其身体条件特殊如老年人、儿童及身体残疾人员；或者由于其受教育程度不够，安全知识缺乏如由偏僻地区进城务工人员；或者其安全意识和安全态度、安全行为能力存在问题如无视安全规定、习惯于不安全行为；诸如此类的情况，都增加了他们受到伤害的风险与几率。因此，高危人群是伤害发生的主要人群，也是影响伤害减少和降低的主要因素所在。

一般来说，伤害的种类不同，其高危人群也不同。换句话说，同一个人，他可能是某一类伤害的高危人群，但对于另一种伤害来说，他又不属于高危人群。同一类人群中，因某种原因其所受到的伤害风险程度也不一样。例如，农民工是作业场所安全的高危人群，而受过良好安全培训且严格执行安全操作规程的农民工其伤害风险要低于平均水平；老年人是跌倒伤害的高危人群，但可能不是淹溺的高危人群；同是老年人，行动不便的老年人其跌倒的风险高于其他老年人。驾驶员是交通伤害的高危人群，而饮酒驾车的驾驶员的交通伤害风险高于其他驾驶员。另外，由于各个社区实际情况的差异，不同时期、不同社区以及不同内容项目的高危人群也是不同的。高危人群的确定应建立在伤害统计分析和风险辨识评价的基础上，不能单凭主观判断来确定某人或某群人是否是高危人群，要通过充分的调查研究和分析来确定。一般可以通过危险源识别与风险评价、人群伤害调查、医疗伤害监测、特定场所和特定伤害类别伤害监测等方法,获得伤害的基本信息并对其进行各类数据的分析,从而获得伤害发生的分布规律,并确定某类伤害发生的重点人群。

高危人群伤害干预是安全社区建设中的重要环节。在高危人群确定之后,要制定有针对性的安全促进计划,并策划、实施实现安全促进计划的项目和措施。安全促进的目的在于提高高危人群的环境安全度,提高其安全意识与能力。只有对高危人群采取有效的干预措施,才能降低总的事故与伤害。对于高危人群的伤害干预一般应由安全社区建设专项工作组负责制订计划、策划项目并组织实施。安全促进措施包括,规范安全管理以减少伤害风险、不同形式和内容的宣传教育与培训以提高安全意识和安全能力、提供安全服务、提高环境的安全度、使用安全产品、规范安全行为等。

在策划和组织实施伤害干预措施时应注意以下几点:

(1) 抓主要矛盾,从风险较高的事情抓起,从伤害涉及人数较多的事情抓起,从伤害干预预计效果较好的事情抓起,从社会最关注的事情抓起。

(2) 安全促进项目和措施应有明确的针对性,具有可操作性,以确保实施后能够起到明显的作用,切实减少伤害因素。例如,居家厨房火灾一般由于煤气泄漏或炒菜时油温过高引起促进措施应当针对如何预防煤气泄漏和如何应对油锅起火。如果仅仅教大家如何使用消防器材,则很难引起大家的兴趣,效果也不会太好。

(3) 安全促进措施应贴近生活,贴近实际,努力办成实事,尽量采用涉及面广、简单明了、群众参与度高并易于接受的形式。例如,对于社区居民而言,适宜采用寓教于乐、形式活泼、能够互动等形式的培训教育,如果单一的采用课堂教学法,由于居民文化程度、理解能力不同等原因,势必影响学习效果。

(4) 注重过程评估和效果评估。在项目实施过程中,要注意各类过程信息的收集,尤其要注意伤害情况的监测。伤害数据是伤害干预效果的客观反映,通过伤害数据的记录、收集汇总、分析,可以帮助我们及时总结经验,发现问题,以调整计划和方案实现持续改进。

(5) 要重视专业技术人员在伤害干预工作中的作用,如安全技术人员和医疗工作者,他们可以为高危人群提供卓有成效的技术指导与服务。

资料来源:欧阳梅.高危人群伤害干预——安全社区建设之关键内容[J].现代职业安全,2010 (1):109

问题讨论

1. 为什么说高危人群伤害干预是安全社区建设的关键内容?
2. 在策划和组织实施高危人群伤害干预措施时应注意哪些问题?

3．2013 年 11 月 12 日闭幕的十八届三中全会通过了《中共中央关于全面深化改革若干重大问题的决定》，并提出了"社会治理"的新理念，从社会管理到社会治理的转变对当前安全社区建设有哪些影响？

本章延伸阅读文献

［1］ 万鹏飞，王贤乐，王进.安全社区创建指导手册［M］.北京：中国社会出版社，2009

［2］ 吴宗之.安全社区建设指南［M］.北京：中国劳动社会保障出版社，2005

［3］ 马英楠.中国安全社区建设研究［D］.北京：首都经济贸易大学，2005

［4］ 刘丽斌.中国安全社区建设研究［D］.上海：上海交通大学，2007

［5］ 周永红.安全社区评价指标及方法研究［D］.北京：首都经济贸易大学，2005

［6］ 曾平.构建中国特色安全社区［J］.今日中国（中文版），2012（5）：14-15

第 9 章

大型活动安全管理

9.1 大型活动安全管理概述

近几年,随着我国社会文化事业的快速发展,那些既能活跃人民文化生活,又能促进经济发展的各类大型活动越办越多。2008 年北京奥运会、2010 年上海第 41 届世界博览会、2010 年广州第 16 届亚运会在中国顺利举办,对提升我国国家形象、展现经济社会发展成就发挥了重要作用。可以看到,我国大型活动数量逐年增多,规模不断扩大,国际化程度不断提高,商业性活动所占比例不断加大。在当今社会,大型活动正被越来越多地应用到体育、教育、旅游、休闲、市场营销、公共关系等领域中,活动的管理组织模式也越来越朝着商业化、市场化、专业化方向发展。大型活动的形式内容、参与主体随着社会的发展和进步在不断变化,成为社区生活的重要组成部分。

9.1.1 大型活动安全管理的基本概念

1. 大型活动的定义与内涵

大型活动也称重大事件,可译为 mega-event、large event、major event、major activities,不同的学者和组织对"大型活动"的内涵都有相似但并不统一的界定。

加拿大旅游组织认为,大型活动划分和表现特征标准为:(1)对公众开放;(2)主要目的是庆祝或展示一个特定主题;(3)一年举办一次或者举办频率更低;(4)有事先确定的开幕和闭幕日期;(5)没有永久性的组织机构;(6)包括多个单独的活动;(7)所有的活动都有在同一区域举行。

万斌在《大型活动项目管理指导手册中》给出的定义为:大型活动是一项有目的、有计划、有步骤地组织众多人参与的社会协调活动。

约翰尼·艾伦(Johnny Allen)指出:大型活动经过计划而举办的某种仪式、演讲、表演和庆典,大型活动标志着某个特殊场合要达到的特定目标。

里奇提出了大型活动的定义：从长远或短期目的出发，举办一次性或重复性举办延续时间较短、主要目的在于加强外界对旅游目的地的认同、增加其引力、提高其经济收入的活动。要使其获得成功，主要依赖其独特性的地位、具有创造公众兴趣并吸引人们注意的时代意义。霍尔(Hall)对这一定义作了进一步的补充，他提出大型活动的举办需要公共资金投入和公众支持，以建立硬件设施建设和目的地形象再塑的机制。

尽管人们对大型活动的定义目前没有统一的认识，不同的学者或组织有不同的看法。但一般来说，可从以下三个方面入手理解大型社会性活动的内涵。

第一是"大型"。大型旨在说明活动的规模，涉及的人、财、物和部门、组织多，结构及关系复杂。

第二是"活动"(activities)。活动在《辞海》中的解释是"人对于外部事件的一种特殊的对待方式，是由主体心理成分参与的积极主动的运动形式"。汉语语境下"活动"的近义词为"事件"(event)。如旅游业将"活动"(activities)归为"事件"(event)，认为"事件是短时发生的一系列'活动项目'(activity program)的总和；同时，事件也是其发生时间内环境/设施(setting)，管理(management)和人员(people)地独特组合"。

第三是大型活动应具有"社会性"，是面向公众的，不能是脱离社会而孤立生存的。人的社会性主要包括这样一些特性，如利他性、服从性、依赖性以及更加高级的自觉性等。人类的社会性活动是特定的集体活动，其特征是充分体现了个体的社会属性。

2. 大型活动的外延

国内大型活动的行业或者地方主管部门，从活动管理者的角度对大型活动具体包括的对象、内容和范围作出了阐释，构成了不同安全管理主体对大型活动的外延，下面列举几则具有代表性的国内有关管理规定。

《大型群众性活动安全管理条例》(2007)中的定义：大型群众性活动(简称大型活动)，是指法人或者其他组织面向社会公众举办的每场次预计参加人数达到1 000人以上的下列活动，包括：(1)体育比赛活动；(2)演唱会、音乐会等文艺演出活动；(3)展览、展销等活动；(4)游园、灯会、庙会、花会、焰火晚会等活动；(5)人才招聘会、现场开奖的彩票销售等活动。影剧院、音乐厅、公园、娱乐场所等在其日常业务范围内举办的活动，不适用本条例的规定。

《北京市大型群众性活动安全管理条例》(2010)中的定义大型群众性活动(简称大型活动)，是指租用、借用或者以其他形式临时占用场所、场地，面向社会公众举办的文艺演出、体育比赛、展览展销、招聘会、庙会、灯会、游园会等群体性活动。

《山西省大型群众性活动安全管理办法》(2010)中规定大型群众性活动，是指法人或者其他组织面向社会公众举办的每场次预计参加人数达到1 000人以上的下列活动：(1)体育比赛活动；(2)演唱会、音乐会等文艺演出活动；(3)展览、展销等活动；(4)游园、灯会、庙会、花会、焰火晚会等活动;(5)人才招聘会、彩票销售等活动;(6)其他影响公共安全的大型群众性活动。

《辽宁省大型社会性活动安全保卫办法》(2005)中规定,公民、法人和其他组织在公共场所举办下列活动称之为大型社会性活动:(1)人数在 200 人以上的比赛、表演、游园、灯会、民间竞技等群众性文化体育活动;(2)人员流量每日 5 000 人以上或者单场参加人数 1 000 人以上的开放性展销会、展览会、交易会等商贸活动和招聘会、庆典集会等其他活动。

《浙江省公安机关大型活动治安管理工作规范》(2006)中规定,大型活动是指依法必须经公安机关实施安全许可后方可举办的群众性文化体育活动,以及其他无需安全许可但活动规模较大、参与人数较多,涉及公共安全或可能影响社会治安、交通秩序,公安机关依照国家有关规定应当进行安全监督的重大活动。

3. 大型活动与日常活动对比

可以看出,不同学者、不同行政管理主体、不同行业对大型活动(有的规定里也称大型社会活动或大型群众性活动)的定义虽有差别,但一致的地方在于大型活动是一种"非日常性"的群众参与的社会活动,它与日常性活动有很大的区别,见表 9-1。

表 9-1　大型活动与日常活动的对比

类　别	大 型 活 动	日 常 活 动
性质	当地的重要活动	日常工作生活中的活动
发生频率	少,不经常发生	多,经常发生,
参加人数	临时聚集	常规性
社会影响力	大	小
专门组织机构	有,且组织健全、结构严密	无,多为自发
规模场面	大	小
涉及面	大	小

对大型活动的内涵与外延的正确理解,应当包括其参与人员规模、社会性、组织机构、非日常性 4 个方面。

(1) 人员规模。对于大型社会性活动的人员规模,各类规定、标准界定不一。例如,《北京大型社会活动安全管理条例》以 1 000 人为界,分为:(1)活动制发售票 1 000 以上;(2)组织参加人数在 1 000 以上;(3)预计参加人数 1 000 以上;(4)无法预测。

(2) 社会性。社会性主要体现为对公众开放,不包括那些单位场所内举办或虽在公共场所举办但参加者均为本单位(系统)人员的各类内部活动,同时也不包括那些只允许特定人员参加的高层会议(宗教活动除外)。

(3) 组织机构。大型活动应当具有组织机构,而群众自发的活动不属于大型活动。

（4）非日常性活动。大型活动范围不包括像公园或公共娱乐场所、商店、物资交流中心日常开展的群众性游览及物资交流活动，影剧院、音乐厅、公园、娱乐场所等在其日常业务范围内举办的看电影、音乐会的管理也不能归为大型活动管理。

9.1.2 大型活动的类型及划分依据

1. 根据活动内容分类

按照大型活动的目的或内容进行划分是最常见的分类方法。Getz 把大型活动按其内容分为以下几个大类：

（1）文化庆典。包括庆典活动、狂欢节、宗教事件、大型展演、历史纪念活动。

（2）文艺娱乐事件。包括音乐会、其他表演、文艺展览、授奖仪式。

（3）商贸及会展。包括展览会/展销会、博览会、会议、广告促销、募捐及筹资活动。

（4）体育赛事。包括职业比赛、业余竞赛。

（5）教育科学事件。包括研讨班、专题学术会议、学术讨论会、学术大会、教科发布会。

（6）休闲事件。包括游戏和趣味体育、娱乐事件。

（7）政治或政府事件。包括就职典礼、授职或授勋仪式。

（8）私人事件。包括个人庆典、宗教礼拜、节庆、同学及亲友联欢会。

2. 根据活动规模分类

约翰·艾伦在他的著作《大型社会性活动项目管理》中根据大型社会性活动规模表现出的不同特点将大型社会性活动划分为特大活动、特点活动、重要活动。

特大活动是指那些规模庞大以至于影响世界经济，并在全球媒体中引起反响的活动。它包括奥林匹克运动会和世界展览会，但是很多其他活动很难归入这一类。Getz 对特大活动的定义为：特大活动的容量超过 100 万观众，资金成本超过 5 亿美元，从规模和重要性来看，特大活动是能为东道主创造极高层次的旅游、媒体报道、声望，以及经济影响的活动。另一位活动和旅游领域的研究者 Hall 给出了如下定义：特大活动，例如，世界展览会、世界杯足球总决赛，或奥林匹克运动会，是指以国际旅游市场为明确目标的活动，从它们出席人数、目标市场、公共影响、电视报道程度、设施建设，以及对东道主的经济和社会结构所造成的影响，规模上应该称为"特大"的。

观光事业研究者 Ritchie 给特点活动以下定义：有一定持续时间的一次性或重复发生的重要活动，它主要是为了提高某一旅游点的知名度、吸引力和收益而举办的。这类活动的成功依赖于独特性、地位和适时的重要性来引发兴趣和吸引注意力，比如现在各地举办的"啤酒节"、"草莓节"。

从范围和媒体关注的程度来说，重要活动就是那些能吸引大量观众、媒体报道和获取巨大经济利益的活动。很多重要国际体育锦标赛、足球联赛等都属于这一类活动。

3. 根据活动场地分类

按活动举办的场所可以将大型活动分为开放空间类活动及受限空间类活动,也可分为露天场所及室内场所活动。开放空间类是指商业街、集贸市场、公园、广场等举办的大型活动;受限空间类是指高层建筑、地下商场、室内体育馆等举办的大型活动。

4. 根据活动性质分类

大型活动的其他分类方法还包括根据活动性质分为政治类、经济类、文化类活动;也可依据活动的具体内容多少划分为综合性大型活动和单一型大型性活动。

(1) 政府类活动:主要指政府牵头、有关部门承办、非营利性质的政治或社会方面的活动。

(2) 商业类活动:主要指承办者以营利为目的的组织的各种大型商业活动。

(3) 文艺类活动:主要指庆祝有关重大节日的文艺类活动及有关大型的国内、外文艺团体的专场演出或文艺交流活动。

(4) 体育类活动:主要有关的重大体育赛事如足球联赛、篮球联赛等。

(5) 群众类活动:主要指各种以大众参与型行为为主的活动,如游园会、花灯会、庙会、山会等。

9.1.3　大型活动的事故特征与安全管理特点

1. 大型活动事故统计分析

大型活动事故诱因多样,如突变的自然天气使群众受惊引起的伤亡事故,由火灾爆炸、高空坠物,搭建物倒塌等引起的伤亡事故;因为恐怖袭击、谣言散布引起人群骚乱造成的伤亡事故;危险化学品中毒事故。对近百年来国内外发生的部分较有影响、资料较为完整的拥挤踩踏事故(国内事故 56 例,国外事故 89 例)进行分析。

(1) 活动类型分析。对国内 56 起和国外 89 起大型社会性活动事故案例类型统计分析,如表 9-2 和表 9-3 所示。

表 9-2　国内 56 例事故按照活动类型统计

活 动 类 型	数　　量	活 动 类 型	数　　量
文艺活动	1	游览活动	1
体育活动	2	节日庆典	7
宗教活动	1	政治活动	1
校园活动	30	生产活动	0
商业活动	13	其他	0

表 9-3　国外 89 例事故按照活动类型统计

活 动 类 型	数 量	活 动 类 型	数 量
文艺活动	20	游览活动	2
体育活动	29	节日庆典	4
宗教活动	15	政治活动	2
校园活动	4	生产活动	3
商业活动	3	其他	7

（2）事故死亡人数分析。现将国内外发生的 100 多起大型社会性活动事故人员死亡数据按照安全生产事故等级进行统计分析，如表 9-4。

表 9-4　大型社会性活动事故案例死亡人数分析表

大型社会性活动	死亡人数/人				
	0	1～2	3～9	10～29	30 人以上
国内 56 起案例	25	10	7	7	7
国外 89 起案例	5	6	20	19	39
共计	30	16	27	26	46

（3）事故类型分析。把引起上述大型社会性活动的事故案例的直接原因进行统计分析归类，见表 9-5。

表 9-5　大型社会性活动案例事故诱因类型分析表

大型社会性活动	事故诱因类型			
	自然灾害	事故灾难	公共卫生事件	社会安全事件
国内 56 起案例	2	54	0	0
国外 89 起案例	4	80	0	5
共计	6	134	0	5

在对这些事故案例的类型进行统计分析的时候可发现，活动的大部分事故类型是事故灾难，其中过半是拥挤踩踏事故。通过对拥挤事故深层次的原因挖掘分析，汇总见下表 9-6。

2. 大型活动的事故特征

大型活动是一个涵盖公众人文和工程技术的综合行为。大型活动的规模越大，投资越大，人流密集程度越高，不确定性越突出，任何的疏忽都可能造成无可挽回的损失，具有不同于工业重大事故的特征。

表 9-6　导致拥挤事故发生的原因汇总表

序号	事故原因		表 现 形 式
1	人的因素	过度拥挤	区域内的人数远远超过安全容量
			由于某种原因(如商场促销活动、文艺演出等活动,或存在狭窄出入口等瓶颈部位等)造成的局部拥挤
		秩序混乱	由于长时间等候,或行走速度过慢等原因,使人群失去耐心,烦躁情绪使人群产生躁动,拥挤人群相互推挤
			多人在拥挤人群中乱窜,或在楼梯、斜坡等地面不平坦的地方快走或奔跑
			两股相向运动的人流相遇,挤撞
			两股相对运动的人流相遇,挤撞
		人自身的不安全行为	为了达到观看文艺演出等目的,有人攀爬墙头、广告牌等物体
			有人在拥挤人群中做出嬉闹、燃放爆竹等扰乱人群秩序的行为
			有人在拥挤人群中突然做出弯腰、蹲下等动作
			在拥挤人群中,有人不小心跌到
		人群构成	妇女、儿童、残疾人等弱势群体的人数偏多
2	物的因素	建构筑物倒塌	为促销等活动所临时搭建的台子突然坍塌
			人群所占据的位置(如看台、地面等)突然坍塌
			门、楼梯护栏、墙壁、广告牌等被人群挤倒
		路状不佳	路面不平,有明显的凹凸不平的现象,如井盖缺失、路面有大坑等
			路面有障碍物,如隔离墩、电源线、自行车等
3	环境因素	自然灾害	暴雨、冰雹、大风、大雪等
		光线不足	灯光不亮
			突然停电
		社会治安事件	恐怖活动、恐吓活动
			谣言的传播
			打架斗殴、偷盗等
4	管理因素	管理失误	疏散指示标志缺失,如紧急出口没有明显标志等
			缺乏人员应急疏散方案
			管理措施失败,如为了让拥挤人群变得有秩序而鸣枪,这将会加速人群的失控速度与程度
			安全出口不通畅

（1）发生时空不定。大型活动事故在各种活动场所各个区域、各个时段都有可能发生，如建筑物的出入口、走廊、楼梯或广场等。聚集人群的密度越大，此类事故发生的可能性就越大。

（2）诱发原因众多。由活动过程中其他扰动引发的突发事件众多，如天气突然变化、设备设施突然故障，这些诱发因素由于活动中的人群大量聚集，可能引发人群拥挤踩踏事故。

（3）发展迅速难以控制。一旦发生事故在极短的时间内（几秒钟至数分钟）就会波及大量的人员，造成伤亡，且场面难以控制。

（4）群死群伤，危害巨大。可见，大型活动通常以人群高度聚集，特别是节假日、赛事或宗教仪式为多。由于诱因较多、发生突然、宣传与教育欠缺，公众在事故中往往无所适从，而产生从众心理和盲目恐慌，致使事故难以控制，造成大量的人员伤亡和心理上的创伤。

3. 大型活动的安全管理难点

大型活动呈现参与人数增多，活动时间增长，频次增加，规模增大等发展趋势，随之而来的是大型活动安全管理的难度增大，主要表现为：

（1）场地临时。大型活动的场地大多是被临时占用的，为了满足活动的需求，经常会有一些临建设施，有时还可能会改变固有场地的使用性质。这些新增的临建设施，从安装、使用拆除，大多没有经过全过程系统的安全检验，容易形成物的不安全状态。

（2）人群聚集。大型活动本身目的就是为了吸引更多的人参与、关注。参与人数在特定的时间段内高度密集，使活动场地处在饱和状态。在这种人员饱和状态下一旦有矛盾摩擦，很容易激化，轻则造成大型活动秩序的混乱，重则造成人员挤压伤亡事故。这些人群中的大部分人都不熟悉所在场地环境的安全情况，不了解活动中应注意哪些安全事项。人们对活动安全知识的缺乏很容易导致一些不安全行为，尤其在高密度人群聚集环境中，最容易因突发事件引起人群慌乱而导致拥挤踩踏事故。

（3）多方参与。举办大型活动涉及多个相关方，包括：主办方、承办方、协助方、场地提供方、活动赞助商等。同时，大型活动的安全运行还涉及多个行政职能部门，如果缺乏协调和沟通，容易出现安全管理盲点和死角。在组织大型活动的过程中，一旦由于事先未考虑到的突发状况或者人为疏忽造成事故，往往后果严重。大型活动的组织需要考虑各个可能发生的事情，严格组织，周密实施才能保证大型活动的顺利举行。

9.2　大型活动安全风险分析方法

风险分析由计划和准备、风险识别、风险评估(风险可能性分析、风险后果严重性分析、风险承受能力和控制能力分析)、确定风险等级、风险预警控制等几个步骤组成。以下对大型活动安全风险分析中的识别、评估和预警这几个关键环节进行介绍。

9.2.1　大型活动安全风险识别

1. 风险识别的原则

大型活动安全风险识别应遵循以下几个原则：

(1) 科学性。进行风险因素的识别时,必须以安全科学理论作指导,使之能真正揭示整个活动过程中风险因素存在的部位、存在的方式、事故发生的途径及其变化的规律,并予以准确描述,以定性、定量的概念清楚地表示出来。

(2) 系统性。风险因素存在于活动的准备、召开、结束的各个方面。要对整个活动过程进行全面、详细的剖析,研究系统和系统及子系统之间的相互关系,分清主要风险因素及其相关的次要风险因素。

(3) 全面性。识别风险因素不得发生遗漏,以免留下隐患。要从活动场馆,活动的规模、性质、活动参加的人群特点、参加人员数量、活动涉及的设备设施、活动临时搭建的建筑、活动周围环境、安全管理制度等各方面进行分析、识别;不仅要分析正常情况下存在的风险因素,还应分析、识别出现突发事故情况下的风险因素。

为了有序、方便地进行分析,防止遗漏,应按照活动人的因素、物的因素、环境因素、管理因素等几个方面分别分析其存在的风险因素,列表登记,综合归纳。对导致事故发生的直接原因、诱导原因进行重点分析,从而为确定风险评估目标、评估重点、划分评估单元、选择合适的评估方法和采取控制措施计划提供依据。

2. 风险识别方法和所需信息

选用哪种风险识别方法是根据分析对象的性质、特点、不同阶段和分析人员的知识、经验和习惯来确定。常用的风险因素识别方法有直观经验分析方法、专家意见法、文档分析、面谈、现场检查、环境分析法等。在大型活动中,由于风险因素的复杂性,没有任何单一的工具和技术完全适用,较好的途径就是把几种工具和技术组合起来,采用多种方法,动态地进行风险因素识别工作,以随时掌握所有那些可能产生新风险因素的变化和进展。

风险因素识别的第一步就是获得尽量多的关于大型群众性活动相关方的安全信息，包括收集背景信息和情报，能够进行场所管理和风险评估，以建立/修正计划。需要收集的信息包括：

（1）人群的情况。人群的情况包括三个方面：第一，可能到来的人数。对于售票的场所可以根据售票情况进行确定；对于不售票的场所，可以根据相似的场所中或者活动中参加的人数，以前类似活动的情况，停车场中车辆的多少，对公交车辆的需求情况，对长途汽车的需求情况，此外，还应根据天气状况、季节、节假日等特殊情况，对可能到达的人数进行调整。第二，可能到来的人群类型及可能的行为。场所的类型（如，演出/庆典，体育场等），场所中以前的情况或者相似活动中出现的情况，季节，时间段（早晨、中午或晚上）。第三，人群对场所或者所举办活动的熟悉程度。

（2）场所及设备设施的信息。包括场所的出入口、紧急出口的位置，公用设施的位置（如，厕所，售货店/饭店和酒吧等）以及场所中不同功能区的布局（如场所中的路径，等候区，售票厅，舞台，商店等）；场所的结构和特征（楼梯，电梯，坡道，桥，隧道，护栏，匝道，瓶颈，不同区域的梯度等）；水电气热的安全检查情况；导向标识系统设置情况等。

（3）周边环境信息。周边环境的地理特征（附近交通场所，停车场的位置，附近主要道路及其去向，附近单位的入口等）；场所的维护和构建工作（可能引起场所暂时关闭，场所中主要路段临时封闭、堵塞，或者场所中某些与人群密切相关的设施停止使用）；活动中安排的交通方式及时间表；活动持续时间；临近场所中的情况（临近场所中活动的起止时间，是否暂时关闭等）；可能引起场所中人群滞留的道路的状况（如因工程原因导致的火车晚点，会使车站人群滞留）。

（4）活动管理相关信息。包括大型群众性活动的基本情况、大型群众性活动主办方的经验、资格、活动安全工作方案等，活动安保人员配置、活动的管理制度、应急措施等基本情况。

对于规定的场所和常规性的活动，其信息的收集工作比较容易，但一定要注意识别场所的现状与过去之间的变化，或者将要举办的活动与以前活动的不同，以确定以前的计划是否仍然适用。此外，还应该从以往事故中获取信息，并借鉴其经验教训。

3. 风险识别的过程

事故的直接原因是人的不安全行为和物的不安全状态，间接原因是管理的缺陷导致的。从这个角度对大型活动安全风险进行识别。物的不安全状态可以从活动的选址、建（构）筑物和临时建（构）筑物、设备设施等。人的不安全行为可以从人群密度、参与者的心理、受教育程度、对安全的认知度、行为等多个角度进行识别。管理上的缺陷可以从活动组织机构、管理制度、事故应急救援预案日常安全管理等方面进行识别。

大型活动的风险因素有很多，在这些因素中有些因素是独立的，有些是相互制约的，这些因素对大型群众性活动的影响程度也是各不相同的。我们按照从活动本身特性、人、物、环境和管理的过程,对大型活动安全风险进行识别。

1) 活动本身特性的识别

大型活动本身特性包括活动的类型、规模、时间、地点、周期、性质等。大型活动类型不同,所面临的风险具有较大差别。例如,竞技性活动往往具有较强的对抗性,可造成竞技人员的人身伤害,同时竞技活动中,观众往往被区分为两个或几个对立的群体,现场气氛、群体的责任感等将很可能引起观众的不安全行为。当出现裁判偏袒、误判,或者运动员动作过于粗野、情绪失去控制等突发事件的时候,很容易导致观众情绪和行为失控,发生骚乱事件。而音乐会等高雅的社会活动的煽动性低,对观众的情绪波动影响较小,相对于竞技性的活动,人群骚乱事件发生的概率低。

活动规模涉及资金投入、参与人员、媒体覆盖面。活动的规模对包括安全工作在内的各项工作有着重要的影响,规模越大,不确定的风险因素越多,承受的风险越高。

活动的时间和周期对大型群众性活动的安全性也具有影响。在观众便利的时间内举行活动,可以吸引更多的人员参与,例如,周末、节假日期间;活动举办周期越长,对场馆方的设备设施的性能、主办方的组织能力和安全保卫能力以及对各职能部门的协调配合能力的要求越高,暴露出的风险因素越多。

活动性质是大型活动一个重要的风险因素。其中活动的政治影响、受大众的关注程度、参加活动要人的影响力、公益性或营利性和同类活动的频率直接影响观众参与的积极性和现场的情绪,并且活动的性质不同,主办方和各职能部门的重视程度也不同。

2) 人的因素识别

保障人的安全是大型活动安全工作的重要目标。对于活动的举办方,往往希望参加活动的观众越多越好,能够带来更大的声望、经济收益或者其他效益。但同时带来的影响是人群对活动带来的危险有害因素,包括:

(1) 人群过度拥挤(人员密度过大)。人群过度拥挤一般表现在两个方面:活动场所里的总人数超过安全容量和活动场地中局部密度过大。人员的过度拥挤可使原本能正常运行的设备,运营场所不能正常工作,甚至对原有的场所、秩序、设备造成破坏。人员的局部密集,当超过建筑物的承载能力时,有可能破坏原有建筑的结构引发事故,或者由于某些设施不能满足现有游人的正常使用,造成部分游人违反正常游览参观秩序,造成事故。人员密度过大容易在进出口、楼梯处、狭窄通道出现长时间的瓶颈现象,人群容易争抢、相互挤推,一些微小的扰动,如某人跌倒,都能导致人流的无序、混乱,最终导致踩踏事故。

(2) 秩序混乱、人自身的不安全行为。秩序混乱、人自身的不安全行为容易导致对周围可能存在的危险缺乏正确估计和判断。此外,一些活动的观众群具有很强的流动性,对系统安全性产生动态的影响,例如,人流突然转向、由低速流向高速流变化造成集群中出现异向流、异质流,最终导致拥挤踩踏事故。

(3)人群构成。大型活动参与人员构成复杂,参与者既有青年、老年,也有儿童,对风险的认知、防护知识及能力有很大不同,此外,活动参与者的职业、社会层面、兴趣、爱好、性格和气质、健康和疲劳状况、心理素质等差异较大,群体习惯和文化理念不同,在活动期间可能遇到的安全问题不尽一致。从以往事故案例中分析可知,在拥挤踩踏事故中,老年人、妇女、儿童、残障人是易受伤害的弱势群体。高风险人群的比重是群体安全水平的一个重要考核指标。

3)物的因素识别

设备设施/建构筑物安全水平直接影响活动安全、顺利地举行。活动场地的设备设施和构建筑物的安全水平可分为固有设备设施/建构筑物安全水平和临建设备设施/建构筑物安全水平。另外,活动场馆的规划安全布局,也是事故预防与控制的基本要求,而应急资源有效配备对减缓突发事件的影响程度发挥极大的作用。因此,对物的因素的分析可从固有设备设施/建构筑物、临建设备设施/建构筑物、规划布局和应急资源配备四个方面进行分析。

(1)固有设备设施/建构筑物。有些活动场地本身就存在许多安全隐患,使得群众面临受到伤害的风险,加上众多的参与者在活动举办过程中的不安全行为,可能会引发一些建筑结构安全方面的事故,例如,场馆的顶棚坍塌砸伤观众、看台栏杆断裂发生坠落等。

固有设备设施/构建筑物的危险有害因素识别主要集中在场馆本身的各方面因素,包括建构筑物、公用工程、安全保障设备设施及其他设备设施的安全。这就要求在识别过程中首先对场馆进行危险有害因素辨识。

场地的危险有害因素主要有:建筑物的布局是否合理、建筑物的疏散能力是否足够、建筑物的主要出口是否打开、建筑物的疏散标志是否齐全、建筑物的建筑是否安全、建筑物内建设是否符合活动要求、建筑物内的设施包括看台栏杆,顶棚等是否安全。除此之外还需要对建筑内的供水系统、供电系统以及供暖、供气设施和通风设施进行辨识。需要检查供水设施的安全性能,电路是否老化,是否满足活动用电需要,供暖设备、通风实施是否运转正常。

对建筑物内的危险有害因素的识别还应包括对场馆内原有设备的识别,包括机械加工设备、化工设备、电气设备、特种机械设备的辨识。这些设备的辨识同工业中危险、有害因素的辨识大致相同。

大型活动多为人员密集的活动,活动中的安防技术系统检查也是风险因素识别的一个重点。场地出租、出借方需配合安全防范技术评估单位进行安全技术防范系统检查。安全防范技术评估单位出具检查结果。安全系统检查主要包括防盗报警系统、电视监控系统、出入口控制及门禁系统、停车场管理系统、系统集成五部分。

（2）临建设备设施/建构筑物。大型活动中往往需要搭建部分临时建筑,由于施工设计原因、工期原因往往造成临时建筑安全隐患突出,是大型活动安全防范中需要解决的一个重要问题。

对于那些改变场地使用性质的大型活动,临时设施的安全性更是一个重要问题。例如,在体育场内召开娱乐活动,无论在电气线路的布置上,还是在消防设施的安装和安全疏散的布置上仅满足于体育活动的要求,而娱乐活动的举办又往往要重新搭台和联接大功率的线路,这样在不同程度上影响了场馆原有的设施条件,必然存在许多隐患和问题。大型文艺活动和演唱会往往需要在体育场馆内搭建大型的舞台,而为了满足观众的需要在体育场馆内又要布置大量的观众席,这样对整个（体育）场馆来说原有的布局被破坏,而且大量的观众席所侵占的往往是疏散通道。

活动现场宣传广告设施都是众多,包括利用公共用地、人行道、广场、绿地独立架设、安装以及附着在建筑物或构筑物上的各类霓虹灯、灯箱、电子显示牌（屏）和其他各类广告宣传,以及利用空间临时悬挂横幅、飘放宣传气球等广告。同时,繁多的广告设施也可能会给大型活动带来一定的风险,造成火灾、机械伤害、物体打击、车辆伤害等。

新增的设备设施、临时搭建的建构筑物,活动中使用的物品为活动引入新的风险,直接影响观众和演职人员的安全性,如临时搭建的舞台在设计存在缺陷,会导致演职人员在使用过程中出现伤害事故;使用的质量不合格材料搭建舞台或展台,会导致舞台坍塌;使用易燃的装饰材料,会引起火灾。活动现场使用的大量移动转播器材也是关键的危险、有害因素。

（3）规划布局。在众多的活动事故中,不少事故是由于场地整体规划布局不合理造成的。例如,展台之间的安全距离不够,会引起参观的人员发生拥挤或与运输的电瓶车之间发生剐蹭。疏散通道的数量、形状、长度、宽度及防火与防烟性能会对人员疏散时间有明显的影响。人员通过平直的、宽的走道所用的疏散时间少些,通过窄的、多弯的和台阶走道时所用的疏散时间多些;外廊式的疏散通道排烟性能和采光性好,便于人员疏散;内廊式的疏散通道则较之差。活动区域的出入口设置门槛、台阶,会妨碍疏散;出入口设置的门帘、屏风将成为影响疏散的遮挡物。对停车场的布局也非常重要,将影响人员疏导、人流控制、车辆控制和场馆周边交通,并不利于紧急情况下使用。避难场所的设置应满足紧急疏散的需求。

（4）应急资源配置。大型活动配备的应急物资应保障在应急使用中的有效性。一旦配置的安全资源失效就会导致应急救援失败。例如,为活动配备的救护器材发生故障,无法进行紧急救护。灭火器等消防器材存放的位置不能保障及时快捷的处置事故,扩大事故影响。

4）环境因素识别

大型活动的举办势必受到环境的影响,和周边环境相互作用。我们对环境因素进行分析时主要从自然环境、社会环境和周边环境三个方面着手。

（1）自然环境。暴雨沥涝、高温热浪、雷电和雷雨大风、地震等自然灾害，可直接地造成人员伤亡和财产损失，如雷电引起场馆火灾，暴雨大风导致建筑损坏，高温导致参加人员中暑等。自然灾害是原发事故灾害，其危害除了自身造成的灾害外，最主要的是引发的次生灾害，如地震引发的火灾、恶劣天气引发的人群挤踏灾害等。自然灾害虽然发生概率很小，但一旦发生，影响后果严重，并且影响范围比较广泛。

（2）当期社会环境。当期的社会环境对活动的安全性有很大的影响，例如，在传染病疫情严重的时期举办大型群众性活动，大量的观众群将成为病菌的受体或传播者，会进一步扩大疫情。活动举办期间，所在地区举办外交、军事、宗教等重大活动，会对活动的安全性造成影响。

（3）场馆周边环境。周边环境指周边存在工业危险源、周边人群密集场所、活动场所周边的交通环境等。

工业危险源也是危险源聚集场所，往往存在各类危险物质的存储和生产，可能构成重大危险源。一旦发生事故，波及面大。尤其是化学泄漏事故，其影响范围甚至数公里。若在大型活动举办时发生周边工业危险源事故，势必对活动的安全举办造成重大影响。

人群密集场所主要指学校、商场、热点游览区、休闲广场、其他临时聚集场所等。若大型群众性活动举办地周边涉及以上人群密集场所，将会加剧人群聚集程度，造成交通事故及人群事故等。悉尼奥运会期间并未发生交通堵塞，主要原因是奥运会赛场附近没有学校，而且政府鼓励居民在奥运会期间外出休假。

活动场所周边交通环境对于人群流动、疏散起到重要作用。大型活动举办场所由于瞬时人群、车辆的集中，可能导致周边交通不畅，甚至交通堵塞，对交通正常疏散造成很大的影响。在遇到突发事件时，如果交通容量不够，还会发生人员不能及时疏散出去而导致伤亡事件。

4）管理因素识别

管理中的安全因素可以从管理组织机构、管理制度、事故应急救援预案、特种作业人员培训、日常安全管理等方面进行识别，主要包括活动主办方对活动中的消防、供水、供电、供气、供暖等的管理方法。主办方对活动中保安、安全工作人员的培训，安排等。

管理制度不健全、执行力度不够，管理责任主体混乱、职责不清这些管理缺陷是导致事故的主要原因之一，大部分危险、有害因素完全依靠技术控制既不经济也不现实，只能通过完善安全管理工作，对人群、物和环境中重要的危险、有害因素进行控制，提高对大型活动的人群、工作人员、设备设施运行、活动组织、相关方、突发事件和隐患等方面的管理水平，对事故进行有效的预防和控制。

9.2.2　大型活动安全风险评估

1. 风险评估方法

1）常用方法比较

　　风险评估方法是进行定性、定量安全评价的工具。评估的内容十分丰富,目的和对象不同,内容和指标也不同。目前,评估方法有很多种,每种评估方法都有其使用范围和应用条件,在进行风险评估时,应根据评估的对象和评价目的,选择适用的评估方法。

　　常用评估方法包括安全检查表、预先危险性分析、故障假设分析方法、事故树分析方法等。大型活动风险评估方法分为定量和定性两种。每种方法适用范围和应用条件不同,应用于大型活动安全评估具有优缺点。由于大型群众性活动评估的方法有很多,以下介绍一些常用的方法并进行比较,见表9-7。

表 9-7　各种评价方法优缺点比较一览表

评价方法	定性定量	方法特点	适用范围	应用条件	优　缺　点
类比法	定性	利用类比各类大型活动事故统计分析资料类推	活动主办方、活动场地方、活动参与者	类比大型群众性活动具有可比性	简便易行,可能造成对活动自身安全重点的忽略
安全检查表	定性定量	按事先编制的有标准要求的检查表逐项检查	活动主办方、活动场地方	有事先编制的各类检查表	简便、易于掌握、编制检查表难度及工作量大
预先危险性分析（PHA）	定性	讨论分析系统存在的危险、有害因素、触发条件、事故类型,评定危险性等级	活动主办方、活动场地方、活动参与者	分析人员熟悉各类活动的特点,有丰富的知识和实践经验	简便易行,受分析人员主观因素影响
故障类型和影响分析（FMEA）	定性	列表、分析大型群众性活动可能的故障类型、故障原因、故障影响评定影响程序等级	活动主办方、活动场地方、活动参与者	同上有根据分析要求编制的表格	较复杂、详尽,受分析人员主观因素影响
事件树（ETA）	定性定量	归纳法,由初始事件判断系统事故原因及条件内各事件概率计算系统事故概率	活动场地方	熟悉系统、元素间的因果关系、有各事件发生概率数据	简便易行,受分析人员主观因素影响
事故树（ATA）	定性定量	演绎法,由事故和基本事件逻辑推断事故原因,由基本事件概率计算事故概率	活动场地方	熟练掌握方法和事故、基本事件间的联系,有基本事件概率数据	复杂、工作量大、精确。事故树编制有误易失真

总的来说,上述的几种评估方法都可以用于大型活动的风险评估。但是,由于每种评估方法都有其适用的条件和范围,而且一种评估方法是满足不了大型群众性活动的风险评估的要求的,需要多种评估方法结合在一起才能取得较好的效果。

经过多次实践,可知:安全检查表法、预先危险性分析法、故障假设分析、故障假设分析/检查表分析方法、计算机模拟技术是大型活动风险评估中比较常用的方法,而故障树法、事件树法、人员可靠性分析则只用于分析大型活动中的一些特别重要的关键部位时才使用到,如大型活动场所内的加油加气站、危化品等。风险评价指数法由于缺乏合理实际的风险评价指数,目前此种方法很少用到。

2)常用评估方法应用

(1)安全检查表方法。为了查找大型活动中各种设备设施、物料、工件、操作、管理和组织措施中的危险、有害因素,事先把检查对象加以分解,将大系统分割成若干小的子系统,以提问或打分的形式,将检查项目列表逐项检查,避免遗漏,这种表称为安全检查表。

如根据《北京市大型群众性活动安全管理条例》对大型活动安全提出的要求,制定的大型群众性活动安全管理方面的安全检查表,见表9-8。安全检查表往往受到相关法律法规不够健全的限制,有一定的局限性,但在大型活动场地安全、管理制度完善等方面可以广泛使用。

表9-8　安全检查表举例1(参考《北京市大型群众性活动安全管理条例》)

	条例第七条	实际情况
主办方是否履行下列安全职责	进行安全风险预测或者评估,制定安全工作方案和处置突发事件应急预案	
	配备与大型活动安全工作需要相适应的专职保安等专业安全工作人员	
	为大型活动的安全工作提供必需的物质保障	
	组织实施现场安全工作,开展安全检查,发现安全隐患及时消除	
	对参加大型活动的人员进行安全宣传和教育,及时劝阻和制止妨碍大型活动秩序的行为,发现违法犯罪行为及时向公安机关报告	
	接受公安等政府有关部门的指导、监督和检查,及时消除隐患	
	大型活动有承办者的,主办者应当与承办者签订安全协议	
	条例第八条	实际情况
大型活动场所提供者是否履行下列安全职责	保证大型活动场所、设施符合国家安全标准和消防安全规范	
	向主办者提供场所人员和核定容量、安全通道、出入口以及供电系统等涉及场所使用安全的资料、证明	
	安全出入口和安全通道设置明显的指示标识,并保证畅通	

续表

条例第八条	实际情况
大型活动场所提供者是否履行下列安全职责 根据安全要求设立安全缓进通道和必要的安全检查设备、设施	
配备应急广播、照明设施,并确保完好、有效	
对停车设施不得挤占、挪用,并维护安全秩序	
保证安全防范设施与大型活动安全要求相适应	

条例第十三条	实际情况
大型活动安全工作方案是否包含以下内容 安全工作的组织系统	
举办日期、时间、地点、人数和内容	
场所建筑和设施的消防安全措施	
车辆停放、疏导措施	
票证的印制、查验等措施	
现场秩序维护、人员疏导措施	

条例第二十二条	实际情况
现场安全工作人员应急能力是否满足下列要求 掌握安全保卫工作方案和处置突发事件应急预案的全部内容	
能够熟练使用应急广播和指挥系统	
能够熟练使用消防器材、熟知安全出口和疏散通道为止,理解本岗位应急救援措施	
掌握和运用其他安全工作措施	

条例第二十条	实际情况
大型活动主办者是否能履行下列要求 不得将大型活动转让他人举办	
按照安全许可的日期、时间、地点和内容举办大型活动	
不得超过公安机关核准的安全容量印制、发放、出售票证	
公开售票的、采取票证防伪、现场验票等安全措施	
根据安全需在场所入口设置安全、有效的机读验票设施、设备	
保证临时搭建、安装、悬挂的设施、设备的安全	

条例第十五、十六条	实际情况
大型活动安全许可条件 大型活动主办者具有合法身份	
大型活动内容符合法律、法规的规定	

续表

	条例第十五、十六条	实际情况
大型活动安全许可条件	大型活动场所、设施符合安全要求	
	安全责任明确、措施有效	
	不危害国家安全和社会公共利益	
	不影响国事、外交、军事或者其他重大活动	
	不会严重妨碍道路交通安全秩序和社会公共秩序	

（2）故障假设分析方法。故障假设分析方法用于大型活动风险评估中主要是使用该方法的人员通过提问（故障假设）来发现大型群众性活动中可能的潜在的事故隐患（实际上是假想系统中一旦发生严重的事故，找出促成事故的有潜在因素，在最坏的条件下，这些导致事故的可能性）。

故障假设分析方法一般要求分析人员用"What...if"作为开头对有关问题进行考虑，任何与大型活动安全有关的问题，即使它与之不太相关也可提出加以讨论。

例如：

- 活动场所周围的加油站发生爆炸，如何处理？
- 如果在活动入场和散场时，造成交通拥堵怎么办？
- 如果活动期间突然停电，怎么办？
- 如果活动场所突然发现一只死鸟，怎么处理？

下面以活动期间如何保证运输和停车展开讨论。

运输和停车这两个问题确实应当给予足够的重视。因为不少活动之所以推延开始的时间或者活动的质量受到影响，就是因为车辆迟到、找不到卸货地点以及卸货速度太慢而造成的。大型活动场地可能或不可能提供车辆进入的便利。另一个与运输有关、需要考虑的问题是，卡车和其他车辆行走路线的审批。在某些管辖区，如北京市三环以内，对于卡车和大型运输工具的出入有着严格的规定。一些大型活动场地也许位于或者毗邻重点警卫和防范的地区或建筑，因此车辆和人员安全、快速进出这些地带就成为重点考虑的问题。有围栏和照明充足的地方是最理想的停车地点，但首先要考虑的是，选择尽可能靠近活动场地或场所卸货区的停车地点。

（3）故障树分析方法。故障树（Fault Tree）是一种描述事故因果关系的有方向的"树"，是安全系统工程中的重要的分析方法之一。故障树分析方法作为风险评估和事故预测的一种先进的科学方法，已得到国内外的公认和广泛采用。下面以大型活动踩踏事故为例，介绍故障树分析方法在大型活动危险有害因素识别中的应用，如图 9-1 所示。

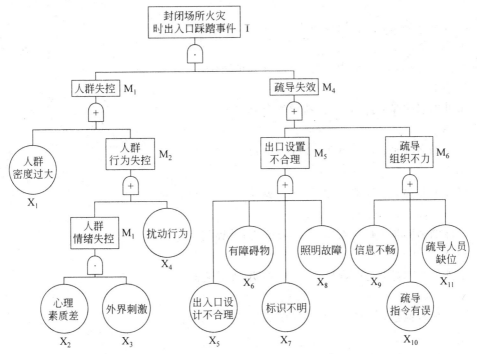

图 9-1　大型活动踩踏事故故障树分析

此故障树的最小割集是：

X_2 X_5 X_3

事件的名称是：心理素质差；出入口设计不合理；外界刺激；

X_1 X_5

事件的名称是：人群密度过大；出入口设计不合理；

X_2 X_9 X_3

事件的名称是：心理素质差；信息不畅；外界刺激；

X_1 X_9

事件的名称是：人群密度过大；信息不畅；

X_4 X_9

事件的名称是：扰动行为；信息不畅；

X_2 X_{10} X_3

事件的名称是：心理素质差；疏导指令有误；外界刺激；

X_2 X_{11} X_3

事件的名称是：心理素质差；疏导人员缺位；外界刺激；

X_1 X_{10}

事件的名称是：人群密度过大；疏导指令有误；

X_1 X_{11}

事件的名称是：人群密度过大；疏导人员缺位；

X_4 X_{10}

事件的名称是：扰动行为；疏导指令有误；

X_4 X_{11}

事件的名称是：扰动行为；疏导人员缺位；

X_4 X_5

事件的名称是：扰动行为；出入口设计不合理；

X_2 X_6 X_3

事件的名称是：心理素质差；有障碍物；外界刺激；

X_2 X_7 X_3

事件的名称是：心理素质差；标识不明；外界刺激；

X_2 X_8 X_3

事件的名称是：心理素质差；照明故障；外界刺激；

X_1 X_6

事件的名称是：人群密度过大；有障碍物；

X_1 X_7

事件的名称是：人群密度过大；标识不明；

X_1 X_8

事件的名称是：人群密度过大；照明故障；

X_4 X_6

事件的名称是：扰动行为；有障碍物；

X_4 X_7

事件的名称是：扰动行为；标识不明；

X_4 X_8

事件的名称是：扰动行为；照明故障；

此事故树的最小径集是：

X_2 X_1 X_4

事件名称是：心理素质差；人群密度过大；扰动行为；

X_5 X_9 X_{10} X_{11} X_6 X_7 X_8

事件名称是：出入口设计不合理；信息不畅；疏导指令有误；疏导人员缺位；有障碍物；标识不明；照明故障；

X_3 X_1 X_4

事件名称是：外界刺激；人群密度过大；扰动行为；

此事故树的最小径集是：

X_2 X_1 X_4

事件名称是：心理素质差；人群密度过大；扰动行为；

X_5 X_9 X_{10} X_{11} X_6 X_7 X_8

事件名称是：出入口设计不合理；信息不畅；疏导指令有误；疏导人员缺位；有障碍物；标识不明；照明故障；

X_3 X_1 X_4

事件名称是：外界刺激；人群密度过大；扰动行为；

此故障树的结构重要度是：

$I(2)＝0.111111111111$

心理素质差的结构重要度是：0.111111111111

$I(5)＝0.063492063492$

出入口设计不合理的结构重要度是：0.063492063492

$I(3)＝0.111111111111$

外界刺激的结构重要度是：0.111111111111

$I(1)＝0.166666666667$

人群密度过大的结构重要度是：0.166666666667

$I(9)＝0.063492063492$

信息不畅的结构重要度是：0.063492063492

$I(4)＝0.166666666667$

扰动行为的结构重要度是：0.166666666667

$I(10)＝0.063492063492$

疏导指令有误的结构重要度是：0.063492063492

$I(11)＝0.063492063492$

疏导人员缺位的结构重要度是：0.063492063492

$I(6)＝0.063492063492$

有障碍物的结构重要度是：0.063492063492

$I(7)＝0.063492063492$

标识不明的结构重要度是：0.063492063492

$I(8)＝0.063492063492$

照明故障的结构重要度是：0.063492063492

结构重要度顺序为：

I(1)＝I(4)＞I(2)＝I(3)＞I(9)＝I(5)＝I(10)＝I(11)＝I(6)＝I(7)＝I(8)

因而得到对应的事件排序是：人群密度过大＝扰动行为＞心理素质差＝外界刺激＞信息不畅＝出入口设计不合理＝疏导指令有误＝疏导人员缺位＝有障碍物＝标识不明＝照明故障。

2. 风险评估单元划分

评估单元就是根据评估目标和评估方法的需要，将系统分为有限的、确定范围的评估单元。针对大型活动识别的危险、有害因素，应根据目标的需要及可能存在的事故类别划分评估单元，并使用相应的分析方法进行评估。合理、正确地划分评估单元，是成功开展风险评估工作的重要环节。

根据前面所进行的大型活动安全风险的识别，可将评估单元划分为：(1)静态因素。大型活动静态因素主要是指固定场所与场地，是以大型活动场所没有游人时的状态为基准，包括活动场地的建构筑物与运营设备设施等；(2)动态因素。主要包括公共活动、活动人群以及新增的设备设施等；(3)外部环境因素。主要是指自然灾难、交通环境、周边环境影响等因素；(4)安全管理方面因素。主要包括安全管理人员的素质、规章制度的建立、突发应急能力等方面。如图9-2所示。

1）静态评估单元

静态单元主要包括固定的场所与场地，是指大型活动场所建成且没有游人时的状态。主要包括：

(1)总平面布置单元；

(2)建筑单元：①建筑施工单元(结构安全、质量安全、建筑电气、雷电安全等)；②建成后建筑物；

(3)基础设施单元(热力、电力、燃气、管网、供水、通信、大型公共活动场所架空线(动力线)等)；

(4)消防单元；

(5)特种设备单元(包括游乐设施)；

(6)危险化学品单元；

(7)重大危险源单元。

2）动态评估单元

动态单元主要包括运动的人群、移动的车辆、临时新增危险源等。主要包括：

(1)重大社会公共活动单元(活动人群)；

(2)活动场地内的交通运输单元(运动车辆)；

(3)新增危险因素。

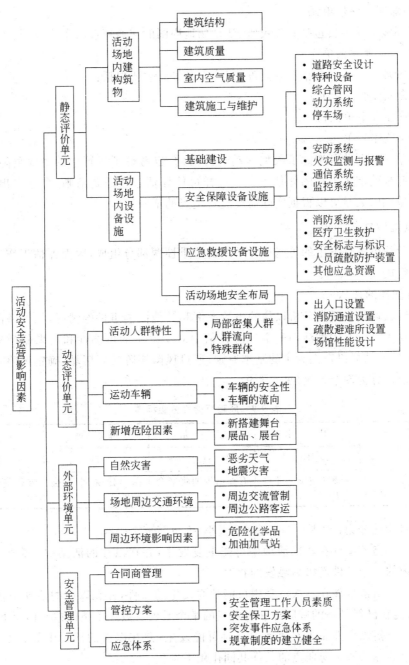

图 9-2　大型群众性活动评估单元划分

3）外部环境评估单元

外部环境单元主要包括自然灾害、活动场地周围的交通环境状态等。

4）安全管理评估单元

安全管理单元主要包括规章制度、管控方案等。主要包括：

（1）合同商管理单元；

（2）管控方案单元；

（3）应急体系单元。

评估单元的划分既考虑了大型活动运行前的，也考虑了运行中的主要危险因素，将两者结合起来确定为上述的评估单元。这样可使评估过程逻辑清晰、重点突出、结构完整。评估单元的数量可以根据实际需要进行适当的增减。

3. 风险评估的内容

风险评估由事件发生的可能性和后果的严重性两部分组成，因而评估工作也由相应的两部分组成。

1）可能性的评估

可能性的评估一般是分析以往的事故案例和其他同类事件的情况，从概率的角度分析其可能性水平。在大型活动安全风险评估中对于发生的可能性和后果的严重性的描述，是以分析的结果以定性为主的基本原则，通过风险矩阵排列区域，确定风险程度。一般来说可能性分为 5 个等级（见表 9-9）：

表 9-9　风险可能性分级标准

不　可　能	很　　　小	偶　　　尔	可　　　能	经　　　常
A	B	C	D	E
没有发生的理由	在特殊情况下才会发生	有理由说明将来会发生	在一定条件下会发生	难以避免它的发生

发生可能性分为：经常、可能、偶尔、很小、不可能五个等级

经常——指该事件在本次活动中可能重复发生，并在以往的活动中经常发生，也包括在活动内的一个条件而极易触发的状况。

可能——指该事件在本次活动中可能独立发生的事件，并在以往的活动中曾经发生过，它也可能在已经具备的威胁源和薄弱点的某个或极少数几个条件共同作用下发生。

偶尔——指该事件在本次活动中有时可能发生，并在以往的活动中曾经发生过，或在具备多个的威胁源和薄弱点的条件共同作用下发生。

很小——指该事件不太可能发生，并在以往的活动中极少发生过，或具备多个的威胁源和薄弱点的条件共同作用下，强制性突然攻击所发生。

不可能——指该事件在本次活动中不会发生,并在以往的活动中不曾发生过。

2）后果严重性的评估

评估危险的严重性时,要了解危险发生的背景。与上面类似,也将严重性分为 5 个等级。严重性可以从多个角度进行描述,如人员伤亡、财产损失、社会影响、政治影响等,在实际评估中要根据委托方的目标和需求进行综合考虑。严重性等级分为用高度、较高、中度、较低、低度五个等级表述。

极高——表示除非受某种特定原因,活动不能取消,应当再次组织严密的防范措施,否则将采取措施停办或调整事件、地点、规模。

高——表示非常有必要立即制定加强对威胁源的阻止和薄弱点的防范采取更加严密的防范措施,对于不可改变的活动计划继续实施活动,但对可改变活动计划,且计划的改变不会造成重大国际影响和社会影响、经济损失的,应当采取延缓或停止活动的实施计划。

中度——表示需要采取一定系统措施,防止事件（事故）的发生,对于不可改变的活动计划继续实施活动,但对可改变活动计划,且计划的改变不会造成重大国际影响和社会影响、经济损失的,应当采取延缓活动的实施计划。

较低——表示通过局部的、个别的计划、方案、防范（预案）制定、细化、修补措施,可不需改变活动计划实施。

低——指此项事件发生,是一般性枝节问题,只会给整体活动带来轻微的经济损失与社会声誉影响,表示采取常规措施,就可满足防范要求,活动可按期实施。

3）确定风险等级

根据前两项工作的结果可以根据风险矩阵来确定风险的等级。表 9-10 提供了一种对可能性、严重性和风险等级的分类方法:

风险等级＝可能性×严重性

表 9-10　定性风险分析矩阵-——风险等级

		后果严重性				
		1	2	3	4	5
可能性	A	低	低	低	中	高
	B	低	低	中	高	极高
	C	低	中	高	极高	极高
	D	中	高	高	极高	极高
	E	高	高	极高	极高	极高

9.2.3 大型活动安全风险控制

1. 风险控制的原则

风险控制包括确定控制风险的措施范围，评估这些措施，准备风险处置计划和实施计划。风险控制的原则是根据不同风险可能性和严重性的特点采取承受风险、风险控制、避免风险和风险转移 4 种策略。对不同的风险可采用不同的处置方法，对一个大型活动所面临的各种风险，也可以综合运用各种方法进行处理。如图 9-3 所示就反映了不同风险评估结果对应的风险策略原则。

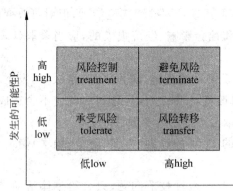

图 9-3　风险控制原则

（1）接受风险。承受风险是由活动管理方自行准备资金以承担风险损失的风险处置方法，活动管理方在对突发公共事件风险进行预测、识别、评估和分析的基础上，明确突发公共事件风险的性质及其后果，认为主动承担这些风险比其他处置方式更好，而将这些风险自留的方式。

（2）风险控制。风险控制是为了最大限度地降低风险事故发生的概率和减小损失幅度而采取的风险处置技术。比如在易发生拥挤的活动场地，配置醒目的安全色、安全标志、报警器等。加强各部门的风险控制能力；做好救护受损人、物的准备等。

（3）风险转移。风险转移是指活动管理方将风险有意识地转给与其有相互经济利益关系的另一方承担的风险处置方式。风险转移的方式有保险转移和非保险型转移。非保险转移方式是指将风险可能导致的损失通过合同或协议的形式转移给另一方，如安全协议。通过转移方式处置风险，风险本身并没有减少，只是风险承担者发生了变化。

（4）避免风险。避免风险是在考虑到活动突发事件风险及其所致损失都很大时，主动放弃或终止活动举办以避免损失的一种处置风险的方式，它是一种最彻底的风险处置技术。2004 年 10 月 7 日,由于天气原因"法兰西巡逻兵"飞行表演队在北京的首场特技飞行表演被迫取消,正是由于当时天空能见度只有 1 公里左右,达不到法国方面特技飞行表演的最低气象要求,因此取消了飞行表演。避免风险虽可彻底消除实施该项目可能造成的损失和可能产生的恐惧心理,但它是一种消极的风险处置方法。

以一次展览会的风险控制为例。结合风险矩阵评估方法,得出的风险等级如表 9-11 所示。

表 9-11　展览会安全风险矩阵评估结果

序号	存 在 问 题	可能性	严重性	风险
1	只有部分进行现场表演的展台采取了增加水槽和三面围挡的措施,但对金属切屑火花的控制效果不佳,火花仍能溅到参观人员身上和地板上。只有少数展台在地板上设置了防火毯或钢板	经常	低	较高
2	设有疏散标识的门与现场打开的门对应不上,容易误导参观者	可能	低	中度
3	安检效果不佳。虽然各展馆入口均设有安检门,但是安检人员未履行职责,形同虚设	经常	低	较高
4	部分保安人员对场馆环境不了解,不知道出口位置。保安人员的培训不到位	可能	中	中度
5	1 号馆的噪声过大,已经掩盖了正常广播的声音。可能出现掩盖应急广播声音的情况	经常	中	高

根据风险等级的高低,考虑到经济因素的影响,按照高、较高、中度、较低、低的顺序,优先解决风险等级高的风险,其次是风险等级较高的风险,以此类推。

依据评估结果,此展览会应优先控制顺序如表 9-12,并给出简单的控制措施建议。

表 9-12　展览会安全风险控制顺序

优先顺序	控 制 点	建议采取的控制措施示例
1	1 号馆的噪声过大	对 1 号馆和其他馆的展商进行调整
2	金属切屑火花	所有现场表演必须增加水槽和三面围挡的措施,并且必须采用防火毯
3	安检效果不佳	加强对安检人员的责任心教育
4	疏散标识与疏散门不对应	立即调整
5	保安人员的培训不到位	加强对保安人员的培训,尽量选用熟悉国展中心的保安人员出勤

2．风险的预测预警

在风险评估的基础上,确定了风险控制措施,就要对大型活动在举办前进行必要的风险预测预警,达到监测其变化并针对变化提前警示的作用。

(1)对人群容量安全风险预测预警。包括对活动参加人员的数量、人群年龄结构、观众情绪等因素的分析预测。考虑这些因素对大型活动安全的影响性。要保证一个大型活动的安全性,就需要预测参加本次活动的人群类型、特征,分析其心理行为特征,然后根据活动场地的实际情况,预警人员的最大安全容量,其中,人员最大安全容量可通过计算机仿真模拟计算,人员容量的变化情况则要通过视频监控和客流计数系统。

(2)周边环境安全风险预测预警。包括场地开放程度、周边地理环境、水域、涵洞的安全性等周边环境的特性和周边环境的危险因素进行分析,制定科学预测预警措施。对一个大型活动场所的周边环境分析,了解周边道路的危险化学品运输车辆状况,预测危险化学品事件,预警运输车辆发生事故,例如危险化学品泄漏,预测泄漏会对活动造成的影响程度,预警人员的安全疏散。

(3)设备设施安全风险预测预警。包括安全通道、消防设施、技放设施、各种标志以及水、电、气、热等重点部位当前的安全状况。对大型活动火灾的预测,就需要预警用电、用气安全,预测活动的火灾负荷,预警消防设施的完整性。2000年9月,悉尼奥运会开幕式彩排时,不少烟花因风飘落到新闻中心屋顶和奥林匹克主体育场附近草地,草地上多处被点着,事故发生后消防人员迅速赶到,避免了事故的发生。由此可见,如果预测奥运期间发生火灾事件,就需要预警奥运会各种可能导致火灾的危险因素。近年来,美国、英国等国家出现大面积停电,给社会生活造成了极大的混乱。北京近年也时常发生自来水管、煤气、热力管线泄漏等事故。因此预测一个活动可能发生停电事件,就要预警供电设施损坏的安全性,预警某一供电设施损坏会波及多大的停电影响范围,预警这个活动的安全举办。

(4)临时建筑预测预警。包括临时搭建设施、展品贵重程度等因素。预测活动中有建筑坍塌事件,就要预警临建设施的安全性,预测事件可能会造成的影响,预警施工工程质量。

(5)自然灾害风险预测预警。包括预测天气等自然灾害对活动安全造成的影响。需要特别关注由于自然灾害的二次影响对活动安全造成的影响。以对某一活动对大风灾害的预测为例,就要分析大风会对这些活动场所的那些地方带来较大的危害,就要预警这些重点影响区域。分析因为大风灾害这些重点影响区域内可能出现的各种险情,然后预警危险源,例如,广告牌。每年都有出现因为大风刮落广告牌而砸伤甚至砸死人的事件。预测暴雨灾害,就需要分析暴雨会给哪些活动区域造成危害,预测这些重点区域内可能发生的各种事故,预测造成事故的危险因素,例如,排水系统与井盖。

(6)恐怖事件的预测预警。预测大型活动现场可能发生的爆炸、枪击、投毒等突发恐怖事件,预警恐怖分子可能使用的各类"武器",各种实施恐怖的方式。保障城市公共安全需要加强对社会安全事件的有力防范,特别针对人群高度密集的场所安全问题进行研究。重点对活动场地的关键部位和元素的安全性预测预警。例如,对非武器、低技术的预警;对看不透物体的预警;对易获得造恐慌的小化学品的预警;对容易制造的危险物的预警。在大型社会活动还需要预测参加活动的人群类型,人群结构,预警活动场所的人员最大安全容量。预测活动期间可能发生的突发事件,例如恐怖袭击,预警目标人群,采用人脸识别等高科技技术。

（7）当期大环境安全与预测预警。大型活动除了要考虑本身环境安全的预测预警,还要考虑在当期大环境下的安全性。例如,在黄金周举办的大型活动,就要预测整个黄金周的各种因素对大型活动安全的影响性,并根据预测结果做出合理的预警。根据当前食品安全和流行病的特点,对大型活动的公共卫生风险进行预测预警。重点对活动举办中消费量较大的一些食品安全问题等进行了分析测试评估,将食品分析测试与预测预警结合。在活动举办期间,就需要预测预警流行病可能对活动产生的影响。在禽流感警戒时期,就需要预警禽流感可能传染的方式,例如,发现不明原因死亡坠落的鸟类就需要引起高度的警戒。

3. 反馈与更新

对做过的评估进行回顾和修正。通常是一年一次,或当场所设计、管理方式、环境等发生重大改变时进行。风险评估不是一步到位的工作。必要时应当复查,如果评估对象有变化时,评估结果不再有效时还要进行修正完善。如:(1)发生了重大变化:场地、游人、管理程序、外界影响(附近的活动、复活的恐怖袭击);(2)重大事件的发生;(3)潜藏的一个严重疏漏。

不管是在什么情况下,最好的办法就是定期复查评估结果,并对做过的所有修改进行记录。即使一切都没有发生改变,做复查也是非常必要的。如果评估过程中正好是一个事件的进行中,那么当这个事件结束后,就应当马上进行复查。因为事件可能会带来新的问题,人们也需要认识它。

9.3 大型活动安全管理的内容

9.3.1 大型活动人群安全管理

大型群众性活动的最大特点也是安全要点就是人群短暂性的高密度聚集,一旦发生突发事件,最重要的问题之一就是如何在尽短的时间内把人群安全地疏散出去。因此,人群管理是活动事故预防与控制的重点研究内容。

1. 大型活动人群组成及行为特征

1）人群组成分析

大型活动参与人员构成复杂,参与者既有青年、老年,也有儿童,对风险的认知、防护知识及能力有很大不同。此外,活动参与者的职业、社会层面、兴趣、爱好等一般差异较大,群体习惯和文化理念不同;在活动期间可能遇到的安全问题不尽一致。主体的复杂性使得个体与群体之间存在诸多潜在矛盾,导致了活动安全隐患的多来源性,同时个体对风险等事物的反应特征也呈现多样性,这些因素致使可能的安全问题增多。他们的主要目标是参与活动,如观看比赛、参与游园等,因此其行为及需求具有一定的趋同性。活动形式、内容越复杂,参与者的目标越容易分散,趋同性越弱。一方面趋同性增加了活动场所服务设施等的负荷,同时其在一定程度上缓解了安全管理的压力,管理者可针对不同人群采取更有针对性的控制措施。另外,参与人员的有相异性。参与主体共同的外在表现形态下,不同的参与者也是怀着不同的目的和心态来参加活动的。例如,对于演唱会来说,绝大部分观众的目的是欣赏好听的音乐,与喜欢的歌手近距离接触,但也不能完全否定少数极端分子的存在,这样,可能导致群体目标与个人目标发生冲突,继而造成可能的群体动荡。

大型活动人群分为妇女、儿童、老人、残障人以及正常男性,其行为特征见表 9-13。为避免事件后果的扩大,减少伤亡程度,必须加强对人群的心理和行为特征进行分析,以准确把握其客观规律,以采取有效的应对措施。

表 9-13　不同层次人员特征分析表

层　次	心理和行为特征
老年人	控制能力差,判断力差,注意力不集中,易受无关因素的干扰;行为缓慢、迟钝,平衡能力、灵敏度差
正常男性	能根据自己所处的客观环境来调节自己的情绪恶化情感,能独立进行观察和思维,具备独立解决问题的能力;行动迅速、果断,平衡能力、灵敏度好,体力充沛
妇女	能根据自己所处的环境进行判断,但是容易恐慌,行动上没有正常男性来得迅速有力,平衡能力较差,体力不够
儿童	心理稳定性差,不知道如何应对紧急事件,行动不知所措,平衡能力差,不会自我保护,需要别人帮助
残障人	控制能力差,行为不便,容易影响别人的通行,也容易受到伤害,需要别人帮助

2）人的意识行为分析

人的意识行为非常重要,人的决策决定他采取什么样的行动。而在紧急情况下,人的决策过程受以往经验、教育程度、个性、身体特点、可利用的疏散通道、其他人的决策行为的影响。大型活动的人群在紧急事件过程中,个人在确定或评价所处的危险环境时,一般采用 6 个过程,如图 9-4 所示。

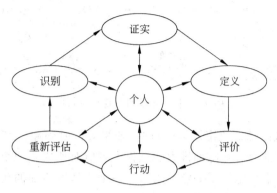

图 9-4　人行为意识分析图

① 识别。当某人感觉到危险发生的迹象时,就会产生识别。识别的迹象可能是模糊的,也可能是清晰的,这与人的敏感度、经验等相关。

②示证实。证实是个人决定危险迹象严重程度的行为过程,在这个过程中,人们通常自我安慰。当危险迹象非常模糊时,人们去获得其他信息,即某人意识到发生了什么事,但又不能肯定,于是他有可能去询问附近其他人员。

③ 定义。定义是人们企图了解与危险有关的诸多变量,如危险的性质、大小以及现在情况。在弄清这些情况前,人们的紧张和焦虑是最严重的。

④ 评价。评价是个人对危险的认识和心理反应的过程。在紧急事件发生的情况下,评价是人们决定进行如何采取行动的过程。根据事件的性质、规模、可能的后果,人们的这个过程需要在几秒内完成。这时,个人对于他人的行为是很敏感的,因此可能模仿他人的行为,最后导致群体的适应性和非适应性行为,而并非个性化的行为。

⑤ 行动。指个人为了完成在评价阶段制定的计划而采取行动的机理。

⑥ 重新评估。在前面的努力失败后,人们将立即进行下一个重新评估和行动的过程,接下来的行动将更加努力,个人随着一次又一次的努力,人群情绪越来越激动甚至失控。

3)紧急情况下群集事故的行为分析

在紧急疏散过程中,尤其在人群密度过大,人员相互拥挤踩踏事故时,人的行为模拟如图 9-5 所示。

① 行进:行进是人员紧急疏散时人为安全逃离而发起的主动动作。首先,个体会基于当前的位置环境,进行判断决策,作出合理疏散的路径规划;然后,在没有其他人阻挡的情况下,个体按计划前进;而如果被其他人群阻挡,个体可能绕行(如果代价不是很大的话),也可能原地等待。

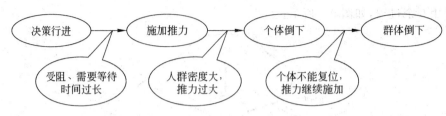

图 9-5　群体事故行为模拟分析图

② 施加推力：被阻挡而决定原地等待时，如果等待时间超过其忍耐极限，个体将向周围的其他人群施加推力。在施加推力的过程中可能对造成其他个体的位置移动，更重要的是对其他个人的平衡施加了一定的压力。一个个体所施加的压力可能不大，但是一个群体对周围人群施加的压力就不可忽视。

③ 个体倒下：某些个体（尤其是老人、妇女、儿童）受到推力过大而失去平衡时，处于倒地状态。

④ 群体倒下：某些个体的倒下使得平衡更加失控，后面人群在不知情的情况下继续施加压力，倒下的人数增加。

采取措施使这四个环节遭到破坏，就不容易发生群死群伤的踩踏事故。

通过对典型人群聚集场所进行直接观察，摄影跟踪等数据采集，测量聚集人群流动速度、密度、流量，辨认冲突、干扰以及跟踪观察聚集人流中的特殊移动等，深入挖掘正常状态下聚集人群的动力学特征，运动规律，建立正常状态聚集人群的模型。

在大型活动中人群容易形成如下现象，如果不加以有效控制容易发生事故。

① 成拱现象。群体自宽敞的空间向较拥挤的出入口、楼梯时，除了正面的人流外，往往有许多人从两侧挤，如阻碍正面的流动，使群人群密度增加，形成拱形人群，谁也不能通过。这种情形可能会持续一段时间，当拱形群集密度达到 13 人/平方米以上时，由于某一侧的力量过强而使成拱崩溃，一部分人突入到出口中，同时，由于出入口之外的群集密度比较低，前面的人很容易失去平衡摔倒，后面的人很容易被绊倒。尤其在下台阶或者楼梯的场合，更加容易摔倒，遭到后面人群踩踏。如图 9-6 所示为成拱及拱崩溃的过程示意图。

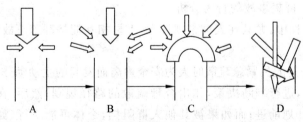

A　　　　B　　　　C　　　　D

图 9-6　成拱事故模拟图

② 异向群集流。来自不同方向的群集流成为异向群集流。十字路口、交叉路口处来自不同方向的群集相互冲突、相互阻塞、前进的群集受到折返回来的群集的阻塞、拥挤和混乱,也有相对前进的两股人流狭路相逢的情况。异向群集流之间的相互冲突,很容易发生相互踩踏伤害的事故。

③ 异质群集流。当群集中的每个人都以相同的步速向相同的方向前进时,群集的流动是稳定的流动。但是通常的情况下,组成群集的人们有不同的体质,往往包括老、弱、病、残,有走得快的人,也有走得慢的人。每个人都想按自己认为的最短路线前进,都想以最短的时间出去。走得快的人就总想绕到前面去,如果许多人都这样想,则会发生相互拥挤、碰撞或者流动的停滞。走得慢的人容易受到走得快的人从后面推拥,侧面挤靠,很容易发生跌倒,导致一连串的跌到和践踏,酿成严重的伤害事故。

4) 人群拥挤行为特征分析

大型活动中人群的心理状态和行为特征等将人群拥挤事故分为以下两类:

(1) 逃避灾害型。如 1994 年的克拉玛依火灾和 1988 年尼泊尔"亚洲山谷"国家体育馆事件。在这种类型的人群拥挤事故中,人群的拥挤是为了逃避突发的灾害事件。

(2) "争抢"型。如 2002 年孟加拉戈伊班斋月施舍活动,1979 年美国辛辛那提音乐会事件和 1989 年谢菲尔德足球场事件这种类型的人群拥挤是为了"争抢"某种物品,或者只是想一睹明星风采,或者仅仅是想先离开拥挤的人群。

目前,有关人群拥挤行为的理论主要有陷入理论、适应性理论和"社会附属关系"理论。

(1) 陷入理论。陷入理论认为,当面对拥挤危险时,人群的典型响应是自我保护式的进攻或者逃离。突然发生的危险情况可能使具有不同目的的人们汇集为人群,并表现出恐慌。一般来说,人们会向着一个安全的方向,通常是远离危险的方向逃离。严格的管辖、严格的领导和其他社会道德的约束,会对个体逃离的倾向产生抑制作用。

(2) 适应性理论。在适应性理论中,把拥挤的人群行为分为两种,即"适应性行为"和"非适应性行为"。"适应性行为"是指那些有利于其他人员的疏散,或者采取诸如:限制火焰、烟气、热量蔓延以及其他避免事故损失的行为。"适应性行为"是人的高级行为的一种体现,它反映了人们摆脱了恐慌的心理状态,不利环境积极抗争的精神状态。所谓"非适应性行为",是指人员在疏散过程中发生的不利于他人安全的行为,如奔逃、互相推挤、将别人撞倒以及互相踩踏。

(3) "社会附属关系"理论。该理论认为,人们在拥挤恐慌中并没有失去人性,也没有放弃与他人的关系。相反,人们在极度危险的情况下继续扮演着他们在社会结构中的角色,并继续关心他人的命运,常会使自己的生命陷入危难中,这种行为也被称为"利他"行为。互助是人群在逃生过程中的一种常见行为,并且是人与人之间关系的主导行为。

上述三个理论都从一个方面描述了人群在拥挤恐慌状态下的行为表现,在某些方面是相互补充的。恐慌人群既有歇斯底里、竞争、人性丧失的一面,也有互助、协作的一面。不同属性的人在恐慌状态下表现出的行为是不同的。研究结果表明,在互助、协作关系占主导的恐慌疏散中,人员伤亡远低于竞争、人性丧失的情况。大部分死难者都是由于人群的"非适应性"行为而丧命的,而并非完全是灾难本身(如火灾)的原因。竞争、不合作的行为会加剧人群的恐慌、不利于人群的疏散,其最终后果是造成严重的人员伤亡。

5)骚乱者心理及行为分析

根据大型活动事故的统计,因人群中的骚乱行为导致的拥挤踩踏事故占全部事故的18%。骚乱行为是由于宗教、社会、种族、经济冲突或者成果竞争中可能发生的一种暴力行为。在大型活动人群聚集场所,骚乱行为可能增加现场的紧张气氛,使场所的秩序混乱。小型的骚乱行为通常不会造成人群恐慌,也不会酿成拥挤踩踏事故,但在很多情况下,它会成为事故发生的导火索。根据研究,因人群骚乱导致拥挤踩踏事故发生的场所主要有体育场馆、宗教场所,在演出场所或者政治游行场所也时有发生。骚乱行为的理论研究主要有刺激需求理论、FORCE 理论两种,下面对这两种理论进行简要介绍。

(1)刺激需求理论。刺激需求理论认为,现代社会中随着经济的发展,人们的生活水平增高了,空闲时间增多了,对生活的期望更高了。同时,他们也正经历着高失业率的压力、冒险的机会减少的现实。人们对现实生活充满着厌倦情绪,希望能够充满激情地生活,人们为弥补这种不快乐状态会刻意去做些刺激的行为,这些行为会产生严重的个人风险。在采取冒险行为时,他们会建立一种保护的尺度,以判断自己是否安全,是否会遭受伤害。当然也会错误地判断行为的安全性,此时就会引发人群骚乱。

(2)FORCE 理论。该理论是 1989 年 Mann 在对体育骚乱事件进行的分类时提出的,FORCE 分别代表挫折(frustration)、非法的(outlawry)、抗议(remonstrance)、面对面冲突(confrontation)和宣泄式的冲突(expressive)。每一个字母代表一种骚乱类型,其英文单词的第一个字母构成了 FORCE。

2. 大型活动人群安全管理对策

1)大型活动人群安全事故成因

大型活动人群安全事故主要是由以下几种原因单独或共同促成的。

(1)没有有效控制参与人数。大型活动往往人数众多,成分复杂,许多为初到现场,发生事故时容易因惊恐且不熟悉现场状况,致使场面失控,人群推挤,进而出现人员伤亡。

(2)没有对活动场所及设施进行安全评估,且场所布局不合理。大型活动场地往往比较大,不易管理,如果事前未进行查勘并因地制宜采取防范措施,或使用劣质器材甚至危险品,则出现事故的几率会大增;活动场地布局的合理性也对人员流动的速度和密度产生很大的影响,如果布局不合理,就有可能造成人流疏密不均,从而人员流动事故的发生概率就会大大增加。

（3）人员疏散组织不力。由于大多数人员流动事故发生在人员疏散过程中，所以人员疏散的组织引导是非常重要的。一般而言，在人员拥挤、推搡等剧烈的人身接触时，如果对人员的疏散不能做到科学、合理的控制引导，就有可能在疏散环节发生人员流动事故。

（4）没有从系统的角度考虑人员聚集的管理。人员聚集的管理直接关系到后来的人员流动的密度和速度。所以，根据人员疏散的要求和活动场所的特点管理人员聚集是非常必要的，如果只单单考虑人员聚集的管理，就很有可能造成人员疏散引导的困难。

（5）应急能力不强。一方面表现在紧急预案不完善，如果没有一套完整合理的紧急预案就有可能增加人员流动事故所带来的损失；另一方面表现在应急资源不足，大型活动因参与人员众多，突发事件难免，如有伤、病、意外的事故发生，而现场又没有合格且足额的医护人员及设施，则后果堪忧。

（6）其他原因。除以上原因外，比如虚假信息的谣传、突发事件等都有可能导致人员流动事故。

2）大型活动常态下的客流预测、引导和控制

大型活动中的人流量预测工作关系到大型活动的交通配套设施、活动场地的布局设施、活动安排等工作能否顺利展开。应该从系统的角度，根据活动场地布局特点和人员疏散的要求，对大型活动中人员流动在时间和空间上加以引导和控制。如何平衡各个时间段和各个区域人流的分布，让整个大型活动期间的人流更加有序，会直接影响大型活动举办的效率。由此可见，常态下的人流预测、引导和控制是影响大型群众性活动人流问题的一个最基本方面。

常态下的人流预测、引导和控制可以有很多的措施。例如，在 2006 年中国沈阳世界园艺博览会中，采用通过统计允许到达沈阳世博园的交通工具（公共汽车、铁路交通等）的情况，并结合园区内可容纳人的有效面积，来预测出沈阳世博园内可能的最大的日流量和最大瞬间容量；通过合理规划世博园内人流通行路线，并在通行能力较差的路段采取合理的疏导措施，还要制定合理的活动方案，以平衡园区内人员流动速度和密度；同时，通过对天气的好坏、是否为节假日等信息的分析，并结合当日的人流情况，来预测次日的人员流动数量和时间、空间分布状况，从而提供次日的设备和服务人员的配备预案等。综合上知，可以通过建立预测模型和各种方法措施来预测、引导和控制大型活动中的人员流动，从而尽可能地减少人员拥挤现象的发生，进而最大可能地保障大型活动上的人员安全。

3）活动场地的布局的合理性

大型活动场地的布局对人员流动能够产生重大影响，如果活动场地内的道路布局、配套设施的配备没有从系统的角度充分考虑人员疏散的要求和人员聚集的特点，就会影

响人员流动的高效、安全和舒适。同样,在配套设施的配备方面也要考虑人员流动的特点,如活动场地内的厕所的类型、数量和分布情况都会影响到人员流动的速度与密度。

4) 人员容量管理

《大型群众性活动安全管理条例》第六条明确规定:举办大型群众性活动,承办者应当制订大型群众性活动安全工作方案,其中一项重要的内容是活动场所可容纳的人员数量以及活动预计参加人数。

大型活动整个场所及部分关键部位的人员容量问题是活动安全地一个重要指标。一旦人员容量超过大型活动的整体或局部的硬件环境的支持能力和管理指挥的承受能力,将会产生高风险。而活动容量与活动的硬件设施、指挥决策、管理队伍本身有很大的关系,因此,在一定的条件下,科学合理地规定活动的人员容量,即正常景观容量和大型活动场所最大允许容量,并按照这两个容量,实行分级预警管理,是保证大型群众性活动安全、顺利举办的前提条件。近年来,将计算机模拟技术应用在特定活动场地的人员最大安全容量计算和对人员应急疏散的演练等,对保障活动的安全举办起了重要的促进作用,并依据此实行分级预警管理。

第一等级(蓝色):正常景观容量以下;

第二等级(黄色):超过正常景观容量,但未达到峰值容量,需要进入警戒状态。在这种情况下有可能要对人群、人流进行疏导;

第三等级(橙色):达到峰值容量,需要采取限制,在出入口需施行应急措施;

第四等级(红色):出现紧急状况,需要采取撤离行动。

针对不同的级别确定可接受风险和不可接受风险分别进行管控。

5) 人员紧急疏散与关键部位的快速通行

由于大型活动期间会出现大量活动参与者涌入活动场地的状况,因此,一旦场地内发生火灾、人员拥堵等紧急事故,活动管理人员能够组织活动参与者沿着合理的疏散路线进行疏散,制订合理的疏散路线是大型活动的主办者关心的问题。

在进行合理的疏散路线的制订前,需要进行如下的工作:

(1) 合理设置具有配套设施的紧急避难场和避风避雨场所。同时,紧急避难场所应配备自来水管、电线等设施,能够满足临时性的生存需要。如果在活动举办期是多雨季节,则应该在人员密集区域附近设置可供避风避雨的设施,从而避免因突发暴风暴雨天气时,人群慌张避风避雨产生的各种事故。

(2) 保证疏散通道的合理和顺畅。疏散通道的形状、长度、宽度及防火与防烟性能会对人员疏散时间有明显的影响。人员通过平直的、宽的走道所用的疏散时间少些,通过窄的、多弯的和台阶走道时所用的疏散时间多些;外廊式的疏散通道排烟性能和采光性好,便于人员疏散;内廊式的疏散通道则较之差。而且,在人员的安全疏散过程中,楼梯也是一个重要的影响因素。

（3）保证疏散出口顺畅。疏散出口不应设置门槛、台阶，疏散门应向疏散方向开启，展馆大门不应采用卷帘门、转门、吊门和侧拉门，门口不应设置门帘、屏风等影响疏散的遮挡物。

（4）提高活动参与人员的安全意识和素质，如疏散人员的心理素质、文化背景、生活习惯等，这些会影响人在紧急情况下的疏散行为。

以上工作的顺利实施，是保证在大型活动发生突发事件或过度拥挤时，人员紧急有效、安全、顺利疏散的前提条件，然后用计算机仿真模拟的方法，模拟不同疏散场景，分析影响疏散顺利进行的影响因素，以找出可能出现的最不利位置、疏散过程中的瓶颈位置从而优化疏散路线。

在整个疏散过程中最有可能发生拥堵的部位就是疏散过程中的关键部位。这里需要通过采用计算机模拟技术，确定出人员疏散过程中的瓶颈位置，并分析这些位置的人群流向及人群通行能力，并制订相应的管控方案。以 2006 年中国沈阳世界园艺博览会人群安全管理为例，就是应用计算机模拟技术，确定人员疏散过程中拥堵位置，如图 9-7所示。

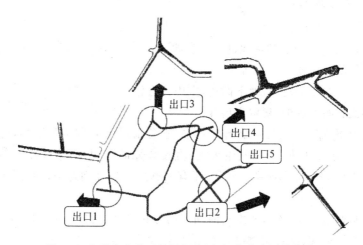

图 9-7　人群安全管理关键部位图（深色代表拥堵部位）

根据这个模拟结果，就知道在什么位置加派安保人员，从而制定了更加切实可行的管控方案。

一般来说，大型活动关键部位主要包括以下区域：

（1）场所入口；

（2）场所出口；

（3）观众和嘉宾坐椅区入口；

（4）路线交叉口；

（5）道路有转弯处；

（6）上下台阶和有障碍物易撞头撞手撞脚处；

（7）其他重要人流吸引点处。

另外，需要提出的是，活动中的安全管理人员同时也是突发事件发生的"第一响应者"，他们在紧急疏散过程中，具有组织疏导人群安全疏散的责任。在紧急疏散过程中，有效的通讯广播系统也是非常重要的，它能够缩短人员的反应时间，并能把有用的信息及时地传递给人群，这些都对人群的紧急疏散产生积极的影响。

9.3.2 大型活动场地安全管理

大型活动的地理基础是公共场所，在公共场所举行大量人群聚集的活动时，应对场所进行评估。了解场所的地址、整体设计和周围环境，应有足够的进出口，提供到达场所的通道，包括人行道、停车场和标志、提供应急设施的场地等众多因素。

1. 大型活动场地选址

1）大型活动场地分类

从不同的角度对大型活动场地进行分类如下：

（1）按人口在空间分布层次划分。

受限空间类：如高层建筑、地下商场、室内体育馆等。

开放空间类：如商业街、集贸市场等。

受限类场所最大特点就是安全出口有限，紧急情况下人群疏散困难，此类公共场所中，最大的安全隐患是火灾，一旦发生火灾，直接烧死的人很少，绝大多数是因为无法及时逃生而被火灾的烟气毒死或窒息而死，还有人群急于逃命而造成的挤踩或从高处坠落造成的伤亡。

（2）按人群聚集时间（人口密度在时间上的分布）层次划分。

长期存在：如影院、体育馆、游乐场、车站等。

暂时性存在：如临时搭建的广场舞台等。

（3）按其服务功能划分。

住宿场所：如旅馆、宾馆、饭店等。

文化娱乐场所：如影剧院、歌舞厅、夜总会、录像厅、卡拉 OK 厅、音乐茶座、游乐厅、网吧、保龄球馆、桑拿浴室。

体育和游乐场所：如体育场馆、游乐场、公园。

文化交流场所：如展览馆、博物馆、美术馆、图书馆、礼堂、演播室、大、中专院校，中、小学校和幼儿园。

商业活动场所：如商场(店)、书店、超市、集贸市场。

就诊和交通场所：如医院候诊室、候车(机、航)室、公共交通工具。

2）周边环境要素

公共场所举行大量人群聚集的活动时，需要了解场所及其周围的相关信息：包括场所中出入口、紧急出口的位置，公用设施的位置(如厕所，售货店/饭店和酒吧等)以及场所中不同功能区的布局(如场所中的路径，等候区，售票厅，舞台，商店等)；场所的结构和特征(楼梯，电梯，坡道，桥，隧道，护栏，匝道，瓶颈，不同区域的梯度等)；周边环境的地理特征(附近交通场所，停车场的位置，附近主要道路及其去向，附近单位的入口等)；场所的维护和构建工作(可能引起场所暂时关闭，场所中主要路段临时封闭、堵塞，或者场所中某些与人群密切相关的设施停止使用)等，以及参加活动的对象在通常情况下表现出来的一些行为信息，如人们到达或离开的时间；活动中安排的交通方式及时间表；活动持续时间；临近场所中的情况(临近场所中活动的起止时间，是否暂时关闭等)；可能引起场所中人群滞留的道路的状况(如因工程原因导致的火车晚点，会使车站人群滞留)等。

对于规定的场所和常规性的活动，其信息的收集工作比较容易，但一定要注意识别场所的现状与过去之间的变化，或者将要举办的活动与以前活动的不同，以确定以前的计划是否仍然适用。此外，还应该从以往事故中获取信息，并借鉴其经验教训。

大型活动的场所选择，应该根据活动群众的规模、持续时间等多方面因素来选择合适的公共场所。一般来说，应遵循以下原则：

(1) 大型活动场所宜选择位于城市主要道路的公共场所(为方便人群疏散)，尽量避免建在城市中心地区(商场除外)。所选择的公共场所应有不少于两个面的出入口与城市道路相邻接，或基地内应有不少于 1/4 的周边总长度和建筑物不少于两个出入口与一边城市道路相邻接。

(2) 该公共场所不宜设在有甲、乙类火灾危险性厂房、仓库和易燃、可燃材料堆场附近，如因土地条件有限，其安全距离应符合建筑防火有关规定。

(3) 该公共场所建筑耐火等级和建筑之间的防火间距应符合相关规定。其中，重要公共建筑的耐火等级不应低于二级。商店、学校等人员密集场所的耐火等级不宜低于二级。

(4) 如果是公共娱乐活动，则场所不宜选择在文物古建筑和博物馆、图书馆建筑内，不得毗连重要仓库或者危险物品仓库。

(5) 如果选择室外场地，则需考虑该场地与电力设备、危险物储存生产区域的距离。

3）交通状况要素

在开展大型活动时，极有可能会遇到交通问题，可以通过加强交通管理来解决：

(1) 采取限制交通措施(限制车辆种类、实行限时交通、限制行车方向等)；

(2) 实行交通分流措施；

（3）建立完善的步行系统。

2. 场地规划

1）总体分区

要想对活动场地进行合理的规划，必须认真考察场所的地形图纸。一般地，要对场所的地形图纸进行以下内容的考察：

（1）是否标明了所有出入口以及所有柱子、服务/设施连接线的位置；

（2）是否标明了防火安全设施的位置，以及防火间距是否满足《建筑设计防火规范》等相关规范的有关规定；

（3）场所附近的停车场、公交站、地铁站（所处位置）是否合理；

（4）场所内各项设施、道路等是否考虑残疾人、老人、小孩需求；

（5）场所的出入口、洗手间的设计是否合理；

（6）场所中各应急出口等问题，逃生路线，标志是否在设计中体现。

2）缓冲区的设计

在参加活动的人群到达活动场所时，一般都不会直接进入活动场所的中心地带，而是会在边缘地带逗留。根据对参加大规模群体性活动人员的相关调查结果，可以知道绝大多数人并不是直接进入活动场所的核心地带，尤其是那些事先并不了解该场所环境的参加者们，都会选在一个合适的过渡区域来逐渐了解活动场所的环境。因此，对活动场所进行设计和规划时，必须考虑这样一个空间——该空间可以接纳一部分或全部的活动参与者，属于活动场所的一部分，或者是能够提供部分活动场所中心地带给参与者提供的服务——缓冲区。

缓冲区的设定，需要根据活动的规模、内容以及参加者的数量等方面进行综合考虑，例如，可以将活动的中心展台放在整个房间的中间而非是靠着某一堵墙；可以将活动场所外围的绿地当作一种过渡；或者将活动分成不同的时段来降低活动可能要面对的人群荷载等。

3）出入口

对于公共场所的出入口，一定要保证参与活动的群众能够有效、有序地进出和疏散。活动场所宜选择在城市主要道路的适宜位置（为人群疏散），应有不少于两个面的出入口与城市道路相邻接，或基地内应有不少于1/4的周边总长度和建筑物不少于两个出入口与一边城市道路相邻接。场所以及场所内的各公共场所主要出入口前，按当地规划部门要求，应备有适当的集散场地。

场所内的影剧院、游乐场、体育馆、展览馆、大型商场等有大量人流、车流集散的多、低层建筑（含高层建筑），其面临城市道路的主要出入口后退道路规划红线的距离，除经批准的详细规划另有规定外，不得少于8米，并应留临时停车或回车的场地。

要考虑到活动进行时,活动组织部门的工作人员、国内外记者、参与者和游客在出入时,必须要通过证件管理和安全可靠的出入控制,在必要的时候,需要按通畅、安全的要求,根据不同的风险采用适当的特征识别技术,构成各种实用的出入管理系统。

4)楼梯

室内楼梯通常需要遵循一定的规范,才能让人看的舒畅,走的顺畅。设计规范的楼梯在大型群众活动场所中的作用是显而易见的。因此,在进行活动场所选择时,需要考虑该活动场所中的楼梯是否设计得合适、规范。例如,室内楼梯的斜度一般为 30 度左右最为舒适,室内楼梯宽度一般为 90 厘米,既省空间又让人行走舒适。

5)停车场

随着经济发展和社会的进步,市民出行的工具逐步被轿车所取代,城市的车辆越来越多。尤其是近几年,私家车数量猛增,这不但给城市带来了巨大的交通压力,也为城市带来了不小的停车压力。

因此,在进行大型活动时,必须考虑到这一点。参加群体中拥有私家车的可能与比例、活动场所的地形所在与活动的时间段、周围交通路线是否发达、周围是否有学校、医院、商场这样人员密集程度高的场所等因素,都会对大型活动的场址选择起到不同的影响。

3. 导向标识

导向标识不仅是对人们行动的提示,同时也是寻找目标、提示公共安全的重要途径。人群是大型活动的服务主体,如何让人们在最方便、快速、舒适而明确的情况下达到他们的目的和所需,导向标识系统的设计需要遵循"以人为本"和"功能明确"的宗旨。在设计导向标识中,客流控制是标识设置研究的主要着眼点,在对人的行为模式及行为心理的分析、认知和尊重的基础上进行的综合性系统性的规划设计导向标识系统。活动场所的导向标识设置,除了要考虑引导路线的功能外,更重要的是要把人群疏散和标识有效设计有机结合,以满足活动安全运行的需要,实现对日常和高峰期间客流安全合理控制和引导,避免在某些时段或某些部位出现人群骤增或者高度集中现象,保障人群在日常和高峰时期的安全。

1)活动导向标识的组成

在人群密集场所,人们对动态信息的需求越来越大,需要更及时、快速获取准确、有效的瞬时信息,可以将活动导向标识系统分为静态标识系统和动态标识系统两大块。

静态标识系统主要是指识别性标识、引导性标识、方位性标识、说明性标识和管制性标识这五类。活动场所的总平面图和各个需求点的分布示图等都是识别性标识的范畴。引导性标识一般出现于两个或多个空间相互转换或交叉的地方,为人群指路。方位性标识是提示人群所处位置的标识。说明性标识通过文字说明起到引导人群行为的作用。管制性标识多以明示、告知、劝说、指令、警告、禁止等为特征,能起到规范行为、预防事故、教育社会、保护设备设施等作用。

动态标识系统主要指动态信息牌、广播系统和疏导人员。动态信息牌能够实时反映活动的现状，包括重要通知、通告等。例如，日本迪士尼公园在每个景点前设置了动态信息牌，能够及时告诉游客游玩这个项目需要等待多久的时间，便于游客更好的安排行程。广播系统可以实时广播重要信息的内容，例如，在活动结束散场的时候，很多主办方采用广播通知的形式，分批安排人群散场，保障人群疏散的安全。动态导向标识更重要的是在发生突发事件的时候，能够起到通知和疏导游客的作用。疏导工作人员一般都安排在各个重要的节点上。当某个节点的游客数量超过最大安全容量时，疏导人员应该采取相应的管理措施进行游客分流，当发生突发事件时，疏导人员需尽快引导游客从最近的疏散路线安全离开。

2）导向标识设计的原则

一般来说，在导向标识设置规划中要遵循直接、简单、连续的基本原则。除此之外还需要满足可注意性、可读性及可理解性原则。

（1）可注意性。是指标识本身设置的位置，应使之显而易见，从环境中分离出来，进而引起注意。

（2）可读性。是指在图、文、数字、符号等彼此之间可分辨，它有赖于笔画粗细、字体形式，色彩对比，及照明等条件来实现。

（3）可理解性。是指文字图形等相关信息，使人群能够读懂，从认识到了解信息内容，它受到所提供信息的准确性的影响。同时文字、图形间隔的群组方式，行列间距、周边留白等平面设计也将直接影响寻路者对选择方向的判断。

3）导向标识的安全性能分析。

导向标识系统的安全功能包括：

（1）对危险的警示。在大型活动场地存在安全隐患的部位中，非常有必要对人们的行为提出警示或者禁止的通告。警示标识是一种按照国家标准或者社会公认的图案、标志组成的统一标识，具有特定的含义，以告诫、提示人们对某些不安全因素高度注意和警惕。安全警示标识的作用是警示，提醒人们注意活动周边环境的危险，防止事故发生。对于安全警示的设置，包括颜色等，国家都有严格的规定标准。

（2）安全信息的有效传达。当人们进入一个陌生的环境，对周边的情况不甚了解，包括所处的方位，周边环境信息等，这就需要指示标识、服务标识等提示性标识，让信息得到有效的传递。从安全角度，当一个观众进入活动现场，他需要了解安全出口、报警电话、消防栓、医疗点、保卫科等场所的位置所在。

（3）客流合理引导功能。标识系统是帮助使用者寻路最基本的辅助手段，其最基本功能就是对客流的有效引导。当人们进入陌生的环境想要到达目的地，最有效最直接的途径就是利用标识系统。良好的标识系统保证人们在大型活动场所中有明确的空间指认与定向,它既能保证活动有序,在灾难发生时也有利于人员的安全疏散。除了引导以外,在公共场所良好的导向标识系统最好还能起到分流的作用。当人群密度超过其安全界限,通过有效的管理措施干预,让人群分流去其他相应比较稀疏的区域。

(4) 紧急疏导功能。一旦发生突发紧急事件,大型活动的人群需要在最短的时间内迅速疏导出去。导向标识系统上要强化最近出口的位置,在部分节点位置要有最佳疏散路线的提示。无论在何种突发事件环境下,导向标识要保持清晰可辨。在紧急情况下,除了静态的导向标识,动态的广播系统和疏导人员也能起到良好的疏导功能,因此也可以认为他们是导向系统的一部分。

4) 导向标识设计

标识导向系统的设计标准主要有以下几个内容:

(1) 色彩设计。标识导向系统的色彩有专门规定,如红色表示禁止,蓝色表示指令,黄色代表警告,绿色代表提示和导向。此外还应注意辅助色的搭配使用。利用不同的辅助色表示不同的区域,就很容易知道自己仍处于的区域范围。另外,用色要少,一般控制在 2~3 色左右,不然会显得嘈杂。

色彩设计的要求:规范化、区域特色、搭配协调。

(2) 文字设计。内容涉及包括文字设计、箭头设计、符号设计和图片设计。文字在标识导向系统,尤其是说明性标识中发挥极大的作用。人们通过阅读导向标识牌上的文字内容才能提取自己所需的信息。通常还需要中英文对照。

要求:正确、易懂、国际化。

(3) 方向设计。方向标识一般要求使用箭头来标示出要走哪条路。箭头与文字以及出行方向之间的关系很重要。同样,也要保持一致性。

要求:精确、清晰。

(4) 图片设计。图片的优势在于它能够比较直观地、具体地和准确地把信息传达给人,能弥补文字传递信息的不足。图片包括地图和图案符号。

要求:完整、正确、规范化。

(5) 版式设计。出色的版式设计,有利于更加有效地集中读者视线,使版面布局清晰,疏密有致,使人耳目一新。

要求:清晰、简洁、一致。

(6) 材料设计。标识导向系统的材料的选择应考虑材料的耐久性、安全性、便利性和易维护性等因素。

要求:耐久性、安全性、便利性、易维护性。

(7) 语音设计。语言传播要保证音量、清晰、适时、简洁、准确这几条原则。

5) 导向标识布局标准

导向标识布局需要考虑空间位置和标识相互之间的位置,导向标识系统的位置布局应该满足以下标准：

（1）空间位置。所谓的适时与适地，指的是标识应该在适当的时间与适当的地点出现。从某种层面上说，就是人群在哪个空间点最容易发生识别导向障碍，这里就需要设置标识的点，而这个空间点又是关键时间点的发生场所，两者需要得到完全的统一。

导向标识系统的空间位置要求：适时适地、显著性、无遮挡、高度合适。

（2）空间间距。导向标识系统的空间间距要求是保持信息的连续性。根据人们的行为习惯，人在陌生的环境中，当行走超过一定长度没有得到需要的信息，会产生怀疑、困惑等情绪，从而影响其决策和行为。因此指向同一个目的方向的导向标识系统之间的距离不能太远，但也不能太近，如果两者之间距离太近，除了会造成资源浪费之外，还会导致信息重复和混乱。连续设置的间距为 50 米左右为佳。

要求：有序性、连续性、一致性。

（3）空间数量。信息导向标识系统除了满足位置和间距的要求之外，还需要在整体上控制数量的合理性。导向标识设置不是越多越好，太多会造成环境视觉污染和造成寻路者混淆；而太少又会丢失有用信息或信息不足造成路径断裂或无安全警示。信息导向标识系统在设置上尤其需要重视的是对危险因素、安全出口、疏导路径等的有效提示，这些重要部位要保证没有漏设。

9.3.3　大型活动设备设施安全管理

1. 电气设备的安全

在进行大型活动时，往往会使用到一些电气设备。在电气装置运转时，如果群众直接与带电体接触，或者接触因为电气装置的绝缘发生劣化，绝缘性能降低造成内部带电体漏电至外部的非带电金属部位，都会发生触电事故。为了防止在大型群众活动中出现电气触电事故，确保工作人员和群众的生命安全，大型活动场所中的电气设备在使用时必须注意以下几点：

（1）设备要采取保护性接地。保护性接地就是将电气设备的金属外壳与接地体连接，以防止因电气设备绝缘损坏而外壳带电时，操作人员接触设备外壳而触电，在中性点不接地的低压系统，在正常情况下各种电力装置的不带电的金属外露部分，除有规定外都应接地。如电机、变压器、电器、携带式及移动式用电器具的外壳；电力设备的传动装置；配电屏与控制屏的框架；电缆外皮及电力电缆接线盒、终端盒的外壳；电力线路的金属保护管、敷设的钢丝及起重机轨道；装有避雷器的杆塔；安装在电力线路杆塔上的开关、电容器等到电力装置的外壳及支架等。

（2）设备的带电部分对地和其他带电部分相互之间必须保持一定的安全距离。电压在 10 千伏及以上者，不得小于 3 米，电压在 10 千伏及以下者，不得小于 1.5 米。不得在带电导线、带电设备、变压器、油开关附近连接电炉或喷灯,发现导线断落地面或悬在空中时应立即派人看守,任何人不得接近断头(室外 8 米以内,室内 4 米以内),并立即通知电力部门或本单位负责人前往处理。

(3) 低压电力系统要装设保护性中性线。在大型群众活动场所的布置过程中,一些工作人员为了图方便省事,对一些电气设备的导线不是按照规定的装置,而是一会儿挂在墙上,一会儿拖在地上,乱拖乱拉,时间一长,导线的绝缘包皮被磨破,很容易造成漏电和触电的危险。

(4) 明确划定标示电气危险场所,禁止未经许可之人员进入(例如,变电室或配电室)。在电气设备系统和有关的工作场所装设安全标志。在全部停电或部分停电的电气设备上工作时为保证安全,应采取停电、验电、悬挂标识牌和装设遮拦。检修时,在断路器和隔离开关操作把手上,均应悬挂"禁止合闸,有人工作"的标识牌。在无绝缘被覆的架空高压裸电线附近施工时,应保持安全距离并置监视人员监视指挥,设置护围,装绝缘用防护装备或移开电路。

2. 消防设备设施

活动场所必须考虑到灭火设施的配备,以防在活动时因为人员吸烟等行为导致火灾险情造成人员的伤亡和财产损失。

按照规定,下列活动场所应设置室内消火栓:体积大于 5 000 立方米的展览建筑、图书馆、商店建筑、旅馆、病房楼、图书馆等;车站、码头、机场的配套公共建筑;特等、甲等剧场;超过 800 个座位的其他等级的剧场和电影院等;超过 1 200 个座位的礼堂、体育馆等;超过五层或体积大于 10 000 立方米的其他公共建筑。临时建筑内部消火栓的门不应被装饰物遮掩,消火栓门四周的装修材料颜色应与消火栓门的颜色有明显区别。

如果活动场所选择在下列建筑,则必须考虑该场所中是否有自动喷水灭火系统:特等、甲等剧场;超过 1 500 个座位的其他等级的剧场和电影院等;超过 2 000 个座位的礼堂;超过 3 000 个座位的体育馆观众厅。楼层最大建筑面积超过 1 500 平方米或总建筑面积大于 3 000 平方米的展览馆、商店。设置有风道的集中空气调节系统且总建筑面积大于 1 500 平方米的旅馆;总建筑面积大于 3 000 平方米且层数超过三层的其他旅馆;设置有风道的集中空气调节系统且总建筑面积大于 3 000 平方米的医院等人群密集的公共场所。设置在四层及以上的歌舞娱乐放映游艺场所;设置在建筑首层、二层和三层且建筑面积大于 300 平方米的歌舞娱乐放映游艺场所(游泳场所除外);藏书量超过 50 万册的图书馆。

如果活动选择在以下场所进行,则需要考虑场所是否采用自动消防炮灭火系统:建筑面积大于 3 000 平方米、建筑层高大于 10 米的展览厅、体育馆观众厅等人员密集的公共场所宜设置。汽车等交通工具每辆应配置 1～2 具灭火器。

对临建设施中灭火器的要求如下：

室内外临建设施应配置灭火器。灭火器配置场所的火灾种类应根据该场所内的物质及其燃烧特性进行分类，配置适合的灭火器种类；

在同一灭火器配置场所，宜选用相同类型和操作方法的灭火器。当同一灭火器配置场所存在不同火灾种类时，应选用通用型灭火器。灭火剂宜选用水型或磷酸铵盐干粉灭火剂。

灭火器应设置在位置明显和便于取用的地点，且不得影响安全疏散。

灭火器不宜设置在潮湿或强腐蚀性的地点。当必须设置时，应有相应的保护措施。灭火器设置在室外时，应有相应的保护措施。

灭火器不得设置在超出其使用温度范围的地点。灭火器的最大保护距离 15 米。

一个计算单元内配置的灭火器数量不得少于 2 具。

每个设置点的灭火器数量不宜多于 5 具。

对应急照明的要求如下：

消防应急照明灯具宜设置在墙面的上部、顶棚上或出口的顶部。临建设施应沿疏散走道和在安全出口、人员密集场所的疏散门的正上方设置灯光疏散指示标志。临时建筑内部装修不应遮挡消防设施和疏散指示标志及出口，并且不应妨碍消防设施和疏散走道的正常使用。

临建设施内应设置消防应急照明和消防疏散指示标志、火灾自动报警、漏电火灾报警系统，备用照明、疏散照明应设专用供电回路。当正常供电电源停止供电后，消防应急电源应能在 5 秒内自动恢复供电。

消防应急照明灯具和灯光疏散指示标志的备用电源连续供电时间不应少于 30 分钟。

消防应急照明灯具的照度应符合下列规定：疏散走道的地面最低水平照度不应低于 0.5lx；人员密集场所内的地面最低水平照度不应低于 1.0lx；楼梯间内的地面最低水平照度不应低于 5.0lx。

此外，室外临建设施应设置业务及应急广播系统，扩声系统应能覆盖整个场地。每个扬声器的额定功率不应小于 3 瓦。消防用电设备的配电线路应满足火灾时连续供电的需要。临建设施中的消防设备、器材应时刻保持性能良好，可安全使用，应按照规定位置放置并有明显标志，保持通道安全畅通。根据消防安全规定，设置人数与场地面积相匹配的、专职消防负责人员。

3. 悬挂物

对于大型活动，也会涉及为了起到宣传活动和烘托活动氛围目的而选择一些悬挂物的问题，一般来说，为了防止这些活动选择的悬挂物不会造成安全、消防隐患，要明确不能利用人行天桥、电力电讯杆、交通指示牌、绿化带、行道树及花坛、人行道隔离栏、高架道路护栏、道路分隔带护栏、河涌护栏等市政、交通设施设置悬挂物。

凡在市区道路、广场等公共场所悬挂气球（汽艇）、标语、彩旗、串旗、灯柱旗、充气拱门、公仔、气柱、灯笼柱、花篮、太阳伞、帐篷等户外宣传品，须经相关部门批准后，方可在规定的时间、地点悬挂。

户外悬挂物的内容必须真实、合法，符合社会主义精神文明建设的要求。制作标语的质料应当坚固耐用。在广场或两个以上悬挂地点同时悬挂的，应委托持有工商行政管理部门核发的《企业法人营业执照》以及《广告经营许可证》的经营范围载明具有制作、设计、发布广告资质的广告公司代理制作和悬挂。政策性的标语，由主管部门统一申报和悬挂。悬挂的时间期限要根据活动的性质来确定，以合理控制市区悬挂物的数量，维护市容的整洁美观。

申请悬挂或摆设充气拱门、灯笼柱、花篮、充气公仔、太阳伞、帐篷等占地面积较大的悬挂物或者摆设物的，应当向相关部门提交摆放地点的平面图，并明确标明悬挂或摆放后留出多少米的通道作为行人专用通道。

申请升放气球的，应交由经气象局培训持有资格证广告公司代理申报，代理公司应当先报经气象局执法办公室批准，气象局准予后，再报城市管理行政执法局审批。

4．照明

在大型活动中，经常用到的电气设备最常用的是灯光系统，由于这一类灯光系统是临时设施，用电量大，许多电器电线分布在观众、活动区域，与人员、布景、可燃装饰物等交汇，增加了大型活动场所的电气火灾危险性。

1994 年新疆克拉玛依市"12·8"特大火灾事故就是由于灯具引燃幕布引起的。因此，大型活动场所灯光系统的电气防火安全问题，已成为大型活动消防监督工作的一个重要组成部分。

1）基本光源的消防安全问题

基本光源主要集中在舞台表演区域，根据灯光的不同位置和用途，可分为面光、侧面光、顶光、天排光、地排光和流动光等，一般配用聚光灯、泛光灯、回光灯和追光灯等，功率在 0.5～2 千瓦。由于这些灯光装置点亮时灯具温度较高，且与舞台大幕、布景、天幕、侧幕和其他装饰物的间距较近，因此是防火的重点。

2）艺术效果灯的消防安全问题

艺术效果灯常用的有电脑灯、霓虹灯、激光灯、光纤照明、塑料彩虹灯以及各式各样的机械旋转灯。在设计这些灯具时，应把艺术效果和消防安全相结合构思，要特别注意的是霓虹灯的安全问题。因为霓虹灯在大型群众性活动中被普遍选用，但霓虹灯管工作电压高达成 5 000 伏，极易产生电火花、电弧，火灾危险性大。因此，安装霓虹灯的灯柄、底板应用不燃材料制作或对可燃材料进行防火阻燃技术处理；当霓虹灯变压器、灯管安装在人员可能接触的部位时,应设防护措施。在室外悬挂的霓虹灯,应防止晃动、碰撞引起的短路。电脑灯内部有强制风冷装置,要防止风口不能被覆盖,防止风机故障。激光灯是用循环水冷却,水管的安装要可靠,要避免水源中断。

在艺术效果灯的布局上还要考虑不能影响消防疏散安全,不占用消防通道。设计时可在光线较差的舞台周边,包括升降舞台、转角、有阶梯台阶等高低平面分界的位置加半玻璃砖暗装脚灯、串灯、软管彩虹灯等,既作装饰,又为行走、疏散作安全指示,避免行走人员踏空跌伤。

3) 辅助设备的消防安全问题

辅助设备是配合灯光效果的装置,通常有烟雾机、发烟机和泡泡机。烟雾机是把干冰加热后产生的大量二氧化碳气体,喷出后形成沿地面的浓雾,属大功率的电加热设备,具有火灾危险性,该设备电源接线端接触不良、带电端子明露,电器受潮短路是较常见的问题。发烟机也是电加热器,功率为 100 瓦,但发烟机所产生的烟不沉降在地面而是向四处扩散,会引发火灾探测器报警,消防设备联动,有时还会使现场人员误认为是火灾产生的烟雾,导致不必要的惊慌。发烟机、泡泡机本身一般没有火灾危险。

5. 特种设备

大型活动场所的特种设备(游艺设施),主要包括电梯、起重机械、客运索道以及大型游乐设施。在大多数的活动场所中,电梯和大型游乐设施是最常见的。

在活动场所中的特种设备,在其安全管理方面必须有严格的要求,如管理文件应字迹清楚,注明日期(包括修订日期),易于识别,应有编号(包括版本编号),并保管有序且有一定的保存期限;特种设备使用单位应控制管理特种设备使用运行、维护保养、自行检查等的记录;电梯的安装、改造、维修,必须由电梯制造单位或者其通过合同委托、同意的取得许可的单位进行,大型游乐设施等的安装、改造、维修,必须由取得许可的单位进行等。同时,电梯、大型游乐设施的使用单位也应要求乘客遵守使用安全注意事项的要求,服从有关工作人员的指挥。

6. 临建设施

大型活动的临建设备设施主要有临时看台、舞台、展台、摄影台、灯光架、升降台、转台等。根据安全事故案例分析,与临建设备设施相关的安全事故类型主要有:舞台倾斜、倒塌事故;看台倒塌事故;大型多媒体视频设备的倒塌事故;高处坠落事故;物体打击事故;触电事故等。临建设施按种类,分为看台、舞台、展台、摄像台、灯光架。按不同材料,分为钢、膜、铝合金、木。按结构类型,分为扣件式钢管承重结构体系、装配式轻钢承重结构体系、插销式钢管承重结构体系。

1) 临建设施的特点

(1) 节约。临时设施最大的特点就是节约。不但不用购置土地,而且由于临时设施的建造材料都是相关提供商按照设计在工厂里造出来的标准件,用时就按图纸搭建拼装,这样就省去了水泥、砖木等一般建设时必须的材料。由于能在短时间内组装,还可整体移动或拆卸,再组装再利用,大大节约了材料及其他社会资源。2008 年北京奥运会除了固定比赛场馆外,有许多临时暂建的训练场地、交通场地、购物场地、餐饮场地等,通过临建设施起到了很好的辅助作用。

（2）环保。临建设施的结构基础不深入用地土层,而是将建筑物固定在地面上,从而对环境不产生损害,建设是经过严格的计算而实施的。在生产标准样的过程中,具备再生性的绿色材料将被广泛应用,而且可以反复利用,这样无疑将使现有环境和资源得到保护。

（3）快捷。临建设施施工速度相当快,几千平方米的建筑从结构到内外装修,直至设备调控,在短短一个星期即可完成并投入使用。使用完后,拆卸也相当方便快捷。悉尼奥运会赛后第一天,奥运村的一些运动员住过的简易移动板房已被拆走;在达令港会展中心,临时组装的赛场也销声匿迹。

（4）舒适。如今,临建设施在国际大型活动上得到了普遍应用,以舒适度不低于永久设施标准的形象展现在人们面前,水电气热一应俱全,通风、采光、空调、卫生间应有尽有,置身其中很难分辨出二者的差别。

2）临建设施安全管理对策

（1）安装与拆除。搭建单位在搭建现场需建立临时组织机构,并应至少配备现场施工经理一名,专职安全监督员一名,应急联络员一名。进入搭建区域的所有人员均应按要求佩戴证件、安全帽。搭建人员应统一穿着印有明显搭建企业名称标识的工服,以便现场人员的管理。搭建工作开始前应由承办方牵头,组织场地提供方、施工方等共同商讨制订详细的施工工作方案,各单位应配备足够的安保人员和专职管理人员在现场值守。搭建单位应尽可能在工厂完成制作,搭建现场只进行拼接和安装作业。室外临建设施搭建的面积和位置须由主办单位申请并经确认后方可办理搭建手续,在设计时应充分考虑风、雨等自然现象对临建设施带来的不安全因素。临建设施的搭建不得利用各种围墙、护栏作为设施结构的一部分。

临建设施应遵循谁安装谁拆除的原则。拆除施工前,施工单位应编制拆除施工方案,严禁擅自拆除。拆除高度在 2 米及以上的临建设施,应搭脚手架,严禁作业人员站在墙体、构件上作业。拆下的建筑材料和建筑垃圾应及时清理,楼面、操作平台不得集中堆放建筑材料和建筑垃圾。五级以上大风、大雾和雨雪等恶劣天气,不得进行临建设施的拆除作业。拆除作业流程应按自上而下,先非承重墙、后承重墙的搭建施工逆顺序进行。

（2）临时展台（舞台）的安全管理。防止展台倒塌伤人。布展时,要严格按照相关安全操作规程施工,保证展架的安装牢固可靠,防止发生展架倒塌等安全生产事故;布、撤展施工过程中,布展商和撤展组要加强各项安全防护措施,确保不发生人员伤亡事故。防止危险品进入展场。展区内严禁吸烟,严禁明火作业,严禁使用或存放各类易燃、易爆等危险物品。并设置醒目的标识标志。展位的设计和搭建施工过程中,严禁遮挡消火栓、消防器材和堵塞、占用各安全出口及疏散通道,确保所有疏散通道、安全出口的畅通。

防止人员滑倒。展台用水、下雨等因素可能导致地面容易滑倒伤人,因此必须设置醒目的防滑标志和采取防滑措施。避免发生暴力事件。展台上可能会出现拥挤、争抢的行为,需要尽量避免这样的情况和及时控制,才能保证展台的现场安全。在策划、布展、现场、撤展等过程中每个环节的安全措施是否得力,都会影响到下一环节的安全控制。因此,对于专业性展览,需要建立高效统一的指挥平台,正确定位展场风险,制订完善的事故预案和救援措施,搞好过程控制,以使展台安全管理工作达到预期效果。

9.4 大型活动安全管理方法与实例分析

在本节中,以网格化管理和责任矩阵法为例,介绍大型活动安全管理的典型方法。

1. 大型活动安全的网格化管理

1) 网格化管理的特点

所谓网格化管理指的是借用计算机网格管理的思想,将管理对象按照一定的标准划分成若干网格单元,利用现代信息技术和各网格单元间的协调机制,使各个网格单元之间能有效地进行信息交流,透明地共享组织的资源,以最终达到整合组织资源、提高管理效率的现代化管理思想。网格化安全管理的目标是保证管理对象在平时能正常运行,做好突发事件防范准备。在突发事件预警或发生后,能够最快速度的响应,把事件的危险降到最低。目前,网格化管理已经在城区管理、市场监管、劳动保障监察、巡逻防控管理等方面进行了应用。网格化管理具有管理信息化、全面管理、责任明确、资源整合、重点管理以及将安全管理由被动变主动等优点。

2) 网格划分

大型活动安全是一个复杂的系统,涉及方方面面。要达到成功举办大型活动的目的,可以对大型活动场所按照一定的原则进行网格划分,把一个复杂的大系统划分为若干个简单的小系统,从保障每个网格的安全从而保障整个大型活动的安全举办。对大型活动进行网格划分时,网格不能过大,若是网格过大,管理对象错综复杂,容易丢失一些有效信息或者导致管理不全面;网格也不能过小,若是网格过小,划分的网格过多,信息处理量就会变大。2006 年的沈阳世界园艺博览会就采用了网格化管理的模式,如图 9-8 所示。

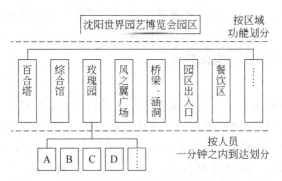

图 9-8　沈阳世界园艺博览会园区的网格划分示例

按功能划分的原则,将园区划分若干网格,对于水面、餐饮等较大的区域,按照现场工作人员的可视范围以及到达事故现场的时间(1 分钟)将网格细分为若干单元格,对南北园区以及广场进行网格化管理,具体划分方式由世园会安保部组织实施。

3) 网格管理响应者

重大突发事故灾难发生时,网格管理响应者首先做出反应是至关重要的,及时快速的应急反应除了能够控制事态的发展,甚至能够大事化小,小事化了。在活动区域,依照划分好的网格设置专职安全管理人员、安保人员或者志愿者。对网格内的专职管理人员进行专项的安全培训和教育,使网格管理人员能在突发事件第一时间采取有效的控制措施。

通过对每个网格单元危险有害因素的识别,告知网格管理者需要重点注意的安全事项,应对不同危急时刻应该采取的措施。一旦事件发展态势超过网格管理者的响应能力时,要及时地向主管领导或部门报告,要求增援。此外,相邻网格管理人员之间需要相互了解对方的职责,在应对突发紧急事件时可以相互协助。网格管理人员可以实行"一岗多责"制,对于管理范围内的各类突发公共安全事件以及不安全因素都要关注,做到及时发现危险、避免伤害、关注高危人群及危险分子。保安人员的配备数量依照大型群众性活动公安机关的规定执行。

除了活动设置的网格管理人员,一些特殊的突发事件发生时,第一响应者更为重要。例如,化学灾害事故现场处理的消防人员担任"第一响应者"的角色及任务,主要包括事故初期在相关主管人员、专家到场前"避免二次危害"、"避免二次污染",以及在人员、装备、训练均能符合的条件下,配合主管部门进行紧急抢救与人员救助。一个活动发生重大突发事故时,参加活动的观众不但是灾害的直接受体,同时也是抗击灾害的主体。观众在危机来临之际应有足够的心理准备,保持冷静,沉着应对。而观众在事故发生时的第一响应取决于平时的安全素质教育。只有具备充分的心理准备,熟练的逃生技能,应对突发事件时才能沉着冷静,积极响应,开展自救互救。准确把握最佳的响应时间,是有效应对突发事件的关键。应急延迟势必导致人员伤害和财产损失的剧增,甚至导致应急失败、事故升级,因此要致力于培养第一响应者。

2. 大型活动安全的责任矩阵管理

1) 责任矩阵法

责任矩阵是一种将所分解的工作任务落实到项目有关部门或个人,并明确表示出他们在组织中的关系、责任和地位的一种方法和工具。责任矩阵以表格形式表示工作分解结构中工作项目的个人责任方法,它强调每一项工作由谁负责,并表明每个人在该项目中的地位。它以项目的工作任务为行,以组织单元(部门或个人)为列,用字母或特定的符号表示相关部门或个人在不同工作任务中的角色或职责,简洁明确地显示出项目人员的分工情况。通过建立责任矩阵,项目中的每个成员可以明确自己在项目中的任务,了解其他部门和人员在项目中的任务与职责,当遇到问题时,根据责任矩阵,可以很快知道应与哪个部门与人员进行沟通和协调。大型活动涉及多方部门,包括活动相关方、职能部门和公益型单位,需要明确各方部门在活动安全举办和在突发事件应急管理过程中的职能和责任问题,建立大型活动安全责任矩阵。

2) 责任划分

大型活动的安全和成功举办不仅仅依靠活动管理方的努力,而是需要更多外界职能部门的配合和协助。因此必须要明确活动管理方、政府职能部门、公益型单位以及中介评价机构在保障一个大型群众性活动举办过程中充当的角色和任务,见表9-14。此外,在大型活动的安全责任分配上可以采用签订安全协议的方法。

3. 大型活动安全管理实例——德国 Love Parade 音乐节踩踏事件

2010年7月24日,德国西部鲁尔区杜伊斯堡举行"爱的大游行"电子音乐狂欢节时发生踩踏事故。造成21人死亡,另有至少500多人受伤。惨剧发生于7月24日下午5时,人群在音乐节活动现场附近的地下通道里发生拥堵,造成恐慌性踩踏事件。事发时,大量观众赶往活动现场,而另一批观众则折返回家,人群在音乐节活动现场附近的地下通道里发生拥堵,造成恐慌性踩踏事件。活动组织者称,大约140万人参加当天的活动。

1) 事故经过

14:00:00,音乐节举行。

16:13:50,警察第三限制线附近行人行进方向偶有交叉,行人速度较低,行人密度较大,群集压力不明显。如图9-9所示。

16:40:32,警察第三限制线附近行人行进方向重叠,行人速度进一步降低,行人密度增大,群集压力积聚。如图9-10所示。

17时左右,警察第三限制线附近,想离场的几千人和想入场的几千人同时涌入地下通道。如图9-11所示。

表 9-14　大型活动职能部门之间的安全管理责任矩阵

	活动管理方			政府职能部门								公益部门				评价机构
	主办方	场地方	临建方	公安治安	公安消防	公安交通	安监	质监	卫生防疫	气象	医院	供电部门	供水部门	供热部门	供气部门	中介评价机构
制订活动应急预案	★	◆	◆	◆	◆	◆	◆	□	□	○	○	○	○	○	○	□
人员容量安全	★	◆	□	◆	□	□	□	△	△	○	○	○	○	○	○	□
场馆环境安全	◆	★	□	△	△	△	□	△	△	○	○	○	○	○	○	□
设备设施安全	★	◆	◆	△	△	△	◆	◆	△	○	○	○	○	○	○	□
特种设施安全	★	◆	◆	△	△	△	◆	◆	△	○	○	○	○	○	○	□
临建设施安全	★	◆	★	□	△	△	◆	◆	△	○	○	○	○	○	○	□
日常安全检查	◆	□	□	△	★	△	◆	□	△	○	○	○	○	○	○	◆
消防安全检查	◆	□	□	△	★	△	◆	△	△	○	○	○	○	○	○	◆
特种设备安全检查	◆	△	△	△	△	△	◆	★	△	○	○	○	○	○	○	△
社会治安安全	◆	△	△	★	△	△	△	△	△	○	○	○	○	○	○	△
交通安全保障	◆	△	△	○	○	★	○	○	○	○	○	○	○	○	○	△
食品安全检查	◆	△	△	○	○	○	○	★	◆	○	○	○	○	○	○	△
供电安全保障	◆	△	△	○	○	○	○	○	○	○	○	★	○	○	○	△
供水安全保障	◆	△	△	○	○	○	○	○	○	○	○	○	★	○	○	△
供热安全保障	◆	△	△	○	○	○	○	○	○	○	○	○	○	★	○	△
供气安全保障	◆	△	△	○	○	○	○	○	○	○	○	○	○	○	★	△
卫生防疫安全	★	□	□	△	○	○	○	○	★	○	△	△	△	△	△	○
气象预测保障	★	□	□	△	○	○	○	○	△	★	△	△	△	△	△	○
安全宣传教育	★	□	□	△	○	○	○	○	△	△	△	△	△	△	△	○
应急资源保障	★	□	□	△	○	○	○	○	△	△	△	△	△	△	△	○
医疗卫生保障	★	□	□	△	○	○	○	○	△	△	◆	△	△	△	△	△

注：“★”表示第一责任人，“◆”表示主要责任人，“□”表示一般责任人，“△”相关责任人，“○”表示无关责任。

图 9-9　行人交叉

图 9-10　行人聚集

图 9-11 行人踩踏

2）原因分析

人员死亡原因：死亡人员尸体解剖结果表明,死亡原因是胸部受挤压或失足摔伤。

事故直接原因：群集恐慌心理和人群扰流作用。如图 9-12 所示。

图 9-12 扰流作用

事故间接原因：人口不到 50 万的杜伊斯堡不适合举行如此大型活动。活动场地相对封闭，只有一个入口和一个出口；警察限制线只保留的第 3 限制线，第 1 和第 2 限制线被解除或者轻易被人群穿越，没能够尽早阻止人潮继续涌入。如图 9-13、图 9-14 所示。

图 9-13　出入口

图 9-14　限制线被突破

事故根本原因：最多能容纳几十万人的场地，实际到场人数超过 100 万人，场所容纳的人数大大超过其安全容量。如图 9-15 所示。

图 9-15　事故现场

关键术语

大型活动　大型活动人群　网格化管理　责任矩阵

复习思考题

1. 什么是大型活动？简述大型活动的一般特征和安全管理特点。
2. 简述大型活动安全风险分析流程。
3. 简述大型活动安全管理的内容与对策。

阅读材料

部分发达国家大型活动安全管理制度简况

1. 美国

经过长期的经验积累和研究，美国已建立起一套比较成熟的公共安全管理机制，其特色主要体现为操作上的制度化和规范化，组织结构上的灵活性以及应急配套措施齐全。

（1）调查制度。一般情况下，由负责大型活动的安全主管通过询问活动组织者一系列的问题来找出安全隐患，并制定合适的安全管理措施，询问的问题包括大型活动的类型，活动组织者怎样考虑安全因素，活动举办的确切地点，场地类型，参加人员的数量及身份。此外，安全主管还要掌握活动的起止时间和日程安排。在先期调查中掌握了一些信息后，安全主管再拟定出一份简明扼要的安全任务陈述书，该陈述书只需要列出大型活动中安全保卫任务包括什么，需要多少安保人员，配置在哪里。另外，要注意的是该任务陈述书要得到安全主管的上级和活动组织者的确认。

（2）巡查制度。巡查的目的是观察活动举办地点各种设施的位置情况，以及对防火的检查和其他在大型活动举办时法律要求的例行检查，在此过程中应该邀请安全监督员一起参加安全检查。在美国，安全主管的责任是明了哪个执法机关对活动场地有执法权限，以及可获得当地警察哪种类型的安全服务。巡查之后是安全计划的制订，该计划可以是任务陈述书的细节补充，包括场所的地形图，应对紧急情况的官员和联系人的姓名、电话，还有执行任务的人员数量、工作时间和具体任务。就其细节来说，一般都是由客户，也就是活动组织者规定的。

（3）市场化的安保机制。在确定了任务之后，就开始在保安公司进行人员的挑选与培训。美国是世界上保安业最发达的国家，一般说来，美国大型活动的安全保卫工作都是由私人保安公司来完成的，警察只是在一些超大规模的活动中负责大型活动的安全保卫工作。

（4）高科技的安保配置。从美国已举行的大型活动安全保卫工作来看，科技含量越来越高，投入也越来越大。美国盐湖城举办第19届冬奥会，为了确保活动的安全，美国警方投入巨资打造安保防控网，一些先进的安保器材在安保工作中使用，如在比赛场地的出入口，安装了探测器，在一些监控器上装置了面孔识别软件，能够在一秒内对128人的面部特征进行比较，可以快速地识别在册的恐怖分子。在该届冬奥会上，美国还动用了最先进的生物鉴别仪，把所有运动员和参加活动的人员的个人资料都记录下来，高科技的投入使安保措施更加严密。

2. 德国

（1）专业警备队的设置。大型活动一般配有专业的警备队，由各市警察局整合该区各种特殊警种和装备，然后将之统一归属于中心任务分局。这是一支擅长处置大型活动的专业队伍，称为警备队。由警备队独自完成或者都助各个属地分局完成大型活动的安全管理，德国每个城市都有警备队。警备队的出现避免了由于大型活动的举办对社区正常管理工作的影响。

（2）私保制度规范化。德国保安服务业迄今已有100多年的历史，保安公司主要通过经营范围来确定公司名称，基本不以保安公司名义注册。健全的法规和服务造就了德国发展成熟的保安业。德国法律明确规定，国家不应对私人保安公司进行干预，因此德国的保安服务企业都是私人企业。在德国，所有大型活动的举办者事先通知其属地派出所，举办方在很大程度上有私法权利，也即足够的民事权利，当然更重要的是举办者有权利并有义务对活动秩序进行管理。德国的私力救济安保力量很发达，也有广泛的权利救济途径。在一些重大的活动和赛事中，都是由组织者的私人保安力量进行安检和秩序维持，而警察则是以观察者和震慑者的身份来防止违法和骚乱行为的发生。

（3）注重警情分析。警情分析中心的主要职责是对重要情报进行研判，对重大警情进行分析，对重大事件做出决断。警情分析中心在平时也都是针对重大警情对各单位进行决策指挥，为政府领导做参谋。在大型活动中，作为一级决策和情报信息机构，对与大型活动有关的警情信息进行评估，并对现场指挥部做出指示，但不插手指挥部的具体运作与操办。一旦发生事故，警情分析中心就将作为现场外的总指挥中心被启用。

（4）建立预警评估体制。德国警方会从不同角度对大型活动进行预警评估，也即对大型活动的风险等级进行评估，然后在此基础上，为警方科学布警提供指导。既能使大型活动安全得到保障，同时又不浪费警力。一般说来，警务部门通常是根据活动的性质、规模等进行风险评估,根据风险等级配备警力的。德国警方这种有所为有所不为,且放之有度的做法给我们很多启示。举办方有自己足够的权利与义务,同时作为警方又都一切尽在掌握,特别是在一些细节方面都有理性的处理。其优点就是一旦发生事故,综合宏观方面和微观方面的考虑,会在第一时间给出最好的解决问题的办法。

3. 日本

(1) 专业有效的安保制度。日本举行各类大型活动,安全保安工作几乎都是委托当地的保安公司进行的。这点类似于我国的"谁主办,谁负责"的原则。保安业经过 40 多年的发展,已经形成了比较完备的管理模式和运作模式。在日本,保安业是受警察厅负责社会安全的人身安全部监督的。警方对保安行业的行政指导、监督是通过民间的日本保安业协会和地方保安协会来完成的。各级保安协会在警方和保安企业之间起着桥梁作用。大型活动安保以属地化为主,但并不禁止跨区经营和同行间相互协作,跨地区经营需向当地公安委员会进行备案。在大型活动中,安全保卫工作由保安人员进行,但配备少量的警力,以处理现场的违法犯罪事件和突发事件。对于一些无明显危险性的超大型活动也是如此,如在 2005 年的爱知世博会现场,爱知县的 18 家保安公司承担了展览期间的各项保卫工作。警察只部署在重点要害部位,负责及时处理保安公司发现的苗头性事件和违法犯罪。日本警方为了给现场观众以轻松愉快的氛围参加活动,采用的是外松内紧的软性安保方式。

(2) 人群控制策略。日本警方研究分析了大型活动的人群密度、人流速度、场馆内外容纳能力、入场和退场方式等,然后在此基础上,采取专门的人群控制策略,在研究分析的基础上划分不同的安保等级。在大型活动开始前,一般在进出口设立蛇形线,以延长行进路线。为防止踩踏事故的发生,现场的安保人员、工作人员以及志愿者对参加活动者会进行积极指示和疏导,对人流中停步不前或聚拢的情况进行及时排除,并在活动现场设有备用通道和救护站。在活动过程中,警方与保安人员协同作战,增加巡逻密度,以此加强对人流的疏导。另外,对交通和安防信息进行及时通报,以确认活动现场的拥挤程度。

(3) 安保工作预案。日本非常重视安保工作预案的制订。警方从宏观角度制订安保工作的方针、对策以及整体预案。保安公司从具体实际的角度制订安保实施方案,严密防范活动现场踩踏事件和消防灾害事故发生,并对活动地点可能出现的自然灾害,甚至可能存在的各种危险源进行研究、分析和评估,并制定各种预案。

资料来源:肖艳霞.大型活动安全管理制度研究——《大型群众性活动安全管理条例》问题与完善[D].湖南师范大学,2010

问题讨论

1. 美国、德国和日本三个发达国家大型活动安全管理制度的设置有哪些特点？

2. 结合案例试论发达国家大型活动安全管理制度对我国的启示。

本章延伸阅读文献

［1］ 丁辉.大型群众性活动安全风险管理［M］.北京：化学工业出版社，2011

［2］ 何祎，董寅，肖翔.国内外大型活动公共安全管理标准研究述评［J］.经济论坛，2012(12)：157-159

［3］ 王瑜，熊艳，马英楠.大型群众性活动安全管理责任矩阵的研究探讨［J］.中国安全科学学报，2008，18(2)：67-82

［4］ 刘玉峰，朱景汉.大型群众性活动安全管理责任分析［J］.吉林公安高等专科学校学报，2012(3)：57-60

新农村社区安全

10.1 农村社区概论

所谓的农村社区,是指聚居在一定地域范围内的农村居民在农业生产方式基础上所组成的社会生活共同体。科学理解农村社区的基本含义,还需要把握以下几个要点:一是农村社区是一个社会实体;二是农村社区具有多重功能;三是农村社区的主体是农村居民;四是农村社区的基础性经济活动是农业生产。如果说城市社区的经济基础是二、三产业的话,那么,严格意义上的农村社区的基础性经济活动则是农业生产。一部分农村社区转变为城镇型社区的根本原因在于社区二、三产业取代了农业生产的主体地位。

10.1.1 农村社区的一般特征

1. 正处在现代化、城镇化进程之中

农村产业结构从单一农业生产结构向农业生产基础上的一、二、三产业共同发展转变;大批农村劳动力向非农产业转移,进城务工经商;农村居民的物质文化需求日趋旺盛。这个特点要求我们把发展乡镇企业,多渠道转移农民就业,促进农村城镇化健康发展,培育有文化、懂技术、会经营的新型农民作为农村社区建设的重要内容和重要目标。

2. 具有多元类型

从生产职能角度划分,也就是按照社区具有的主要生产职能进行分类,可大体划分为农村、林村、牧村、渔村。

从法定地位角度进行划分,也就是按照是否是一个法定性社区来进行分类,可大体划分为自然村和建制村。

按照不同村落的地位作用划分,还可以将农村社区大致划分为村落社区和集镇社区,以及基层村落社区和中心村落社区等不同类型。

3. 人口聚居规模相对较小

人口聚居规模是衡量一个社区发展水平的重要指标,通常是指聚落人口(居民点人口)的多少。与城市社区相比,农村社区人口聚居规模小是其显著特征之一。

4. 家庭功能比较突出

农村家庭不仅担负着生育、赡养、消费、文化娱乐等多项职能,而且还是农业生产的最基本单位和农村组织的重要构成单位。改革开放以来,我国广大农村实行了家庭承包经营制,农民家庭普遍成为统分结合的双层经营体制下的农业生产的基本单位。

5. 血缘、地缘关系依然具有基础性作用

当今我国农村社区中的血缘、地缘关系依然具有基础性作用,但业缘关系的作用日益凸显。自古以来,血缘、地缘关系就是农村社区具有基础性意义的社会关系,农村社区组织基本上是以这两种纽带结合起来的。时至今日,农民们遇到生产、生活困难,往往首先求助于亲族、邻里、街坊帮助解决。这些情况表明,血缘、地缘关系依然是农民生活的社会支持系统。不过,也应该看到,处在现代化、城镇化进程中的我国农村,由于经济社会的发展,农村居民的业缘关系正在不断扩充、增强,发挥着越来越重要的作用。这就要求我们在开展农村社区建设的过程中,既要进一步发挥血缘、地缘的良性功能,限制其负面功能,又要培育发展业缘关系,使其发挥更大、更好的作用。

10.1.2 农村社区的新特征

当然,以上对于农村社区特征的概括是一般化的。我们需要注意的是:第一,由于中国幅员广阔,各地区差异极大,因此不同地区的农村社区的特征也有很大不同。即便是在同一个区域内,也有"五里不同风,十里不同俗"的特点,也就是说,每一个农村社区,都可能有它某一方面的独特性。第二,在农村现代化过程中,农村社区出现了诸多新的特征。在社会学中对农村社区的特征表述为:地域特征(地缘关系)、人口特征、经济特征、文化特征、人际关系特征。

1. 地域特征方面,其自然边界日益模糊化

主要是指在沿海及经济发达地区的农村,由于工业化、城镇化,其耕地日渐减少(据中央电视台报道中国目前已有十几个省人均耕地不足 0.8 亩,有 660 个县人均耕地不足 0.5 亩),而新型的工商业建筑如工厂、商品交易市场、商店、旅馆、饭店和游乐场等大规模兴建,甚至已经毗连成片,以往村庄的自然边界即使还存在,也不再具有以往的意义了。特别是在一些城郊村,与城市的边界更加模糊甚至完全取消。

2. 经济特征方面,出现了农产品的基本市场化和产业结构的变化

如今的农村已经不再是自给自足的经济了,已经市场化。农民的种子、化肥、农业机械都是来自城市或城镇,甚至来自更遥远的地方。同时,在传统农业内部,市场经济对于社会分工和规模经济的要求,也改变了过去农民从事农业生产分工不细密、靠传统经验就可以进行的经济行为特征,全国各地都出现了许多在种植、养殖、农产品加工业方面的"专业县"、"专业村"、"专业户"。同时,农村产业结构发生了巨大变化,出现了包括工业、商业、建筑、运输、服务、旅游业等新型产业,甚至在一些发达地区的村庄,已经没有了传统的农业,一些乡村和农民创办的其他类型的企业,规模和水平已经十分现代化。

3. 人口特征方面,开始了剧烈的社会分层和大规模的流动

农村产业结构的变化引起了社会结构的变化。人民公社时期单一的"社员",如今转变为农民、企业工人、农民企业家、私营业主、乡村管理者、外出务工者等,农村社会具有了多元性、复杂性、流动性和竞争性。整体来看,中国乡村的社会构成已经和正在发生重大变化。同时,中国农民开始了大规模的流动与迁徙。中国农村最大的特征之一就是有大量富余的劳动力,这些富余劳动力开始向城市转移。这种转移的农民开始是青壮年劳动力,季节性的或阶段性的外出打工,也就是我们常说的"农民工"。后来,有一部分农民工就在城市定居甚至不限于青壮年农民,有的农民举家搬迁,成了新市民。由于众多青壮年农民外出打工,许多农村成了"空壳村",留守的都是些妇女、老人和儿童,农村出现了与以往不同的新问题。

4. 在文化特征方面,日渐信息化和多元化

村庄开放带来与外界资源、信息的充分交流,特别是人口的流动,为过去相对稳定的村庄生活带来了诸多变量。这些变量不仅改变村民的日常生活,也在改变村庄内外部关系,改变乡村社会治理的过程和结构。同时,农村的文化在向现代化迈进的过程中,还有另外一个方面,就是找回并强化了某些传统的文化。特别是可以被称为文化遗产的那些传统文化形式,在多年后,在现代化的过程中,又被挖掘出来,得到了重视,甚至得以振兴。

5. 在心理和人际关系特征方面,逐渐理性化与利益化

农民的职业分化导致了利益的分化,而利益分化则是利益表达的基础。如果从心理和人际关系角度看,许多学者特别提到了中国新农村的人际关系"理性化"的趋向。当年梁漱溟和费孝通先生曾以"伦理本位"和"差序格局"来指称中国传统社会的特征(所谓"差序格局",与"伦理本位"义同,是指每个传统的中国人都被一层一层的人伦关系所笼罩,而人伦关系是一种人们无可选择的血缘关系)。在今日农村,"差序格局"即使还存在,其内容也发生了变化,即原本紧紧地以血缘关系为核心的差序格局正在变得多元化、理性化,亲属之间关系的亲疏越来越取决于他们在生产经营中相互之间合作的有效和互惠的维持。而这种改变,极可能向农民日常生活浸透,其最终结果是:"理性全面进入农民生活"。

综上所述,在新时期农村所出现的新的特征,从根本上说,是在国家和社会工业化、信息化、城市化的现代化进程中的时代背景下,自然而然地发生的。这种新的变化还在继续着。但无论如何,由于中国国情,农村和农民将始终存在,并始终是一个巨大的社会存在,所以,它必将始终保持自身独有的自然、社会、文化特征。同时,城乡二元结构虽然已经在全社会的进步中日益弱化,但也必然在相当时期存在。因此,农村社区的特征除了它自身天然具有的那些之外,也会长期带上社会政治的烙印。

10.1.3 农村社区建设的目标和要求

2000年11月,中共中央办公厅、国务院办公厅转发的《民政部关于在全国推进城市社区建设的意见》指出:"社区建设是指在党和政府的领导下,依靠社区力量,利用社区资源,强化社区功能,解决社区问题,促进社区政治、经济、文化、环境协调和健康发展,不断提高社区成员生活水平和生活质量的过程。"这一定义也基本适用于农村社区建设。简单地说,农村社区建设主要是指在党和政府的领导下,动员各方面力量,整合社区资源,强化社区功能,解决社区问题,合力建设管理有序、服务完善、文明祥和的新型农村社会生活共同体的过程。

农村社区建设的主导力量是党和政府。这就是说,党和政府是一般的社团组织或民间组织的行动;是事关国家稳定和发展的大事,而不是局部的无关紧要的小事。

农村社区建设的主体力量是农民群众。这是因为:第一,农村社区建设的基本力量蕴藏于农民群众之中,农民群众的积极性是农村社区建设的内因,因而,农民群众是农村社区建设的主力军;第二,农民群众是农村社区建设的最终也是最大的受益者,农村社区怎么建设,建成什么样子,必须尊重他们的意愿。离开他们的现实需要,搞想当然,很可能要把好事办坏,出力不讨好。

建立健全新型的农村社区组织管理体制,建立健全完善的农村社区服务体系,构建和谐的农村社区文化,是农村社区建设的主要内容。也就是说,农村社区建设要创新体制机制,完善服务体系,发展和谐文化。

1. 农村社区建设的基本目标

农村社区建设的目标,就是党的十六届六中全会《中共中央关于构建社会主义和谐社会若干重大问题的决定》和党的十七大报告中所提出的"管理有序、服务完善、文明祥和"三句话十二个字。

(1)管理有序。"管理"有统辖、约束、法治、控制之义。"有序"相对于"无序"而存在。战乱、纷争、打架、积怨、政出多门、政令不畅、宗派林立、上访不断、关系不顺等是无序的表现。管理有序的基本含义就是政府行政管理和社区自我管理有效衔接、政府依法行政和村民依法自治良性互动。农村社会的有序管理,说到底,就是正确处理政府特别是县和县以下乡镇政府与村民自治的关系。政府一方,积极改善和加强行政管理,坚持依法行政;村民委员会一方,搞好自我管理和依法自治。从我国目前的农村社会看,政府一方处于强势地位,村委会一方处于弱势地位。而在这一对关系中,一强一弱,是很难实现平衡、协调的,也不可能达到有效衔接和良性互动的最佳状态。因此,必须双向互动,即建设服务型政府和完善村民自治。

(2) 服务完善。服务完善,是农村社区建设的第二大目标。完善服务,就农村社区来说,主要有相辅相成的四个方面:一是实现政府基本公共服务的全覆盖,如基础设施、义务教育、基本合作医疗、治安、社会救助等;二是大力发展村民之间的自助互助服务,如建立和发展各种群众组织,发展志愿服务等;三是农村社区自身向村民提供各种便民利民服务项及服务,如设立慈善超市等;四是引入市场机制,通过市场这只"无形的手"服务于农民,如商业网点向农村社区的延伸,农产品和农业生产资料供销活动在农村社区的开展。

(3) 文明祥和。"文明"这个概念有广义和狭义之分。广义的"文明",囊括了物质文明、精神交明、政治文明、社会文明等诸方面;狭义的"文明"指精神文明。这里意在后一种意义上使用"文明"概念。"祥和"的意思是吉祥、吉利、平和、慈祥等,也属于精神文明的范畴。主要包括以下内容:健全的村规民约;发达的农民教育;整洁的村容村貌;健康的生活方式;活跃的文化生活。

总之,村社区建设的管理有序、服务完善、文明祥和这三大目标之既相互区别又相互联系,统一于农村社区建设之中。目标就是方向,要牢牢把握这个大方向,推动农村社区建设健康快速发展。

2. 农村社区建设的基本原则

农村社区建设是件大事,必须提出一些法则为依据。原则可以有很多条,基本原则是其中那些最重要的部分。遵循这些原则,是农村社区建设取得成功的根本保障。农村社区建设的基本原则主要包括:以人为本、因地制宜、整合资源、突出重点。

(1) 以人为本。"以人为本"是科学发展观的核心和精神实质,集中体现了科学发展观的价值理念,它既是农村社区建设的指导思想,又是必须遵循的基本原则。主要理由:一是农村社区建设为的是农民;二是农村社区建设依靠的是农民。

(2) 因地制宜。因地制宜同实事求是、科学规划、分类指导等联系在一起。坚持因地制宜原则,要把握以下几个要点:一是规划优先,科学规划;二是因地制宜,分类指导;三是禁绝一切形式的面子工程、形象工程、政绩工程。

(3) 整合资源。把"整合资源"作为一条农村社区建设的原则,其理由是:一是农村社区建设既是一项繁杂的系统工程,更是一项浩大的农村社会管理工程、造福农民的服务工程、新农村与和谐社会的建设工程；二是建设节约型农村社区；三是有利于调动各方面的积极性。

（4）突出重点。没有重点就没有政策。眉毛胡子一把抓，什么也抓不到。当前乃至今后一个时期，农村社区建设需要重点解决以下一些问题：一是解决农村社区的活动场地问题；二农村社区的体制机制问题；三是解决好为农民服务的内容、途径、办法和方式问题。

10.1.4　农村社区建设实践类型

由于各地的社会、经济发展基础不同，农村社区建设也呈现出丰富多样的做法。综合目前各地已经出现的做法和经验，现阶段农村社区建设类型的划分标准主要有三种：以社区范围划分、以组织形式划分和以经济发展程度划分。

1. 以社区范围划分社区类型

（1）一村一社区——以建制村为基础建立社区。所谓"一村一社区"的社区建设类型就是在一个建制村区域范围内开展农村社区建设的做法。这是我国大多数农村开展社区建设的做法，以山东省胶南市为典型。

（2）一村多社区——以自然村落为基础建立社区。一村多社区是指在一个建制村内构成多个以自然村落为基础的社区。在我国一些山区丘陵地带，建制村辖区很大，一般覆盖方圆数 10 公里，一个建制村管辖 10 多个自然村。同时人口居住分散，一个自然村落只有几十户人家，离建制设置地很远。以湖北省秭归县杨林桥镇的农村社区建设实践为典型。

（3）几村一社区——以乡镇为基础建立社区。几村一社区的类型通常是在东部沿海一些地方以乡镇或者中心时为单位建立农村社区，社区服务大厅建立在镇上，涵盖附近几个村，这些村的村民到镇上接受服务。山东省诸城市是几村一社区的典型代表。

2. 以组织形式划分社区类型

农村社区建设的组织管理模式可以分为以下几类：第一，以村委会为主体的农村社区建设；第二，以民间志愿组织和社会团体为主体的弥补并承担村委会功能的村落社区建设；第三，企业主导的社区建设。

（1）以村民自治组织—村委会为基础的社区。以村委会为主导的社区建设通常是在村党支部的领导下，以村民委员会作为主要力量开展社区建设。比较典型的代表有山东省胶南市、江苏省南京市、重庆市的永川区。

（2）以民间或其他志愿组织等为主导的社区。在一些地区，村委会、党支部并不是农村社区建设的主要力量，而是由村民自发地组织起来建设社区。前面提到的湖北省秭归县就属于这种类型。以民间组织的形式开展农村社区建设,最典型的应该是江西省探索的以"五老"志愿者队伍为主开展的村落社区建设。

(3) 以企业为主导的组织模式。山东省胶南市北高家庄社区应该是类似这种类型。在那里,形成了村企合一、社企合一的发展局面,村民大部分也是企业职工。在社区建设中,由企业统一规划全村的生活基础设施,例如,住房的统一规划等。社会服务有统一的网络,村民基本共享统一的社会保障。

3. 经济发展程度不同的地区有不同的社区类型

改革开放 30 多年来,农村有了很大的变化。尽管中国区域发展很不平衡,经济发展水平参差不齐,但是,这并没有成为衡量农村社区建设是否可以启动发展的标准。经济发展水平的不同与自然条件的差异,导致了农村社区建设的内涵不一样。处在经济发展的不同阶段中,当地政府的发展任务和当地农民的需求也不一样。把这些社区的发展状况分为经济发达地区的社区、发展中地区的社区、欠发达达地区的社区和城乡结合部的社区。

(1) 社区建设在经济发展水平较好的地区。在经济发展水平较好的地区,农村社区建设相应地取得了很好的发展。例如,在山东、江苏、浙江等省,这些地方已经取得城市社区建设的经验,在农村社区建设方面也正展开积极探索。在这里,传统的城乡二元分割性特征已经不太明显。城乡社会的空间不断向一体化转变。

(2) 社区建设在经济发展水平中等的地区。在经济处于发展中的地区已经有了一些公共设施,但是还不具备十分雄厚的经济实力来全面规划社区建设。在这样的地方,社区建设的中心任务是推动农村社区经济发展,为社区建设奠定雄厚的经济基础。山东省即墨市鲁家埠就是以经济为前提发展的农村社区建设的典型案例。

(3) 社区建设在经济欠发达的地区。经验证明,越是经济欠发达的地方,那里的人民群众对社区公共服务的需求就越是迫切。在经济欠发达地区,人民群众创造了社区建设的有利方与内容,以江西省都昌县为典型。

(4) 城乡结合部地区的社区建设。在城乡结合部地区,由于城市化步伐加快,形成了农村社区与城市社区交织并存的状态。山东青岛的黄岛区、南京郊区、江苏省扬中市的城乡结合部的农村社区,都属于这种情况。

10.2 农村社区建设的主要内容

10.2.1 农村社区政治体制建设

开展农村社区建设,把农村社区建设成管理有序、服务完善、文明祥和的社会生活共同体,是党中央统筹城乡协调发展、推进社会主义新农村建设非常重要的组成部分。

1. 建设服务型乡镇政府

(1)推进乡镇机构改革,转变政府职能。乡镇政府人员众多,是个大政府,却并不是强政府。导致这种"吃饭的人多、干活的人少"的原因在于,"传统"的乡镇政府存在两个重要缺陷:其一,政府职能主要定位于发展经济和社会管理上,欠缺公共服务的职能;其二,许多乡镇政府干部官僚作风严重,工作浮在表面,没有深入基层,而是过多地依赖村"两委"干部作为代理人开展工作。

(2)有所为有所不为,建设服务型政府。党的十七大报告中明确提出要建设服务型政府。服务型政府是指这样一种政府,把为公众服务作为其存在、运行和发展的根本宗旨。我国所建立的服务型政府,是指在社会主义民主与法治体系下所建立的一种以公民为本位,以服务为理念,以公共利益为目标,以满足广大社会成员日益增长的公共需求和公共利益为己任的政府,追求的是社会的和谐与整体的进步,更有利于维护社会的公正。

(3)工作重心下移,公共管理社区化。当前农村地区面向普通农民的行政管理工作主要有计划生育管理、宅基地审批、土地承包、户籍登记、各类证件证明的开具、组织关系接转、村民自养、优抚安置等。面临新的形势,乡镇政府及职能部门要结合农村社区建设的发展,推动对广大农村和农民的公共管理转型,以农民为中心,建立县,乡、社区三级农村公共管理体系。

(4)加强农村突发紧急事件应急管理机制建设。所谓应急管理机制是指应对农村经济社会中所发生的传染病、重大动植物疫情、自然灾害、交通事故、群体性事件等突发、紧急事件的应对机制。2007年7月31日,国务院办公厅下发了《关于加强基层应急管理工作的意见》,8月30日,第十届全国人大常委会第二十九次会议通过了《突发事件应对法》。从县、乡政府来讲,应该加强预警、应急和责任机制建设,做好物质准备,组织开展突发事件应急处理。从村级组织来讲,农村社区中的村"两委"应该在突发紧急事件中发挥重要的作用。与此同时,对于一平时应该十分注意防范突发紧急事件的发生,防患于未然,及时发现各种安全和事故隐患。与此同时,对于一些无法预测的突发事件,如交通事故、地震等自然灾害以及突发群体性事件等,应事先制订应急处理方案,将突发事件制订等级,不同等级启动不同的应急处理方案,做好物质、精神和组织上的准备,有备无患。在突发事件发生后,应及时总结经验教训,追查责任,属于人为责任应该因事追究,属于不可抗力的应该研究日后如何加强防范。要减少农村突发事件的发生,还需要以农村社区为基础,加强农村公共产品和公共服务体系建设,提高农村地区应对突发紧急事件的处理能力。同时,以农村管理为基础,强化管理和信息沟通渠道。

2. 推动村民直接管理社区服务

(1)进一步理顺乡村关系。乡村关系是村民自治的核心问题之一。农村社区建设以村民自治为基本原则,由此带来的则是如何正确处理行政管理体系与农村社区自我管理体系的关系定位。主要包括:一是定位行政管理体系与社区自我管理体系间的关系;二是以公共服务为纽带,理顺乡村关系,建立政府行政管理和社区自我管理有效衔接,政府依法行政和村民依法自治良性互动的农村社区管理体制。

(2) 大力推进农村社区村民自治。原有的村民自治工作也存在着一定的缺陷,传统的"乡政村治"的农村管理格局也正面临着新的发展"瓶颈",主要体现在三个方面:一是农村村委会选举过程中的干扰因素较多,影响了民主选举的合法进行,也影响了村委会当选后为民服务的效果;二是"四个民主"(民主决策、民主管理、民主监督、民主选举)发展不平衡,重民主选举,轻民主决策,管理和监督的情况,即所谓的"半拉子民主"普遍存在;三是乡村关系没有理顺,村"两委"的行政化、官僚化倾向严重,村委会在很大程度上成为乡镇政府及部门的办事机构,难以真正成为组织村民群众开展自我管理的自治组织;许多地区的村委会干部工作浮于表面,无法真正深入群众之中,难以有效地代表村民群众。

(3) 积极推动引导社区村民参与社区管理。农村社区建设离不开广大农村居民发自内心深处的认同和积极主动的参与,社区管理也依赖于广大农村居民所进行的自我管理、我服务、自我教育、自我监督。"四个自我"是农村社区建设和自治的重要组成部分。主要包括:一是延伸农村社区村民自治网络,为搞好"四个自我"奠定基础;二是大力培育农村社区村民的自我管理功能;三是培育与发展农村社区各类中介组织。

(4) 积极运用市场和社会力量进行社区管理。

一是社企合一型的市场化社区管理模式。在传统观念中,人们普遍认为,社区的管理主要是依靠政府和社区自治组织。政府和村委会是管理机构,而市场或企业是不能参与社会管理的。但实际上,在部分地区的社区建设中,市场力量不仅积极参与社区的管理和服务工作,而且作出了卓有成效的贡献。武汉市江岸区的百步亭花园就实行社区企业合一的市场化管理模式。

二是村企合一型的农村社区管理模式。所谓村企一体化,主要是指在一些村办企业较为发达的建制村内,由村办企业或企业集团主导社区发展、建设和管理的社区管理模式。在这种模式中,镇村企业占据主导地位。这种模式在江苏、浙江等集体经济较为发达的农村社区较为普遍。

三是引导专业合作经济组织参与社区管理。农村社区建设事项繁多,单纯依靠政府或村委会都不能完全胜任社区管理和建设的工作。除了市场和企业的力量外,在农村社区建设和管理中还可以充分发挥社会力量,如农村中的 NPO 组织社区管理中的积极作用,使它们成为社区管理中的积极因素。

10.2.2　农村社区文化建设

实现农村社区建设中"文明祥和"的目标,主要与农村社区文化建设相关,同时农村社区建设要达到"服务完善、管理有序"的要求,也必须加强农村社区文化建设。在某种程度上,可以说农村社区文化建设是农村社区建设的灵魂,在农村社区建设各项工作中应当受到更高的重视。

1. 农村社区文化的含义与功能

在当前情况下,可以恰当地把我国整个社会文化系统区分为城市文化和农村文化两个子系统,这意味着它们既共同分享和拥有整体的社会主义文化系统的一些相同因素,同时又具备某些各自不同的东西。尤需重视研究农村文化的独特性,在全面建设社会主义新文化的视野下不要忽视乃至抹杀农村文化的特点与特色。而农村社区文化可以说又是从属于农村文化系统的一个层次或部分。从综合的治理层次划分,也就是行政层次的划分来看,我国基本上以"县"作为农村来对待,县以上进入各级"市"的系列的,则作为城市来对待。换句话说,谈到农村文化的时候,可以说即是全国所有的县的文化所组成的系统。而具体到某个县来看,全县的文化是当地的农村文化系统,它内部又是再由各乡(镇)的文化组成的,即乡(镇)文化是它下一级的组成层次或子系统,然后再往下,乡(镇)这一文化系统又是由其各村的文化组成的,即村级文化是它再下一级。

那么具体来说,农村社区文化是指哪一个层次或层级呢?对此可以有两种方法来加以把握。一是遵循行政治理的架构层级,将农村社区与村级画等号,也就是说,村级以上都属于政府体制当中的,而村级作为村民自治的实施层次,当然也就等同于非政府的社区领域,因此农村社区文化就是指以建制村为单位的文化。更具体地说,农村社区文化就是指村委辖区范围内的那些文化及其组成的一个整体。二是不局限于行政治理的思维与操作中,而是从社区存在和运行的实际情形出发,来认定农村社区的界限与范围,并相应地确认农村社区文化的组成范围。

2. 农村文化建设存在的问题

(1) 各地之间农村社区文化建设发展水平极不平衡。东部沿海地区社区文化建设也走在了全国前列。而广大中西部地区,尤其是欠发达地区文化建设步履维艰,难以发挥很大的作用。

(2) 农村社区文化内部各部分之间发展很不平衡。我国当前的农村社区文化建设中,各级基层政府及农村社区均十分注重物质文化建设,即重视各种文化设施的建设,以及推动开展各种群众性的文化活动。这些物质文化设施在推动文化建设过程中是十分必要的。但同时也需要在行为规范、观念文化层面同步推进,相互配合、相互促进,只有这样才能达到良好的效果。而当前我国农村社区文化建设的实际情况却是,在行为规范及观念这两个方面,由于需要长时期才能显现效果,而且效果难以客观评定,所以,政策落实上力度远远不够。

（3）农村社区文化没有能够充分发挥出对农村社区的功能和起到应有的多方面作用。农村社区文化应该发挥维持社区共同的道德行模式、促进社区的稳定可持续发展的功能,发挥保持社区的健康良性运行的作用。然而,当前我国的社区文化建设离这些要求还有不小的距离,在农村社区,消极文化有抬头的趋势。

（4）还不能很好地满足广大农村社区成员的文化生活需要。虽然当前基层政府、农村社区加大了对文化设施的投入,但是这离农村社区居民不断增长的文化生活需要尚有不小的距离。一方面,这些文化设施还没有得到有效利用,没有真正进入社区群众的生活,而一些群众性活动社区成员参与面还较窄,没有形成浓厚的文化氛围;另一方面,一些格调低下的文化产品进入农村市场,一些带有封建迷信、淫秽、暴力等内容的图书、报刊、音像制品和电子出版物充斥市场,农村集市的录像厅、游戏厅、网吧等娱乐形式畸形发展,造成虚假繁荣。

总的来看,农村文化建设、社会主义新农村建设与实现全面建设小康社会奋斗目标的新要求还存在着较大距离,与广大农村社区成员对丰富精神文化生活的迫切愿望和需要还存在着较大距离。

3. 农村社区文化建设的内容

（1）文化建设。包括文化设施、设备、各种物质层面的改善和发展,也包括资源节约型和环境友好型农村社区建设（即农村社区生态文明建设）。这是当前各地区较重视的方面,但不应把这些视为农村社区文化建设的全部,它只是硬件的部分,离开了软件的支撑是不可能收到良好效应的。另外,也要注意和有关政府部门的规划与工程建设相结合,以便更好地开展和进行。

（2）文明风尚的培育和建设。这主要涉及行为规范文化部分,是比较重点的一个方面,同时也是较难的一方面。但这是农村社区成员普遍关注的方面,更容易获得群众支持,只要采取适宜的方式和方法,也能取得更好的效果。

（3）观念文化建设。狭义上的精神文明建设即观念文化建设的部分。在操作上这部分看起来比较虚,需要通过各种方法将其落实。比较有效的方法是开展各种教育活动,特别是适合农村社区特点的非正规教育和成人教育的方法,具体内容包括科学技术、法律和法制以及其他一般性的知识和观念。实际上,如果这些能与农村社区群众所关心的问题联系起来,也是能够取得好效果的。

10.2.3　农村社区的公共服务体系

社区服务是指在政府的倡导、扶持和推动下,以满足社区成员的物质文化需要、保持社会和谐稳定为宗旨,以基层街道(乡、镇)、社区为依托,由各类社会主体兴办,具有公益性、地缘性、福利性、经营性的多元化服务。

1.　基本的农村社区公共服务

公共服务,主要指政府为公众提供的各项服务,包括社会保障、公共卫生、公共安全、公共教育、公共基础设施建设与管理及与此相关的制度、政策等。社区公共服务是在社区层次上为社区居民提供的公共服务,广义上既包括社区公共设施、公共项目、公共政策等,也包括社区管理运行机制、公共意识和认同意识等。通常使用的是狭义上的社区公共服务内容,一般指社区公共设施、公共项目、公共政策等。

(1) 编制社区布局规划。农村社区公共基础设施的配备,既要强调公平,又要注重效率。根据管理人口适度、区域相对集中、资源配置合理、功能相对齐全的原则,科学编制社区(村庄)布局规划。

(2) 完善公共基础设施。各地应该根据经济发展水平,因地制宜提出公共基础设施的不同标准,既要防止标准过高、难以实施,又要避免标准过低、居民失望。

(3) 完善社会保障体系。以社会保险、社会救助、社会福利为基础,以基本养老、基本医疗、最低生活保障制度为重点,以慈善事业、商业保险为补充,完善社会保障制度,保障农村社区居民基本生活。

(4) 建老年福利服务体系。逐步实施普惠型农村老年福利政策,统筹城乡老年人优惠措施,凡是城市老年人享受的优惠,农村老年人具有同等权利来享受。

(5) 构建公共安全体系。农村社区面临的公共安全形势,因经济发展、地理环境、风土人情、人口数量等因素而差别很大。维护农村社区安全,首先,要加强法制教育,完善村务公开民主管理制度,畅通农村各类居民利益表达渠道,从根本上减少矛盾纠纷的产生;其次,要加强人民调解工作,组建义务护村队、夜间巡逻队等群防群治组织,促进本地人口、外来人口的融合,调处矛盾纠纷,消除不安全因素;最后,改变传统的与农村居民疏远的农村警务,使警务工作的重点向农村社区延伸,建立符合当地实际的社区警务模式和运行机制。

(6) 强化社区医疗服务。农村生态环境变化和人口流动性增加,使农村公共卫生问题日益突出。农民生活水平迅速提高,对健康更为关心。但是城乡卫生资源配置极不平衡,农村社区卫生亟须改善。

(7) 农村社区文化教育。农村社区的文化教育投入少、队伍缺、经常性活动不多,不能满足群众日益增长的文化生活需求。应该加强文化活动场所建设,鼓励将闲置校舍、旧礼堂、旧宗祠等改建为农村社区文化活动室。发掘、整埋和保护民族民间文化资源,培育扶持民间艺术之乡、特色文化社区。

(8) 开展体育健身活动。实施农民体育健身工程,推进农村社区体育健身设施建设,普遍设立健身路径、篮球场、乒乓球台,让本地农民与外来人员一起就近就能享受体育带来的快乐。社区体育健身活动应从实际出发,平原、山地、沿海等不同地理条件的农村发展不同类型的体育活动。挖掘、整理和推广富有乡土气息和传统特色的民间民族体育项目。

(9) 提供农技推广服务。巩固农技推广队伍,由农技员为农民提供新技术、新成果、新产品的引进、试验示范、动植物疫病及农业灾害的监测、预报、防治和处置、农产品质量检验检测、农业市场信息发布和农民培训等服务。培育职业化的农民服务队伍,扩大农业内部就业,就地转移农村富余劳动力,缓解就业压力。

2. 便利的农村社区市场服务

农村社区不同于城市社区,它既是生活单元,又是生产单元。农村社区服务既要满足农民群众的生活需求,又要满足农民群众的生产需求。突出发展要务,促进农业增效、农民墙收,是农村社区市场服务的显著特点。

(1) 发展农村社区商贸服务业。在计划经济时期,商品实行统购包销,广大农村地区的商贸流通网络主要以供销合作社的经营网络为主,村一级大多是供销社代购代销店。实行市场经济体制后,供销社在农村的营业网点大多已倒闭或转制,个体经营户大量涌现,杂货店、副食品店遍布农村各地。以传统农村小店为主的农村商贸服务业,容易导致品质次价位高,食品安全问题突出。

(2) 培育农民专业合作经济组织。随着以家庭承包经营为基础,统分结合的双层经营体制的确立,农民专业合作经济组织在我国大地悄然兴起,并以各种不同形式蓬勃发展。这种新型农民合作经济组织,以家庭承包经营和农民自愿基础,按照"民办、民营,民享受"原则,组织农民共同从事农品生产加工、储藏和销售,为农民提供产前、产中、产后服务。

(3) 拓展城市社区信息化服务覆盖范围。在经济发达的农村,农村村民的社区服务需求呈现出与城市居民趋同的特点,对家政服务、中介服务等有旺盛的需求。

3. 多元的农村社区志愿服务

农村基层志愿服务是指各种社会组织和个人,利用自身的资金、技能等资源,自愿为农村公共事务、公益事业和农民群众提供帮助或服务的行为。农村社区的志愿服务应该以低保对象、五保对象、老年人、未成年人、残疾人、优抚对象、特困党员、外出务工人员家庭以及刑释解教人员、社区矫正人员为重点服务对象,以普及科技文卫和法律知识、扶贫开发、社会救助、优抚助残、敬老扶幼、治安巡逻、卫生保洁、环境保护、文艺演出等为重点服务领域,兴办农村社区公益事业和公共事务,改善农村生存环境和生活条件,解决农村困难群体的生产生活困难。

(1) 开展村民志愿互助服务。农村社区党组织和村委会应充分利用村民会议、村民代表会议、村务公开服务精神,倡导"授人玫瑰,手有余香"的观念,普及党员和有一技之长的村民积极参加志愿服务。社区民兵连、调解委员会、治保会等群团组织,老年人协会、科普协会等社区民间组织以及农村各种专业合作经济组织,是开展志愿服务的重要力量,应发挥各自的优势,组织其成员(会员)参加志愿服务。

(2) 动员社会力量到农村社区开展志愿服务。积极动员社会力量到农村社区开展志愿服务活动。开展文化、科技、卫生"三下乡"和对口支援活动,发挥"大学生志愿服务西部计划"、"青年志愿者扶贫接力计划"等已有志愿服务项目的综合效应;鼓励和组织科技人员到农村开展先进实用技术培训和推广,指导农村居民依靠科技发展经济;鼓励和组织文化工作者到农村辅导居民,活跃文化生活;鼓励各类学校到农村组织夜校,提高农村社区开展传播文化科技知识、扶贫济困等活动。驻农村社区的各类组织干部职工志愿者队伍,就近对日开展志愿服务,努力提供当地村民需要的服务,与农民群众一道共同建设社会主义新农村。

10.3　新农村社区的安全问题

中国共产党十六届五中全会提出了建设社会主义新农村的重大历史任务。第一次将建设社会主义新农村作为一个系统的、完整的概念,列为国民经济和社会发展的首要任务并出现在党的文件中。建设社会主义新农村被称为一项事关中国发展全局和九亿农民福祉的伟大行动,标志着中国新农村建设进入一个崭新的阶段。然而,随着我国工业化和城镇化建设的加快,农村的各类灾害和事故案例呈现多发趋势,这不仅给广大农民生命财产造成严重损失,而且直接影响着新农村建设的进程。因此,实现中国新农村建设的可持续发展,首先要重视解决好农村安全问题。

10.3.1　新农村建设中的安全问题

1. 农业生产中的安全问题

长期以来,在自然经济状态下农业生产很少发生事故,于是滋生了一种观念:农业生产没什么大的安全问题。事实是这样吗? 不是! 农业生产在经历了漫长的原始农业阶段后,于19世纪末20世纪初,开始转变为现代农业。现代农业的基础是现代工业、现代科技和现代管理,其基本特征是科学化、集约化、商品化和市场化。然而,面对现代农业中农副产品品质的下降,生物多样性的减少,面对农业环境的退化,农作物病虫害的日益猖狂猖獗,人们不得不重新审视现代农业的利弊。在农业生产中,特别是随着农业生产工具的改进,农用机械运输设备和农药等化学用品广泛使用,农产品生产、加工、流通日趋专业化和规模化,机械安全、农药化工产品存储使用等安全问题日益凸现,引起各国政府的高度重视。

2. 农村生活中的安全问题

评价农民生活质量好与坏的一个重要标准是看农民是否安居乐业。这就决定了社会主义新农村建设的核心是农村经济发展,成效的标准之一是农民达到"生活宽裕",但由于我国东西部农村经济发展的基础和条件上存在很成效的标准之一是农民达到"生活宽裕",但由于我国东西部农村经济发展的基础和条件上存在很大差异,其标准也不能是简单划一的,而必须是结合各地实际。事实上,在农村教育、文化、医疗、社会保障、基础设施等社会事业没有及时跟上,农民群众的业余生活出现了明显的安全隐患。主要表现在:一是火灾隐患。农民防火意识薄弱,不少地方使用秸秆烧火做饭,麦田、麦场失火事故年年见诸报端。二是电力安全隐患。一些村庄电线质量差,有的老化严重,私拉乱接现象严重。某县开展了一次大规模的农村安全用电专项治理,共查出安全隐患 3 万多处,其中存在严重安全隐患的有 1 900 多处。三是沼气使用安全。在新农村建设中,大力推广使用沼气的同时,还需要加强安全指导。四是烟花爆竹安全。一些地区烟花爆竹销售不规范,有不少非正规渠道购进和非法生产的产品在乡村市场流通,存在隐患。此外,农村庙会、集市、大型集会安全也呈上升趋势。

3. 乡镇企业生产安全问题

当前,我国农村乡镇企业每年发生的生产安全事故,不论从数量上还是从造成的经济损失上,都不亚于工业生产,乡镇企业成事故的多发区。其主要表现为:一是生产活跃带来的运输安全。近年来,随着农民收入快速增加及生产、生活需要,农村交通运输基本上告别了黄牛拉车、人力拉车阶段,二轮摩托车、三轮载货汽车等农村"三小车辆"迅猛增加,相应地,农村道路交通事故亦呈上升势头。据统计,2005 年发生在农村公路上的交通事故和死亡人数占全国的 20%。二是火灾。当前我们面临的一个严峻现实是:随着农村经济尤其是第二、第三产业和城镇化的迅速发展,非传统消防安全问题和火灾因素大量增加,农村火灾形势十分严峻,农村火灾隐患重重。据公安部消防局的统计,2000 年至 2005 年,全国农村累计发生火灾 48.1 万起,造成 9 692 人死亡、11 314 人受伤,直接财产损失 35.86 亿元,烧毁建筑 1 788 万平方米,26.5 万农户受灾;农村火灾各项指标均占同期全国火灾总数的 60% 以上。在这些数字背后凸显的问题是:农村消防力量、消防基础设施建设和传统的消防管理机制已不适应建设新农村的需要。如此高发的火灾得不到有效的遏制和防控,势必影响新农村建设的进程和质量,势必会影响到农村的稳定。三是施工安全问题。农村中大部分施工队伍无资质、农村建房一般没有正规设计,建筑物资的起吊装、高空作业的防护等保障条件很差、从业人员普遍存在文化程度低,安全意识薄弱,缺少安全防范措施和应急能力等问题,从而造成农村拆建房事故屡屡发生。

4. 农村安全生产监管薄弱

在农村安全生产监管上,虽然我国 92% 的县(市、旗)都建立了安全监管机构,配备了相应的工作人员。但由于我国的安全机构设置是上大下小的“倒金字塔型”,县级安监机构人数较少,主要承担县乡工矿商贸企业安全监管,无力顾及农村安全。乡镇一级基本上没有设置安全监察站(所),没有专职的安全监管员,基层行政村组更无安全员,致使农村安全生产监管长期存在“缺位”,管理“真空”。同时,我国当前的安全生产法律法规对城市和企业等有组织的生产活动考虑过多,对农村的特殊情况考虑不够,也是影响农村安全监管薄弱的症结之一。同时,许多省市尤其是经济欠发达的省份,在农村公共领域,如农村公路基本上处于“不设防状态”。在 2003 年 10 月 28 日以前,我国实行的是道路交通管理条例,农村道路并不属于交警管理的范围。2004 年 5 月 1 日起实施的新的道路交通安全法,赋予了公安机关监管农村公路的职责,但交警的警力严重不足,而且交警绝大多数在城市,只能把有限的警力摆在国道、省道等主干公路上,给农村交通安全带来很大隐患。

5. 农民及农民工的人身伤害及职业病

长期以来形成的日出而耕、日落而息,以及一家一户的农业生产生活方式,使得广大农民的思想意识、行为习惯还无法适应现代农业、社会化大生产和社会管理的需要,农民主要凭经验、习惯办事。农民外出打工,多集中在劳动条件相对较差、工伤事故多发的高危生产行业及“脏、累、险”的岗位。大量的农民丢下锄头,进入工矿商贸领域,未经职业技能培训,普遍缺乏安全这一课。2009 年 9 月,农民工张海超“开胸验肺”事件正揭示了:农民工自我保护意识在增强,职业安全健康权益得不到保障,而且维权难度大。他们不仅是违章作业的责任者,同时也是事故的受害者。

6. 农村社会治安问题

农村社会治安问题,是农民群众最关心的问题。安全稳定是构建和谐农村的前提,我国农村社会治安形势严峻,群体性事件和打架、偷盗等现象时有发生。同时,有关统计显示,不能与父母外出同行的农村留守儿童比例高达 56.17%,6～16 岁的农村留守儿童人数已达到 2 000 万人,其中的一部分儿童由于疏于管教,失学现象比较严重,成为农村社会中的闲散人员,经常违法滋事。此外,农村一些“村霸”、“乡霸”等横行霸道,加之地方宗族势力的存在,也会制造出各种违法犯罪活动,扰乱农村正常的社会秩序,对农村平安建设构成了巨大威胁。

10.3.2　新农村发展建设中安全问题产生根源

在社会主义新农村建设中,安全工作的覆盖面还不够广,仍存在着不少安全隐患需要认真加以研究和解决。

1. 对农村面临的"风险转嫁"问题认识不足

安全发展是工业生产中的一个重要安全生产理念。当前,建设社会主义新农村的实践中,发展是也成为首要任务。发展必须做到科学发展、安全发展。事实上,新农村建设正面临着新的安全挑战,存在明显的"危害转嫁"。所谓"危害转嫁"就是严重危害职工安全健康的有害行业。随着金融资本的投向正由欧、美、日等发达国家进一步向中国转移,在国内则由城镇向农村转移,由国有企业向乡镇企业转移,由中国东部地区向中西部转移,导致当前我国新农村发展建设中面临很多安全问题。因此,必须提高对新农村建设中安全问题的理论与实践两方面的认识。

2. 农村公共基础设施存在隐患

建设社会主义新农村也是一个复杂的系统工程,农村基础设施建设是其中的一项基础性工作,要把农村基础设施建设作为建设社会主义新农村的重要内容和着力点。一是农田水利基础设施。农业生产条件进一步劣化,耕地占补不平衡。资金投入不足,水库建设和除险加固、流域治理、围垦海涂等水利工程防洪体系不完善,农业抗御自然灾害的能力不强,更为严峻的是广大农村在城市化过程中出现了水安全问题。二是村容村貌治理。应扎实开展新农村建设,农村面貌不断改善,不要流于形式。改善农村面貌,促进传统村落向现代社区转变,是相对发达地区建设社会主义新农村的基本目标。政府在开展示范村建设的同时,更要重视"双整治"、"双建设"为重点的农村环境治理。在科学规划的基础上,因地制宜,分类指导,对不同的村分别采取拆迁新建型、整理改建型和迁村移民型等整治模式,多层次、多形式地开展环境治理、村庄整理、旧村改造和新村建设。三是农村道路交通建设缓慢。对于农村交通建设要加大资金投入,切实改善农民出行条件。重点改善农村道路交通条件,在行政村通等级公路或实现了路面硬化改造,进一步提高班车通村率,基本实现城乡客运公交化,有效地缓解农民出行难的问题。四是农村信息化建设。为适应农村生产生活的需求,应加大农村信息化建设投入力度,将农村信息网络建设纳入城乡一体化建设整体规划,不断缩小"数字鸿沟"。宽带网络、电话、有线广播电视应进入农村行政村,实现进村、进家、进户。五是农村文体设施建设。围绕农村社会进步和人的全面发展,各地加快了农村教育、卫生、文化、体育等社会事业发展,农村社会事业公共设施建设投入力度不断加强农村中小学基础建设实现标准化,改善农村中小学办学条件,改善农村卫生基础设施滞后状况,不断丰富了农民精神文化生活。六是农村生态环境建设。全面开展水环境治理,积极实施农业面源污染防治,依托科技,大力改进先进农业技术和生产工艺,发展无公害、绿色和有机农业,减少农药化肥的施用,推进养殖小区规模化、标准化建设,远离生活区和水源地,推广畜禽粪便无害化处理;加强生态公益林建设;推进农村环境处理设施建设。

3. 农民及农民工安全意识淡漠

农民工拿着最低的工资,却干着最重、最苦、最脏、最累、最危险的工作,主要集中在劳动密集型产业和劳动环境差、危险性高的劳动岗位,如建筑施工作业、井下采掘、有毒有害、餐饮服务、环卫清洁等。而且,许多企业使用缺乏防护措施的旧机器,噪音、粉尘、有毒气体严重超标,又不配备必需的安全防护设施和劳保用品,对农民工不进行必要的安全培训,致使其发生职业病和工伤事故的比例高。《中国农民工调研报告》显示,全国每年因工伤致残人员近 70 万。其中农民工占大多数。农民工从业人数较高的煤炭生产企业,每年因事故死亡 6 000 多人。工伤和职业病已经成为一个重大的公共卫生问题和社会问题。究其原因是农民工的意识差是重要原因之一。

4. 制约新农村发展的体制性障碍

建设社会主义新农村是一项长期而艰巨的历史任务。完成这项任务,要求进一步推动农村体制机制创新,以新的体制机制来保障新农村建设健康有序地进行。当前,制约新农村发展的体制性障碍有很多,具体表现为:一是法律体制障碍。由于长期存在城乡二元制结构,当前的安全生产法律法规对城市和企业等有组织的生产活动考虑较多,对农村的特殊情况考虑不够。比如《安全生产法》虽然明确村委会有举报隐患的责任,但如何实施却没有具体操作办法。二是监管体制障碍。当前安全监管机构设置是上大下小的倒金字塔型,县级安监机构一般只有十几人,主要承担县乡所有工矿商贸企业安全监管,无力顾及农村安全。三是经费筹措障碍。在农村,不论是机械设备、车辆、房屋等大多是农民私有财产,即使发现有重大隐患,如果农民自己没有资金整改,政府也不可能拿出专项资金,对农民工进行安全培训没有相应的优惠政策和资金支持,农民自己也不愿拿钱学习安全技能。四是产业结构障碍。随着经济社会发展,不安全、污染环境的生产企业,逐步由国外向国内转移、由东部向中西部转移、由城市向农村转移,河南省乡镇企业安全生产起点低、投入少、管理乱,农民工集中在建筑、煤矿开采等高危行业的高危险岗位,这种状况在短时期内很难改变。此外,还存在安全教育培训及其他障碍。

10.3.3　解决新农村发展建设中安全问题的基本对策

当前,在中国安全生产形势异常严峻的形势下,采取科学有效地方法手段来抑制新农村建设中的诸多安全隐患,防患于未然是落实科学发展观的重要体现,是科学解决新农村建设中安全问题的关键,必须选好切入点。

1. 完善农村安全生产法规体系

从农村安全生产监管暴露的问题来看,我国安全生产法律法规没有将农村生产安全整体上纳入法律调整的范围,甚至被排斥到法律调整的关系之外。所以,要加快安全生产法规体系步伐,推动农村的安全生产法治建设进程;进一步推动落实地方政府、各有关部门、各类经济组织和经营者的安全管理法律责任;切实加大安全执法力度,依法查处违反安全法规的行为,积极预防,强力推进安全专项排查整治。

2. 健全农村社会治安防控体系

加强新农村安全工作,必须要建立健全农村治安防控体系和安全监管体系。县级政府综合治理委员会和安全生产委员会要加强对农村安全工作综合协调和监督检查。完善农村安全管理网络,建议乡镇一级要逐步设立综治中心、安监站,依托村民委员会等农村基层组织,普遍建立村民自治的安全多户联防网络,积极发展农民安全协管员和调解员,乡镇企业也要合理设置安全管理机构和配备安全员。同时,县级政府要加大对乡镇政府安全员队伍建设的支持力度,提高乡镇政府安全员的配备率,不断创新农村社会安全管理体制、机制。要分阶段、有计划地开展基层安全员的培训,县级政府可设立专项培训费用,切实解决农村安全管理人才素质不高的问题。

3. 强化对农民工的安全教育与培训

建议由国家、省财政出资,拍摄安全专题片,普及农业生产、生活、交通运输、建房、矿山、危险化学品、烟花爆竹、集会、校园等方面的知识,增强广大群众的安全法制意识,普及安全常识和自救常识,建设新农村安全文化环境。各有关部门要编印安全手册和宣传资料,免费送到农村。将农民工安全培训放在突出位置。建议出台有关优惠政策,将农民工安全培训列入阳光工程,开展农民工电工、焊工等技能培训。狠抓企业职工三级安全教育,要求招收农民工必须严格进行岗前安全教育,重点岗位还要持证上岗。广泛开展安全村活动。制订安全村标准,每个乡镇都要树立 1 个安全村作为典型,树立安全村典型,取得经验后全面铺开,促进社会主义新农村安全发展。

4. 提高乡镇企业的安全监管力度

各级政府安全生产委员会要加强对农村安全工作综合协调和监督检查,完善农村安全管理网络,建议在工矿商贸企业较多的乡镇设立安监站;建议在行政村每个农村至少明确 1 名安全协管员,同时加强业务培训,协助具体负责安全工作,切实解决农村安全管理人才短缺的问题。各级政府必须把小煤矿、小矿山、危险化学品生产经营企业、烟花爆竹生产经营单位作为工矿商贸企业进行安全监管,推广非公有制企业安全管理的经验,切实将乡镇非公有制企业纳入监管范围。

5. 提高农村应急救援能力

我国安全生产的严峻形势和实施应急管理的实践表明,完备健全的应急管理体制对事故后果严重程度具有非常重要的影响,而我国应急管理体制还不很健全,特别是建立小城镇为核心的应急救援管理体制势在必行。随着农村道路、电话"村村通"工程的实施,农村医疗卫生机构特别是乡镇卫生院的建设,以及农村人员安全意识的增强,有力地提高了对农村事故的应急救援能力。

6. 推进新型农村社区建设

积极推进农村社区建设,是社会主义新农村建设的基点和平台。农村社区建设不仅是解决一些实际问题,更是农村基层社会及其管理体制的重建和变革。当前要建设的农村社区不是以传统自然村落为基础的文化共同体,而是能够不断满足人们日益丰富的社会需要,提高人们生活质量的现代社会生活共同体。在农村社区建设过程中,必然要创新农村基层管理体制。由自然村落制度到社队村组制度,再向社区制度转变,可以整合资源,完善服务,实现上下互动、城乡一体,并建构起政府公共管理与社区自我管理良性互动,公共服务与社区自我服务相互补充的新型制度平台。

关键术语

农村社区　农村社区文化　新农村建设　新农村安全

复习思考题

1. 什么是农村社区？简述新农村社区的一般特征和新特征。
2. 简述新农村社区建设的目标、原则和实践模式。
3. 简述社区文化与社区安全文化的区别和关系。
4. 简述新农村发展建设中安全问题致因及解决的基本对策。

阅读材料

重视新农村建设中的安全问题

随着我国工业化和城镇化建设的加快,农村的各类安全事故时有发生。农村安全事故的多发不仅给农民群众生命财产造成了严重损失,而且直接影响着新农村建设的进程。因此,解决新农村建设中的安全问题应该成为各级政府不容忽视的严峻课题。

1. 当前农村安全工作存在诸多问题

农村安全监管薄弱。在安全生产监管上,目前,虽然我国 92% 的县(市、旗)都建立了安全监管机构,配备了相应的工作人员。但由于我国的安全机构设置是上大下小的倒金字塔型,县级安监机构人数较少,主要承担县乡工矿商贸企业安全监管,无力顾及农村安全。乡镇一级基本上没有设置安全监察站(所),没有专职的安全监管员,基层行政村组更无安全员,致使农村安全生产监管长期存在"缺位",管理"真空"。同时,我国当前的安全生产法律法规对城市和企业等有组织的生产活动考虑过多,对农村的特殊情况考虑不够,也是影响农村安全监管薄弱的症结之一。

在公共安全监管上,许多省尤其是经济欠发达的省份,农村公路基本上处于"不设防状态"。在 2003 年 10 月 28 日以前,我国实行的是道路交通管理条例,农村道路并不属于交警管理的范围。2004 年 5 月 1 日起实施的新的道路交通安全法,赋予了公安机关监管农村公路的职责,但交警的警力严重不足,而且交警绝大多数在城市,只能把有限的警力摆在国道、省道等主干公路上,给农村交通安全带来很大隐患。在农村消防安全上,由于公安消防部门警力有限,且主要集中在城市,无法开展分布极广的农村消防安全工作,以至有近 70% 的火灾和 60% 的火灾死亡人员发生在农村,严重威胁到农村的公共安全。

农村安全事故凸现。目前,我国农村每年发生的安全事故和灾害,不论从数量上还是从造成的经济损失上看,都不亚于工业生产中的事故。根据有关部门的统计,将农村安全事故和灾害归结为以下三大方面:

一是消防安全问题。据公安部消防局的统计,2000 年至 2005 年,全国农村累计发生火灾 50 万起,造成 9 600 多人死亡、11 300 多人受伤,直接财产损失 36 亿元,这在一定程度上直接影响了农村经济发展和社会和谐稳定。二是交通安全问题。近年来,随着农民收入快速增加及生产、生活需要,二轮摩托车、三轮载货汽车等农村"三小车辆"迅猛增加,相应地,农村道路交通事故亦呈上升势头。据统计,2005 年发生在农村公路上的交通事故和死亡人数占全国的 20%。三是建筑安全问题。农村中大部分施工队伍无资质、农村建房一般没有正规设计,建筑物资的起吊装、高空作业的防护等保障条件很差、从业人员普遍存在文化程度低,安全意识薄弱,缺少安全防范措施和应急能力等问题,从而造成农村拆建房事故屡屡发生。

除此之外,每年在农业生产、生活等方面发生的其他种类事故,也都为国家及受害者带来严重损失。

农民工安全问题严重。据有关部门统计,2005 年全国进城务工和在乡镇企业就业的农民工总数已超过 2 亿人。从行业角度看,采掘业中农民工占从业人员的近 80%,建筑业中占 71%,加工制造业中占 68%。而在采掘业和建筑业中,农民工伤亡相当严重,根据国家安全生产监督管理总局统计,2005 年全国矿山共发生伤亡事故 5 218 起,死亡 8 280 人;建筑业共发生伤亡事故 2 288 起,死亡 2 607 人。这些事故中农民工死亡人数占

75%以上。在加工制作业中,农民工的工伤和职业危害也相当严重,断指断手和职业中毒事件屡屡发生。

农民工超时劳动现象也十分严重,因疲劳作业酿成的工伤事故时有发生。每年职业伤害、职业病新发病例和死亡人员中,半数以上是农民工。

2. 加强新农村平安建设的几点建议

"十一五"期间,我国将全面进入"以工促农、以城带乡"的发展阶段,在平安建设上,统筹城乡发展,缩小城乡差距,保障人民群众生命财产成为建设和谐社会,促进农村经济社会全面进步的重要内容。为此,提出以下几点对策建议:

健全农村治安防控体系和安全监管体系。加强新农村安全工作,必须要建立健全农村治安防控体系和安全监管体系。县级政府综合治理委员会和安全生产委员会要加强对农村安全工作综合协调和监督检查。完善农村安全管理网络,建议乡镇一级要逐步设立综治中心、安监站,依托村民委员会等农村基层组织,普遍建立村民自治的安全多户联防网络,积极发展农民安全协管员和调解员,乡镇企业也要合理设置安全管理机构和配备安全员。同时,县级政府要加大对乡镇政府安全员队伍建设的支持力度,提高乡镇政府安全员的配备率,不断创新农村社会安全管理体制、机制。要分阶段、有计划地开展基层安全员的培训,县级政府可设立专项培训费用,切实解决农村安全管理人才素质不高的问题。

加快建立完善安全生产法规体系。在安全生产监管上,虽然《安全生产法》明确村委会有举报隐患的责任,但如何实施却没有具体操作办法。农村生产安全整体上没有纳入法律调整的范围,甚至被排斥到法律调整的关系之外。所以,要加快建立完善的安全生产法规体系步伐,推动农村的安全生产法治建设进程。在公共安全监管上,要进一步推动落实地方政府、各有关部门、各类经济组织和经营者的安全管理法律责任;切实加大安全执法力度,依法查处违反安全法规的行为,积极预防,强力推进安全专项排查整治。

加强安全监管。当前,我国农村的安全问题比较突出,农村的平安建设难度加大。在健全安全监管组织,加强安全监管队伍建设的前提下,还要下大力气抓好农村重点领域的安全监管工作:对农村建房,建设主管部门要纳入服务和管理范围,加强指导,提供技术支持。对烟花爆竹产业,要推行工厂化生产、专营批发配送和定点销售制度。对道路交通安全,公安、交通、安监部门要开展联合工作机制,加强对农用机械、车辆的技术指导,定期到农村进行宣传,上门帮助农民对车辆进行检测检修,搞好驾驶人员的教育培训。落实农村消防责任制,推动公共消防基础设施和消防装备建设由城市向农村延伸,确保乡镇、村庄消防安全布局合理。深入开展打黑除恶专项斗争,严密防范和严厉打击"两抢一盗"等严重影响群众生命财产安全的多发性犯罪,筑牢维护农村社会平安的第一道防线。

强化对农民工的培训工作。农民工广泛分布在各行各业,与安全生产紧密相关。各有关部门和单位要按照职责分工,落实培训责任,严格培训要求,确保培训效果。强化对农民工的安全技能培训,做到全员培训与重点培训相结合,业余培训与集中培训相结合,安全业务培训与法律法规教育相结合。当前,农民工培训工作还处于起步阶段,建议要突出重点领域、重点地区和重点企业,首先从煤矿等农民工集中的高危行业做起,持久、规范、科学地开展下去。对未经培训或培训考核不合格就安排上岗作业的,要依法严肃查处,从源头上为农民工的安全保驾护航。

资料来源:褚福银,聂欣.重视新农村建设中的安全问题[J].中国发展观察,2007(1):36-37

问题讨论

1. 为什么要重视新农村建设中的安全问题?
2. 结合案例说明,试论城市社区和新农村社区安全问题的异同性。

本章延伸阅读文献

[1]　师坚毅.新农村社区建设与管理[M].北京:中国社会出版社,2010

[2]　王继夏,魏宗媛,黑立扬.新农村建设视域下大学生村官存在的问题与对策[J].安徽农业科学,2013, 41(1):351-352,355

[3]　荣建华.浅议社会主义新农村建设之食品安全问题[J].华中农业大学学报(社会科学版),2007(1): 46-48

[4]　乔付忠."十二五"期间新农村建设中消防安全问题的研究[J].安全,2011(6):45-46,49

附 录

附件 A　国家安全生产监督管理总局关于深入开展安全社区建设工作的指导意见

各省、自治区、直辖市、计划单列市及新疆生产建设兵团安全生产监督管理局：

近年来，全国安全社区建设稳步推进、有序发展，效果明显。2006 年 2 月，国家安全监管总局发布了《安全社区建设基本要求》（AQ/T 9001—2006），规范了安全社区建设标准。同年，国务院办公厅印发的《安全生产"十一五"规划》和国家安全监管总局印发的《"十一五"安全文化建设纲要》都提出了建设安全社区的任务和目标。但是，目前全国的安全社区建设工作发展还不平衡，一些地区对开展安全社区建设工作认识不足，对安全社区理念理解不够，有的持观望态度，工作进展缓慢。

为进一步推动安全社区建设，提高全员安全意识和防范能力，最大限度地降低和减少各类事故与人员伤害，依据安全社区标准，结合安全社区建设的进展情况和经验，提出以下指导意见：

一、指导思想

1. 以科学发展观为统领，坚持以人为本，贯彻"安全第一、预防为主、综合治理"的方针，促进安全发展、健康发展、和谐发展。紧紧围绕全国安全生产中心工作，以加强安全生产基层基础工作（以下简称"双基"工作）为切入点，建设安全社区，促进安全生产长效机制建设。

二、加强安全社区建设组织领导工作

2. 国家安全监管总局负责指导安全社区建设工作，组织制定和发布安全社区建设规划和标准。

3. 推动安全社区建设的有序、健康发展，有关部门和单位应承担如下工作：

（1）在国家安全监管总局宣传工作领导小组领导下，由中国职业安全健康协会负责组织开展全国安全社区建设工作。

一是负责全国安全社区推进工作,组织指导各地开展安全社区创建活动;

二是为安全社区建设提供技术支持,宣传贯彻安全社区理念,培训安全社区建设骨干;

三是研究拟订安全社区建设发展规划,规范安全社区创建工作,依据安全社区标准,制定相关实施要求和管理办法;

四是负责全国安全社区评审、协调管理以及证后管理工作。

(2) 地方各级安全监管部门负责指导本地区安全社区建设工作。

(3) 各社区按照安全社区标准要求,结合本社区实际情况,针对重点场所、重点人群,实施安全促进,实现安全发展。

(4) 各级安委会成员单位、社会单位、民间组织,应积极参与安全社区创建,实现共建、共享。

三、建设安全社区工作原则和实施依据

4. 全国安全社区建设工作遵循以下原则:

(1) 国家鼓励、支持和指导各种功能型社区创建安全社区,使其成为加强安全生产"双基"工作的有效平台;

(2) 安全社区建设在地方政府领导下开展,纳入安全生产长效机制建设;

(3) 符合安全社区标准要求和达到"全国安全社区"基本条件的社区,可按照《安全社区评定管理办法》申报,安全监管部门做好审查和推荐工作。

5. 全国安全社区建设实施依据:

(1)《安全社区建设基本要求》(AQ/T 9001—2006);

(2)《安全社区评定管理办法》;

(3)《安全社区评定指标》;

(4) 其他有关要求。

四、工作目标和计划

6. 努力实现《安全生产"十一五"规划》提出的广泛开展安全社区建设和《"十一五"安全文化建设纲要》提出的"十一五"期间创建安全社区的目标要求。

7. 各级安全监管部门要加强对安全社区建设工作的监督检查,结合实际,精心组织,分类指导、科学创建。争取到2010年在省会及重点城市有10个以上的社区单位开展创建,有较多的企业主导型社区参与创建,有部分农村乡镇开展创建。

五、坚持政府部门主导,整合各类资源,建立健全安全社区推进机制

8. 各地安全监管部门要在地方党委和政府领导下,指导和协调相关部门和其他社会资源,开展各类安全进社区、进企业、进学校、进农村、进工地、进家庭活动,积极参与安全社区建设工作,提供必要的技术支撑和资源支持。

9. 创建单位要依据标准建立跨部门合作的安全社区创建组织,明确职责,制订社区安全规划,组织策划和实施安全促进项目,评估安全绩效,持续改进,实现安全目标。

10. 建立安全社区建设激励机制。对于本地区安全社区建设工作成果好,群众满意度、参与度不断提高的单位和个人应予以表彰,有条件的可以适当给予奖励。

11. 建立安全社区建设约束机制。已经命名的全国安全社区,要坚持不断改进和完善。发生不符合《安全社区评定管理办法》中"证后管理"要求的,将按规定撤销命名。

12. 建立安全社区推进长效机制。各级安全监管部门和创建单位要长期、有效推进安全社区建设工作,切忌运动化和形式主义,切忌搞成政绩工程和形象工程。

13. 建立全员参与机制。创建单位要组织社区企业、单位、社会组织、志愿者和广大群众参与安全促进活动,充分发挥他们的优势,形成全员参与机制,提高社区成员安全认同度和知晓率。

六、加强社区安全生产管理工作

14. 加强社区安全生产管理工作。各地安全社区推进机构要结合当地实际情况,积极创造条件,做好安全生产管理、信息、资料和宣传工作。

15. 通过加强安全社区建设,努力实现基层安全生产管理工作较全面覆盖。对于较小规模的生产经营单位和商贸网点,创建单位要建立台账,了解其安全生产状况,整合基层社区各类安全监管力量,实施综合管理。

七、积极推进各类社区的安全社区建设

16. 积极推进城市安全社区建设。城市社区社会资源丰富,公共设施较为完善,要充分协调和利用各类资源,实行部门联动。要将安全内容有机融入各类社区建设项目和工作中。要调动和发挥社会单位、志愿者组织、专业技术部门和居民的积极性,形成共建、共享安全与健康的创建机制。

城市一般应以街道办事处为单位开展安全社区创建工作。

17. 在建设社会主义新农村过程中,逐步推进农村安全社区建设。当地安全监管部门要加强乡镇企业生产安全管理,充分考虑农村安全特点和重点,指导村(居)针对农村用电安全、农机安全、涉水安全、农药中毒预防、火灾预防等问题开展安全促进。

农村地区一般应以乡、镇为单位开展安全社区创建工作。

18. 积极推进企业主导型安全社区建设。企业主导型社区指由企业自主管理的社区,其居民成分主要为企业员工及家属。企业尤其是大型企业要围绕企业的安全生产和企业发展开展创建工作。创建单位要致力于服务一线的安全生产,关注企业员工居住和生活环境安全,结合社区特点,开展各类安全促进活动,构建安全生产保障基础。企业要积极与当地政府及部门沟通,充分利用社会资源,促进企业主导型社区的安全、健康、

和谐。

各类社区尤其是城市社区要注意小规模(型)商场、学校(幼儿园)、医院、餐馆、旅馆、歌舞娱乐场、网吧、美容洗浴、生产加工等场所的综合安全管理。

八、规范安全社区建设方法,提高社区安全绩效

19.科学运用风险管理模式。创建单位要在安全监管部门和专家的指导下,正确使用事故和伤害风险识别方法,建立隐患排查整改等方面的制度,完善安全管理机制。

20.逐步建立和完善事故与伤害监测机制。创建单位要规范生产、交通、消防和社会治安等方面的事故与伤害记录和统计工作。有条件的地方,应依靠专业部门,选择适用的伤害监测方法,为全面评估安全绩效提供依据。

21.制订切实可行的安全目标和计划。创建单位要制订安全社区创建目标和计划,并结合事故和伤害重点因素,制订事故和伤害预防控制目标以及相应计划。目标和计划要切实可行,能够指导安全促进项目的制订,体现持续改进的要求。

22.策划实施安全促进项目。创建单位应结合社区安全情况和社区条件,有针对性地策划实施安全促进项目,实现既定目标和计划。安全促进项目可以通过多种措施包括安全管理、安全宣传教育培训、安全服务、安全设施和产品、安全工程等手段实现。

23.加强社区应急能力建设。创建单位要针对社区潜在的自然灾害、事故灾难、公共卫生事件和社会安全等突发事件,制订具有可操作性的应急响应预案或计划,配备应急设施和器材,加强应急管理工作。组织应急知识、宣传普及活动和必要的应急演练,使社区居民具备基本的自救互救知识和能力。

24.加强信息交流,强化监督检查。创建单位要建立、畅通外部信息交流和内部信息交流渠道。创建单位要选择和实施适用的监督检查方法。对隐患排查、监督检查工作中发现的问题,要认真分析原因,有针对性地制订和实施纠正措施和预防措施。

25.中国职业安全健康协会和地方各级创建机构要指导社区采用定性或定量的方法,对安全社区创建过程、安全促进项目、事故与伤害发生发展情况、社区成员安全认知情况以及满意度等进行检查和评估,实现持续改进。

国家安全生产监督管理总局
2009 年 1 月 14 日

附件 B 安全社区建设基本要求(AQ/T 9001—2006)

前 言

本标准的制定依据中国社区特点、安全社区和安全文化建设要求提出,参考了"平安社区"、"绿色社区"、"文明社区"等社区建设的有关要求和我国安全生产相关标准。

本标准的制定参考了世界卫生组织社区安全促进合作中心的安全社区准则的技术内容、国际劳工组织 ILO/OSH 2001《职业安全健康管理体系导则》和 GB/T 28001—2001《职业健康安全管理体系规范》中相关条款内容的要求。

本标准未规定具体的社区安全绩效指标,其目的在于强调持续改进理念,使本标准具有广泛适用性。

本标准由国家安全生产监督管理总局提出并归口。

本标准起草单位:中国职业安全健康协会。

本标准主要起草人:吴宗之 欧阳梅 佟瑞鹏。

1. 范围

本标准规定了安全社区建设的基本要求,旨在帮助社区规范事故与伤害预防和安全促进工作,持续改进安全绩效。

本标准适用于通过安全社区建设,最大限度地预防和降低伤害事故,改善社区安全状况,提高社区人员安全意识和安全保障水平的社区。

本标准供从事安全管理、事故与伤害预防和社区工作的人员使用。

2. 规范性引用文件

下列文件中的条款通过本标准的引用而成为本标准的条款。凡是注日期的引用文件,其随后所有的修改单(不包括勘误的内容)或修订版均不适用于本标准,然而,鼓励根据本标准达成协议的各方研究是否可使用这些文件的最新版本。凡是不注日期的引用文件,其最新版本适用于本标准。

2.1 ILO/OSH 2001:职业安全健康管理体系导则,国际劳工组织;

2.2 世界卫生组织 2002:安全社区准则;

2.3 GB/T 28001—2001:职业健康安全管理体系规范。

3. 术语

3.1 安全 safety

免除了不可接受的事故与伤害风险的状态。

3.2　社区 community

聚居在一定地域范围内的人们所组成的社会生活共同体。

3.3　安全社区 safe community

建立了跨部门合作的组织机构和程序,联络社区内相关单位和个人共同参与事故与伤害预防和安全促进工作,持续改进地实现安全目标的社区。

3.4　安全促进 safe promotion

为了达到和保持理想的安全水平,通过策划、组织和活动向人群提供必须的保障条件的过程。

3.5　伤害 injury

人体急性暴露于某种能量下,其量或速率超过身体的耐受水平而造成的身体损伤。

3.6　事故 accident

造成人员死亡、伤害、疾病、财产损失或其他损失的意外事件。

3.7　事件 incident

导致或可能导致事故与伤害的情况。

3.8　危险源 hazard

可能造成人员死亡、伤害、疾病、财产损失或其他损失的根源或状态。

3.9　事故隐患 accident potential

可导致事故与伤害发生的人的不安全行为、物的不安全状态、不良环境及管理上的缺陷。

3.10　风险 risk

特定危害性事件发生的可能性与后果的结合。

3.11　风险评价 risk assessment

评价风险程度并确定其是否在可接受范围的全过程。

3.12　绩效 performance

基于安全目标,与社区事故与伤害风险控制相关活动的可测量结果。

3.13　目标 objectives

社区在安全绩效方面要达到的目的。

3.14　不符合 non-conformance

任何与工作标准、惯例、程序、法规、绩效等的偏离,其结果能够直接或间接导致事故、伤害或疾病,财产损失、工作环境破坏或这些情况的组合。

3.15　持续改进 continual improvement

为了改进安全总体绩效,社区持续不断地加强事故与伤害预防工作的过程。

4.　安全社区基本要素

4.1　安全社区创建机构与职责

建立跨部门合作的组织机构,整合社区内各方面资源,共同开展社区安全促进工作,确保安全社区建设的有效实施和运行。

安全社区创建机构的主要职责包括:

(1) 组织开展事故与伤害风险辨识及其评价工作;

(2) 组织制定体现社区特点的、切实可行的安全目标和计划;

(3) 组织落实各类安全促进项目的实施;

(4) 整合社区内各类资源,实现全员参与、全员受益,并确保能够顺利开展事故与伤害预防和安全促进工作;

(5) 组织评审社区安全绩效;

(6) 为持续推动安全社区建设提供组织保障和必要的人、财、物、技术等资源保障。

4.2 信息交流和全员参与

社区应建立事故和伤害预防的信息交流机制和全员参与机制。

(1) 建立社区内各职能部门、各单位和组织间的有效协商机制和合作伙伴关系;

(2) 建立社区内信息交流与信息反馈渠道,及时处理、反馈公众的意见、建议和需求信息,确保事故和伤害预防信息的有效沟通;

(3) 建立群众组织和志愿者组织并充分发挥其作用,提高全员参与率;

(4) 积极组织参与国内外安全社区网络活动和安全社区建设经验交流活动。

4.3 事故与伤害风险辨识及其评价

建立并保持事故与伤害风险辨识及其评价制度,开展危险源辨识、事故与伤害隐患排查等工作,为制定安全目标和计划提供依据。

事故与伤害风险辨识及其评价内容应包括:

(1) 适用的安全健康法律、法规、标准和其他要求及执行情况;

(2) 事故与伤害数据分析;

(3) 各类场所、环境、设施和活动中存在的危险源及其风险程度;

(4) 各类人员的安全需求;

(5) 社区安全状况及发展趋势分析;

(6) 危险源控制措施及事故与伤害预防措施的有效性。

事故与伤害风险辨识及其评价的结果是安全社区创建工作的基础,应定期或根据情况变化及时进行评审和更新。

4.4 事故与伤害预防目标及计划

根据社区实际情况和事故与伤害风险辨识及其评价的结果制定安全目标,包括不同层次、不同项目的工作目标以及事故与伤害控制目标,并根据目标要求制定事故与伤害预防计划。计划应:

(1) 覆盖不同的性别、年龄、职业和环境状况;

（2）针对社区内高危人群、高风险环境或公众关注的安全问题；

（3）能够长期、持续、有效地实施。

4.5　安全促进项目

为了实现事故与伤害预防目标及计划，社区应组织实施多种形式的安全促进项目。

4.5.1　安全促进项目的重点应针对高危人群、高风险环境和弱势群体，并考虑下列内容：

（1）交通安全；

（2）消防安全；

（3）工作场所安全；

（4）家居安全；

（5）老年人安全；

（6）儿童安全；

（7）学校安全；

（8）公共场所安全；

（9）体育运动安全；

（10）涉水安全；

（11）社会治安；

（12）防灾减灾与环境安全。

4.5.2　安全促进项目的实施方案内容应包括：

（1）实施该项目的目的、对象、形式及方法；

（2）相关部门和人员的职责；

（3）项目所需资源的配置和实施的时间进度表；

（4）项目实施的预期效果与验证方法及标准。

4.6　宣传教育与培训

社区应有安全教育培训设施，经常开展宣传教育与培训活动，营造安全文化氛围。宣传教育与培训活动应针对不同层次人群的安全意识与能力要求制定相应的方案，以提高社区人员安全意识和防范事故与伤害的能力。

宣传教育与培训方案应包括：

（1）与事故和伤害预防的目标及计划内容一致；

（2）充分利用社会和社区资源；

（3）立足全员宣传和培训，突出对事故与伤害预防知识的培训和对重点人群的专门培训；

（4）考虑不同层次人群的职责、能力、文化程度以及安全需求；

（5）采取适宜的方式，并规定预期效果及检验方法。

4.7　应急预案和响应

对可能发生的重大事故和紧急事件,制定相应的应急预案和程序,落实预防措施和具体应急响应措施,确保应急预案的培训与演练,减少或消除事故、伤害、财产损失和环境破坏,在发生紧急情况时能做到:

(1) 及时启动相应的应急预案,保障涉险人员安全;

(2) 快速、有序、高效地实施应急响应措施;

(3) 组织现场及周围相关人员疏散;

(4) 组织现场急救和医疗救援。

4.8　监测与监督

制定不同层次和不同形式的安全监测与监督方法,监测事故与伤害预防目标及计划的实现情况。建立社区内政府和相关部门的行政监督,企事业单位、群众组织和居民的公众监督以及媒体监督机制,形成共建社区和共管社区的氛围。

安全监测与监督内容应包括:

(1) 事故与伤害预防目标的实现情况;

(2) 安全促进计划与项目的实施效果;

(3) 重点场所、设备与设施安全管理状况;

(4) 高危人群与高风险环境的管理情况;

(5) 相关安全健康法律、法规、标准的符合情况;

(6) 社区人员安全意识与安全文化素质的提高情况;

(7) 工作、居住和活动环境中危险有害因素的监测;

(8) 全员参与度及其效果;

(9) 事故、伤害、事件及不符合的调查。

监测与监督结果应形成文件。

4.9　事故与伤害记录

建立事故与伤害记录制度,明确事故与伤害信息收集渠道,为实现持续改进提供依据。事故与伤害记录应能提供以下信息:

(1) 事故与伤害发生的基本情况;

(2) 伤害方式及部位;

(3) 伤害发生的原因;

(4) 伤害类别、严重程度等;

(5) 受伤害患者的医疗结果;

(6) 受伤害患者的医疗费用等。

记录应实事求是,具有可追溯性。

4.10　安全社区创建档案

建立规范、齐全的安全社区创建档案,将创建过程的信息予以保持,包括:

(1) 组织机构、目标、计划等相关文件;

(2) 相关管理部门的职责,关键岗位的职责;

(3) 社区重点控制的危险源,高危人群、高风险环境和弱势群体的信息;

(4) 安全促进项目方案;

(5) 安全管理制度、安全作业指导书和其他文件。

(6) 安全社区创建活动的过程记录。包括:创建活动的过程、效果记录;安全检查和监测与监督的记录等。

安全社区创建档案的形式包括文字(书面或电子文档)、图片和音像资料等。

社区应制定安全社区创建档案的管理办法,明确使用、发放、保存和处置要求。

4.11　预防与纠正措施

针对安全监测与监督、事故、伤害、事件及不符合的调查,制定预防与纠正措施并予以实施。对预防与纠正措施的落实情况应予以跟踪,确保:

(1) 不符合项已经得到纠正;

(2) 已消除了产生不符合项的原因;

(3) 纠正措施的效果已达到计划要求;

(4) 所采取的预防措施能防止同类不符合的产生。

社区内部条件的变化(如场所、设施及设备变化、人群结构变化等)和外部条件的变化(如法律法规要求的变化、技术更新等)对社区安全的影响应及时进行评价,并采取适当的纠正与预防措施。

4.12　评审与持续改进

社区应制定安全促进项目、工作过程和安全绩效评审方法,并定期进行评审,为持续不断地开展安全社区建设提供依据。

评审内容应包括:

(1) 安全目标和计划;

(2) 安全促进项目及其实施过程;

(3) 安全社区建设效果。

(4) 确定应持续进行或应调整的计划和项目;

(5) 为新一轮安全促进计划和项目提供信息。

社区应持续改进安全绩效,不断消除、降低和控制各类事故与伤害风险,促进社区内所有人员安全保障水平的提高。

附件 C　安全社区评定管理办法(试行)

第一章　总　　则

第一条　根据中央综合治理委员会办公室、国家安全监管总局联合下发的《关于在安全生产领域深入开展平安创建活动的意见》(安监总协调〔2006〕67 号)要求,为了促进安全社区建设,规范安全社区评定管理,特制定本办法。

第二条　安全社区评定是依据国家安全生产监督管理总局颁布的《安全社区建设基本要求》(AQ/T 9001—2006)标准,对申请社区实施评定,确认申请社区已基本满足标准,并命名国家级安全社区称号的过程。评定遵循科学、公正、公平、公开的原则进行。

第三条　凡符合《安全社区建设基本要求》"社区"定义的城市区域、街道、社区(居委会),或企业主导型社区、开发区、工业园区和县、乡镇、村等均可提出申请。

第四条　受国家安全生产监督管理总局委托,中国职业安全健康协会(国家安全社区促进中心)(以下简称促进中心)在国家安监总局协调司的领导下,负责指导、协调和监督安全社区评定与管理工作。安全社区评定管理工作的具体实施由促进中心办公室负责。

第五条　申请安全社区评定的社区必须具备两个基本条件:

(一) 按照国家安全生产监督管理总局颁布的《安全社区建设基本要求》,持续进行安全社区建设两年以上;

(二) 有效地预防、减少事故和伤害的发生,生产安全事故及其他各类事故与伤害连续两年控制在当地政府下达的考核指标内;

注:凡启动安区社区建设的社区应在启动 20 天内呈报促进中心备案。

第六条　促进中心依据《安全社区建设基本要求》编制《安全社区评定指标》作为安全社区评定的工作标准。

第七条　安全社区评定程序包括材料初审、组建评定组、现场评定、综合评定和证后管理。

第二章　申请及初审

第八条　符合申请条件的社区向促进中心提出申请,按要求填写《安全社区评定申请书》并经社区所在地上级政府综合安全监督管理部门或上级行政主管部门审核、确认、同意并盖章后寄送促进中心。

第九条　社区提交申请书的同时应向促进中心提交三份工作报告,并提交电子版,主要内容应包括:

(一) 社区概况,包括地域、社区特点、人口及构成、安全现状、已获得的各级与安全相关的命名及命名时间等；

（二）有证据的安全社区建设启动时间；

（三）按照《安全社区建设基本要求》所进行的各项工作，可参考《安全社区评定指标》编制；

（四）安全社区建设项目的评估方法、结果以及持续改进的证据。

（五）社区联系方式，包括地址、电话、网址、电子信箱和联系人等。

第十条　促进中心收到社区提交的申请材料后于 20 个工作日内对申请材料进行初步审查，提出初步审查意见报国家安监总局协调司认可。

第三章　现场评定准备

第十一条　经初步审查合格的社区，由促进中心组建现场评定工作组依据《安全社区建设基本要求》和《安全社区评定指标》对其进行现场评定。

第十二条　现场评定准备包括组建评定组、编制评定计划和编制评定工作文件。

第十三条　评定组成员一般为 3～5 名，根据评定工作量的大小而定，可以将评定组分为若干个小组。

第十四条　评定组成员的职责：

（一）编制相关工作文件；

（二）全过程参加现场评定工作；

（三）负责现场评定工作并与申请社区领导进行沟通；

（四）将个人的现场评定发现及时与组长或其他成员沟通；

（五）对申请社区的安全促进工作做出评价；

（六）负责社区整改情况的跟踪评定。

评定组长对现场评定的有效控制负全面责任。

第十五条　评定组成员除具备必须的培训、教育、工作经历和从事安全社区建设工作经历外，还应该具备以下几个方面的知识：

（一）相关法律法规知识以及与申请社区性质有关的安全专业知识；

（二）安全社区评定程序和评定标准方面的指示。能从评定现场的各种现象和文件记录中作出整体判断，给出合理的分析和客观评价；

（三）善于交往。评定成员应具备较强的适应环境的能力，与申请方各个层次的人能够很好地相处，营造一种融洽的气氛，以取得理想的评定效果。

（四）与申请方没有直接利益关系，保证评定结果客观公正。

第十六条　安全社区评定人员应客观公正、严谨务实、清廉自律。如有违反，经查实后予以严肃查处。

第十七条　编制评定计划

评定计划是对评定工作的规范性要求，通常包括以下内容：评定目的、评定范围、评定标准、评定组成员、现场评定的起止日期以及评定日程安排等。评定计划在评定前应通知申请方并应得到申请方确认。

第十八条 编制评定工作文件

评定工作文件的主要目的是帮助评定组在实施评定过程中控制评定的进程，进行评定记录和对安全社区建设情况进行评价包括：评定检查表、会议记录、调查问卷、指标评定汇总表等。

第四章 现场考察

第十九条 现场评定程序

现场评定包括召开首次会议、现场考察、汇总分析和召开末次会议。

第二十条 首次会议的主要内容包括：

（一）介绍双方人员；

（二）介绍评定计划以及所采用的方法；

（三）申请社区汇报安全社区创建过程，安全促进计划及项目实施结果；

首次会议由评定组长主持，参加人员为评定组全体人员，社区负责人及安全社区创建机构负责人。

第二十一条 现场考察

首次会议后即转入现场评定，现场考察包括：

（一）听取现场部门或场所的情况介绍；

（二）查阅安全社区建设档案，重点为事故与伤害发生情况、安全计划、安全促进活动方案和实施效果；

（三）现场人员访谈和问卷调查；

（四）随机抽样评估现场安全管理、安全环境和其他安全绩效。具体指标的评定按照《安全社区评定指标》执行。

第二十二条 在末次会议之前，评定组要对评定结果进行一次汇总分析，以便对申请社区的安全社区建设总体情况作一次总体评价。

安全社区评定指标共设有 12 个一级评定指标，45 个二级评定指标。对安全社区评定指标的判定按下列标准执行：

（一）45 个二级评定指标中；A 级指标个数≥30 个的评定为合格。

（二）B 级指标缺陷经整改、并经专家组两个月内复审达到 A 级后且满足（一）条件要求的，评定为合格。

（三）出现 C 级指标评定为不合格；

（四）若某一级指标下的二级指标评定均为 B，则安全社区评定视为不合格。

第二十三条 末次会议

现场评定结束后，应召开末次会议，主要内容包括：

（一）向申请方报告评定发现；

（二）评价申请方的安全社区建设所取得的成绩，使申请方了解安全社区建设中存在的问题；

（三）宣布现场评定结论性意见，并提出对评定发现问题的整改要求。

第二十四条　评定过程的控制

评定组长对现场评定的质量控制负全面责任。

现场评定时，要严格按照评定计划中有关日程和时间的安排，无特殊意外不应随便改变评定计划。应恰当、合理的抽取评定样本，针对最能反映社区安全社区建设绩效的部门和项目进行评定。判定不符合事实要以客观事实为基础，以评定标准为依据，并与申请方共同确认事实。

第二十五条　申请方有如下权利：

（一）与国家安全社区促进中心协商确定现场评定时间；

（二）对不适宜参加本次评定的人员提出异议，但应有合理的理由；

（三）对现场评定结果有争议时，应与评定组协商，若协商仍不能达成一致意见，申请方可向国家安全社区促进中心提出申诉或投诉。

第二十六条　申请方应履行如下义务：

（一）按现场评定要求提供评定所需文件和资料；

（二）为现场评定工作组提供评定工作必要的条件；

（三）允许评定人员实施评定时进入相关现场，调阅相关记录和访问有关人员；

（四）申请方安排一名工作人员陪同评定组进行评定，以便及时把相关消息进行反馈。

第五章　综合评定

第二十七条　现场评定结束后，评定组应撰写出评定报告。评定报告通常包括以下内容：

简述评定过程、方法、评定的项目、查阅的资料、随机调查结果、指标评定结果、存在问题、整改要求以及对申请社区总体情况的评定，并提出是否推荐命名的意见。

第二十八条　评定组将评定报告报促进中心，促进中心在 20 个工作日内根据材料审查和现场评定情况进行总评。

第二十九条　促进中心将总评价结果以书面形式上报国家安监总局协调司。

第三十条　根据国家安监总局协调司的意见，促进中心于 20 个工作日内向被评定社区反馈评定意见并抄送其申请认可部门。

第六章　确认与命名

第三十一条　总评合格的申请社区，由促进中心授予"国家安全社区"称号。

第三十二条　被授予"国家安全社区"称号的社区，一般在安全社区会议期间举行命名仪式,也可以在当地举行命名仪式。证书和证牌和旗帜一般在命名仪式上颁发。

第三十四条 总评未获通过的社区,整改后可在一年以后重新提出申请。

第七章 证 后 管 理

第三十五条 "国家级安全社区"称号保持时间为五年。届满六个月前应该重新提出申请,促进中心将派评定组进行现场复评,以确定是否继续保持称号。复评为不合格的取消其称号。

第三十六条 保持"国家级安全社区"称号的单位应于每年1月30日之前向促进中心递交工作报告,内容包括上年度安全促进工作情况和本年度持续改进计划。促进中心视情况抽检。

第三十七条 连续两年未提交工作报告者,促进中心将进行调查,确定其是否继续保持称号。

第三十八条 五年到期未提出申请者,视为自动放弃称号,促进中心将在媒体予以公布,撤销其称号。

第三十九条 保持"国家级安全社区"称号期间发生重大事故或者影响特别恶劣的事件者,应及时通报促进中心。促进中心将视情况进行现场考察以确定是否保持称号。

第四十条 本评定管理办法由中国职业安全健康协会(国家安全社区促进中心)负责解释。

参 考 文 献

[1] 许若群. 论西南少数民族地区的地震应急救援模式[J]. 云南行政学院学报,2012(4):49-54

[2] 夏保成,牛帅印,张永领,吴晓涛. 我国专项应急预案完备性评估指标与方法探讨[J]. 河南理工大学学报(自然科学版),2012,31(1):19-24

[3] 党庆华. 从汶川大地震看"安全社区"建设[J]. 防灾博览,2009(5):62-65

[4] 邓芳,刘吉夫. 高原地震协同应急方法研究——以玉树地震为例[J]. 中国安全科学学报,2012,22(3):171-176

[5] 陈安,陈宁,倪慧荟,等. 现代应急管理理论与方法[M]. 北京:科学出版社,2009

[6] Pawlak Z. Rough sets[J]. International Journal of Information and Computer Science,1982,11(5):341-356

[7] 曹秀英,梁静国. 基于粗集理论的属性权重确定方法[J]. 中国管理科学,2002,10(5):9-10

[8] 孙斌,王立杰. 基于粗糙集理论的权重确定方法研究[J]. 计算机工程与应用,2006(29):216-217

[9] 王洪凯,姚炳学,胡海清. 基于粗集理论的权重确定方法[J]. 计算机工程与应用,2003,39(36):20-21

[10] 鲍新中,张建斌,刘澄. 基于粗糙集条件信息熵的权重确定方法[J]. 中国管理科学,2009,6(3):131-135

[11] 钟嘉鸣,李订芳. 基于粗糙集理论的属性权重确定最优化方法研究[J]. 计算机工程与应用,2008,44(20):51-53

[12] 陈晓红,刘益凡. 基于区间数群决策矩阵的专家权重确定方法及其算法实现[J]. 系统工程与电子技术,2010,10(10):2128-2131

[13] 吴宗之,刘茂. 重大事故应急预案分级、分类体系及其基本内容[J]. 中国安全科学学报,2003,13(1):15-18

[14] 周珂,林潇潇. 环境保护也需未雨绸缪——对突发环境事件应急预案评估标准的研究[J]. 环境保护,2011(13):50-52

[15] 社区地震应急预案(参考版本)[EB/OL]. http://club.china.com/data/thread/1011/2720/15/16/8_1.html

[16] 吴宗之. 安全社区建设指南[M]. 北京:中国劳动社会保障出版社,2005

[17] 万鹏飞,王贤乐,王进. 安全社区创建指导手册[M]. 北京:中国社会出版社,2009

[18] 蔡禾. 社区概论[M]. 北京:高等教育出版社,2005

[19] 程根银. 安全科技概论[M]. 北京:中国矿业大学出版社,2008

[20] 娄成武,孙萍. 社区管理学(第二版)[M]. 北京:高等教育出版社,2006

[21] 徐永祥. 社区工作[M]. 北京:高等教育出版社,2004

[22] 陈坤. 公共卫生安全[M]. 杭州:浙江大学出版社,2007

[23] 向德平. 城市社会学[M]. 北京:高等教育出版社,2005

[24] 孟固,白志刚. 社区文化与公民素质[M]. 北京：中国社会出版社,2005

[25] 杨桂英,杜文. 社区及家庭公共安全管理实务[M]. 北京：化学工业出版社,2006

[26] 杨建松,粟才全. 社区灾害管理[M]. 北京：气象出版社,2008

[27] 夏保成. 西方公共安全管理[M]. 北京：化学工业出版社,2006

[28] 战俊红,张晓辉. 中国公共安全管理概论[M]. 北京：当代中国出版社,2007

[29] 夏保成. 美国公共安全管理导论[M]. 北京：当代中国出版社,2006

[30] 陈安,陈宁,倪慧荟. 现代应急管理理论与方法[M]. 北京：科学出版社,2009

[31] 夏保成. 中国的灾害与危险[M]. 长春：长春出版社,2008

[32] 薛岩松,邱法宗. 公共管理：案例解读与分析[M]. 北京：中国纺织出版社,2006

[33] 司磊. 青岛市安全社区建设研究[D]. 中国海洋大学,2009

[34] 刘丽斌. 中国安全社区建设研究[D]. 上海交通大学,2007

[35] 马英楠. 中国安全社区建设研究[D]. 首都经济贸易大学,2005

[36] 周永红. 安全社区评价指标及方法研究[D]. 首都经济贸易大学,2005

[37] 聂婷. 我国社区公共安全评价指标体系研究[D]. 大连理工大学,2006

[38] 郭瑞. 奥运安全社区与本地化方案研究[D]. 北京化工大学,2006

[39] 高贵如. 城市社区建设与管理现状及对策研究[D]. 河北农业大学,2002

[40] 廖敏. 江西省城市社区建设与发展研究[D]. 南昌大学,2006

[41] 张薇. 社会转型时期城市社区治安综合治理研究[D]. 汕头大学,2003

[42] 李丹妮. 我国城市宜居社区评估研究[D]. 大连理工大学,2009

[43] 刘敏. 北京市海淀区城市社区居民对体育服务的满意度分析[D]. 首都体育学院,2008

[44] 刘彪. 城市社区居委会服务质量居民满意度评价研究——以杭州为例[D]. 浙江大学,2006

[45] 周炜. 昆明市社区警务工作居民满意度研究[D]. 浙江大学,2007

[46] 杨凯凯. 乡村旅游对目的地居民社区满意度的影响研究[D]. 浙江大学,2008

[47] 肖振峰. 北京城市社区居民安全行为能力评价指标体系研究[D]. 北京化工大学,2008

[48] 付永红. 公共安全服务制度研究[D]. 郑州大学,2001

[49] 董会敏,马新颜,闫玉英,李正光. 伤害预防控制与安全社区[J]. 现代预防医学,2009,36(4)：683-687

[50] 上海市虹桥镇创建安全社区工作项目办公室. 虹桥镇安全社区创建总评估报告[R]. 上海市爱卫办,2006

[51] 中国行政管理学会课题组. 中国转型期群体性突发事件对策研究[M]. 北京：学苑出版社,2003

[52] 刘燕华,葛全胜,吴文祥. 风险管理：新世纪的挑战[M]. 北京：气象出版社,2005

[53] 2006年6月15日,国务院发布《国务院关于全面加强应急管理工作的意见》

[54] 郭济. 中央和大城市政府应急机制建设[M]. 北京：中国人民大学出版社,2004

[55] 陈红. 中国煤矿重大事故中的不安全行为研究[M]. 北京：科学出版社,2006

[56] 全国干部培训教材编审指导委员会. 突发事件应急管理[M]. 北京：人民出版社,党建读物出版社,2011

[57] 菅强. 中国突发事件报告[M]. 北京：中国时代经济出版社,2009

[58] 师坚毅. 新农村社区建设与管理[M]. 北京：中国社会出版社，2010

[59] 杨丽君. 校外青少年预防艾滋病同伴教育指导手册[M]. 北京：中国人民公安大学出版社，2011

[60] 许国章. 社区现场调查技术[M]. 上海：复旦大学出版社，2010

[61] 贾光，江威. 社区常用流行病学调查方法[M]. 北京：军事医学科学出版社，2008

[62] 陈珍国. 学校安全管理[M]. 上海：复旦大学出版社，2008

[63] 郑孟望. 社区安全管理与服务[M]. 上海：湖南大学出版社，2009

[64] 王书梅. 社区伤害预防和安全促进理论与实践[M]. 上海：复旦大学出版社，2010

[65] 袁振龙. 社区安全的理论与实践[M]. 北京：中国社会出版社，2010

[66] 济南青年公园安全社区建设工作项目办公室. 中国济南青年公园安全社区成为国际安全社区网络、世界卫生组织安全社区网络成员的申请[A]. 2006

[67] 吴宗之，高进东，魏利军. 危险评价方法及其应用[M]. 北京：冶金工业出版社，2002

[68] 欧阳梅，陈文涛，段淼. 创建安全社区之伤害调查与风险辨识方法探讨[J]. 中国安全科学学报，2006，16(11)：92-97

[69] 孙斌. 公共安全应急管理[M]. 北京：气象出版社，2007

[70] 国家安全生产应急救援指挥中心. 安全生产应急管理[M]. 北京：煤炭工业出版社，2007

[71] 王起全. 主要负责人及管理人员安全健康培训教程[M]. 北京：化学工业出版社，2010

[72] 邢娟娟. 企业事故应急管理与预案编制技术[M]. 北京：气象出版社，2009

[73] 刘铁民. 应急体系建设和应急预案编制[M]. 北京：企业管理出版社，2005

[74] 计雷，池宏. 突发事件应急管理[M]. 北京：高等教育出版社，2006

[75] 吴宗之，刘茂. 重大事故应急救援系统及预案导论[M]. 北京：冶金工业出版社，2003

[76] 肖鹏军. 公共危机管理导论[M]. 北京：中国人民大学出版社，2006

[77] 邢娟娟，郑双忠，郝秀清. 企业重大事故应急管理与预案编制[M]. 北京：航空工业出版社，2005

[78] 李学举. 灾害应急管理[M]. 北京：中国社会出版社，2005

[79] 郭济. 政府应急管理实务[M]. 北京：北京中共中央党校出版社，2004

[80] 全国注册安全工程师执业资格考试辅导教材编审委员会. 安全生产管理知识(2010 版)[M]. 北京：中国大百科全书出版社，2010